纯血鸿蒙

HarmonyOS NEXT 原生开发之旅

杨春鹏 著

清華大学出版社
北 京

内容简介

本书全面系统地介绍了基于HarmonyOS NEXT系统进行原生应用开发的实用技巧。全书共12章，内容涵盖从基础工具使用到高级功能实现的各个方面。第1章详细介绍了开发环境的搭建、ArkTS语言基础及UI描述。第2章深入探讨了Ability组件和信息传递机制。第3章和第4章分别讲解了UI开发的基础知识和进阶技巧，包括ArkUI框架和自定义组件。第5章探讨了一次开发多端部署的策略。第6章介绍了多媒体应用的开发方法。第7章讨论了进程间通信和任务管理。第8章涉及窗口管理和通知功能。第9章讲解了网络编程的基本方法。第10章关注于应用安全管理。第11章详细介绍了服务卡片的开发流程。第12章通过一个购物应用案例，将前面章节的知识综合运用，展示了一个完整的项目实战过程。

本书适合初学者和转型到鸿蒙系统开发的有经验的程序员阅读，也可以作为相关培训机构和高校相关专业的教学用书。

图书在版编目（CIP）数据

纯血鸿蒙HarmonyOS NEXT原生开发之旅 / 杨春鹏著.
北京 : 清华大学出版社, 2025. 4. -- ISBN 978-7-302-68595-1
Ⅰ. TN929. 53
中国国家版本馆CIP数据核字第20254MA378号

责任编辑：王金柱　秦山玉
封面设计：王　翔
责任校对：闫秀华
责任印制：刘　菲

出版发行：清华大学出版社
网　　址：https://www.tup.com.cn，https://www.wqxuetang.com
地　　址：北京清华大学学研大厦A座　　**邮　　编：**100084
社 总 机：010-83470000　　**邮　　购：**010-62786544
投稿与读者服务：010-62776969，c-service@tup.tsinghua.edu.cn
质量反馈：010-62772015，zhiliang@tup.tsinghua.edu.cn
印 装 者：天津鑫丰华印务有限公司
经　　销：全国新华书店
开　　本：190mm×260mm　　**印　　张：**26　　**字　　数：**701千字
版　　次：2025年5月第1版　　**印　　次：**2025年5月第1次印刷
定　　价：109.00元

产品编号：107916-01

前　言

华为在2023年的开发者大会上宣布，将不再兼容安卓系统，并投入超过百亿元的资金来全力支持和发展鸿蒙生态系统。这一重大决策引发众多大型企业争相招募鸿蒙开发人才。

华为轮值董事长孟晚舟在2024年的年报致辞中指出，华为云、鲲鹏、昇腾和鸿蒙生态正在快速成长。截至2024年年底，鲲鹏、昇腾已累计发展665万开发者、8500多家合作伙伴。鸿蒙开发者超过720万，生态设备超10亿台，鸿蒙生态处于量变到质变的关键历史节点。

鸿蒙作为一个新兴的技术平台，其重要性可与从PC（个人计算机）互联网时代向移动互联网时代的转变相提并论。当时最早掌握安卓和iOS开发技术的人，无论是在薪资还是职业发展上，都获得了巨大的成功。如今，鸿蒙开发成为新的风口，现在投资时间和精力学习鸿蒙开发的人，将在鸿蒙系统广泛流行之前获得先机，从而大大提升自己的职业发展前景。

本书旨在深入解析HarmonyOS NEXT（5.x）版本的核心技术与开发技巧，并结合丰富的开发案例进行全面讲解，确保读者能够通过本书，掌握开发HarmonyOS NEXT所需的所有技能。

本书内容介绍

本书共分12章，各章内容安排如下：

第1章介绍HarmonyOS NEXT的基本概念和开发工具DevEco Studio，以及ArkTS语言的基础UI描述、状态管理及其进阶内容。本章还将涵盖动态构建UI元素和自定义导航的实战操作。

第2章深入探讨Ability开发，包括Stage模型概述、UIAbility组件、信息传递载体want的使用，以及如何显示want启动Ability和隐式want打开浏览器的实战案例。

第3章和第4章分别聚焦于UI开发的基础知识和进阶技巧，包括ArkUI概述、声明式开发范式、常用组件和基础组件详解，以及容器组件、绘制组件、画布组件和弹窗的详细解析。这两章还将提供城市列表选择和待办列表等实战案例。

第5章讨论一次开发多端部署的策略，包括工程目录管理、自适应布局和响应式布局，以及页签栏布局的实战案例。

第6章专注于多媒体应用开发，涵盖音频和视频开发，以及语音录制和声音动效实现的实战操作。

第7章探讨进程通信，包括ExtensionAbility组件、进程间通信、线程间通信、任务管理和Stage模型应用配置文件，以及Worker子线程中解压文件的实战案例。

第8章介绍窗口管理，包括窗口开发概述、管理应用窗口和通知，以及窗口管理应用的实战案例。

第9章讲解网络编程，包括HTTP数据请求、Web组件的页面加载和通过HTTP请求数据的实战操作。

第10章关注安全管理，包括访问控制概述和开发流程，以及获取位置授权的实战案例。

第11章详细介绍服务卡片开发，包括服务卡片概述、ArkTS卡片运行机制、相关模块和开发过程，以及电子相册案例的实战操作。

第12章作为项目实战章节，展示一个多端部署的购物应用的开发过程，包括项目概述、代码结构和页面结构。

本书的主要特色

本书的特色在于其全面性、实用性和实战性。全书系统地介绍了鸿蒙操作系统下的应用开发，从开发工具的使用、UI设计、状态管理，到多端部署等，涵盖了鸿蒙应用开发的各个方面。

书中不仅有详细的理论知识讲解，还提供了丰富的实战案例，如电子相册的开发、购物应用的开发等，帮助读者将理论知识应用于实际项目中。

通过学习本书内容，读者可以全面掌握鸿蒙应用开发的核心知识，并提升开发技能。

本书的配套资源

本书配套提供程序源码和PPT课件，读者可以用微信扫描下方的二维码获取。

如果读者在学习本书的过程中遇到问题，可以发送邮件至booksaga@126.com，邮件主题为“纯血鸿蒙HarmonyOS NEXT原生开发之旅”。

本书适合的读者

本书主要适合以下读者：

- 希望入手鸿蒙应用开发的初学者、爱好者
- 转型到鸿蒙系统开发的有一定经验的程序员
- 培训机构和高校相关专业的师生

本书在编写过程中，参考了HarmonyOS应用开发社区中的案例，在此向该社区的维护者及代码贡献者表达诚挚的谢意。同时，对于清华大学出版社的编辑团队为本书出版所付出的辛勤工作，表示衷心的感谢。此外，笔者因著书而减少了与妻子和女儿的共度时光，感谢她们的包容与支持。

笔　者

2025. 2

目　录

第 1 章

初识鸿蒙HarmonyOS NEXT

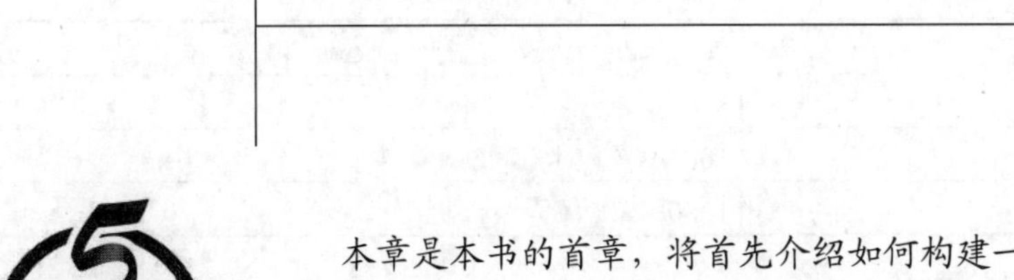

本章是本书的首章，将首先介绍如何构建一个HarmonyOS NEXT开发环境，以便顺利演示本书中的开发范例；然后详细解析ArkTS语言在HarmonyOS开发中的应用，最后介绍一个简单的开发案例，使读者能够快速上手HarmonyOS开发。

1.1 DevEco Studio开发工具

本节首先介绍HarmonyOS NEXT开发工具DevEco Studio的下载与安装，然后介绍其基本功能和使用方法，最后，介绍ArkTS Stage模型的工程目录结构。

1.1.1 下载和安装DevEco Studio

HarmonyOS NEXT开发专属的IDE（集成开发系统）是HUAWEI DevEco Studio（简称DevEco Studio）。作为一款专为HarmonyOS应用及服务开发者设计的集成开发环境，DevEco Studio提供了全面的开发、调试和部署支持。

读者可以在Harmonyos官方网站免费下载和使用DevEco Studio。

DevEco Studio支持Windows系统和macOS系统，在开发应用/服务前，需要配置应用/服务的开发环境。环境配置可参考如图1-1所示的流程。

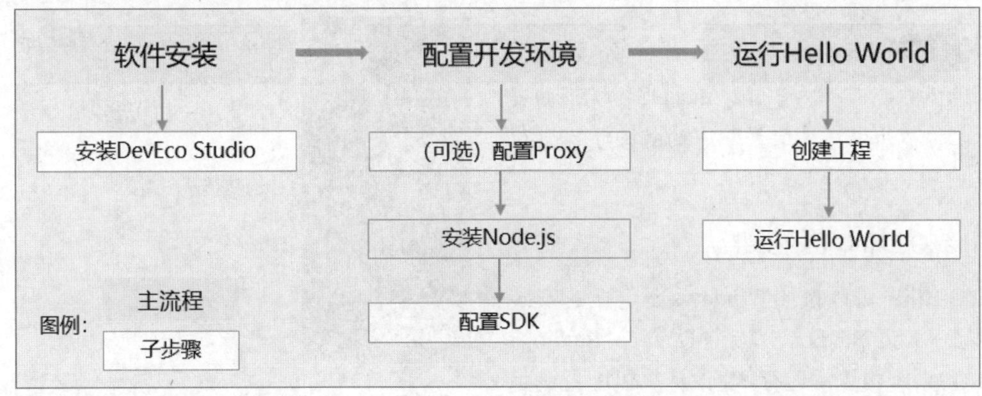

图1-1　环境配置流程

下面将分别介绍在Windows和macOS系统中安装DevEco Studio的操作方法。

1. Windows环境下的安装

在Windows环境下，用户可以通过华为开发者联盟官网下载DevEco Studio的安装包，并根据向导完成安装过程。为保证DevEco Studio正常运行，建议计算机配置满足如表1-1所示的条件。

表1-1　Windows环境下安装DevEco Studio的计算机配置

操作系统	Windows 10 64 位、Windows 11 64 位
内存	8GB及以上
硬盘	100GB及以上
分辨率	1280×800像素及以上

安装DevEco Studio的具体步骤如下：

01 下载完成后，双击下载的deveco-studio-xxxx.exe，进入DevEco Studio安装向导。在打开的对话框中选择安装路径，默认安装于C:\Program Files路径下，也可以单击Browse...按钮指定其他安装路径；然后单击Next按钮，如图1-2所示。

02 在安装选项界面勾选DevEco Studio复选框后，单击Next按钮，直至安装完成，如图1-3所示。

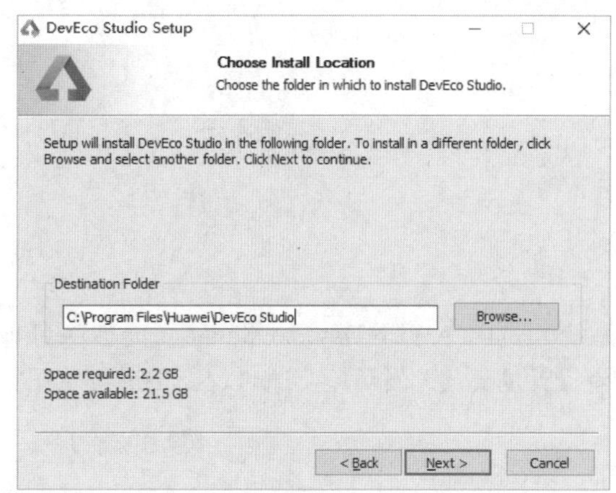

图1-2　安装DevEco Studio 1

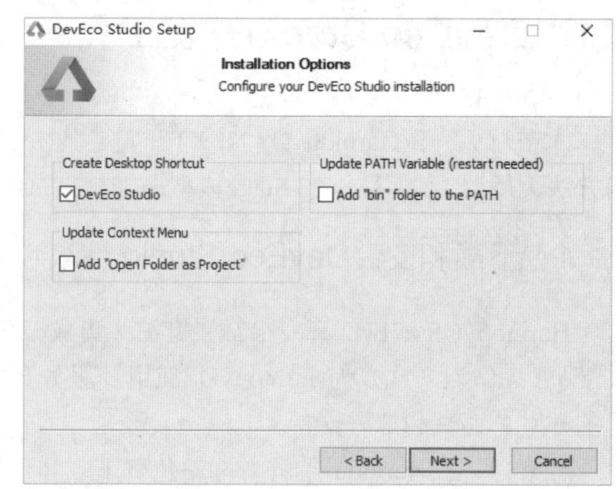

图1-3　安装DevEco Studio 2

03 最后，单击Finish按钮完成安装，如图1-4所示。

注意　Windows环境下同样需要配置Node.js环境，可以参考“2. macOS环境下的安装”中的“开发环境配置”中的相关步骤进行操作。

2. macOS环境下的安装

macOS用户可以按照Windows环境下的安装步骤安装DevEco Studio。为保证DevEco Studio能够在macOS系统中正常运行，建议计算机配置满足如表1-2所示的要求。

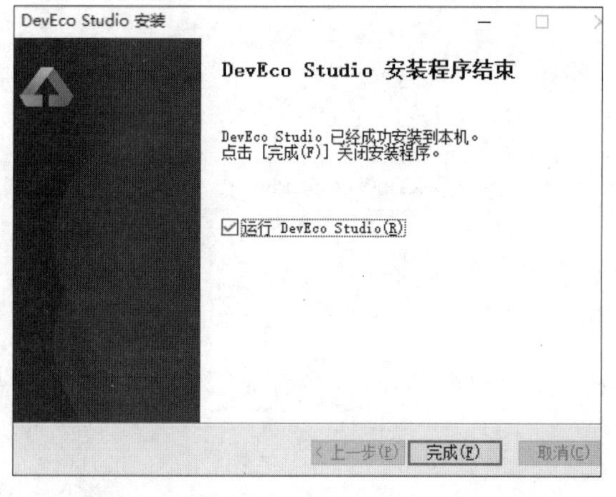

图1-4　安装DevEco Studio 3

表1-2 macOS环境下安装DevEco Studio的计算机配置

操作系统	macOS(X86) 10.15/11/12/13/14、macOS(ARM) 11/12/13/14
内存	8GB及以上
硬盘	100GB及以上
分辨率	1280×800像素及以上

1）安装 DevEco Studio

在安装界面中，将DevEco-Studio.app拖曳到Applications中，等待安装完成，如图1-5所示。

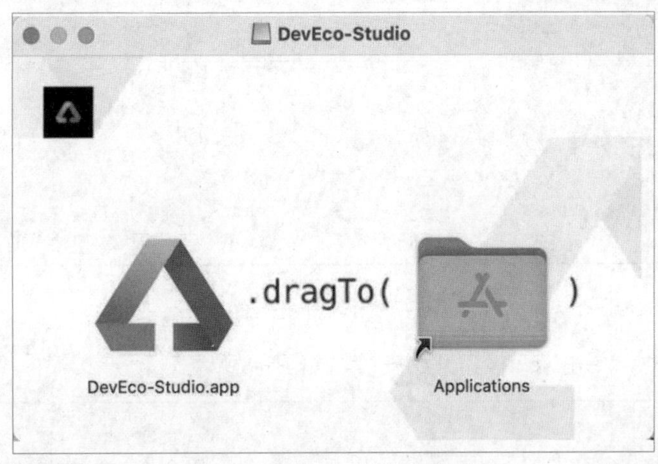

图1-5 安装DevEco Studio

2）开发环境配置

开发软件安装完成后，还需要进行环境配置才可以使用，具体步骤如下：

01 运行已安装的DevEco Studio，首次使用时选择Do not import settings，单击OK按钮。

02 安装Node.js。单击Local选项，可以指定本地已安装的Node.js（IDE级别）路径位置，如果本地没有合适的版本，可以单击Install选项，选择下载源和存储路径后进行在线下载；然后单击Next按钮进入下一步，如图1-6所示。

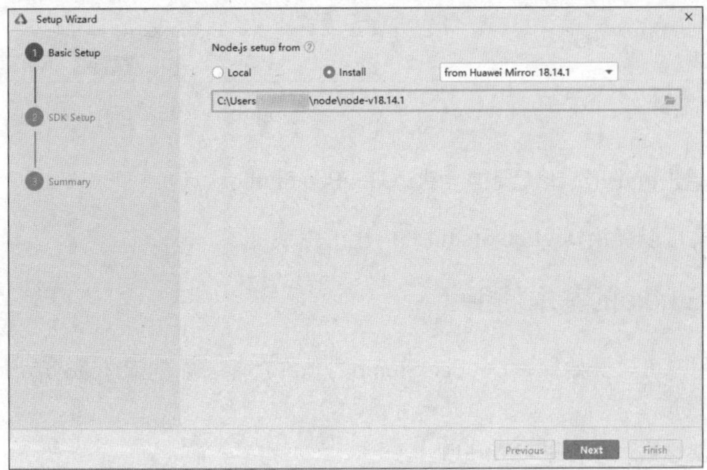

图1-6 开发环境配置1

03 在SDK Setup界面，单击📁按钮，设置HarmonyOS SDK存储路径，然后单击Next按钮进入下一步，如图1-7所示。

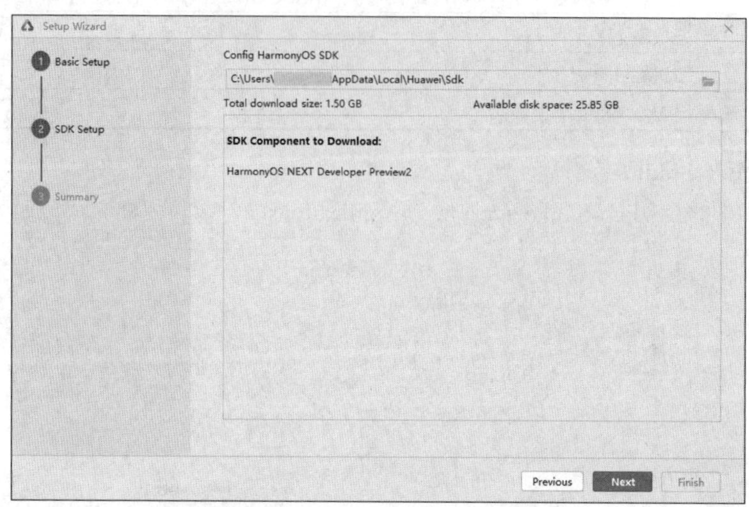

图1-7　开发环境配置2

04 确认设置项的信息，单击Next按钮开始安装，如图1-8所示。

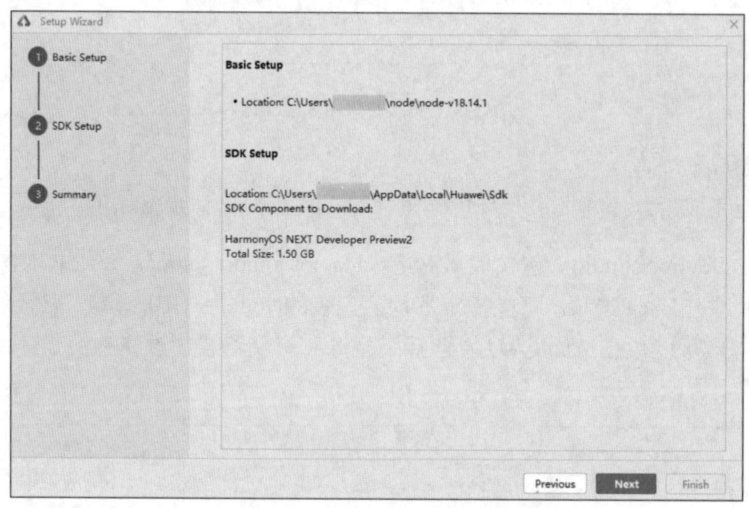

图1-8　开发环境配置3

05 配置完成后，单击Finish按钮，界面会进入DevEco Studio欢迎页。

接下来，我们就可以使用DevEco Studio来构建工程项目了。

1.1.2　DevEco Studio的基本使用

安装完成后，用户可以开始探索DevEco Studio的基本功能，如创建Hello World项目，这是每个开发者入门编程的第一步。

让我们一起来创建第一个Hello World吧！

01 打开DevEco Studio，在欢迎页单击Create Project选项，创建一个新工程。

02 根据工程创建向导，选择创建Application或Atomic Service。选择Empty Ability模板，然后单击Next按钮，如图1-9所示。

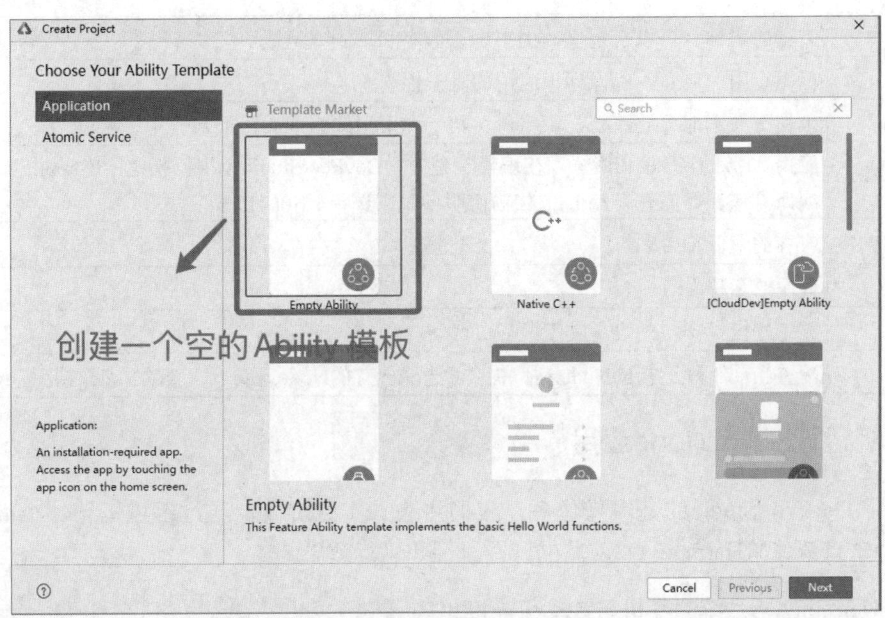

图1-9　DevEco Studio的基本使用1

03 填写工程相关信息，然后单击Finish按钮，如图1-10所示。

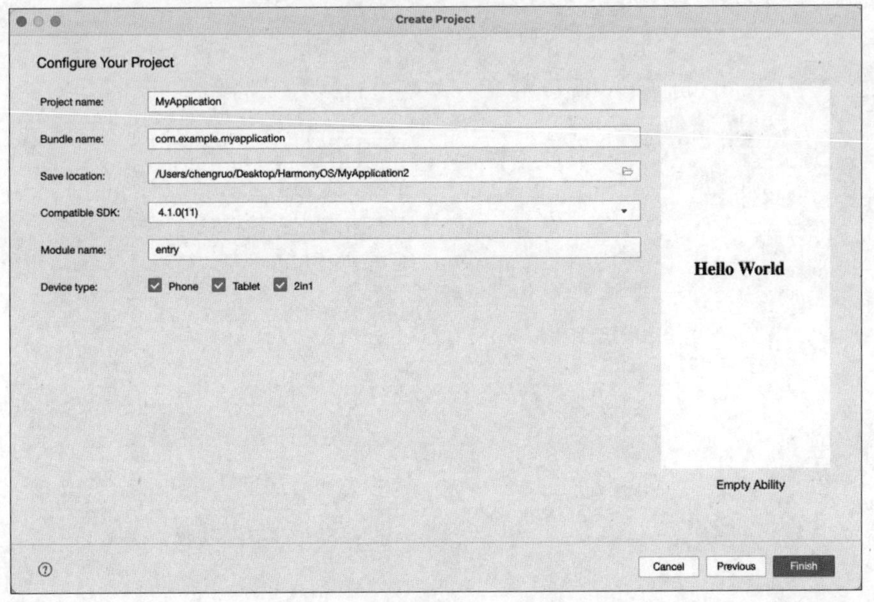

图1-10　DevEco Studio的基本使用2

注意 单击Finish按钮之后，DevEco Studio会自动进行工程的同步。等待工程同步完成之后就可以在界面右侧看到预览效果图了，如图1-10所示。创建工程页面的各项目参数解释如表1-3所示。

表1-3　创建工程页面的参数解释

项　目	解　释
Project name	工程的名称，可以自定义，由字母、数字和下画线组成
Bundle name	标识应用的包名，确保标识应用的唯一性
Save location	工程文件本地存储路径，由字母、数字和下画线组成，不能包含中文字符
Compile SDK	应用/服务的目标API版本，在编译构建时，DevEco Studio会根据指定的Compile API版本进行编译打包。如需开发API 11的应用/服务，则选择4.1.0(API 11)
Compatible SDK	兼容的最低API版本
Module name	模块的名称
Device type	该工程模板支持的设备类型
Node	配置当前工程运行的Node.js版本，可选择已有的Node.js或下载新的Node.js版本

1.1.3　手机运行Hello World应用

在掌握了DevEco Studio的基本操作后，我们将进入实践阶段，通过手机运行一个简单的Hello World应用，来直观体验HarmonyOS应用的开发流程和运行效果。

01 将搭载HarmonyOS系统的手机与计算机连接起来。

02 单击File→Project Structure...→Project→Signing Configs，勾选Support HarmonyOS和Automatically generate signature复选框，单击界面提示中的Sign In按钮，使用华为账号登录。等待自动签名完成后，单击OK按钮即可，如图1-11所示。

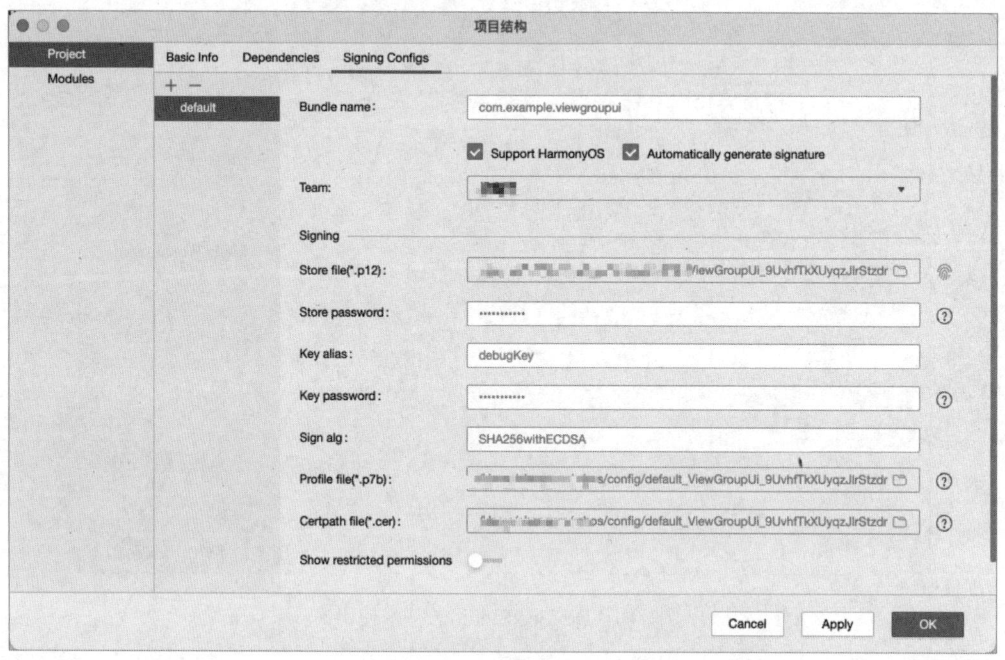

图1-11　配置项目选项

03 系统会自动生成工程代码，然后在编辑窗口右上角的工具中单击▶按钮运行，如图1-12所示。手机上就会出现“Hello World”的运行效果，如图1-13所示。

```
@Entry
@Component
struct Index {
  @State message: string = 'Hello World';

  build() {
    Row() {
      Column() {
        Text(this.message)
          .fontSize(50)
          .fontWeight(FontWeight.Bold)
      }
      .width('100%')
    }
    .height('100%')
  }
}
```

单击运行按钮，在手机上查看效果

图1-12　自动生成的工程代码

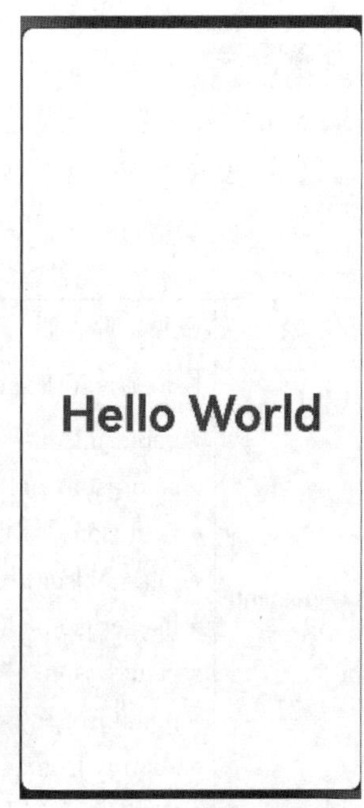

图1-13　运行结果

至此，我们已成功运行了第一个应用。这虽然是一个入门案例，但却让我们迈出了成为HarmonyOS开发者的第一步。接下来，我们将循序渐进地介绍原生鸿蒙开发的一系列知识点。

1.1.4　了解基本工程目录

本小节将详细介绍ArkTS Stage模型的工程目录结构，重点要掌握该工程目录的构成及各部分的作用。

首先，看一下我们创建的第一个项目的目录结构，如图1-14所示。

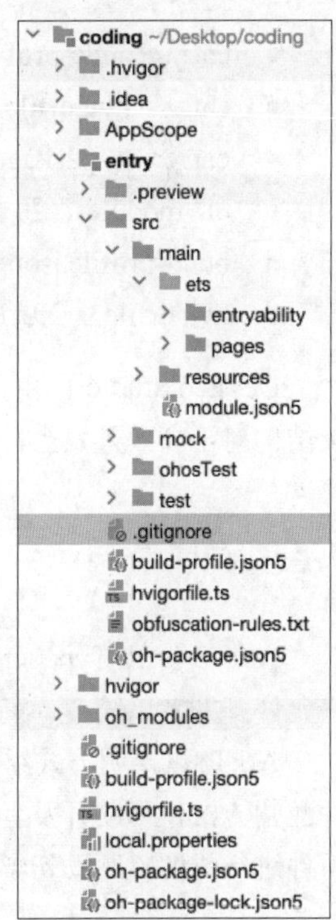

图1-14　目录结构

目录结构中各部分的功能和作用说明如下：

- AppScope > app.json5：应用的全局配置信息。
- entry：应用/服务模块，编译构建生成一个HAP。

> 提示　HAP（HarmonyOS Ability Package）是鸿蒙操作系统中的一种应用包格式，用于打包和分发应用程序。它与Android中的APK文件类似，包含应用程序的所有必要组件，如代码、资源、配置文件等。在鸿蒙系统中，HAP文件用于安装和运行应用程序。

- src > main > ets：用于存放ArkTS源码。
- src > main > ets > entryability：应用/服务的入口。
- src > main > ets > pages：应用/服务包含的页面。
- src > main > resources：用于存放应用/服务模块所用到的资源文件，如图形、多媒体、字符串、布局文件等。其相关目录及说明如表1-4所示。

提示 在实际的开发过程中，我们通常会在media目录下存放一些静态的媒体资源；在element目录下存放开发过程中的一些公有变量，比如全局的字体颜色、背景颜色以及一些文本信息等；当使用Web组件加载页面时，会在rawfile目录下存放一些HTML页面，用于本地的加载。

表1-4　resources（资源）目录文件说明

资源目录	资源文件说明
base>element	包括字符串、整型数、颜色、样式等资源的JSON文件。每个资源均由JSON格式进行定义，例如： ● boolean.json：布尔型 ● color.json：颜色 ● float.json：浮点型 ● intarray.json：整型数组 ● integer.json：整型 ● pattern.json：样式 ● plural.json：复数形式 ● strarray.json：字符串数组 ● string.json：字符串值
base>media	多媒体文件，如图形、视频、音频等文件，支持的文件格式包括.png、.gif、.mp3、.mp4等
rawfile	用于存储任意格式的原始资源文件。rawfile不会根据设备的状态去匹配不同的资源，需要指定文件路径和文件名进行引用

- src > main > module.json5：Stage模型模块配置文件，主要包含HAP的配置信息、应用在具体设备上的配置信息以及应用的全局配置信息。
- entry > build-profile.json5：当前的模块信息、编译信息配置项，包括buildOption、targets配置等。
- entry > hvigorfile.ts：模块级编译构建任务脚本。
- entry >oh-package.json5：配置第三方包声明文件的入口及包名。
- oh_modules：用于存放第三方库依赖信息，包含应用/服务所依赖的第三方库文件。
- build-profile.json5：应用级配置信息，包括签名、产品配置等。
- hvigorfile.ts：应用级编译构建任务脚本。

DevEco Studio采用了ArkTS Stage模型，以帮助开发者更好地组织和管理项目文件。了解该工程目录结构对于高效开发至关重要。

1.2　ArkTS语言之基本UI描述

ArkTS（Ark TypeScript）是一种基于TypeScript的声明式语言，专为HarmonyOS应用开发而设计。它允许开发者以简捷、高效的方式描述用户界面（UI）和交互逻辑。

ArkTS以声明方式组合和扩展组件来描述应用程序的UI，同时还提供了基本的属性、事件和子组件配置方法，帮助开发者实现应用交互逻辑。本节将会对创建组件、配置属性、配置事件以及配置子组件进行讲解，帮助初学者快速掌握单框架鸿蒙的开发规范。

1.2.1　基本概念

与TypeScript语言类似，在ArkTS语言中开发者也会经常和组件打交道。组件是构成HarmonyOS应用用户界面的核心，从文本框到按钮，再到图像，每一个视觉元素都是由组件构成的。这些组件不仅定义了应用的外观，还赋予了它们行为和灵魂。更令人兴奋的是，组件之间可以嵌套，形成复杂的父子关系，从而创造出具有无限可能的界面布局。

ArkTS中常用的基本概念如下：

- 组件：在ArkTS中一切皆为组件。组件是构成用户界面的基本单位，包括文本框、按钮、图像等。
- 属性：用于配置组件的外观和行为，如颜色、尺寸、边距等。
- 事件：定义组件如何响应用户操作，如单击、滑动等。
- 子组件：组件可以包含其他组件，形成嵌套结构，实现复杂的布局。

1.2.2　创建组件

根据组件构造方法的不同，创建组件包含无参数和有参数两种方式。

1. 无参数方式创建组件

如果组件的接口定义没有包含必选构造参数，则组件后面的“()”不需要配置任何内容。

例如，Divider组件不包含构造参数，展示的是一条横线；Text组件用于展示文本。代码如下：

```
// 定义一个名为Index2的结构体，用于构建UI组件
@Entry
@Component
struct Index2 {
 // build方法用于构建UI组件
 build() {
    // 创建一个Column组件，用于垂直排列子组件
    Column() {
      // 添加一个Text组件，显示文本"Item 1"
      Text('Item 1').fontSize(50)

      // 添加一个Divider组件，用于分隔内容
      Divider()
      // 添加一个Text组件，显示文本"Item 2"
      Text('Item 2').fontSize(50)

    }
   // 设置Column组件的宽度为100%
   .width('100%')
   // 设置Column组件的高度为100%
    .height('100%')
 }
}
```

界面效果如图1-15所示。

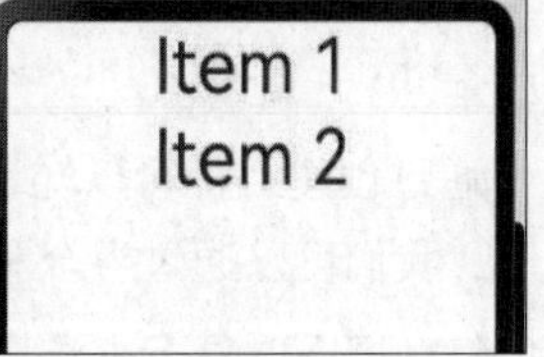

图1-15　无参数方式创建组件

2. 有参数方式创建组件

如果组件的接口定义包含构造参数，则组件后面的“()”需要配置相应参数。

例如Image组件的必选参数src，如图1-16所示。

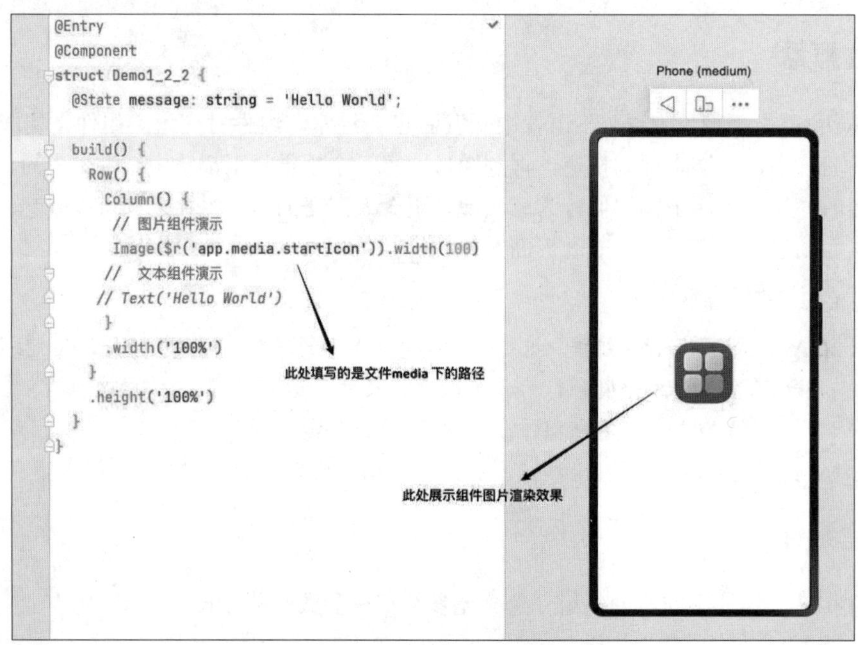

图1-16　有参数方式创建组件1

又如Text组件的非必选参数content，如图1-17所示。

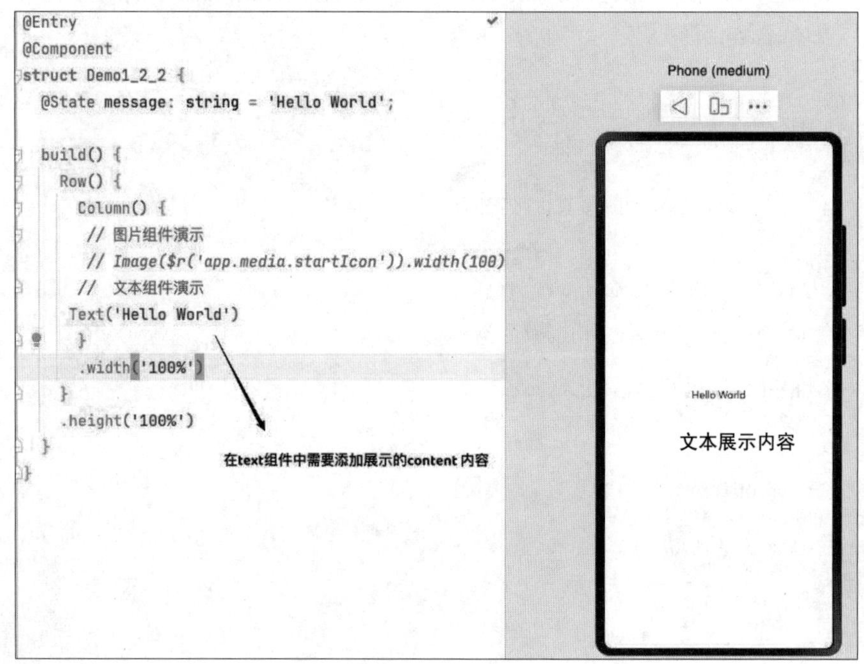

图1-17　有参数方式创建组件2

通过创建组件可以知道，在ArkTS中的组件大致分为两类：一类是无参数组件，另一类是有参数组件。我们可以通过组合利用这些组件来完善应用程序。需要注意的是，在开发过程中更多的关注点会在组件的大的分类上，比如基础组件、容器组件、媒体组件等，通过对每一种组件的认知更加得心应手地进行项目开发。

1.2.3 属性配置

属性方法以“.”链式调用的方式配置系统组件的样式和其他属性，建议每个属性方法单独写一行。

1. 配置文本字体大小

配置文本字体大小的示例代码如下：

```
// 定义一个名为Demo1_2_3的结构体，用于构建UI组件
@Entry
@Component
struct Demo1_2_3 {
  // 定义一个状态变量message，初始值为'Hello World'
  @State message: string = 'Hello World';

  // build方法用于构建UI组件
  build() {
    // 创建一个Row组件，用于水平排列子组件
    Row() {
      // 创建一个Column组件，用于垂直排列子组件
      Column() {
        // 添加一个Text组件，用于显示message的值，并设置字体大小为50
        Text(this.message)
          .fontSize(50)
      }
      // 设置Column组件的宽度为100%
      .width('100%')
    }
    // 设置Row组件的高度为100%
    .height('100%')
  }
}
```

界面效果如图1-18所示。

2. 给文本配置多个属性

给文本配置多个属性的示例代码如下：

```
// 定义一个名为Demo1_2_3的结构体，用于构建UI组件
@Entry
@Component
struct Demo1_2_3 {
  // 定义一个状态变量message，初始值为'Hello World'
  @State message: string = 'Hello World';

  // build方法用于构建UI组件
  build() {
    // 创建一个Row组件，用于水平排列子组件
    Row() {
      // 创建一个Column组件，用于垂直排列子组件
      Column() {
        // 添加一个Text组件，用于显示message的值，并设置字体大小为50，字体粗细为800
        Text(this.message)
          .fontSize(50)
          .fontWeight(800)
      }
      // 设置Column组件的宽度为100%
```

```
      .width('100%')
    }
    // 设置Row组件的高度为100%
    .height('100%')
  }
}
```

当添加了属性.fontWeight(800)时，字体会变粗，界面效果如图1-19所示。

图1-18　属性配置1

图1-19　属性配置2

3. 给文本配置变量或者表达式

给文本配置变量或者表达式的示例代码如下：

```
// 定义一个名为Demo1_2_3的结构体，用于构建UI组件
@Entry
@Component
struct Demo1_2_3 {
  // 定义一个状态变量message，初始值为'Hello World'
  @State message: string = 'Hello World';
  // 定义一个布尔类型的状态变量flag，初始值为false
  @State flag:boolean = false;
  // 定义一个数字类型的状态变量fontWeight，初始值为300
  @State fontWeight:number =300;

  // build方法用于构建UI组件
  build() {
    // 创建一个Row组件，用于水平排列子组件
    Row() {
      // 创建一个Column组件，用于垂直排列子组件
      Column() {
        // 添加一个Text组件，用于显示message的值
        Text(this.message)
          // 根据flag的值设置字体大小，如果flag为true，那么字体大小为30，否则为50
          .fontSize(this.flag ? 30 : 50)
          // 将fontWeight的值加上400后作为字体粗细值
          .fontWeight(this.fontWeight +400);
      }
      // 设置Column组件的宽度为100%
      .width('100%');
    }
    // 设置Row组件的高度为100%
```

```
        .height('100%');
    }
}
```

在上述代码示例中，首先定义了两个变量flag和fontWeight，并在Text组件中采用三元运算符来判断文字的大小，字体的粗细采用常量传参计算的方式展示。界面效果如图1-20和图1-21所示。

当flag为false时

图1-20　属性配置3

当flag为true时

图1-21　属性配置4

4. 使用枚举的方式配置文本属性

在开发过程中，我们通常会将大部分相同的属性或者多个组件可以复用的属性单独定义出来，然后在使用过程中再进行属性的调用，这个时候大部分会采用枚举的方式。枚举类型是一种特殊的数据类型，约定变量只能在一组数据范围内选择值。

使用枚举的方式配置文本属性的示例代码如下：

```
// 1. 定义枚举（定义常量列表）
enum ThemeColor {
  Red = '#ff0f29',                          // 红色
  Orange = '#ff7100',                       // 橙色
  Green = '#30b30e'                         // 绿色
}
// 2. 给变量设定枚举类型
let color: ThemeColor = ThemeColor.Red      // 将颜色设置为红色
console.log('color', color)                 // 输出颜色值
@Entry
@Component
struct Demo1_2_3 {
  @State message: string = 'Hello World';   // 定义状态变量message，初始值为'Hello World'
  build() {
    Row() {                                 // 创建一个行组件
      Column() {                            // 创建一个列组件
        Text(this.message)                  // 创建一个文本组件，用于显示message的值
          .fontSize(50)                     // 设置字体大小为50
          .fontColor(color)                 // 设置字体颜色为之前定义的枚举值
      }
      .width('100%')                        // 设置列组件宽度为100%
    }
    .height('100%')                         // 设置行组件高度为100%
  }
}
```

在上述示例代码中通过enum来定义常量列表：

```
enum ThemeColor {
  Red = '#ff0f29',
  Orange = '#ff7100',
  Green = '#30b30e'
}
```

通过点链式调用的方式获取枚举的颜色值并赋给变量后，在text组件中就可以直接获取这个颜色值了，界面效果如图1-22所示。

图1-22　属性配置5

1.2.4　事件配置

事件方法和属性配置类似，也以“.”链式调用的方式配置系统组件支持的事件。常用的事件配置有以下4种方式：

（1）使用箭头函数配置组件的事件方法。

（2）使用匿名函数表达式配置组件的事件方法，要求使用“() => {...}”，以确保函数与组件绑定，同时符合ArkTS语法规范。

箭头函数和匿名函数表达式的事件方法是一样的，具体操作示例如下：

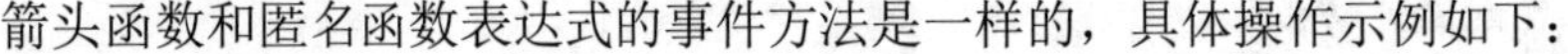

```
@Entry
@Component
struct Demo1_2_4 {
  @State message: string = 'Hello World';

  build() {
    Row() {
      Column() {
        // 使用箭头函数配置组件的事件方法
        Button('btn')
          .onClick(()=>{
            this.message = 'ArkUI'
          })

        Text(this.message).fontSize(50)
      }
      .width('100%')
    }
    .height('100%')
  }
}
```

在上述示例代码中，为Button组件绑定了箭头函数，当单击Button按钮时，Text组件的文本发生改变。界面效果如图1-23和图1-24所示。

单击按钮前

图1-23　事件配置1

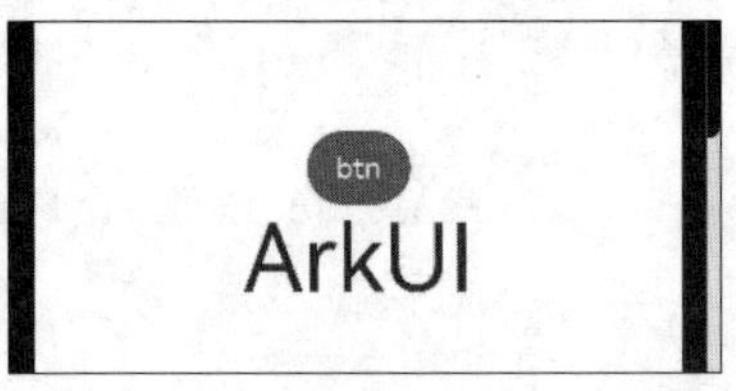

单击按钮后

图1-24　事件配置2

（3）使用组件的成员函数配置组件的事件方法，需要bind this。

在实际的开发过程中，通常会遇见比较复杂的场景，这个时候如果将所有的处理逻辑都放在UI组件中，会使得项目臃肿，这种情况应该怎么处理呢？通常情况下我们会单独定义一个函数，在这个函数中编写逻辑，然后将这个函数绑定到UI组件中进行使用，这样项目就不会显得臃肿，项目结构也更加清晰明了。

示例代码如下：

```
@Entry
@Component
struct Demo1_2_4 {
  @State message: string = 'Hello World';

  myClickHandle():void{
    this.message = 'ArkUI'
  }
  build() {

    Row() {
      Column() {
        Button('btn')
          .onClick(this.myClickHandle.bind(this))

        Text(this.message).fontSize(50)
      }
      .width('100%')
    }
    .height('100%')
  }
}
```

在上述代码中，定义了一个函数myClickHandle，声明它的返回值是void，并且在Button按钮被单击时触发该函数。需要注意的是，这种方法需要使用bind(this)的方式进行绑定才可以触发。界面效果见图1-23和图1-24。

（4）在使用声明的箭头函数时，可以直接调用，不需要bind this。

这种情况是相对于方式（3）而言的，在开发过程中要省略bind this，只需要修改方式（3）的示例代码中的以下函数即可：

```
myClickHandle():void{
    this.message = 'ArkUI'
  }
```

将其改成箭头函数，代码如下：

```
myClickHandle=()=>{
  this.message = 'ArkUI'
}
```

注意，无论是方式（3）还是方式（4），对于函数的使用均不是调用，也就是函数名后面不需要加上()。

1.2.5　子组件配置

如果组件支持子组件配置，则需在尾随闭包“{...}”中为组件添加子组件的UI描述。Column、Row、Stack、Grid、List等组件都是容器组件，可以在其中添加子组件。

在1.2.4节中会发现，所有的Text组件或者Button组件都在容器组件Column中，当然它们的属性也在对应的组件后面进行添加。

> 提示 在进行布局时，通常情况下我们会对想要修改的组件进行属性配置或者事件配置，而容器组件则会对子组件进行控制。

1.3 ArkTS语言之状态管理

在ArkTS中，状态管理是构建响应式用户界面的关键。通过一系列装饰器和指令，ArkTS提供了一种简捷而有效的方式来处理组件的状态和数据流。本节将介绍ArkTS语言中的状态管理相关特性，包括@State、@Prop、@Link、@Consume、@Provide、@Consume、@Provide以及@Watch。

1.3.1 @State

@State装饰器用于定义状态变量，它赋予变量状态属性，使其与自定义组件的渲染紧密绑定。当状态发生改变时，UI会自动同步更新。这类变量是私有的，仅能在组件内部访问。在声明状态变量时，需要指定其类型和初始值，也可以通过命名参数由父组件进行初始化。

其特性包括：

- 装饰器参数：无须提供。
- 同步类型：不与父组件中的任何变量同步。
- 允许装饰的变量类型：包括Object、class、string、number、boolean、enum，以及这些类型的数组。支持Date类型。API 11及以上版本支持Map、Set类型。同时也支持undefined和null类型。
- 类型支持场景：请参考相关文档观察变化。
- API 11及以上版本支持联合类型，例如string | number，string | undefined或ClassA | null。
- 使用undefined和null时，建议显式指定类型，以遵循TypeScript的类型校验。推荐写法：@State a: string | undefined = undefined。不推荐写法：@State a: string = undefined。
- 支持ArkUI框架定义的联合类型Length、ResourceStr、ResourceColor。
- 类型必须指定，不支持使用any类型。
- 被装饰变量的初始值：必须本地初始化。

@State变量传递/访问规则如下：

- 初始化：可为空，从父组件或本地初始化。若从父组件初始化，将覆盖本地初始化。
- 支持类型：可以从父组件传递常规变量（仅数值初始化，不触发UI刷新），以及由@State、@Link、@Prop、@Provide、@Consume、@ObjectLink、@StorageLink、@StorageProp、@LocalStorageLink和@LocalStorageProp装饰的变量来初始化子组件的@State。
- 初始化子组件：由@State装饰的变量可以用来初始化子组件的常规变量、@State、@Link、@Prop、@Provide。
- 访问限制：不支持组件外访问，变量只能在组件内部访问。

初始化规则如图1-25所示。

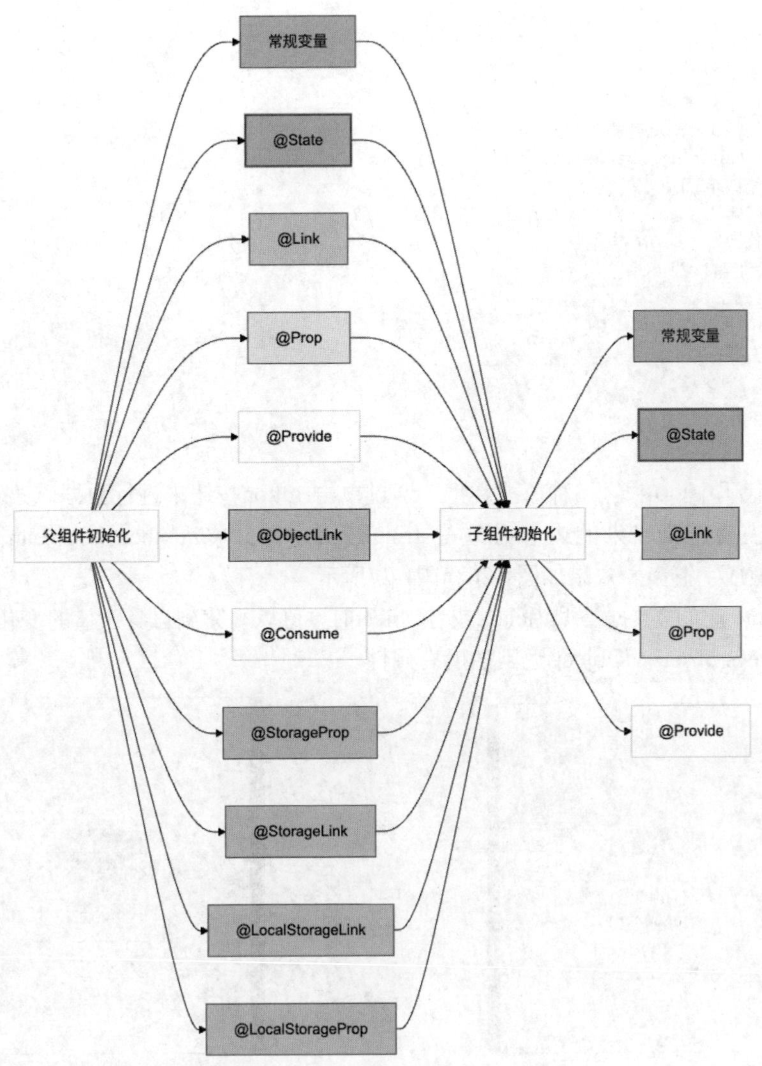

图1-25　初始化规则

注意，并非所有状态变量的变更都会导致UI更新，只有框架能观察到的修改才会触发UI更新。接下来将阐述哪些修改会被框架观察到，以及框架在观察到变化后的行为。

（1）当@State装饰的数据类型为boolean、string、number时，可以观察到数值的变化。也就是说，当数据类型为boolean、string、number时，如果数据发生改变，那么页面也会同步更新。示例如下：

```
@Entry
@Component
struct State_demo {
  @State bool: boolean = false
  @State message: string = '你好'
  @State num: number = 1

  build() {
    Row() {
      Column() {
        Button('修改数据').onClick(() => {
          this.bool = !this.bool
```

```
          this.message = '数据被修改了'
          this.num++
        })

        // 修改string类型
        Text(this.message).fontSize(20)
        // 修改number 类型
        Text(this.num.toString()).fontSize(20)
        // 修改boolean 类型
        Text(this.bool.toString()).fontSize(20)
      }
      .width('100%')
    }
    .height('100%')
  }
}
```

在上述示例代码中，定义了3种数据类型，通过单击Button按钮来进行数据修改。需要注意的是，在ArkTS中所有需要渲染出来的内容必须是string格式，因此将number和boolean类型的数据通过toString()方法转换成字符串。效果如图1-26和图1-27所示。

（2）当@State装饰的数据类型为class或者Object时，可以观察到自身赋值的变化和其属性赋值的变化，即Object.keys(observedObject)返回的所有属性。

单击按钮前

图1-26　@State装饰器1

单击按钮后

图1-27　@State装饰器2

示例如下：

```
// 声明一个TestClass类，包含一个字符串类型的value属性
class TestClass {
  value: string;
  // 构造函数，接收一个字符串参数并将其赋值给value属性
  constructor(value: string) {
    this.value = value;
  }
}

// 声明一个Model类，包含两个公共属性：一个字符串类型的value和一个TestClass类型的name
class Model {
  public value: string;
  public name: TestClass;
  // 构造函数，接收一个字符串参数和一个TestClass实例，并分别赋值给value和name属性
  constructor(value: string, a: TestClass) {
```

```
    this.value = value;
    this.name = a;
  }
}
```

接下来使用定义的类型来观察数据的变化。首先使用@State装饰Model，然后进行数据修改，以观察是否可以修改数据。示例代码如下：

```
  // 定义一个名为message的@State变量，类型为Model，初始值为一个新的Model实例，包含字符串'Hello'和
一个TestClass实例，其参数为'World'
  @State message: Model = new Model('Hello', new TestClass('World'));

  build() {
    // 创建一个Row组件，宽度为100%
    Row() {
      // 创建一个Column组件
      Column() {
        // 创建一个按钮，单击该按钮时修改message的值
        Button('修改数据').> {
          // 将message的值更新为一个新的Model实例，包含字符串'HI'和一个TestClass实例，其参数为'数据
被修改了'
          this.message = new Model('HI', new TestClass('数据被修改了'))
        })

        // 创建一个文本组件，用于显示message的value属性值，字体大小为20
        Text(this.message.value).fontSize(20)
        // 创建一个文本组件，用于显示message的name属性的value属性值，字体大小为20
        Text(this.message.name.value).fontSize(20)
      }
      .width('100%') // 设置Column组件的宽度为100%
    }
    .height('100%') // 设置Row组件的高度为100%
  }
```

界面效果如图1-28和图1-29所示。说明当@State装饰的是class类型时，数据的变化是可以被观察到的。

单击按钮前

图1-28　@State装饰器3

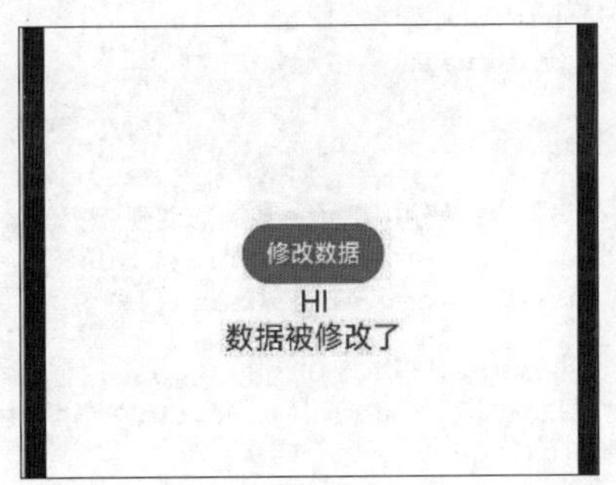

单击按钮后

图1-29　@State装饰器4

如果只修改@State装饰的某一个属性呢？

示例代码如下：

```
  // 创建一个名为message的Model实例，包含两个属性：value和name
  @State message: Model = new Model('Hello', new TestClass('World'))

  build() {
    // 创建一个Row布局
```

```
  Row() {
    // 创建一个Column布局
    Column() {
      // 创建一个按钮，单击该按钮后修改message的值和name的值
      Button('修改数据').> {
        this.message.value = 'HI'
        this.message.name.value = '数据被修改了'
      })

      // 显示message的value属性值，字体大小为20
      Text(this.message.value).fontSize(20)
      // 显示message的name属性值，字体大小为20
      Text(this.message.name.value).fontSize(20)
    }
    // 设置Column布局的宽度为100%
    .width('100%')
  }
  // 设置Row布局的高度为100%
  .height('100%')
}
```

在示例代码中，我们通过以下代码来修改@State装饰的数据：

```
this.message.value = 'HI'
this.message.name.value = '数据被修改了'
```

效果图见图1-28和图1-29，发现数据被修改后依旧可以被观察到。

（3）当装饰的对象是array时，可以观察到数组本身的赋值和添加、删除、更新数组的变化。

数组的操作在开发的过程中是比较常见的，通过下面的代码示例将会更好地理解关于数组的操作方案。

```
// 第一步：声明一个ArrayClass类，包含一个数值类型的属性value
class ArrayClass {
  value: number;

  // 构造函数，用于初始化ArrayClass实例的value属性
  constructor(value: number) {
    this.value = value;
  }
}

// 第二步：使用@State装饰器创建一个ArrayClass类型的数组cousomArray，并初始化为包含4个元素的数组
@State cousomArray: ArrayClass[] = [new ArrayClass(1), new ArrayClass(2), new
ArrayClass(3), new ArrayClass(4)];

// 第三步：对数组进行操作
// 赋值操作：单击按钮后，将cousomArray数组重新赋值为只包含一个元素（值为11）的新数组
build() {
  Column() {
    Button('赋值').> {
      this.cousomArray = [new ArrayClass(11)];
    })
    // 遍历cousomArray数组，显示每个元素的value值
    ForEach(this.cousomArray, (item: ArrayClass, index) => {
      Text(item.value.toString()).fontSize(20);
    });
  }
  .width('100%');
}
```

注意 代码中用了一个新的属性 ForEach ，这个属性的作用是遍历数组，将数组的每一项内容进行展示，后面会有详细讲解。

案例代码主要是实现当单击按钮时，将自定义数组对象的内容进行替换，效果如图1-30和图1-31所示。

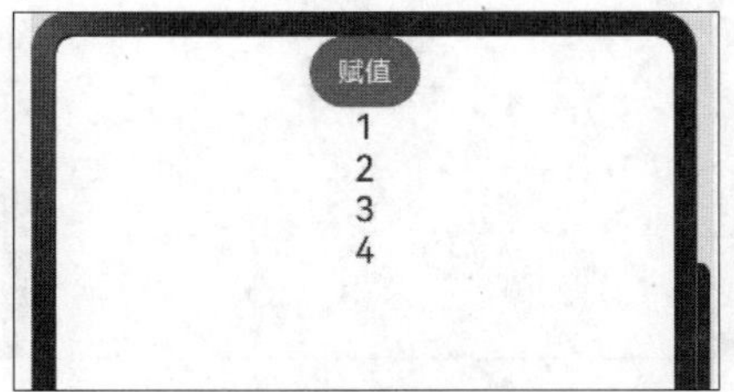

单击按钮前

图1-30　数组的赋值操作1

单击按钮后

图1-31　数组的赋值操作2

修改数组中的某一项数据，代码如下：

```
Button('修改第一项数据').onClick(() => {
  this.cousomArray[0] = new ArrayClass(11)
})
```

单击按钮直接对数组中的第一项数据进行修改，效果如图1-32和图1-33所示。

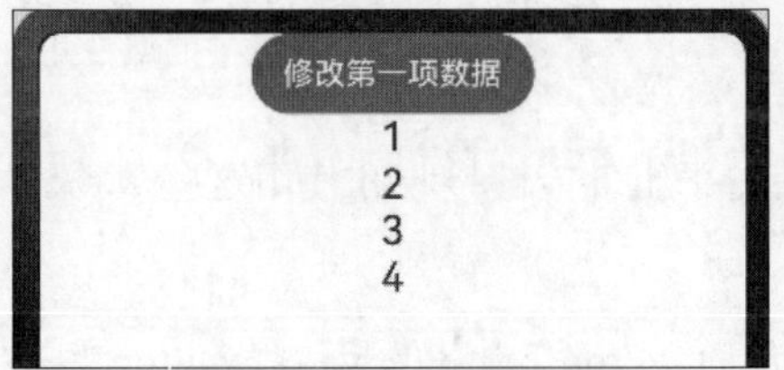

单击按钮前

图1-32　数组的替换操作1

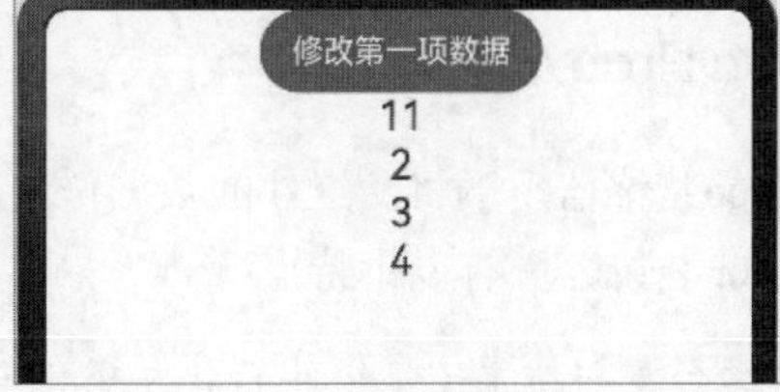

单击按钮后

图1-33　数组的替换操作2

删除数组中的数据，代码如下：

```
Button('删除数据').onClick(()=>{
  this.cousomArray.pop()
})
```

有JavaScript基础的读者应该很清楚，案例中我们使用了pop()方法对数组进行数据的删除操作，效果如图1-34和图1-35所示。

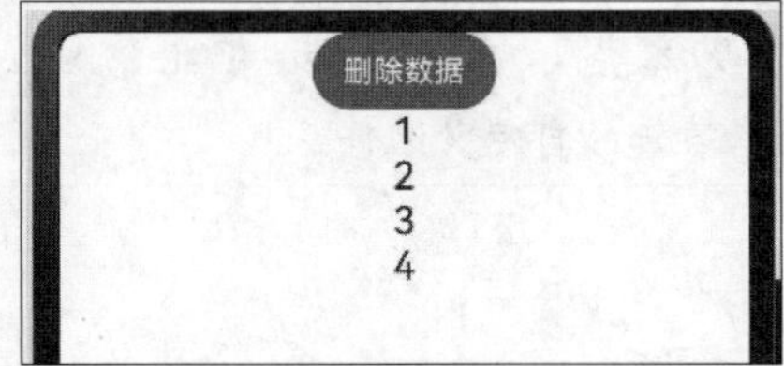

单击按钮前

图1-34　数组的删除操作1

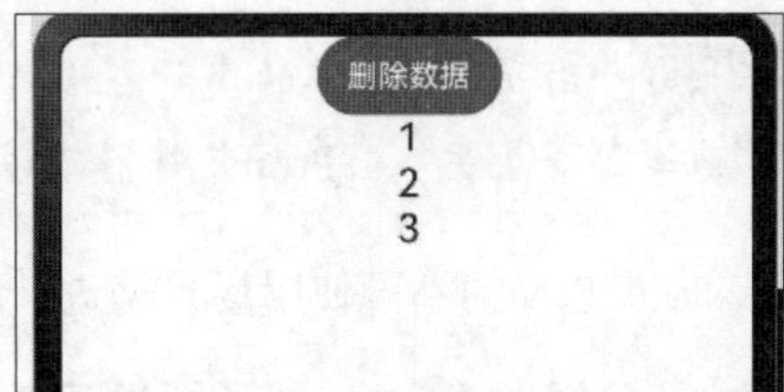

单击按钮后

图1-35　数组的删除操作2

为数组新增数据，代码如下：

```
Button('新增数据').onClick(()=>{
  this.cousomArray.push(new ArrayClass(20))
})
```

采用数组的操作方法push为cousomArray这个数组项新增了一个数据，效果如图1-36和图1-37所示。

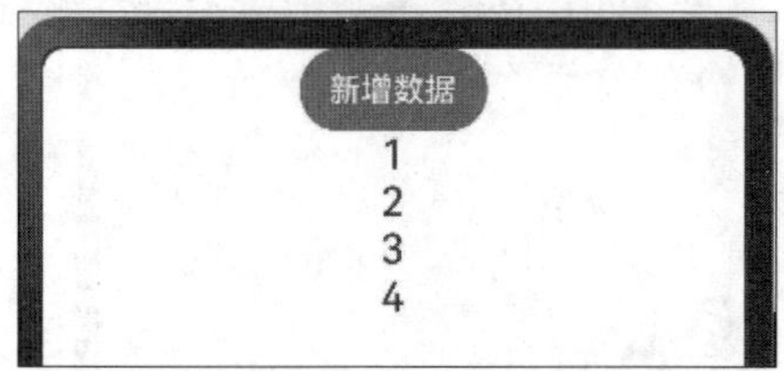

单击按钮前

图1-36 数组的新增操作1

单击按钮后

图1-37 数组的新增操作2

我们通过.value来获取数组中对应的数据，然后直接进行赋值操作，是否可以呢？

直接对数组中的属性进行赋值，代码如下：

```
Button('直接赋值').onClick(()=>{
  this.cousomArray[0].value = 10
})
```

效果如图1-38所示。可以发现这种赋值方式是不可以的。

图1-38 对数组中的属性进行赋值

1.3.2 @Prop

@Prop装饰器用于将父组件的数据传递给子组件，使得子组件能够接收和使用这些数据。

@Prop装饰器具有以下特点：

- 单向下行绑定：父组件的状态变化会同步到子组件的@Prop变量，但子组件@Prop变量的修改不会回传给父组件。
- 支持类型：Object、class、string、number、boolean、enum、数组，以及这些类型的联合体，如string | number。从API 11开始支持Map、Set类型。
- 建议对于undefined和null使用显式类型定义，以利用TypeScript的类型校验。
- 支持ArkUI框架的特定联合类型Length、ResourceStr、ResourceColor，必须指定类型。

@Prop和数据源类型需一致，包括简单数据类型同步、数组项同步以及对象属性同步。

嵌套传递层数建议不超过5层，以避免性能问题。

允许本地初始化@Prop变量，与@Require结合时父组件需构造传参。

> 注意 由@Prop装饰的变量在进行深拷贝时，除了基本类型、Map、Set、Date、Array之外，其他类型会丢失。@Prop装饰器不适用于使用@Entry装饰的自定义组件。

接下来从@Prop的不同使用场景来进一步了解其特性。

场景一：父组件@State到子组件@Prop简单数据类型同步

案例实现思路如下：

（1）在入口文件中用@State装饰器装饰一个count变量，声明两个按钮用于操作count的数据变化，添加一个Text文本组件来展示当前组件下的count值。

（2）引入子组件，用于展示，并将count作为值传递过去。

（3）定义一个子组件ChildComponent，子组件中用@Prop装饰器接收count的值，依旧定义两个按钮用于操作@Prop装饰器装饰的count数据，同样添加一个Text文本组件用于展示当前组件下的count值。

具体代码实现如图1-39所示。

初始效果如图1-40所示。

```
@Component
struct ChildComponent {
  @Prop count: number = 0

  build() {
    Column() {
      Button('子组件减一').onClick(() => {
        this.count -= 1
      })
      Button('子组件加一').onClick(() => {
        this.count += 1
      })
      Text(`此时子组件的值是:${this.count}`)
    }
  }
}

@Entry
@Component
struct Demo1_3_2Prop {
  @State count: number = 0;

  build() {
    Column() {
      Button('父组件减一').onClick(() => {
        this.count -= 1
      })
      Button('父组件加一').onClick(() => {
        this.count += 1
      })

      Text(`此时父组件的值是:${this.count}`)
      ChildComponent({ count: this.count })

    }
    .justifyContent(FlexAlign.Start)
    .height('100%')
    .width('100%')
  }
}
```

子组件布局：
检测@Prop装饰的数据在当前组件下被修改之后，父组件的数据是否会发生变化。

父组件布局：
1. 检测用@State装饰的数据被修改后，是否会向下流转到子组件
2. 检测子组件数据被修改后，父组件的数据是否会改变

图1-39　父组件状态至子组件属性的简单数据同步

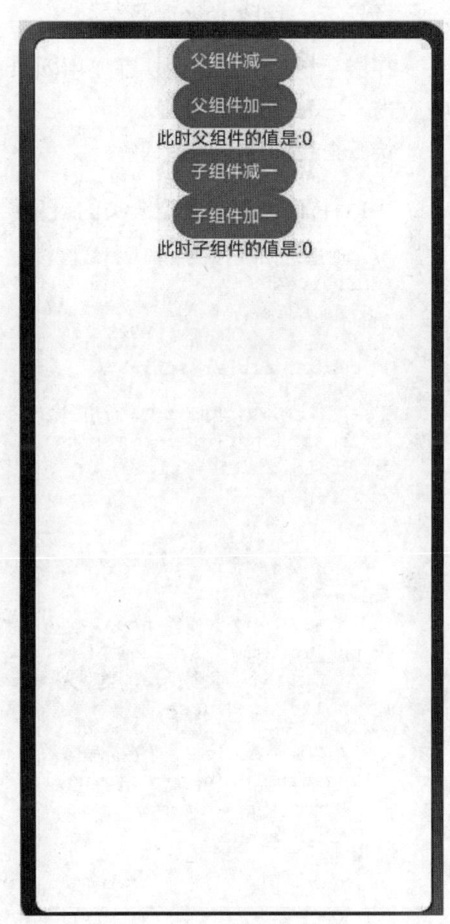

图1-40　初始效果

单击“父组件加一”按钮，此时父、子组件的count值均为1，效果如图1-41所示。

接着单击“子组件减一”按钮，此时发生了变化，父组件的count值依旧是1，但是子组件的count值却变成了0，效果如图1-42所示。

因此得出结论，@Prop装饰器是单向同步的，子组件@Prop变量的修改不会同步到父组件的状态变量上。

图1-41　单击父组件按钮

图1-42　单击子组件按钮

场景二：@Prop嵌套场景

在嵌套场景下，每一层都要用@Observed装饰，且每一层都要被@Prop接收，这样数据才能形成响应式。

接下来我们逐步地进行解析。

（1）首先创建一个嵌套类的对象结构，代码如下：

```
// 创建一个嵌套类对象的数据结构
@Observed
class ClassA {
  // 定义一个公共属性 title，类型为字符串
  public title: string;

  // 构造函数，接收一个字符串参数 title，并将其赋值给实例的 title 属性
  constructor(title: string) {
    this.title = title;
  }
}

@Observed
class ClassB {
  // 定义一个公共属性 name，类型为字符串
  public name: string;
  // 定义一个公共属性 a，类型为 ClassA 类的实例
  public a: ClassA;

  // 构造函数，接收一个字符串参数name和一个ClassA类的实例a，并分别赋值给实例的name和a属性
  constructor(name: string, a: ClassA) {
    this.name = name;
    this.a = a;
  }
}
```

（2）项目文件的结构布局如图1-43所示。

在父组件中，创建了两个按钮用于修改testObj这个ClassB类，同时为了验证在嵌套场景下，每一层都要用@Observed装饰，且每一层都要被@Prop接收，这样才能实现数据的动态渲染效果，我们在text组件上也添加了单击事件用于修改数据，但这不是必需的，主要为了方便演示。因为在ClassB类中，name属性并不在嵌套属性内，也就是说当嵌套的属性title发生了变化，但是页面没有发生改变时，如果name的数据发生了改变，那么页面中嵌套属性的数据也会跟着更新，但这并不是我们想要的效果。如果想要实现嵌套属性的动态渲染，应该怎么做呢？这里引入了Child1这个子组件，并用@Prop来接收嵌套的类ClassA，从而实现动态渲染。

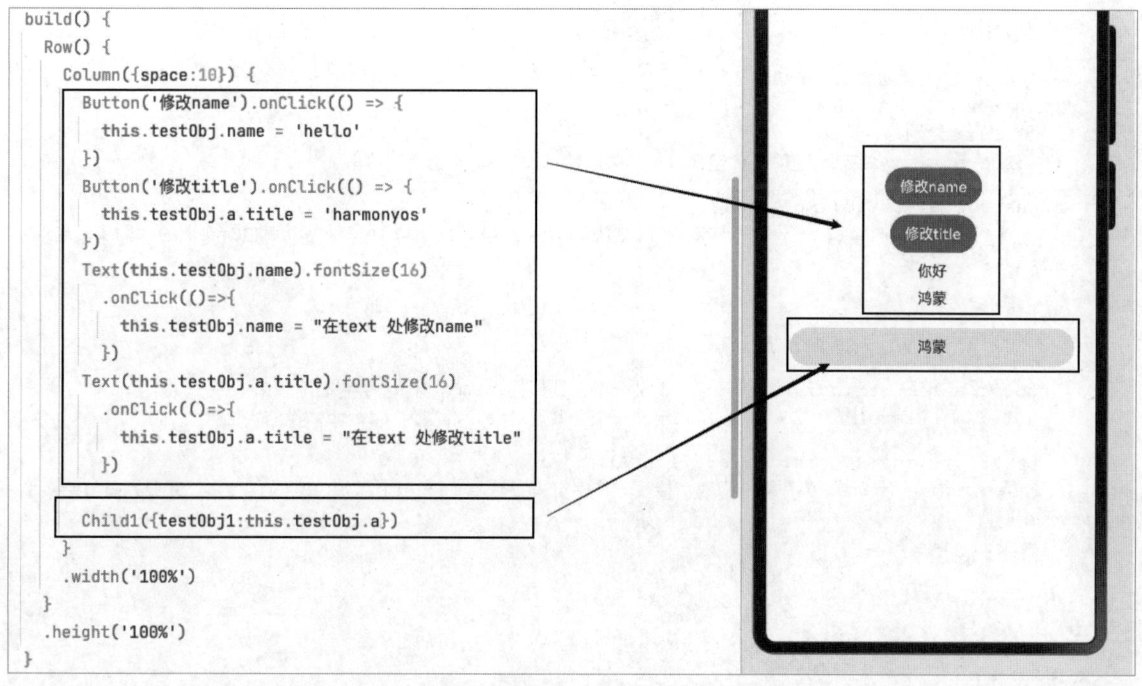
build() {
Row() {
Column({space:10}) {
Button('修改name').onClick(() => {
this.testObj.name = 'hello'
})
Button('修改title').onClick(() => {
this.testObj.a.title = 'harmonyos'
})
Text(this.testObj.name).fontSize(16)
.onClick(()=>{
this.testObj.name = "在text 处修改name"
})
Text(this.testObj.a.title).fontSize(16)
.onClick(()=>{
this.testObj.a.title = "在text 处修改title"
})
Child1({testObj1:this.testObj.a})
}
.width('100%')
}
.height('100%')
}
修改name
修改title
你好
鸿蒙
鸿蒙

图1-43　项目文件的结构布局

（3）编写子组件并使用@Prop来装饰ClassA，详细代码及解释如图1-44所示。

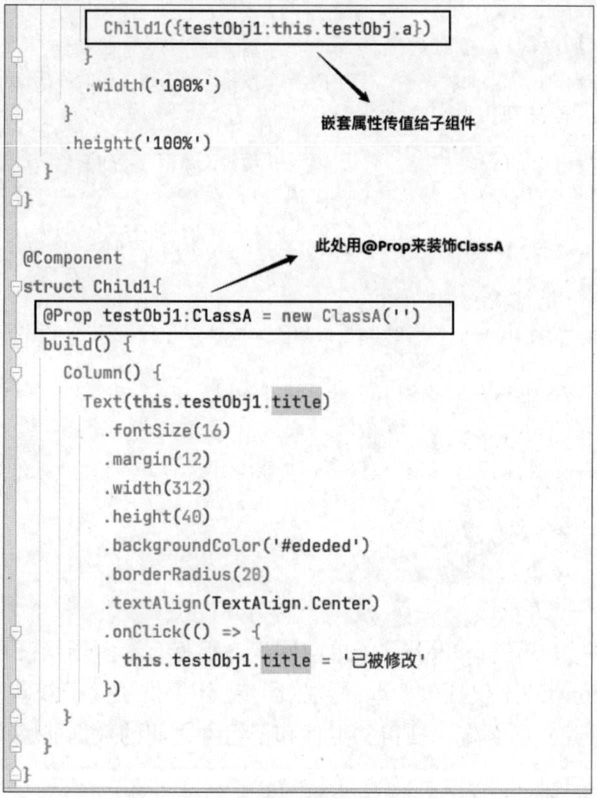

```
        Child1({testObj1:this.testObj.a})
      }
      .width('100%')
    }
    .height('100%')
  }
}

@Component
struct Child1{
  @Prop testObj1:ClassA = new ClassA('')
  build() {
    Column() {
      Text(this.testObj1.title)
        .fontSize(16)
        .margin(12)
        .width(312)
        .height(40)
        .backgroundColor('#ededed')
        .borderRadius(20)
        .textAlign(TextAlign.Center)
        .onClick(() => {
          this.testObj1.title = '已被修改'
        })
    }
  }
}
```

嵌套属性传值给子组件

此处用@Prop来装饰ClassA

图1-44　Child子组件

完整代码如下：

```
// 创建一个嵌套类对象的数据结构
@Observed
class ClassA {
  public title: string;   // 定义一个公共属性 title，类型为字符串

  constructor(title: string) {
    this.title = title    // 构造函数，接收一个字符串参数 title，并将其赋值给实例的 title 属性
  }
}

@Observed
class ClassB {
  public name: string;         // 定义一个公共属性 name，类型为字符串
  public a: ClassA;            // 定义一个公共属性 a，类型为 ClassA 类的实例

  constructor(name: string, a: ClassA) {
    this.name = name; // 构造函数，接收一个字符串参数name和一个ClassA类的实例a，并分别赋值给实例
的name和a属性
    this.a = a;
  }
}

@Entry
@Component
struct Demo1_2_3prop_Observed {
  @State testObj: ClassB = new ClassB('你好', new ClassA('鸿蒙')) // 定义一个状态变量 testObj，
类型为 ClassB，并初始化为一个新的 ClassB 实例

  build() {
    Row() {                          // 创建一个行布局
      Column({space:10}) {           // 创建一个列布局，设置间距为10
        Button('修改name').> {       // 创建一个按钮，单击该按钮时修改testObj的name属性
          this.testObj.name = 'hello'
        })
        Button('修改title').> {      // 创建一个按钮，单击该按钮时修改testObj的a属性的title属性
          this.testObj.a.title = 'harmonyos'
        })
        Text(this.testObj.name).fontSize(16)          // 创建一个文本组件，用于显示testObj的
name属性，字体大小为16
          .>{
            this.testObj.name = "在text 处修改name"     // 单击文本组件时修改testObj的name属性
          })
        Text(this.testObj.a.title).fontSize(16)       // 创建一个文本组件，用于显示testObj的a
属性的title属性，字体大小为16
          .>{
            this.testObj.a.title = "在text 处修改title" // 单击文本组件时修改testObj的a属性的
title属性
          })
```

1.3.3 @Link

在项目开发的过程中如果只有@Prop父子单向同步，那将有许多场景在开发的过程中产生过多不必要的代码。因此，HarmonyOS不仅提供了单向数据同步，还提供了父子双向同步的方法——@Link。

@Link装饰器用于创建双向绑定，使得父组件和子组件之间的数据能够实时同步更新。

注意 @Link装饰器不能在@Entry装饰的自定义组件中使用。

接下来通过一个案例来讲解@Link的使用方法。

父组件代码结构如图1-45所示。

```
build() {
  Column({ space: 10 }) {
    Text(`这是父组件的值：${this.countDownStartValue}，改变会传给子组件。`)
    Row() {
      // 父组件的数据源的修改会同步给子组件
      Button(`+1`).onClick(() => {
        this.countDownStartValue += 1;
      })
      Button(`-1`).onClick(() => {
        this.countDownStartValue -= 1;
      })
    }
    .justifyContent(FlexAlign.SpaceEvenly)
    .width("100%")

    Divider().strokeWidth(5).color('#fff000')
    // 子组件
    CountDownComponent({ count: this.countDownStartValue })
  }
}
```

父组件修改数据，同步给子组件

子组件修改数据，同步给父组件

这是父组件的值：10，改变会传给子组件。

+1 -1

这是子组件的值：10，改变会影响到父组件。

+1 -1

图1-45 父组件代码结构

子组件代码结构如图1-46所示。

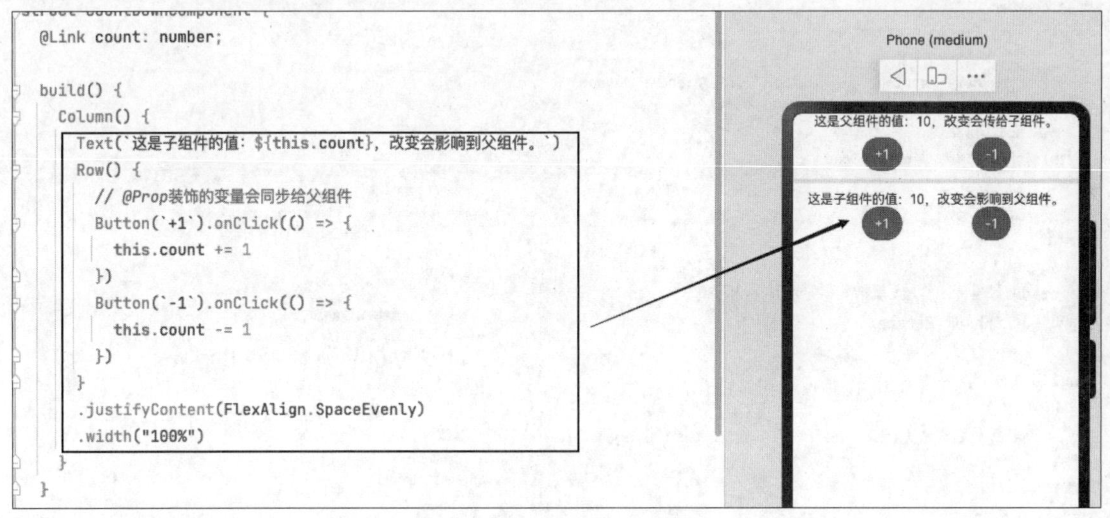

图1-46 子组件代码结构

在父组件中通过@State定义变量countDownStartValue，子组件通过@Link使用组件传值的方式来接收变量，此时便可以实现父、子组件数据的双向同步。具体效果：当单击父组件的“+1”或者“-1”按钮时父、子组件的值会同时改变；同样单击子组件的“+1”或者“-1”按钮时父、子组件的值也会同时改变，从而实现了父、子组件的双向同步。这里需要注意的是子组件的传值方式：

```
CountDownComponent({ count: $countDownStartValue })
```

这里$countDownStartValue可以写成this.countDownStartValue，主要区别于是否添加$符号。Count既是接收的变量，也是@Link装饰的变量。

1.3.4 @Observed和@ObjectLink

在开发过程中，不仅会用到简单的数据类型，一些复杂的数据类型也是经常需要处理的。对于复杂数据类型，比如二维数组或者数组项是class，或者class的属性是class等这类数据，它们的第二层属性的变化是无法动态渲染的。基于此，HarmonyOS提供了两个装饰器@Observed和@ObjectLink，用来操作此类数据。

@Observed装饰器用于监听对象属性的变化，而@ObjectLink则用于链接两个对象，确保它们的状态同步。

@Observed类装饰器用于装饰class，不需要参数，用于观察属性变化，配合@ObjectLink使用。@ObjectLink变量装饰器用于指定必须为@Observed装饰的class实例的变量，支持复杂类型，如Date、Array、Map、Set以及它们的联合类型。@ObjectLink装饰的变量是只读的，不能改变分配的值。

@Observed和@ObjectLink装饰器用于在涉及嵌套对象或数组元素为对象的场景中进行双向数据同步。

在1.3.2节的@Prop嵌套场景中有对上述装饰器的一些介绍，接下来从@Observed和@ObjectLink的使用场景开始，详细介绍两个装饰器的使用。

观察如图1-47所示的基本案例。

```
@Observed
class Person {                    定义一个复杂的数据结构
  name: string
  age: number
  girlfriend: Person | undefined

  constructor(name: string, age: number, girlfriend?: Person) {
    this.name = name
    this.age = age
    this.girlfriend = girlfriend
  }
}
```

```
//子组件
@Component
struct Childs {    用于接收传值，同时赋予动态属性
  @ObjectLink p: Person

  build() {
    Column() {
      Text(`姓名: ${this.p.name} , 年龄 ${this.p.age} `)
    }
  }
}
```

```
@Entry
@Component
struct Demo1_3_4 {      初始化数据
  @State p: Person =
    new Person('小明', 20, new Person('李华', 19))
  @State gfs: Person[] = [
    new Person('韩梅梅', 20),
    new Person('刘夏', 21),
  ]
  build() {
    Column() {
      // 传值
      Childs({ p: this.p.girlfriend })    给子组件传值
      Text('女友的列表')
      ForEach(this.gfs, (item: Person) => {
        Childs({ p: item }).onClick(() => {
          item.age++
        })
      })
      Text('父组件中嵌套数据的变化')
      ForEach(this.gfs, (item: Person) => {
        Text(`姓名: ${item.name} , 年龄 ${item.age} `).onClick(() => {
          item.age++
        })
      })
    }
    .width('100%')
    .height('100%')
  }
}
```

图1-47　基本案例

在这个案例中可以发现以下几种现象：

- 单击子组件的元素时，对应的数据会同步更新。
- 单击父组件元素时，对应的数据不会同步更新，相反子组件的数据会进行更新。

子组件的单击事件可以改成如下方法，效果一致：

```
Child({ p: item }).onClick(() => {
  item.age++
})
```

完整代码如下：

```
@Observed
class Person {
  name: string
  age: number
  girlfriend: Person | undefined

  constructor(name: string, age: number, girlfriend?: Person) {
    this.name = name
    this.age = age
    this.girlfriend = girlfriend
  }
}


    @Entry
    @Component
    struct Demo1_3_4 {
      @State p: Person =
        new Person('小明', 20, new Person('李华', 19))
      @State gfs: Person[] = [
        new Person('韩梅梅', 20),
        new Person('刘夏', 21),
      ]
      build() {
        Column() {
          // 传值
          Child({ p: this.p.girlfriend })
          Text('女友的列表')
          ForEach(this.gfs, (item: Person) => {
            Child({ p: item }).onClick(() => {
              item.age++
            })
          })
          Text('父组件中嵌套数据的变化')
          ForEach(this.gfs, (item: Person) => {
            Text(`姓名: ${item.name} , 年龄 ${item.age} `).onClick(() => {
              item.age++
            })
          })
        }
        .width('100%')
        .height('100%')
      }
    }

// 子组件
@Component
struct Child {
  @ObjectLink p: Person

  build() {
    Column() {
```

```
        Text(`姓名: ${this.p.name} , 年龄 ${this.p.age} `)
      }
    }
  }
```

1.3.5 @Consume和@Provide

设想这样一种场景，有3个及以上的组件层级，类似于如图1-48所示的组件层级。如果子组件3要访问根组件的某个变量，我们应该如何去做呢？此时的想法可能是将根组件的变量传递给子组件1，然后从子组件1传递给子组件2，最后从子组件2传递给子组件3。虽然这样可以实现我们的目的，但是设想一下，如果组件的嵌套层次达到100层呢。对此HarmonyOS提供了两个装饰器@Consume和@Provide，主要用于在多个层级之间传递数据的场景。

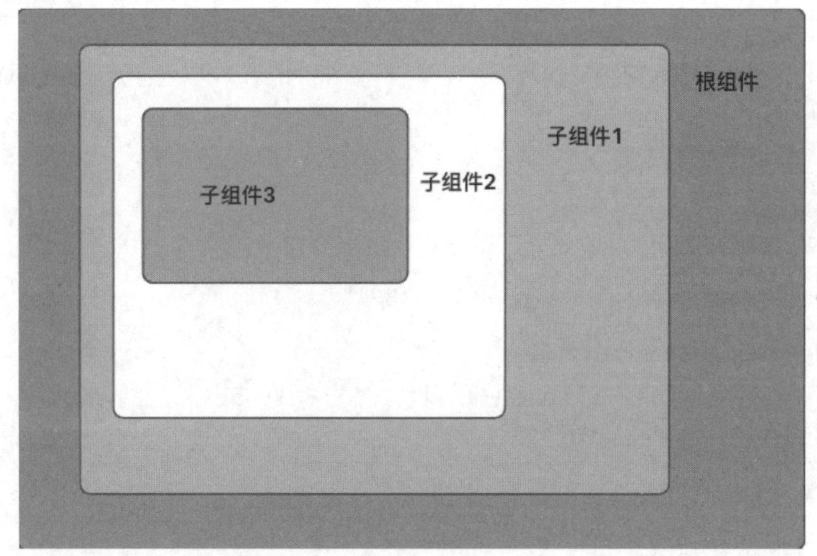

图1-48 组件层级

这种双向数据同步的机制为开发者提供了一种优雅的方式来管理状态数据的流动，尤其适用于多层级的父子组件之间的数据传递。

@Consume和@Provide装饰器特性如下：

- @Provide装饰的变量位于祖先节点中，被提供给后代组件，可以看作“提供”给后代的状态变量。
- @Consume装饰的变量位于后代组件中，用于“消费（绑定）”祖先节点提供的变量。

接下来通过案例来掌握这两个装饰器的具体使用场景。在案例中，单击根组件的按钮可以修改变量的数据，同时单击@Consume 装饰的后代组件中的按钮依旧可以修改此变量，具体代码示例以及代码解释如图1-49所示。

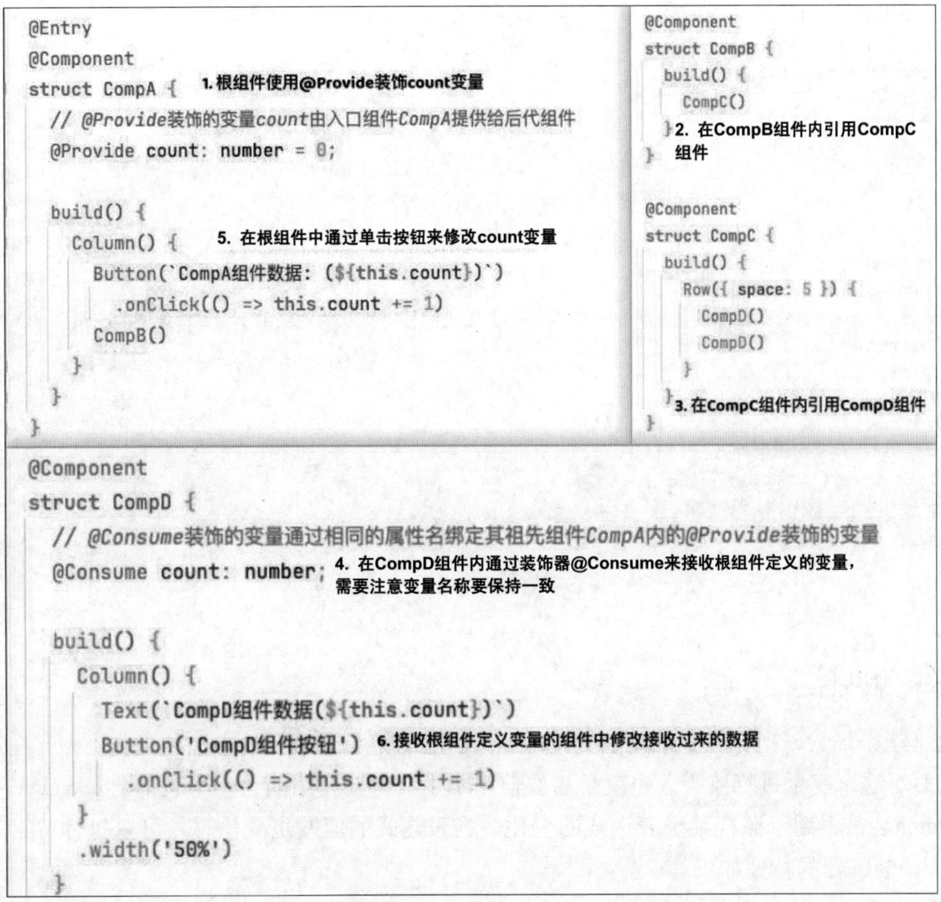

```
@Entry
@Component
struct CompA {        1.根组件使用@Provide装饰count变量
  // @Provide装饰的变量count由入口组件CompA提供给后代组件
  @Provide count: number = 0;

  build() {
    Column() {        5. 在根组件中通过单击按钮来修改count变量
      Button(`CompA组件数据: (${this.count})`)
        .onClick(() => this.count += 1)
      CompB()
    }
  }
}
```

```
@Component
struct CompB {
  build() {
    CompC()
  } 2. 在CompB组件内引用CompC
}    组件

@Component
struct CompC {
  build() {
    Row({ space: 5 }) {
      CompD()
      CompD()
    }
  } 3. 在CompC组件内引用CompD组件
}
```

```
@Component
struct CompD {
  // @Consume装饰的变量通过相同的属性名绑定其祖先组件CompA内的@Provide装饰的变量
  @Consume count: number; 4. 在CompD组件内通过装饰器@Consume来接收根组件定义的变量，
                          需要注意变量名称要保持一致

  build() {
    Column() {
      Text(`CompD组件数据(${this.count})`)
      Button('CompD组件按钮') 6.接收根组件定义变量的组件中修改接收过来的数据
        .onClick(() => this.count += 1)
    }
    .width('50%')
  }
```

图1-49　代码示例

完整代码如下：

```
@Entry
@Component
struct CompA {
  // @Provide装饰的变量count由入口组件CompA提供给后代组件
  @Provide count: number = 0;

  build() {
    Column() {
      Button(`CompA组件数据: (${this.count})`)
        .onClick(() => this.count += 1)
      CompB()
    }
  }
}

@Component
struct CompB {
  build() {
    CompC()
  }
}

@Component
```

```
struct CompC {
  build() {
    Row({ space: 5 }) {
      CompD()
      CompD()
    }
  }
}

@Component
struct CompD {
  // @Consume装饰的变量通过相同的属性名绑定其祖先组件CompA内的用@Provide装饰的变量
  @Consume count: number;

  build() {
    Column() {
      Text(`CompD组件数据(${this.count})`)
      Button('CompD组件按钮')
        .onClick(() => this.count += 1)
    }
    .width('50%')
  }
}
```

1.3.6 @Watch

有这样一个场景，当一个变量发生变化时，页面中的某个元素会动态地显示与隐藏。在这种情况下，就需要对这个变量进行监听，也就是需要使用本小节将要介绍的另一个装饰器@Watch。

@Watch装饰器用于监视某个表达式的变化，当表达式的值发生变化时，可以执行特定的逻辑操作。@Watch装饰器的特性如下：

- @Watch装饰器用于监听状态变量变化并执行回调。
- 装饰器参数必须是对(string) => void类型函数的引用。
- @Watch适用于所有被装饰器标记的状态变量，不包括常规变量。
- 推荐先使用@State、@Prop、@Link等装饰器，再使用@Watch。

在下面的案例中，用@Watch装饰器装饰父组件传过来的变量hasShow，并定义函数handleChange，当监听的数据发生变化时，handleChange函数就会被触发。因此，我们可以在这里进行一些相关的操作，如图1-50所示。

```
struct ChildWatch{      监听hasShow的数据变化
  @Prop @Watch('handleChange') hasShow:boolean = true
  @State childCom:boolean = true
  handleChange():void{
    this.childCom = this.hasShow
  }                     当hasShow数据发生变化时进行的操作
  build() {
    Column(){
      Text(`当前监听的值是: ${this.hasShow}`)
      if (this.childCom){
        Text('这是子组件的内容')
      }
    }
```

```
@Component
struct Demo1_3_6Watch {
  @State hasShow: boolean = true;
  build() {
    Column() {
      Button('修改hasShow 状态').onClick(()=>{
        this.hasShow = ! this.hasShow
      })
      ChildWatch({hasShow:this.hasShow})
    }
    .width('100%')
    .height('100%')
  }
}
```

图1-50　@watch的使用

完整代码如下：

```
// 定义一个名为Demo1_3_6Watch的组件，用于展示状态监听和子组件更新
@Entry
@Component
struct Demo1_3_6Watch {
  // 定义一个名为hasShow的状态变量，初始值为true
  @State hasShow: boolean = true;

  // 构建组件的方法
  build() {
      Column() {
         // 创建一个按钮，单击该按钮时修改hasShow的值
         Button('修改hasShow 状态').>{
            this.hasShow = ! this.hasShow
         })
        // 创建一个ChildWatch组件，并将hasShow作为props传递给它
        ChildWatch({hasShow:this.hasShow})
      }
      // 设置组件的宽度和高度为100%
      .width('100%')
      .height('100%')
  }
}

// 定义一个名为ChildWatch的组件，用于监听父组件传递过来的props的变化
@Component
struct ChildWatch{
  // 定义一个名为hasShow的props，并监听它的值的变化
  @Prop @Watch('handleChange') hasShow:boolean = true
  // 定义一个名为childCom的状态变量，初始值为true
  @State childCom:boolean = true

  // 当hasShow发生变化时调用的方法
  handleChange():void{
     this.childCom = this.hasShow
  }

  // 构建组件的方法
  build() {
    Column(){
      // 显示当前监听的值
      Text(`当前监听的值是：${this.hasShow}`)
      if (this.childCom){
        // 如果childCom为true，则显示子组件的内容
        Text('这是子组件的内容')
      }
    }
  }
}
```

1.4　ArkTS语言之状态管理进阶

在1.3节中介绍道，装饰器仅能在页面内即一个组件树上，共享状态变量。如果开发者要实现应用级的或者多个页面的状态数据共享，就需要用到应用级别的状态管理的概念。

ArkTS拥有多种应用状态的管理能力，包括：

- LocalStorage: 页面级UI状态存储，通常用于UIAbility内、页面间的状态共享。
- AppStorage: 特殊的单例LocalStorage对象，由UI框架在应用程序启动时创建，为应用程序UI状态属性提供中央存储。
- PersistentStorage: 持久化存储UI状态，通常和AppStorage配合使用，选择AppStorage存储的数据写入磁盘，以确保这些属性在应用程序重新启动时的值与应用程序关闭时的值相同。
- Environment: 应用程序运行的设备的环境参数，同步到AppStorage中，可以和AppStorage搭配使用。

1.4.1 LocalStorage：页面级UI状态存储

LocalStorage是页面级的UI状态存储，通过@Entry装饰器接收的参数可以在页面内共享同一个LocalStorage实例。LocalStorage支持UIAbility实例内多个页面间的状态共享。其具有如下特点：

- LocalStorage是ArkTS提供的内存“数据库”，用于存储页面级别的状态变量。
- 应用程序可以创建多个LocalStorage实例，并支持在页面内和跨页面、UIAbility实例间共享。
- 根组件（@Entry装饰的@Component）可分配LocalStorage实例，其子组件自动获得访问权限。
- 每个组件最多访问一个LocalStorage实例和AppStorage，未标记@Entry的组件只能接收来自父组件的实例。
- LocalStorage属性是可变的，其生命周期由应用程序管理，垃圾回收由JS Engine负责。
- 提供了@LocalStorageProp和@LocalStorageLink两个装饰器，分别用于建立单向和双向同步关系。

1. @LocalStorageProp装饰器（单向同步）

我们可以通过以下几个步骤来创将一个简单的单向同步实例。

01 使用构造函数创建LocalStorage实例storage，通过setOrCreate('key',value)来设置存储的value（值），同时通过key来读取存储的值，代码如下：

```
let storage = new LocalStorage();
storage.setOrCreate('PropA',47);
```

02 使用@Entry装饰器将storage添加到顶层组件中，以“@LocalStorageProp(key) xxx:类型=值”的形式读取存储的值，其中xxx是自定义的变量名称，代码如下：

```
@Entry(storage)
@Component
struct Demo1 {
  @LocalStorageProp('PropA') localStorLink: number = 1
  build() {
    Column({ space: 15 }) {
      // 单击后从47开始加1，只改变当前组件显示的localStorLink，不会同步到LocalStorage中
      Button(`Parent from LocalStorage ${this.localStorLink}`)
        .onClick(() => this.localStorLink += 1)
      Demo2()
    }
  }
}
```

03 创建一个组件Demo2()用作参考，代码如下：

```
@Component
export struct Demo2 {
  // @LocalStorageProp变量装饰器与LocalStorage中的'PropA'属性建立单向绑定
  @LocalStorageProp('PropA') storProp2: number = 2;
  build() {
    Column({ space: 15 }) {
      // 当Demo1改变时，当前storProp2不会改变，显示47
      Text(`Parent from LocalStorage ${this.storProp2}`)
    }
  }
}
```

@LocalStorageProp装饰器（单向同步）效果如图1-51所示。

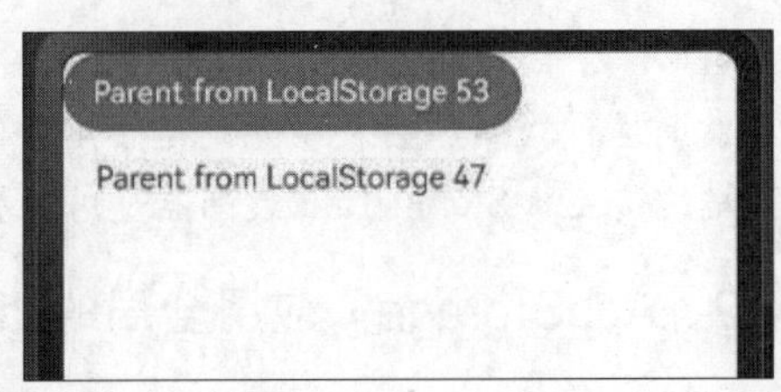

图1-51　@LocalStorageProp装饰器（单向同步）

通过效果图可以看到，父子组件均可以读取到存储的数据，但是当父组件的数据被修改时，子组件的数据并没有发生改变，或者说通过storage.setOrCreate存储的数据并不会发生改变。注意，需要将storage 添加到顶层组件@Entry(storage)中，否则无法读取到存储的数据。

2. @LocalStorageLink装饰器（双向同步）

双向同步的案例可直接使用@LocalStorageProp装饰器中的案例，只需将对应的@LocalStorageProp装饰器改为@LocalStorageLink即可。同时为了展示双向同步的效果，需要对子组件进行简单的修改。子组件内容如下：

```
@Component
struct demo2{
  // @LocalStorageLink 与 LocalStorage中的'PropA'属性建立双向绑定
  @LocalStorageLink('PropA') storageLinkTwo : number = 1;

  build(){
   Button('Child from LocalStorage ${this.storageLinkTwo}')
     // 更改将同步至LocalStorage中的'PropA'以及Parent.storageLinkOne
     .onClick(()=> this.storageLinkTwo += 1)
  }
}
```

完整代码如下：

```
let storage = new LocalStorage();
storage.setOrCreate( 'PropA', 47 )
@Component
struct demo2{
  // @LocalStorageLink 与 LocalStorage中的'PropA'属性建立双向绑定
  @LocalStorageLink('PropA') storageLinkTwo : number = 1;

  build(){
    Button(`Child from LocalStorage ${this.storageLinkTwo}`)
      // 更改将同步至LocalStorage中的'PropA'以及Parent.storageLinkOne
      .onClick(()=> this.storageLinkTwo += 1)
  }
}
// 使LocalStorage可从@Component组件访问
@Entry(storage)
@Component
```

```
struct demo1 {
  // @LocalStorageLink 与 LocalStorage中的'PropA'属性建立双向绑定
  @LocalStorageLink('PropA') storageLinkOne : number = 1

  build() {
    Column({ space: 15 }) {
      Button(`Parent from LocalStorage ${this.storageLinkOne}`)
        .onClick(() => this.storageLinkOne += 1)
      // @Component子组件自动获得对LocalStoragePager LocalStorage实例的访问权限
      demo2()
    }
  }
}
```

此时运行代码，会发现无论是子组件的按钮，还是父组件的按钮，在触发时均会同步修改数据，也就是说@LocalStorageLink装饰器是可以和存储的数据进行双向同步的。

1.4.2　AppStorage：应用全局的UI状态存储

通过1.4.1节的学习，我们知道LocalStorage是一个页面级别的UI状态存储，同时通过@LocalStorageLink和@LocalStorageProp分别实现数据的双向同步和单向同步，本小节将讲解另一个状态存储AppStorage（全局的UI状态存储）。AppStorage也拥有两个装饰器，是@StorageProp和@StorageLink，分别对应LocalStorage中的@LocalStorageProp 和@LocalStorageLink，可以与存储的数据建立单向数据传递和双向数据传递。

AppStorage是和应用的进程绑定的，由UI框架在应用程序启动时创建，为应用程序UI状态属性提供中央存储。

1. @StorageProp装饰器（单向同步）

我们可以通过以下几个步骤来创建一个简单的单向同步实例。

01　创建一个UI内部的状态存储，代码如下：

```
AppStorage.SetOrCreate('Prop',60)
```

02　在入口组件中通过“@StorageProp('Prop')　xxx：类型 = 值”的方式来接收存储的数据，在UI界面上编写按钮来展示数据，当单击按钮时修改数据，代码如下：

```
@Entry
@Component
struct StoragePropPage {
  @StorageProp('Prop') storagePropOne: number = 1;
  build() {
    Column({ space: 15 }) {
      // 单击后从60开始加1，只改变当前组件显示的storagePropOne，不会同步到AppStorage中
      Button(`Parent from AppStorage ${this.storagePropOne}`).onClick(() =>
this.storagePropOne += 1)
      ChildStorageProp()
    }
  }
}
```

03　添加一个子组件ChildStorageProp，用于观察父组件在修改数据时是否为单向同步，代码如下：

```
@Component
struct ChildStorageProp {
```

```
  // @LocalStorageProp变量装饰器与LocalStorage中的'Prop'属性建立单向绑定
  @StorageProp('Prop') storagePropTwo: number = 2;

  build(){
    Column({ space: 15 }) {
      // 当StoragePropPage改变时，当前storagePropTwo不会改变，显示60
      Text(`Parent from AppStorage ${this.storagePropTwo}`)
    }
  }
}
```

代码运行效果如图1-52所示。

通过效果图可以看到，父子组件均可以读取到存储的数据，但是当父组件的数据被修改时，子组件的数据并没有发生改变，或者说通过StorageProp装饰器读取的数据是单向的。

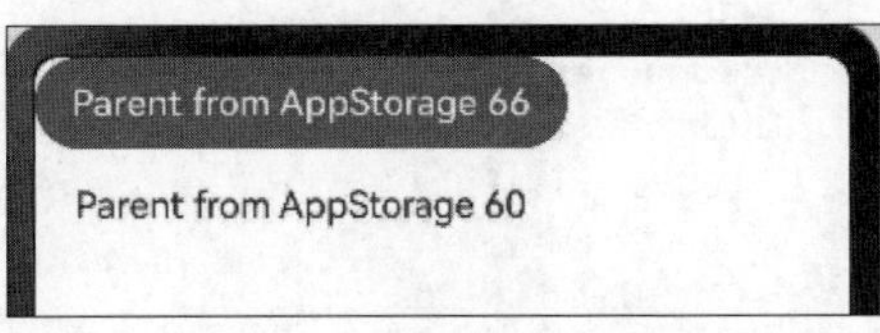

图1-52　@StorageProp装饰器

完整代码如下：

```
AppStorage.SetOrCreate('Prop',60)

@Entry
@Component
struct StoragePropPage {
  @StorageProp('Prop') storagePropOne: number = 1;

  build() {
    Column({ space: 15 }) {
      // 单击后从60开始加1，只改变当前组件显示的storagePropOne，不会同步到AppStorage中
      Button(`Parent from AppStorage ${this.storagePropOne}`).onClick(() =>
this.storagePropOne += 1)
      ChildStorageProp()
    }
  }
}

@Component
struct ChildStorageProp {
  @StorageProp('Prop') storagePropTwo: number = 2;

  build(){
    Column({ space: 15 }) {
      // 当StoragePropPage改变时，当前storagePropTwo不会改变，显示60
      Text(`Parent from AppStorage ${this.storagePropTwo}`)
    }
  }
}
```

2. @StorageLink装饰器（双向同步）

双向同步的案例可以直接使用@StorageProp装饰器中的案例，只需将对应的@StorageProp装饰器改为@StorageLink即可。同时为了展示双向同步的效果，需要对子组件进行简单的修改。

子组件代码如下：

```
@Component
struct ChildStorageProp2 {
  @StorageLink('Prop') storagePropTwo: number = 2;

  build(){
    Column({ space: 15 }) {
```

```
        Button(`Parent from AppStorage ${this.storagePropTwo}`).onClick(() =>
this.storagePropTwo += 1)

      }
    }
  }
```

完整代码如下：

```
  AppStorage.SetOrCreate('Prop',60)

  @Entry
  @Component
  struct StoragePropPage1 {
    @StorageLink('Prop') storagePropOne: number = 1;
    build() {
      Column({ space: 15 }) {
        Button(`Parent from AppStorage ${this.storagePropOne}`).onClick(() =>
this.storagePropOne += 1)
        ChildStorageProp2()
      }
    }
  }
  @Component
  struct ChildStorageProp2 {
    @StorageLink('Prop') storagePropTwo: number = 2;
    build(){
      Column({ space: 15 }) {
        Button(`Parent from AppStorage ${this.storagePropTwo}`).onClick(() =>
this.storagePropTwo += 1)
      }
    }
  }
```

此时运行代码，会发现无论是子组件的按钮还是父组件的按钮，在触发时均会同步修改数据，也就是说@StorageLink装饰器是可以和存储的数据进行双向同步的

注意 无论是1.4.1节中的LocalStorage页面级UI状态存储，还是1.4.2节中的AppStorage应用全局的UI状态存储，均在UI内部使用，而非应用逻辑内，这一知识点会在后面的章节中进行讲解。

1.4.3 PersistentStorage：持久化存储UI状态

前两节介绍的LocalStorage和AppStorage都是运行时的内存，但是在应用退出并再次启动后，依然能保存选定的结果，是应用开发中十分常见的现象，这就需要用到PersistentStorage。PersistentStorage的特性主要有以下几点：

- PersistentStorage将选定的AppStorage属性保留在设备磁盘上。
- 应用程序通过API来决定哪些AppStorage属性应借助PersistentStorage持久化。
- UI和业务逻辑不直接访问PersistentStorage中的属性，所有属性访问都是对AppStorage的访问，AppStorage中的更改会自动同步到PersistentStorage。
- PersistentStorage和AppStorage中的属性建立双向同步。应用开发通常通过AppStorage访问PersistentStorage。

需要注意的是，PersistentStorage支持number、string、boolean、enum等简单类型和可JSON化的对

象，但不包括Date、Map、Set等复杂内置类型和对象的属性方法；不支持嵌套对象、undefined和null。应避免持久化大型数据集和经常变化的变量，且数据量应控制在2KB以内，以避免影响UI性能。大量数据存储建议使用数据库。PersistentStorage仅限UI页面内使用。

我们通过以下几个步骤来实现从AppStorage中访问PersistentStorage初始化的属性。

01 初始化PersistentStorage：

```
PersistentStorage.PersistProp('Aprop', 30);
```

02 在组件内部通过StorageLink来获取对应的属性：

```
@StorageLink('Aprop') aProp: number = 1
```

完整代码如下：

```
PersistentStorage.PersistProp('Aprop', 30);

@Entry
@Component
struct PersistentStoragePage {
  @StorageLink('Aprop') aProp: number = 1

  build() {
    Row() {
      Column() {
        // 应用退出时会保存当前结果。重新启动后，会显示上一次的保存结果
        Button(`当前值${this.aProp}`).onClick(() => this.aProp += 1)

      }
    }
  }
}
```

该案例与其他的存储相比，区别在于应用退出时会保存当前结果，重新启动后会显示上一次的保存结果。

1.5 ArkTS语言之动态构建UI元素

本节将会介绍一些新的装饰器组件，这些装饰器将会使我们的开发更加方便、快捷。

1.5.1 @Builder

1. @Builder是什么

在开发的过程中，当页面中有多个相同的UI结构时，如果每个都单独声明，会造成大量的重复代码。为了避免产生重复的代码，我们可以将相同的UI结构提炼为一个自定义组件，用于完成UI结构的复用。

除了上述方法之外，ArkTS 还提供了一种更轻量的UI结构复用机制——@Builder装饰器。开发者可以将重复使用的UI元素抽象成一个@Builder方法，该方法可在build()方法中多次调用，以完成UI结构的复用。

2. @Builder的使用

@Builder的使用分为组件内的使用和全局的使用，下面通过两个例子来进行讲解。

1）@Builder在组件内的使用

@Builder在组件内使用的语法是：

- 定义结构时要放在struct的里面进行定义，也就是在组件内定义。
- 定义的语法是：@Builder xxxx(){ ... }，其中xxxx是自定义的名称。
- 在组件内使用“this.自定义名称”的方式进行使用，如this.xxxx()。

示例代码如下：

```
@Entry
@Component
struct Demo1_5_1Builder_in {
  @State message: string = 'Hello World';

  build() {
    Column() {
      Row({ space: 50 }) {
        //复用UI结构
        this.compButtonBuilder('编辑', () => console.log('编辑'))
        this.compButtonBuilder('发送', () => console.log('发送'))
      }
    }.width('100%')
    .height('100%')
    .justifyContent(FlexAlign.Center)
  }

  //定义UI结构
  @Builder compButtonBuilder(text: string, callback: () => void) {
    Button() {
      Row({ space: 10 }) {
        Text(text)
          .fontColor(Color.White)
          .fontSize(25)
      }
    }.width(120)
    .height(50)
    .onClick(callback)
  }
}
```

在示例代码中，在build的同级中使用@Builder来装饰一个自定义的函数名称，用来定义UI结构，自定义函数接收两个参数，text和事件回调；在build组件中使用“this.自定义函数名”的方式来复用我们定义的UI结构。

效果如图1-53所示。

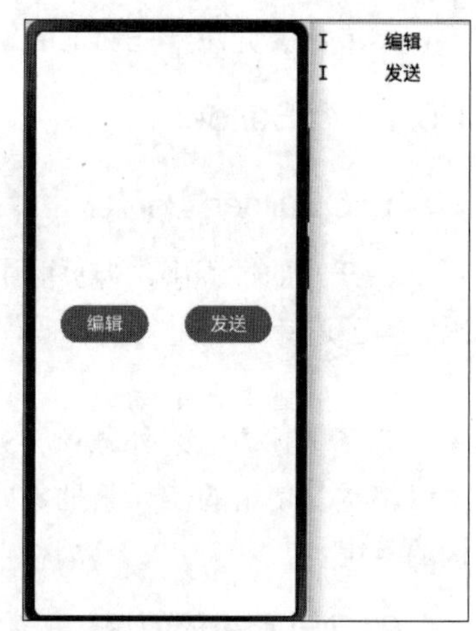

图1-53　@Builder在组件内的使用

2）@Builder在全局的使用

@Builder在全局的使用与在UI组件内部的使用是有一些区别的，主要区别如下：

- 定义结构时要放在struct的外面进行定义，也就是在全局定义。
- 定义的语法是：@Builder function xxxx(){}，其中xxxx是自定义的名称。
- 直接在组件内使用自定义名称即可，如xxxx()。

示例代码如下：

```
@Entry
@Component
struct Demo1_5_1Builder_global {
  @State message: string = 'Hello World';

  build() {
    Column() {
      Row({ space: 50 }) {
        //复用UI结构
        globalButtonBuilder( '编辑', () => console.log('编辑'))
        globalButtonBuilder('发送', () => console.log('发送'))
      }
    }.width('100%')
    .height('100%')
    .justifyContent(FlexAlign.Center)
    }
}

//定义UI结构
@Builder function globalButtonBuilder( text: string, callback: () => void) {
  Button() {
    Row({ space: 10 }) {
      Text(text)
        .fontColor(Color.White)
        .fontSize(25)
    }
  }.width(120)
  .height(50)
  .onClick(callback)
}
```

在上述示例代码中，在struct的外面使用@Builder function xxxx(){}来定义UI结构，自定义函数接收两个参数，text和事件回调；在build的组件中使用自定义函数名的方式来复用我们定义的UI结构。

效果如图1-53所示。

1.5.2 @BuilderParam

@BuilderParam用于装饰自定义组件（struct）中的属性，装饰的属性可作为一个UI结构的占位符，待创建该组件时，可通过参数为其传入具体的内容。其作用类似于Vue框架中的槽（slot）。

下面通过几个步骤来进一步了解@BuilderParam装饰器的用法。

01 定义一个组件，使用@BuilderParam占位，代码如下：

```
@Component
struct Container {
  //@BuilderParam属性
  @BuilderParam content: () => void
  build() {
    Column() {
      Text('其他内容')                    //其他内容
      this.content();                    //占位符
      Button('其他内容')                  //其他内容
    }
  }
}
```

02 使用@Builder装饰器来定义UI结构，代码如下：

```
@Builder function autoUI1() {
  Text('这是自定义插槽1')
}

@Builder function autoUI2() {
  Text('这是自定义插槽2')
}
```

03 在组件中通过传入不同的UI来填充结构，代码如下：

```
Container({content:autoUI1})
Divider().strokeWidth(20)
Container({content:autoUI2})
```

完整代码讲解如图1-54所示。

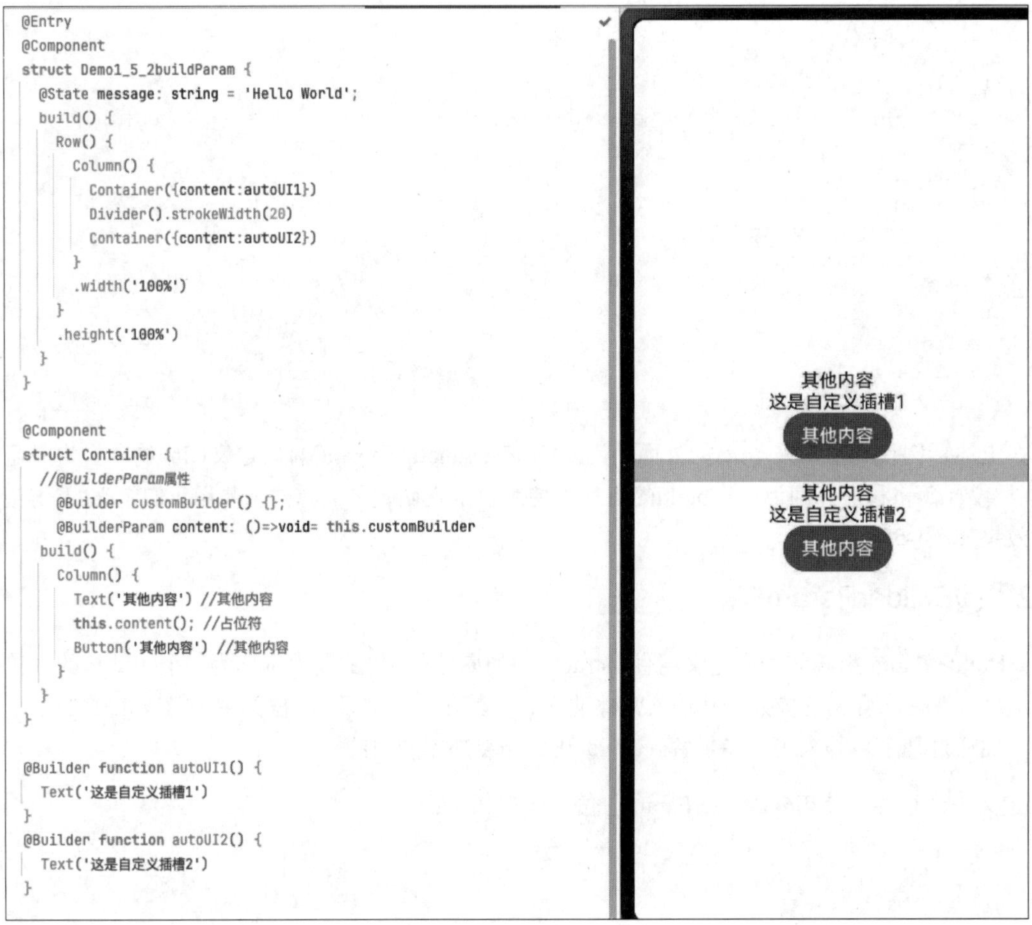

```
@Entry
@Component
struct Demo1_5_2buildParam {
  @State message: string = 'Hello World';
  build() {
    Row() {
      Column() {
        Container({content:autoUI1})
        Divider().strokeWidth(20)
        Container({content:autoUI2})
      }
      .width('100%')
    }
    .height('100%')
  }
}

@Component
struct Container {
  //@BuilderParam属性
    @Builder customBuilder() {};
    @BuilderParam content: ()=>void= this.customBuilder
  build() {
    Column() {
      Text('其他内容') //其他内容
      this.content(); //占位符
      Button('其他内容') //其他内容
    }
  }
}

@Builder function autoUI1() {
  Text('这是自定义插槽1')
}
@Builder function autoUI2() {
  Text('这是自定义插槽2')
}
```

其他内容
这是自定义插槽1
其他内容
其他内容
这是自定义插槽2
其他内容

图1-54　@BuilderParam装饰器

1.5.3　@Styles

在开发过程中，不可避免地要写一些样式来设置元素的展示形态，比如字体的粗细、图片的大小等，但是会有很多重复的样式。面对这些重复的样式，我们没有必要去粘贴复制。为了代码的简洁性和后续维护的便利性，可以提炼出一些公共样式进行复用，这时就会用到@Styles装饰器了。

在使用@Styles装饰器之前，需要明确以下几点：

- @Styles装饰器仅支持通用属性和通用事件。
- @Styles方法不支持参数。
- @Styles可以定义为全局，也可以定义在组件内，定义成全局时需要在方法名前面添加function关键字，组件内则不需要添加function关键字。
- @Styles关键字不支持export导出，只能在当前文件内使用。

@Styles装饰器的使用方法如下：

```
// 全局
@Styles function functionName() { ... }

//在组件内
@Component
struct FancyUse {
  @Styles fancy() {
    .height(100)
  }
}
@Styles装饰器使用案例
```

@Styles装饰器的示例代码如下：

```
// 定义一个全局的通用样式
@Styles function globalStyles(){
    .width(300)
    .height(200)
    .backgroundColor('#fff000')
    .margin(10)
    .padding(10)
}

@Entry
@Component
struct Demo1_5_3styles {
  // 定义组件内的通用样式
  @Styles myStyles(){
    .width(300)
    .height(200)
    .backgroundColor('#000fff')
    .margin(10)
    .padding(10)
  }
  build() {
      Column() {
      // 使用全局样式
        Text('这是全局样式')
          .globalStyles()
          .fontSize(20)
      // 组件内的样式
        Text('组件内的样式')
          .myStyles()
          .fontColor('#ffffff')
      }
      .width('100%')
```

```
      .height('100%')
  }
}
```

在上述示例代码中，分别定义了全局的Styles函数封装和组件内的函数封装。无论是全局的还是组件内的，只需在函数中使用“.属性名：属性”的格式即可。在使用过程中，直接将其当作普通的属性使用即可，同时也可以为当前的UI组件添加其他的一些样式。

效果如图1-55所示。

1.5.4 @Extend

在1.5.3节中讲解了@Styles装饰器，我们可以使用@Styles进行样式的封装，对相同的样式进行重用。本小节介绍的@Extend装饰器的作用主要是扩展原生组件的样式。

图1-55　@Styles装饰器

@Extend装饰器的使用语法如下：

```
@Extend(ui组件名称) function functionName { ... }
```

在使用@Extend装饰器时，需要注意以下几点：

- @Extend装饰器仅支持在全局定义，不支持在组件内定义。
- @Export只能在当前文件内使用，不支持export的导出。
- @Extend支持封装指定组件的私有属性、私有事件和自身定义的全局方法。
- @Extend装饰的方法支持参数，可以在调用时传递参数，调用遵循TypeScript方法传值调用。

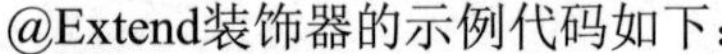

@Extend装饰器的示例代码如下：

```
@Entry
@Component
struct Demo1_5_4Extend {
  build() {
    Row({ space: 10 }) {
      Text('商品')
        .TextExtendStyle(100, Color.White, 20)
      Text('harmonyos')
        .TextExtendStyle(200, Color.Pink,30)
      Text('单框架鸿蒙')
        .TextExtendStyle(300, Color.Orange,40)
    }
  }
}

@Extend(Text) function TextExtendStyle(weight:number, color:Color, fontSize:number) {
   .fontWeight(weight)
  .fontColor(color)
  .fontSize(fontSize)
  .backgroundColor('#000000')
}
```

在上述示例代码中，3个Text UI组件拥有共同的样式属性，只是每个属性的值不同。此时我们可以将公共的样式属性放到@Extend中，并通过传参的方式来设置每个属性的值。这样可使代码更加整洁，同时也减少了代码量

1.6　实战：自定义导航

前面几节讲解了ArkTS相关的一些装饰器，但是还有一个比较重要的装饰器——@Component没有用到，本节将以实战的形式一并展示这些装饰器的用法。

本实战的目标是创建一个子组件，在父组件中传递参数，并在子组件中展示。

在讲解本实战之前，先来学习一下自定义组件的基本用法。示例代码如下：

```
@Component
struct HelloComponent {
  @State message: string = 'Hello, World!';
  build() {
    // HelloComponent自定义组件组合系统组件Row和Text
    Row() {
      Text(this.message)
        .onClick(() => {
          // 状态变量message的改变驱动UI刷新，UI从'Hello, World!'刷新为'Hello, ArkUI!'
          this.message = 'Hello, ArkUI!';
        })
    }
  }
}
```

这段代码定义了一个名为HelloComponent的自定义组件。在这个例子中，我们使用了@Component注解来标记这是一个自定义组件，然后定义了一个状态变量message，其初始值为'Hello, World!'。build方法是组件的核心，它返回一个UI元素。在这个例子中，返回了一个Row组件，它包含一个Text组件。Text组件显示了message变量的值。当message变量的值发生变化时，UI会自动刷新以显示新的值。在这个例子中，我们将message的值更改为'Hello, ArkUI!'，这将导致UI从显示'Hello, World!'变为显示'Hello, ArkUI!'。

需要注意的是，如果要在其他文件中引用这个自定义组件，需要使用export关键字导出它，并在使用的页面中使用import关键字导入该自定义组件。这样，其他文件就可以使用这个组件了。

下面来介绍本实战的操作步骤。

01 创建基础页面布局，代码如下：

```
// 定义一个名为Index的组件
@Entry
@Component
struct Index {
  // 定义一个状态变量message，初始值为'Hello World'
  @State message: string = 'Hello World';

  // 构建组件的方法
  build() {
    // 创建一个垂直布局容器，子元素之间的距离为10
    Column({space:10}) {
      // 创建一个分割线，宽度为100%，线宽为2，颜色为黑色
      Divider().width('100%')
        .strokeWidth(2)
        .color(Color.Black)
      // 创建一个水平布局容器
      Row(){
```

```
        //在水平布局容器中添加一个文本组件，用于显示message的值
        Text(this.message)
      }
    }
    // 设置组件的宽度和高度为100%
    .width('100%')
    .height('100%')
  }
}
```

02 创建导航子组件，操作过程如图1-56所示：在目录中选中Pages并右击，在弹出的快捷菜单中选择“新建”，然后选择ArkTS File，接着输入子组件的名称。

子组件内容如图1-57所示。

图1-56　创建导航子组件

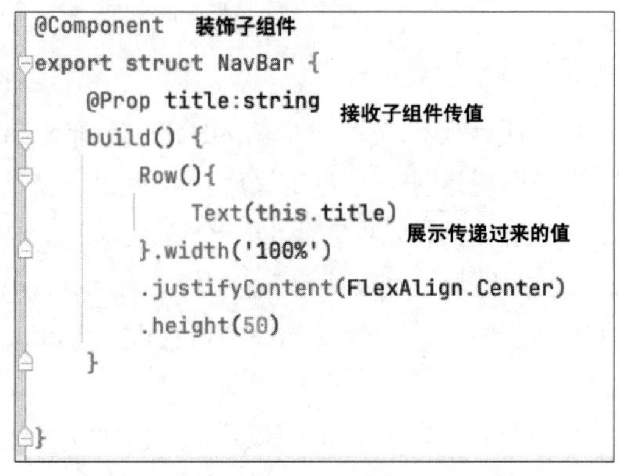

图1-57　子组件内容

03 父组件相关修改如下：

（1）通过import导入子组件。

（2）可以通过as关键字进行重命名：

```
import  {Navbar} from './Navbar'
```

（3）定义传递参数的变量：

```
@State title:string ='标题内容'
```

（4）在页面中使用子组件并传参：

```
Navbar({title:this.title})
```

完整代码如下：

```
// 导入Navbar组件
import { Navbar } from './Navbar';
// 定义一个名为Index的组件
```

```
@Entry
@Component
struct Index {
  // 定义一个状态变量message，初始值为'Hello World'
  @State message: string = 'Hello World';
  // 定义一个状态变量title，初始值为'标题内容'
  @State title: string = '标题内容';

  // 构建组件的方法
  build() {
    // 创建一个垂直布局容器，子元素之间的距离为10
    Column({ space: 10 }) {
      // 添加一个Navbar组件，传入title属性
      Navbar({ title: this.title });
      // 创建一个分割线，宽度为100%，线宽为2，颜色为黑色
      Divider().width('100%')
        .strokeWidth(2)
        .color(Color.Black);
      // 创建一个水平布局容器
      Row() {
        //在水平布局容器中添加一个文本组件，用于显示message的值
        Text(this.message);
      }
    }
    // 设置组件的宽度和高度为100%
    .width('100%')
    .height('100%');
  }
}
```

效果如图1-58所示。

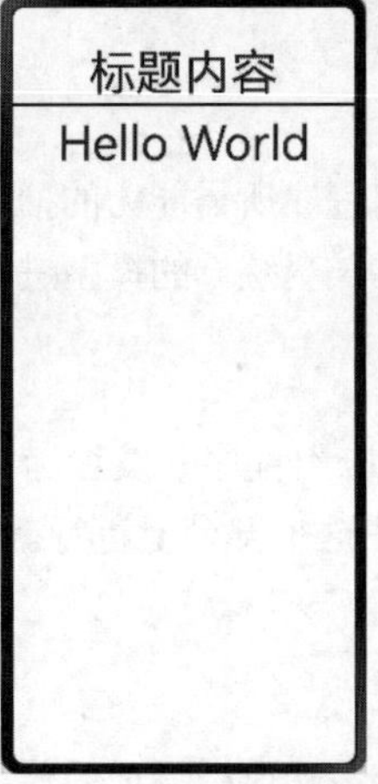

图1-58　自定义导航页面效果

1.7　本章小结

本章节主要介绍了ArkTS语言和DevEco Studio开发工具的基础知识，重点对ArkTS中的装饰器进行了详细讲解。在开发的过程中，如果没有装饰器，基本上很难完成项目。因此，通过学习本章内容将为后续的开发打开坚实的基础。

第 2 章 Ability开发

本章将揭开单框架鸿蒙Ability开发的神秘面纱。从Stage模型开始，逐步深入UIAbility组件的世界。通过掌握UIAbility组件的基本用法，读者将能够构建出更加丰富和动态的用户界面。本章还将介绍信息传递的载体want，want是提供在不同组件间高效通信的关键。此外，本章还将通过实战案例演示如何通过显示want来启动Ability，以及如何使用隐式want打开浏览器。这些实用技巧将增强读者的开发能力。

2.1 Stage模型的概述

本节主要介绍Stage模型的概念和应用标签的配置。

2.1.1 重要概念

1. 应用模型

应用模型是系统为开发者提供的应用程序所需能力的抽象提炼，它提供了应用程序必备的组件和运行机制。有了应用模型，开发者可以基于一套统一的模型进行应用开发，使应用开发更加简单、高效。

2. Ability Kit

Ability Kit（程序框架服务）提供了应用程序开发和运行的应用模型。可以简单地将Ability Kit理解为一个舞台，程序的开发以及运行都在这个舞台上进行。这个舞台只负责大的方向，比如搭建（创建）、拆除（销毁）、整个舞台的排班等。

具体来看，Ability Kit具有以下功能：

- 提供应用进程创建、销毁和应用生命周期调度的能力。
- 提供应用组件运行入口、应用组件生命周期调度、组件间交互等能力。
- 提供应用上下文环境、系统环境变化监听等能力。
- 提供应用流转能力。
- 提供多包机制、共享包、应用信息配置等能力。
- 提供程序访问控制能力。

UIAbility与Ability Kit的关系是，Ability Kit在UIAbility组件中可以使用ArkUI提供的组件、事件、动效、状态管理等能力。

3. Stage模型的概念图

Stage模型的概念图如图2-1所示。

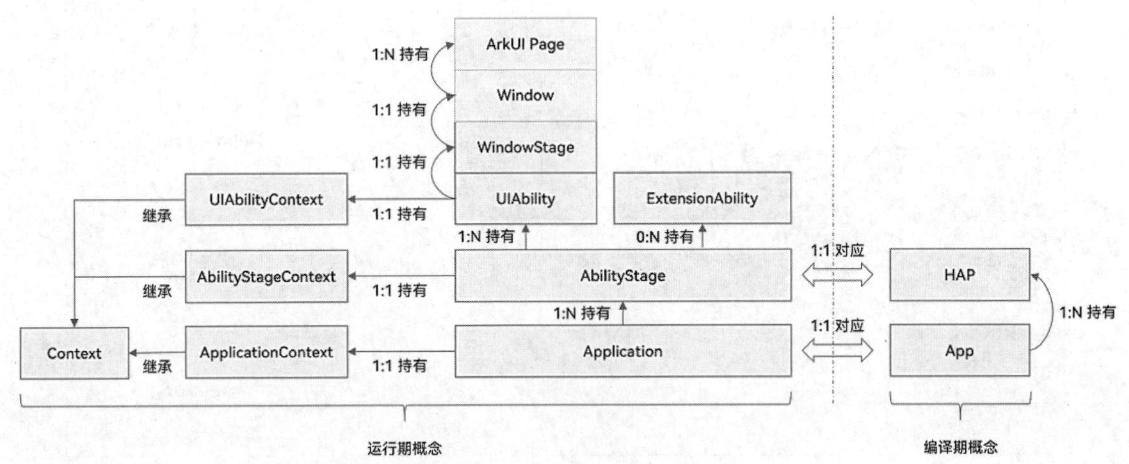

图2-1　Stage模型的概念图

Stage模型支持UIAbility和ExtensionAbility两种组件，分别用于UI交互和特定场景的应用。UIAbility组件负责展示和用户互动的UI，如图片选择，并通过WindowStage事件管理生命周期。而ExtensionAbility组件为特定功能提供模板，如卡片、输入法或任务调度，开发者需派生特定类并实现回调。这些组件由系统管理，开发者需根据业务场景使用派生类实现功能。

UIAbility实例与WindowStage绑定，通过它来控制主窗口，为ArkUI提供绘制区域。Stage模型中的Context提供运行时资源和能力，不同组件的Context类继承自基类Context并提供各自的功能。每个HAP在运行期都有一个AbilityStage实例，负责管理和控制HAP的运行。

2.1.2　应用/组件级配置

在开发应用时，需要配置一些标签，例如应用的包名、图标等。接下来将会讲解在开发应用时需要配置的一系列关键标签。

1. 应用包名配置

应用需要在工程的AppScope目录下的app.json5配置文件中配置bundleName标签，该标签用于标识应用的唯一性。推荐采用反域名形式命名，如com.example.demo，建议第一级为域名后缀com，第二级为厂商/个人名，第三级为应用名，也可以多级。

当然，bundleName标签可以在创建应用的时候直接输入，如图2-2所示。当需要修改时，可以在工程的AppScope目录下的app.json5配置文件中进行修改，如图2-3所示。

2. 图标和标签配置

图标和标签通常一起配置，可以分为应用图标、应用标签和入口图标、入口标签，分别对应app.json5配置文件和module.json5配置文件中的icon和label标签。

接下来配置一下应用图标、应用标签和入口图标、入口标签。

找到app.json5和module.json5。图2-4中箭头所标识的就是修改应用图标以及应用标签的文件。

图2-5中箭头所标识的就是修改入口图标和入口标签的文件。

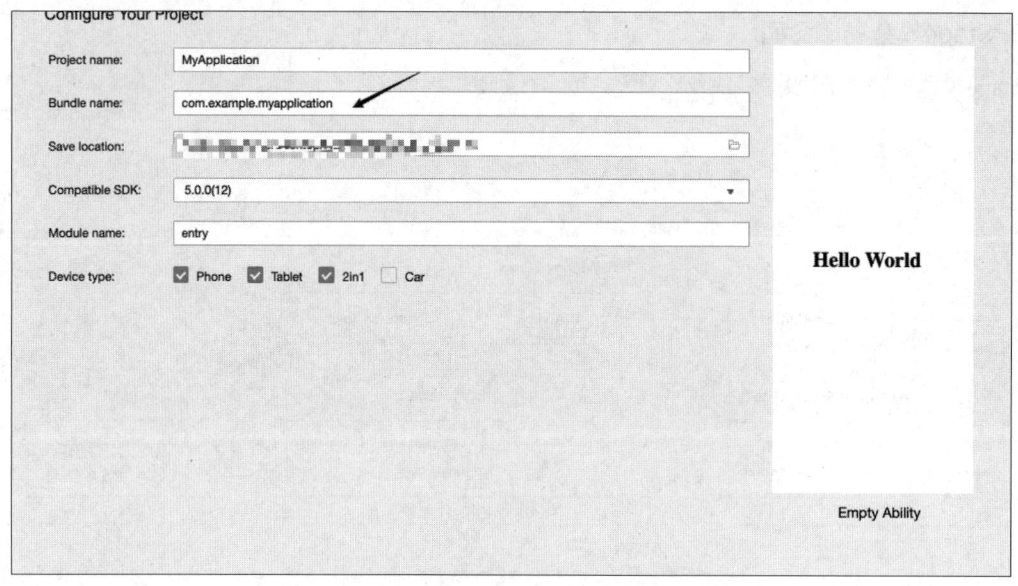

图2-2　bundleName标签创建时的位置

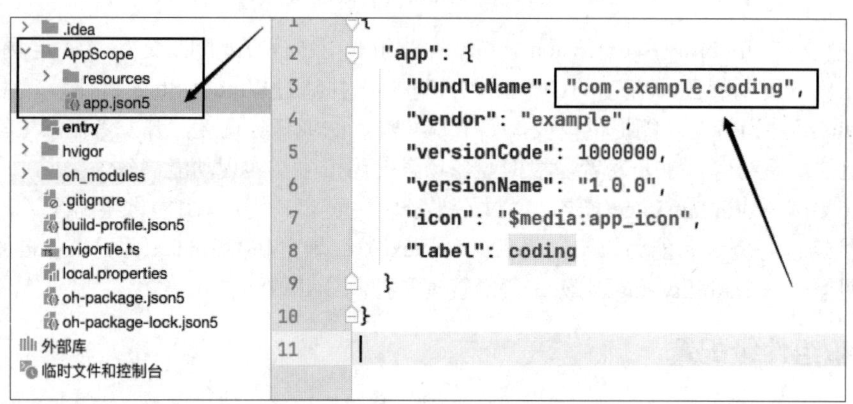

图2-3　app.json5与bundleName的位置

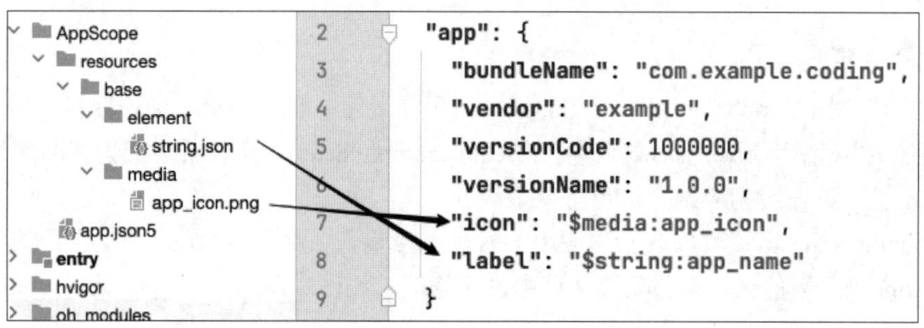

图2-4　修改应用图标及应用标签的文件

3. 应用图标和标签配置

将图2-6作为应用图标和入口图标进行配置，以方便查看。

首先在string.json中配置应用的标签，如图2-7所示。

然后将应用图标放到media文件中，再在app.json5中进行引用，如图2-8所示。

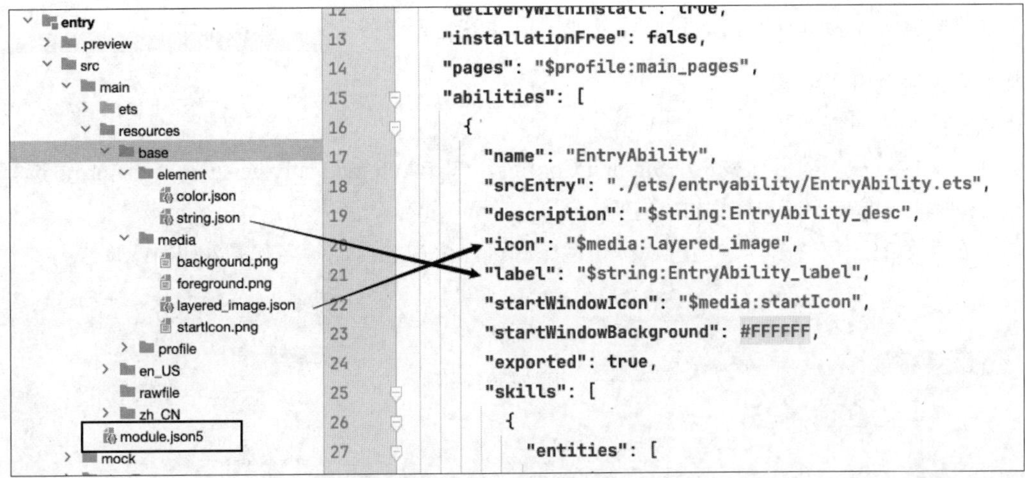

图2-5　修改入口图标和入口标签的文件

图2-6　图标

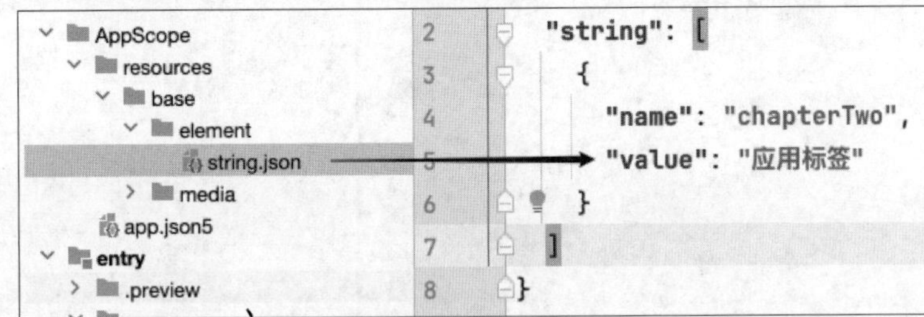

图2-7　在string.json中配置应用的标签

配置完成后运行到手机上进行查看，如图2-9所示。

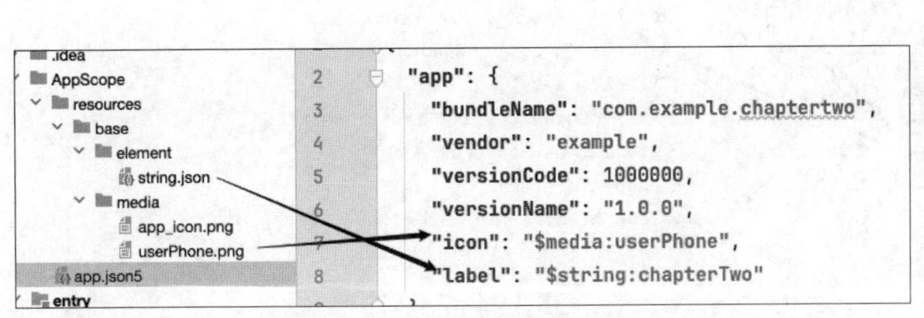

图2-8　在app.json5中引用

图2-9　手机查看配置效果

注意，打包时需要进行签名，我们可以使用自动签名查看效果，具体操作如下：

01 将手机调整为开发者模式。

02 用数据线将手机连接到计算机上。

03 选择“文件”→“项目结构”→Signing Configs，勾选Automatically generate signature复选框，生成自动签名，单击Apply按钮进行应用。

04 单击右上角的三角形图标（运行）按钮运行即可。生成的自动签名如图2-10所示。

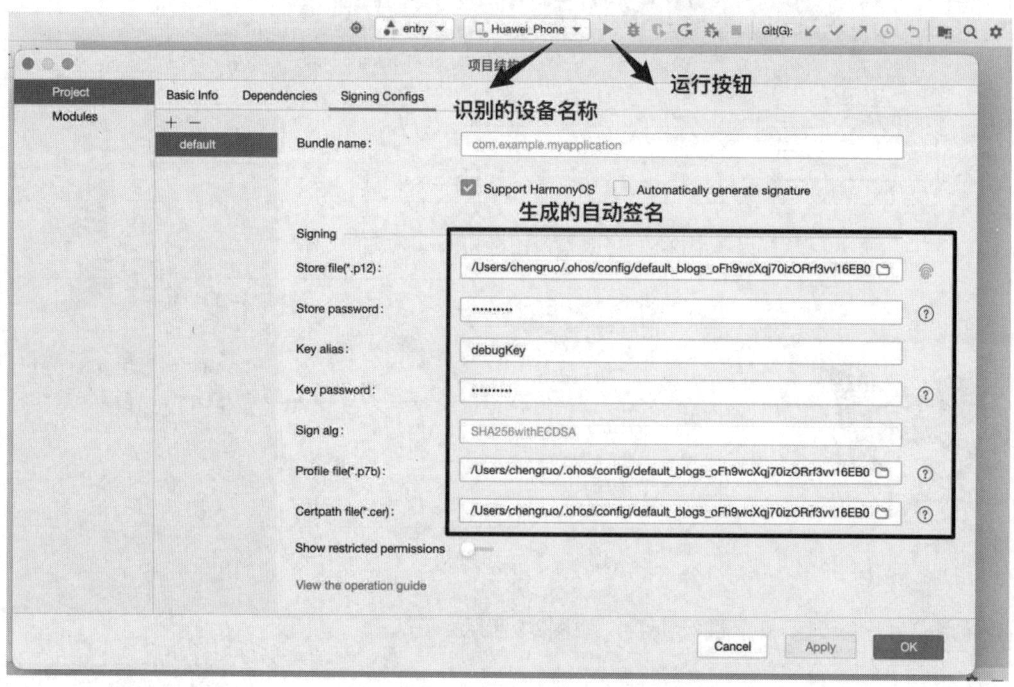

图2-10　生成的自动签名

4. 入口图标和标签配置

入口图标的配置与应用图标的配置类似，直接将入口图标放到media 文件中，然后在module.json5中引用即可，如图2-11所示。

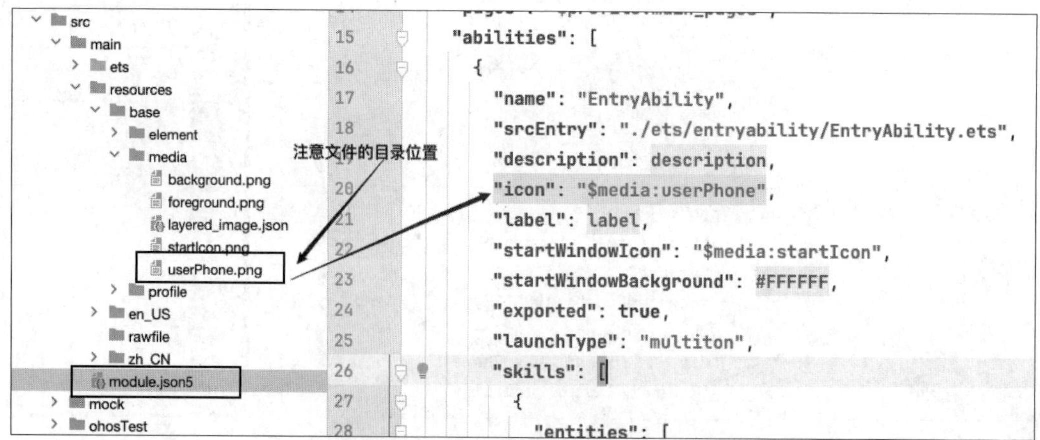

图2-11　在module.json5 中引用入口图标

入口标签的配置稍微有些烦琐，在图2-11中可以看到，在resources文件夹下有两个文件夹，分别是zh_CN和en_US，这两个文件分别代表着中文配置和英文配置；在base文件夹下有一个element文件，如果想要配置入口标签名，需要在element文件下的string.json文件中建立索引，而它的索引会在不同的环境下查找zh_CN、en_US这两个文件下的内容进行展示，如图2-12所示。

文件路径：base/element/string.json

```
{
  "string": [
    {
      "name": "module_desc",
      "value": "module description"
    },
    {
      "name": "EntryAbility_desc",
      "value": "description"
    },
    {
      "name": "EntryAbility_label",
      "value": "label"
    }
  ]
}
```

文件路径：mudule.json5

```
"pages": "$profile:main_pages",
"abilities": [
  {
    "name": "EntryAbility",
    "srcEntry": "./ets/entryability/EntryAbility.ets",
    "description": description,
    "icon": "$media:userPhone",
    "label": "$string:EntryAbility_label",
    "startWindowIcon": "$media:startIcon",
    "startWindowBackground": #FFFFFF,
    "exported": true,
    "launchType": "multiton",
    "skills": [
      {
        "entities": [
          "entity.system.home"
        ],
        "actions": [
          "action.system.home"
        ]
      }
    ]
```

入口图片

入口标签名称

定义的入口文件标签名称

文件路径：zh_CN/element/string.json

```
{
  "string": [
    {
      "name": "module_desc",
      "value": "模块描述"
    },
    {
      "name": "EntryAbility_desc",
      "value": "description"
    },
    {
      "name": "EntryAbility_label",
      "value": "入口图标"
    }
  ]
}
```

文件路径：en_US/element/string.json

```
{
  "string": [
    {
      "name": "module_desc",
      "value": "module description"
    },
    {
      "name": "EntryAbility_desc",
      "value": "description"
    },
    {
      "name": "EntryAbility_label",
      "value": "entry"
    }
  ]
}
```

图2-12　查找zh_CN、en_US两个文件下的内容

配置完成后单击运行按钮进行查看，如图2-13所示。

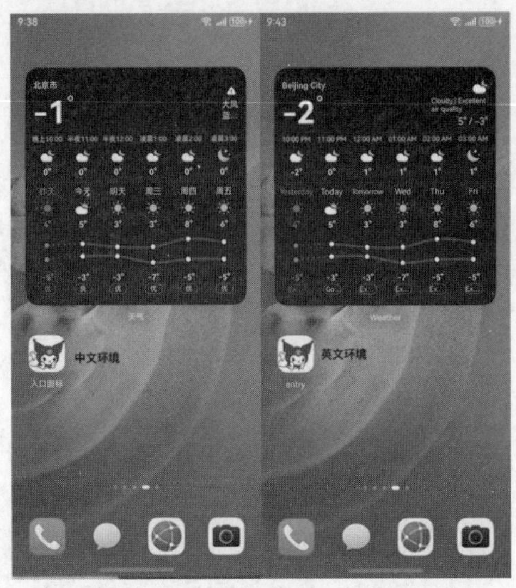

图2-13　配置完成后的效果

2.2　UIAbility组件

本节将详细介绍UIAbility组件的各个方面，包括UIAbility组件的概述、生命周期、启动模式、基本用法及其与UI数据同步等内容，使读者能全面地掌握UIAbility组件的应用。

2.2.1 UIAbility组件的概述

UIAbility组件是一种包含UI的应用组件，主要用于和用户交互。UIAbility的设计理念是原生支持应用组件级的跨端迁移和多端协同，同时支持多设备和多窗口形态。UIAbility组件是系统调度的基本单元，为应用提供绘制界面的窗口。开发者可以根据具体场景选择单个或多个UIAbility进行开发，若希望在任务视图中看到一个任务，建议使用一个UIAbility；若希望看到多个任务或开启多个窗口，建议使用多个UIAbility开发不同的模块功能。

2.2.2 UIAbility组件的生命周期

UIAbility的生命周期包括Create、Foreground、Background、Destroy四个状态，如图2-14所示。

接下来详细讲解每个状态的特性。

1. Create状态

在应用加载过程中，UIAbility实例创建完成时触发Create状态，系统会调用onCreate()回调。可以在该回调中进行页面初始化操作，例如变量定义资源加载等，用于后续的UI展示。

如图2-15所示，打开EntryAbility.ts文件，我们在onCreate函数中打印一段话，运行时会发现这段话会在日志内显示。通常情况下我们会在Create状态下进行一些授权操作，比如初始化数据等。

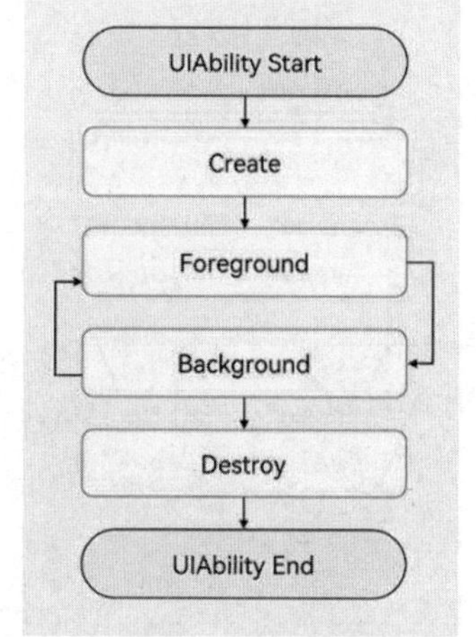

图2-14　UIAbility的生命周期

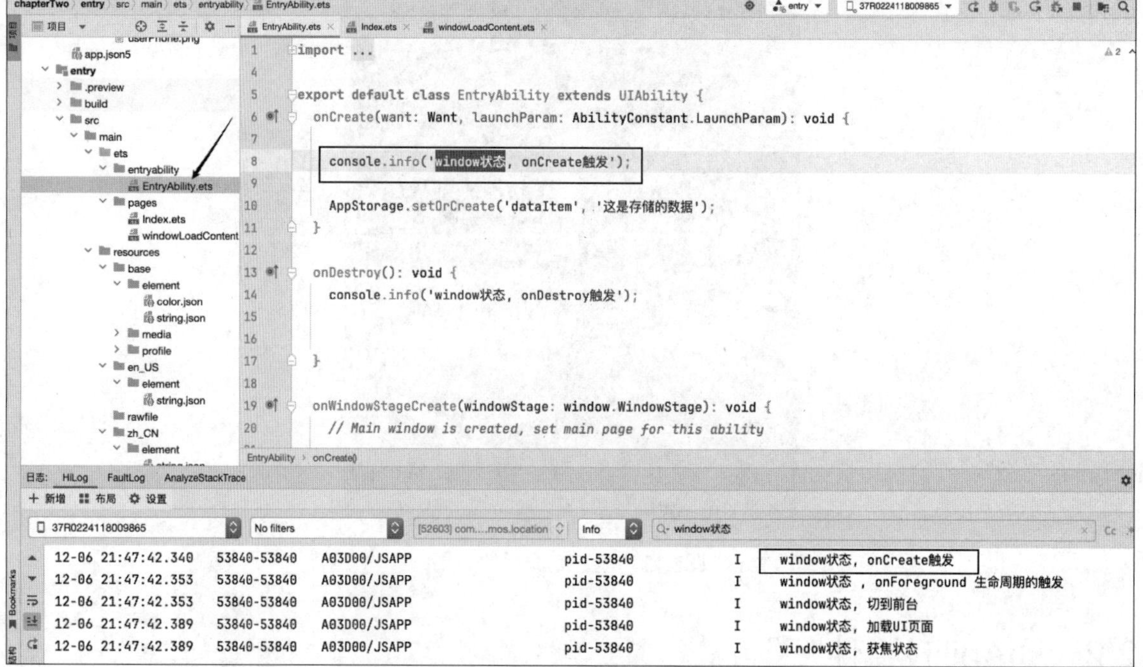

图2-15　打开EntryAbility.ts文件

示例：在创建UIAbility实例时，使用AppStorage存储一些数据，在页面中读取并展示，代码及效果如图2-16所示。

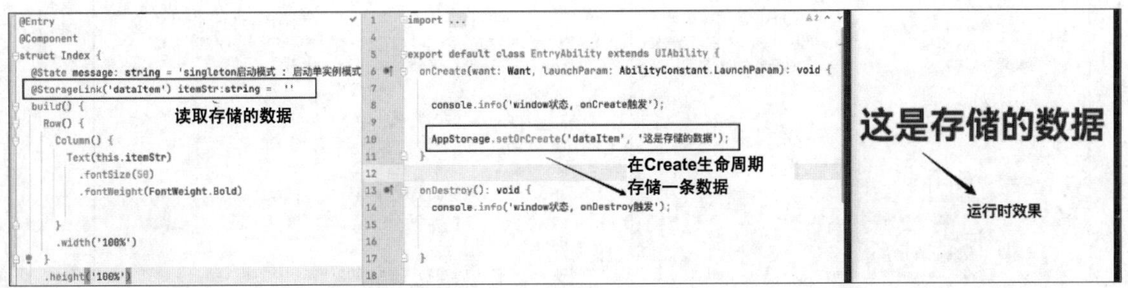

图2-16　使用AppStorage存储数据并展示

2. WindowStage

UIAbility实例创建完成之后，在进入Foreground之前，系统会创建一个WindowStage。WindowStage创建完成后会进入onWindowStageCreate()回调，可以在该回调中设置UI加载、WindowStage的事件订阅等，如图2-17所示。

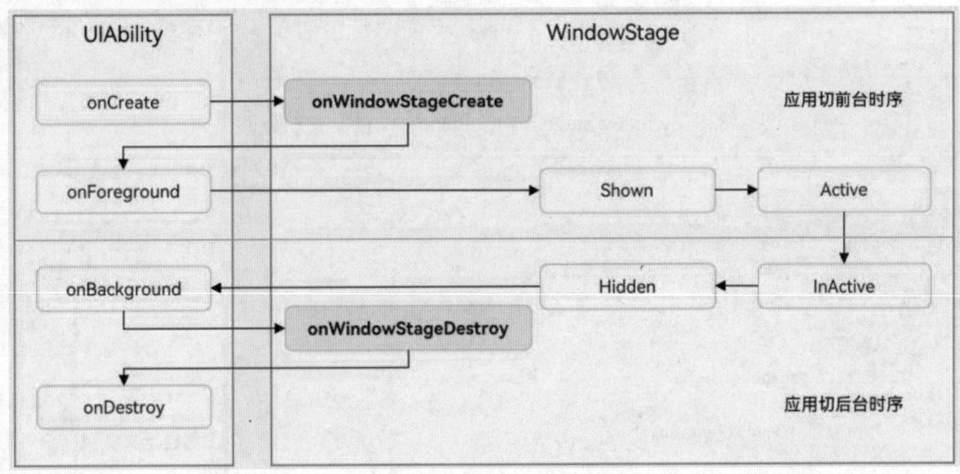

图2-17　WindowStage

在onWindowStageCreate()回调中通过loadContent()方法设置应用要加载的页面，并根据需要调用on('windowStageEvent')方法订阅WindowStage的事件（获焦/失焦、可见/不可见）。

如图2-18所示，我们在windowStage.on中设置当前窗口的状态，同时在windowStage.loadContent中设置需要加载的页面，也就是入口文件。

案例运行效果如图2-19所示。

在UIAbility实例销毁之前，会先进入onWindowStageDestroy()回调，可以在该回调中释放UI资源，如图2-20所示。

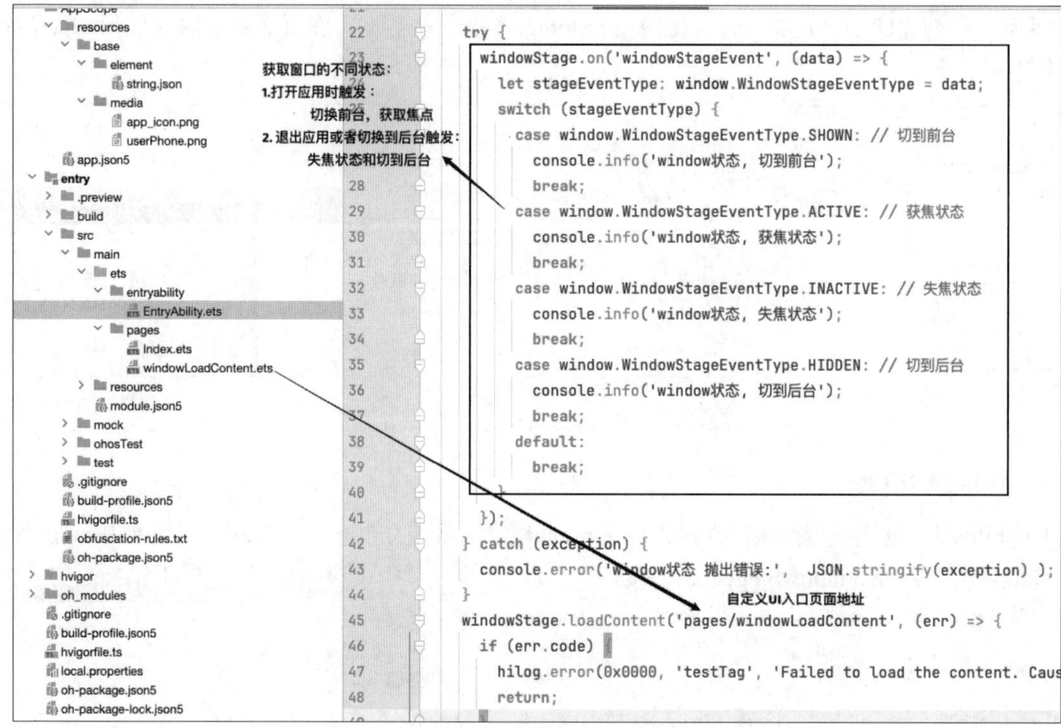

图2-18　在windowStage.loadContent中设置需要加载的页面

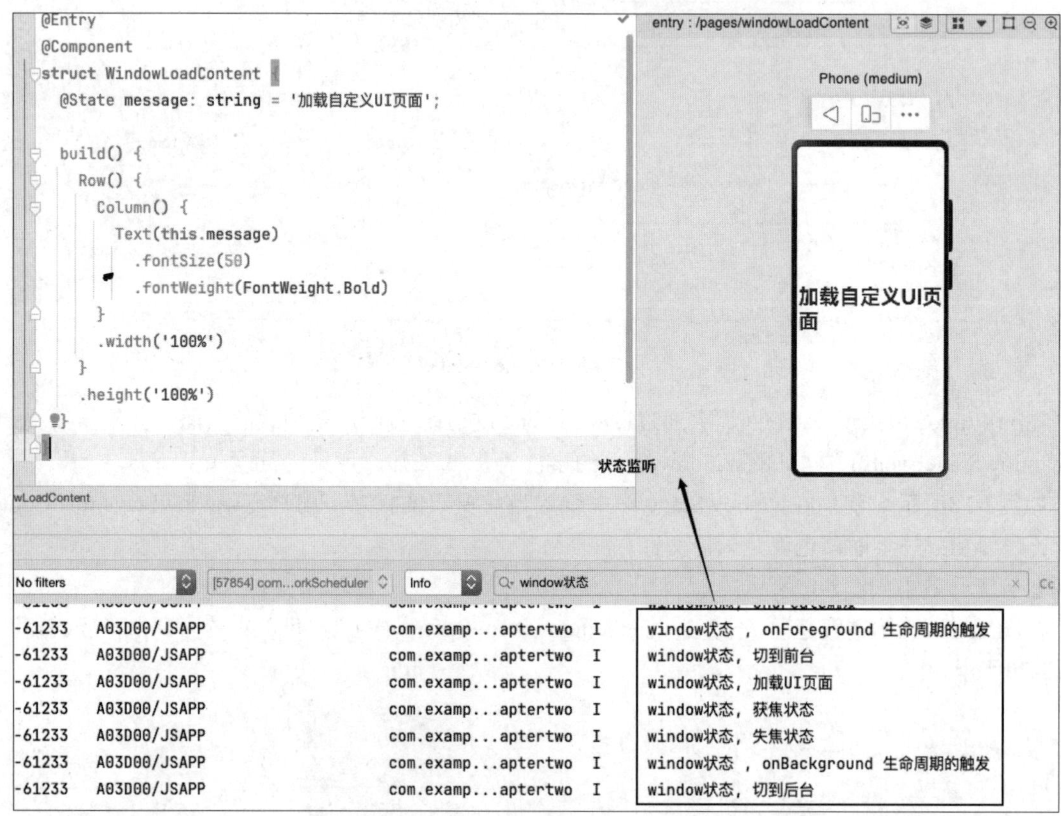

图2-19　案例运行效果

图2-20　在onWindowStageDestroy()回调中释放UI资源

3. Foreground和Background状态

UIAbility实例在前后台切换时触发Foreground和Background状态，分别对应onForeground()和onBackground()回调。onForeground()在UI可见前触发，用于申请资源或重新申请释放的资源；而onBackground()在UI完全不可见后触发，用于释放无用资源和执行耗时操作，如状态保存。例如，应用可在onForeground()回调中开启定位功能以获取用户位置信息。

4. Destroy状态

Destroy状态在UIAbility实例被销毁时触发，onDestroy()回调用于释放系统资源和保存的数据。例如，用户通过最近任务列表关闭UIAbility实例时触发Destroy状态。

图2-21展示了UIAbility组件不同的生命周期的调用顺序：打开应用→后台运行→删除应用。

```
-06 22:13:50.510  6721-6721  A03D00/JSAPP  pid-6721            I  window状态, onCreate触发
-06 22:13:50.524  6721-6721  A03D00/JSAPP  pid-6721            I  window状态 , onForeground 生命周期的触发
-06 22:13:50.525  6721-6721  A03D00/JSAPP  pid-6721            I  window状态, 切到前台
-06 22:13:50.554  6721-6721  A03D00/JSAPP  pid-6721            I  window状态, 加载UI页面
-06 22:13:50.554  6721-6721  A03D00/JSAPP  pid-6721            I  window状态, 获焦状态
-06 22:13:56.146  6721-6721  A03D00/JSAPP  com.examp...aptertwo I  window状态, 失焦状态
-06 22:13:56.176  6721-6721  A03D00/JSAPP  com.examp...aptertwo I  window状态 , onBackground 生命周期的触发
-06 22:13:56.178  6721-6721  A03D00/JSAPP  com.examp...aptertwo I  window状态, 切到后台
-06 22:13:59.140  6721-6721  A03D00/JSAPP  com.examp...aptertwo I  window状态 , UIAbility 实例销毁之前需要做的事
-06 22:13:59.140  6721-6721  A03D00/JSAPP  com.examp...aptertwo I  window状态, onDestroy触发
```

图2-21　UIAbility组件不同的生命周期的调用顺序

扩展 当应用的UIAbility实例已创建，且UIAbility配置为singleton启动模式时，再次调用startAbility()方法启动该UIAbility实例，只会进入该UIAbility的onNewWant()回调，不会进入其onCreate()和onWindowStageCreate()回调。

2.2.3　UIAbility组件的启动模式

1. 什么是UIAbility的启动模式

UIAbility的启动模式是指UIAbility实例在启动时的不同呈现状态。针对不同的业务场景，系统提供了3种启动模式：singleton、multiton和specified。接下来分别介绍这3种模式。

1）singleton

singleton启动模式为单实例模式，也是默认情况下的启动模式。任务列表中只会存在一个UIAbility，回退到后台运行时不会重新创建实例。

使用方法：在module.json5配置文件中有一个launchType字段，将其配置为singleton即可，如图2-22所示。

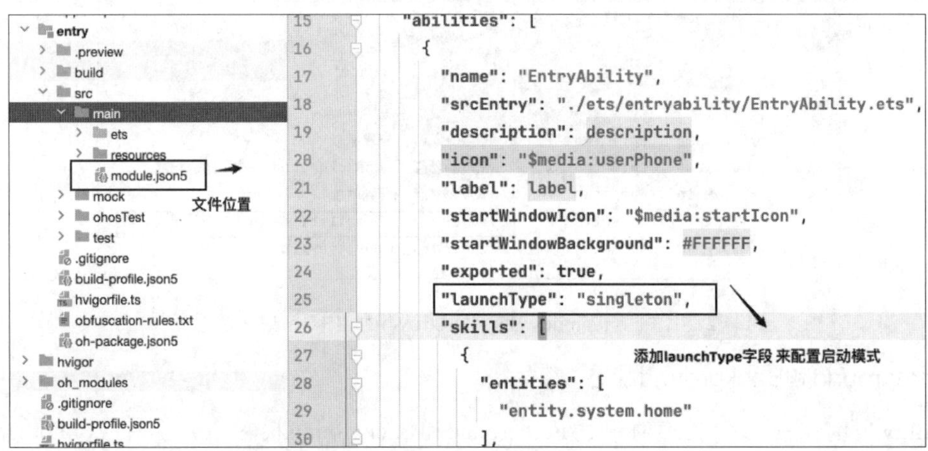

图2-22　将launchType字段配置为singleton

接下来进行如下操作来观察singleton启动模式的特点。

（1）启动应用。

（2）将应用置于后台运行。

（3）再次打开应用。

（4）观察应用列表以及生命周期的变化，如图2-23所示。

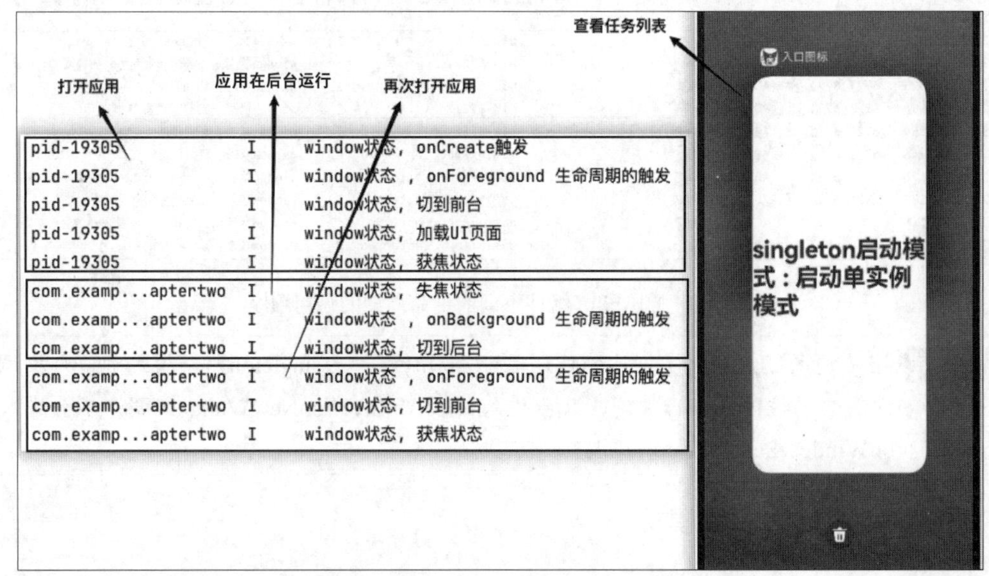

图2-23　观察singleton 启动模式的特点

通过图2-23所示的运行结果可以得出以下结论：

- 当应用从后台再次打开时，不会触发onCreate状态。
- 任务列表中永远只有一个实例。

2）multiton

multiton启动模式为多实例模式，任务列表中会看到多个UIAbility实例。

使用方法：配置多实例启动模式和配置单实例启动模式是一样的，只不过需要将配置的值换成multiton。

接下来进行如下操作来观察multiton启动模式的特点：

（1）启动应用。
（2）将应用置于后台运行。
（3）再次打开应用。
（4）观察应用列表以及生命周期的变化，如图2-24所示。

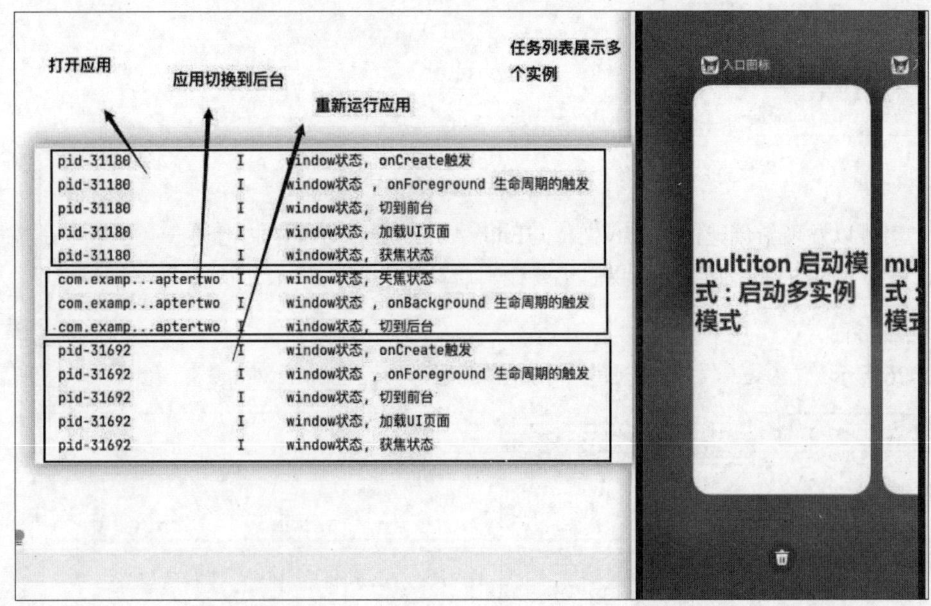

图2-24　观察multiton启动模式的特点

通过图2-24所示的运行结果可以得出以下结论：

- 当应用从后台再次打开时，会再次触发onCreate状态。
- 任务列表中会创建多个实例。

3）specified

specified启动模式为指定实例模式，针对一些特殊场景使用，例如在文档应用中，每次新建文档都希望能新建一个文档实例，重复打开一个已保存的文档希望打开的都是同一个文档实例。

specified启动模式的每个UIAbility实例可以设置key（传递参数）标识，启动UIAbility时，需要指定key，存在相同实例则直接被拉起（即启动），若不存在则会创建新的实例。

提示 specified模式的实例相对于其他几个实例更复杂，涉及的知识点也比较多，需要仔细阅读下面的示例代码。

2. 配置Ability并设置启动模式

下面先配置Ability，并将启动模式设置为specified，然后进行功能开发。具体步骤如下：

01 创建Ability。

创建一个新的Ability，用于新场景的拉起，具体操作如图2-25所示。

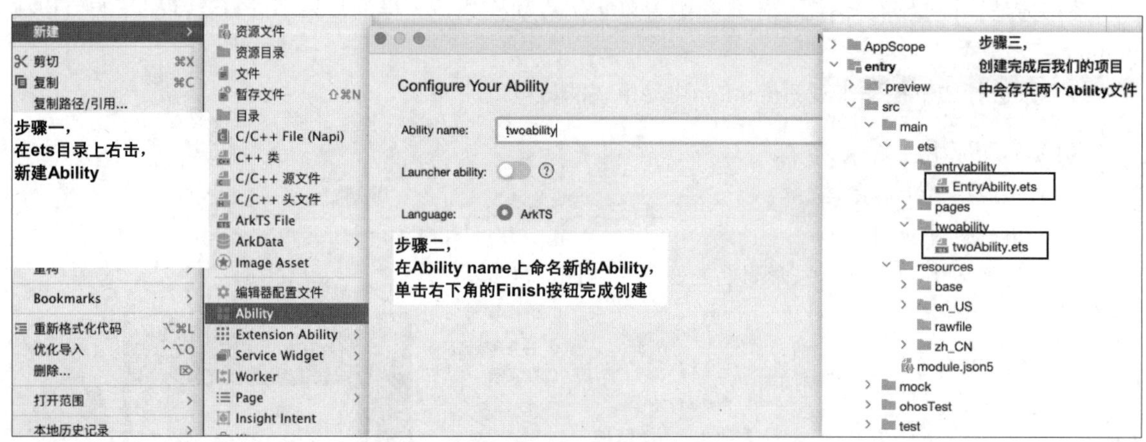

图2-25　创建一个新的Ability

通过观察可以发现新创建的Ability文件与EntryAbility文件里面的内容是一致的，但是需要将新创建的Ability文件下的加载页面修改成我们想要让其启动的入口文件才可以。

02 新建加载页面。

如图2-26所示，在Page 文件下创建一个新的页面，并命名为newPage。

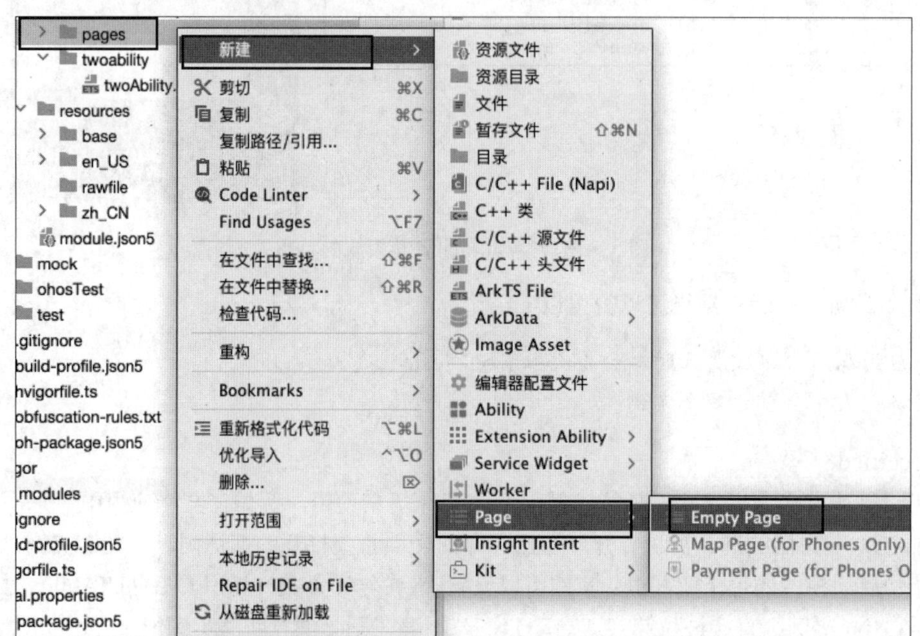

图2-26　在Page文件下创建一个新的页面

在twoAbility文件的加载页面中配置我们创建的newPage页面，如图2-27所示。

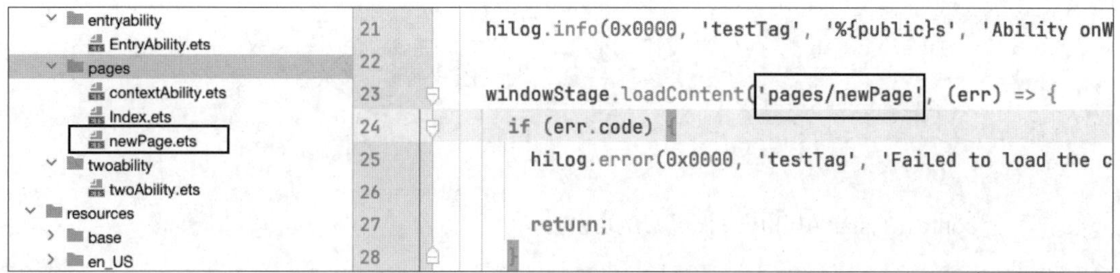

图2-27　配置newPage页面

到目前为止，Ability就已经配置完成了。同时我们可以观察一下module.json5，在该文件中，编辑器自动生成了一个对象，就是我们创建的Ability相关信息，可以在这个Ability中设置启动模式为specified，如图2-28所示。

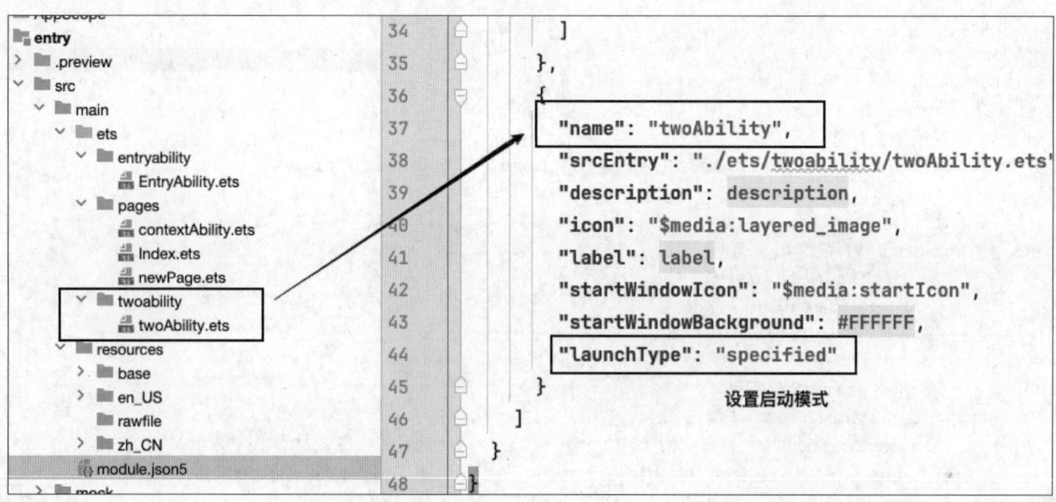

图2-28　Ability配置完成并设置启动模式为specified

03 功能开发。

前期工作准备完成了，接下来就可以进行功能开发。

04 需求分析。

单击“唤起另一个 UIAbility”按钮，打开newPage页面。

05 实现分析。

要实现从一个UIAbility 唤起另一个UIAbility，主要有3个步骤：

（1）获取上下文对象：

```
private context = getContext(this) as common.UIAbilityContext
```

在Index.ets页面中定义一个context上下文对象，通过getContext方法获取上下文并进行类型强制转换。

（2）配置want：

```
// 准备want(参数信息)
  let want:Want ={
    deviceId:'',                          // 设备ID，为空指的是当前设备
   bundleName: 'com.example.specified' ,  // 包名，在app.json5 中
```

```
    moduleName:'entry' ,                    // 模块名
    abilityName:'twoAbility' , // 跳转的ability名称，是我们在module.json5中创建的ability名称
    parameters:{                            // 自定义传递的参数
      info:'来自entryAbility'
    }
  }
```

（3）利用context的startAbility来调起UIAbility：

```
// 利用context的 startAbility 来调起UIAbility
  this.context.startAbility(want)
```

到目前为止我们就配置完成了。

完整代码如下：

```
import { common, Want } from '@kit.AbilityKit';

@Entry
@Component
struct Index {
  @State message: string = '首页';
  //  获取上下文对象
  private context = getContext(this) as common.UIAbilityContext
  build() {
    Row() {
      Column() {
        Text(this.message)
          .fontSize(50)
          .fontWeight(FontWeight.Bold)
        Button('唤起另一个 UIAbility').onClick(()=>{
        // 准备want(参数信息)
          let want:Want ={
            deviceId:'',                            // 设备ID，为空指的是当前设备
            bundleName: 'com.example.specified' ,   // 包名，在app.json5 中
            moduleName:'entry' ,                    // 模块名
            abilityName:'twoAbility' ,  // 跳转的ability名称，是我们在module.json5中创建的
ability名称
            parameters:{                            // 自定义传递的参数
              info:'来自entryAbility'
            }
          }
        // 利用context的 startAbility 来调起UIAbility
          this.context.startAbility(want)
        })
      }
      .width('100%')
    }
    .height('100%')
  }
}
```

效果如图2-29所示。

提示　自定义传递的参数parameters可以在Ability的生命周期中获取。

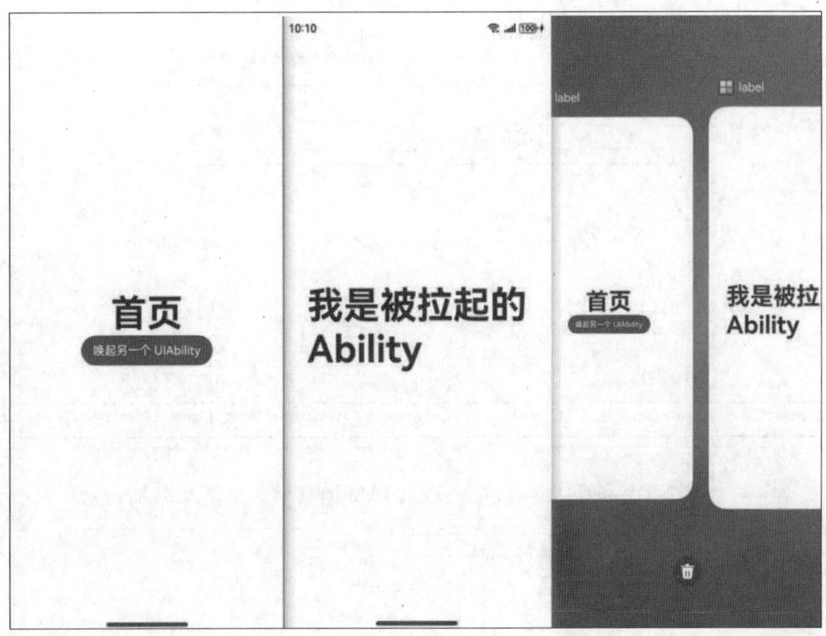

图2-29　效果展示

2.2.4　UIAbility组件的基本用法

UIAbility组件的基本用法主要是指定UIAbility的启动页面以及获取UIAbility的上下文UIAbilityContext的操作。

指定UIAbility启动页面在前面章节中均有提到，只需在onWindowStageCreate 生命周期中通过WindowStage对象的loadContent()方法设置启动页即可，如图2-30所示。

```
windowStage.loadContent('pages/Index', (err) => {
  if (err.code) {
    hilog.error(0x0000, 'testTag', 'Failed to load the content.
    return;
  }
  hilog.info(0x0000, 'testTag', 'Succeeded in loading the conte
});
```

图2-30　指定UIAbility启动的页面

获取UIAbility的上下文信息主要有以下3种方法：

方法一：在onCreate的生命周期中通过this.context来获取UIAbility实例的上下文信息，如图2-31所示。

注意 HarmonyOS只能打印字符串类型的数据，因此需要通过JSON.stringify方法将JSON数据转换成字符串来进行打印。

方法二：在页面中获取UIAbility，并在使用时进行调用，例如2.1.3节中specified模式的context的使用方法，如图2-32所示。

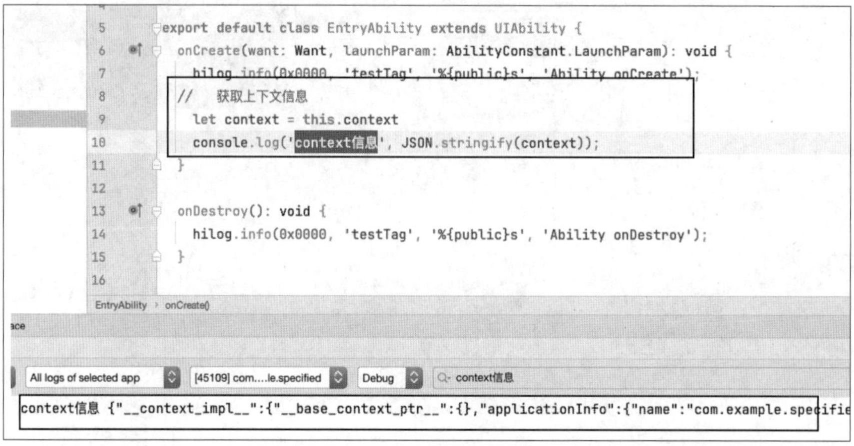

```
export default class EntryAbility extends UIAbility {
  onCreate(want: Want, launchParam: AbilityConstant.LaunchParam): void {
    hilog.info(0x0000, 'testTag', '%{public}s', 'Ability onCreate');
    //   获取上下文信息
    let context = this.context
    console.log('context信息', JSON.stringify(context));
  }

  onDestroy(): void {
    hilog.info(0x0000, 'testTag', '%{public}s', 'Ability onDestroy');
  }
```

EntryAbility > onCreate()

All logs of selected app　[45109] com....le.specified　Debug　context信息

```
context信息 {"__context_impl__":{"__base_context_ptr__":{},"applicationInfo":{"name":"com.example.specifie
```

图2-31　通过this.context获取UIAbility实例的上下文信息

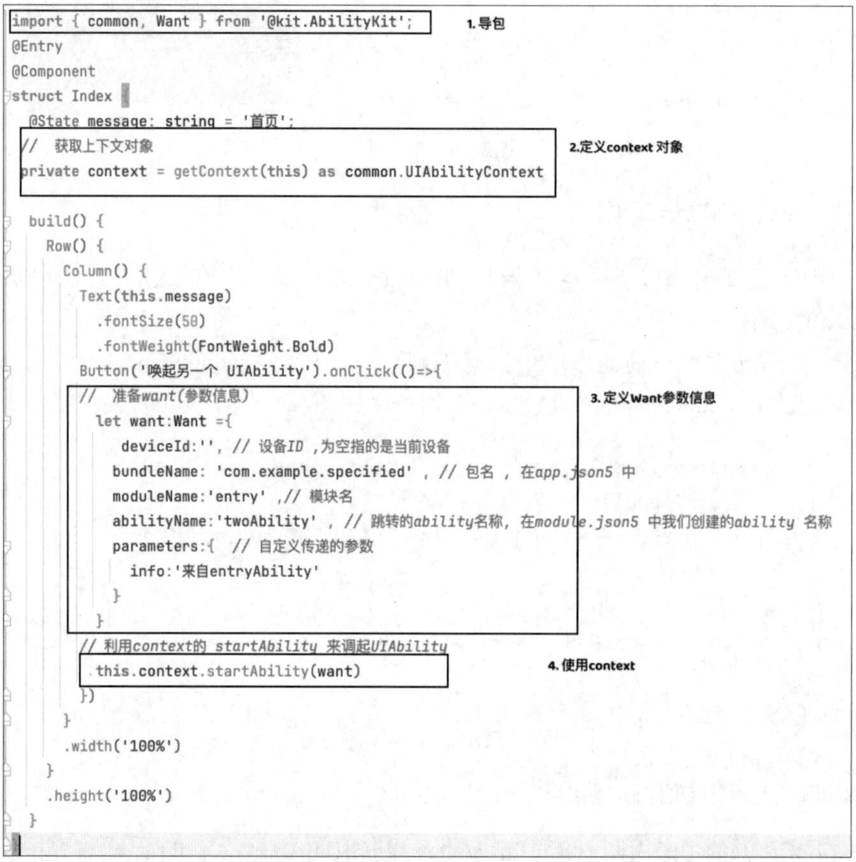

```
import { common, Want } from '@kit.AbilityKit';                    1.导包
@Entry
@Component
struct Index {
  @State message: string = '首页';
  //   获取上下文对象                                                2.定义context 对象
  private context = getContext(this) as common.UIAbilityContext

  build() {
    Row() {
      Column() {
        Text(this.message)
          .fontSize(50)
          .fontWeight(FontWeight.Bold)
        Button('唤起另一个 UIAbility').onClick(()=>{
          //  准备want(参数信息)                                      3.定义want参数信息
          let want:Want ={
             deviceId:'', // 设备ID ,为空指的是当前设备
            bundleName: 'com.example.specified' , // 包名 , 在app.json5 中
            moduleName:'entry' ,// 模块名
            abilityName:'twoAbility' , // 跳转的ability名称, 在module.json5 中我们创建的ability 名称
            parameters:{  // 自定义传递的参数
              info:'来自entryAbility'
            }
          }
          // 利用context的 startAbility 来调起UIAbility
          this.context.startAbility(want)                           4.使用context
        })
      }
      .width('100%')
    }
    .height('100%')
  }
```

图2-32　在页面中获取UIAbility

方法三：基于方法二的另一种写法。我们可以将context中的startAbility方法提取到全局，这样每次使用时只需通过this调用即可，如图2-33所示。

关于UIAbility的说明：UIAbility类具备自有的上下文信息，通过UIAbilityContext类可获取相关配置，如包路径、Bundle名称、Ability名称等，并提供操作UIAbility的方法。可以通过getContext接口获取当前页面的UIAbilityContext或ExtensionContext。

```
import { common, Want } from '@kit.AbilityKit';
@Entry
@Component
struct ContextAbility {
  @State message: string = 'Hello World';
 private  context = getContext(this) as common.UIAbilityContext
  startAbilityText(){
    let want:Want ={
      deviceId:'', // 设备ID ,为空指的是当前设备
      bundleName: 'com.example.specified' , // 包名 , 在app.json5 中
      moduleName:'entry' ,// 模块名
      abilityName:'twoAbility' , // 跳转的ability名称, 在module.json5 中我们创建的ability 名称
      parameters:{  // 自定义传递的参数
        info:'来自entryAbility'
      }
    }
    this.context.startAbility(want)
  }
  build() {
    Row() {
      Column() {
        Button('启动页面').onClick(()=>{
          this.startAbilityText()
        })
      }
      .width('100%')
    }
    .height('100%')
  }
}
```

1.导包

2. 定义context

3. 定义全局函数，并配置相关信息

4. 使用定义的函数

图2-33　将context中的startAbility方法提取到全局

2.2.5　UIAbility组件与UI的数据同步

实现UIAbility组件与UI的数据同步，可以通过以下两种方法：

- EventHub事件通信：通过基类Context中的EventHub，使用发布/订阅机制来传递事件，订阅者需先订阅，然后当发布者发布事件时，订阅者能够接收到事件并进行处理。
- AppStorage/LocalStorage状态管理：ArkUI提供AppStorage和LocalStorage来管理应用状态，可以用来同步应用级别和UIAbility级别的数据。

EventHub是UIAbility组件的事件机制，支持订阅、取消订阅和触发事件以实现数据通信。在基类Context中，提供了EventHub实例，供UIAbility组件使用来进行内部通信。要通过EventHub实现UIAbility与UI的数据通信，首先需要获取EventHub对象。

事件通信总体来说需要经历3个阶段：创建、触发和销毁，如表2-1所示。

表2-1　事件通信经历的3个阶段

阶　段	方　法
创建	eventHub.on()
触发	eventHub.emit()
销毁	eventHub.off()

具体操作步骤如下：

01 在Ability中创建eventHub.on()，如图2-34所示，我们通过3个步骤来创建事件，其中执行订阅操作有两种方式，实际使用时选择其一即可。

```
import { AbilityConstant, UIAbility, Want } from '@kit.AbilityKit';
import { hilog } from '@kit.PerformanceAnalysisKit';
import { window } from '@kit.ArkUI';

export default class EntryAbility extends UIAbility {
  handleFun(argOne:string, argTwo:string){
    console.log('订阅操作方法1', argOne ,argTwo)
  }
  onCreate(want: Want, launchParam: AbilityConstant.LaunchParam): void {

    hilog.info(0x0000, 'testTag', '%{public}s', 'Ability onCreate');
  // 1. 获取UIAbility 实例的上下文
    let context = this.context
  //   2. 获取eventHub
    let eventhub = this.context.eventHub
  //   3. 执行订阅操作
  //   3.1 订阅操作方法一:
    eventhub.on('eventfun', this.handleFun)
  //   3.2 订阅操作方法二:
    eventhub.on('eventTwo', (data:string)=>{
      console.log('订阅操作方法二', data)
```

图2-34　在Ability中创建eventHub.on()

02 在UI中通过eventHub.emit()触发我们定义的事件，如图2-35所示，我们通过上下文对象来获取在Ability中订阅的事件，通过content中的eventHub.emit()方法来触发订阅的事件。

```
import { common } from '@kit.AbilityKit';   1.引入common事件

@Entry
@Component
struct Index {
  @State message: string = 'Hello World';   2.触发订阅事件的方法
  // 1. 定义上下文对象 context
  private  context = getContext(this) as common.UIAbilityContext
  eventHubFunc():void{
  //  2. 通过eventHub.emit() 方法触发 订阅的事件
  //    2.1 触发方法一: 不带参数触发自定义 'eventTwo' 事件
    this.context.eventHub.emit('eventTwo')
  //    2.2 触发方法二: 带1个参数触发自定义"eventTwo"事件
    this.context.eventHub.emit('eventTwo', '触发方法二')
  //    2.3 触发方法三: 代2个参数触发自定义'eventfun' 事件
    this.context.eventHub.emit('eventfun', '触发方法三', '触发了eventfun 事件')

  }
  build() {
      Column() {
        Button('eventHub订阅').onClick(()=>{
          this.eventHubFunc()
        })
      }
      .width('100%')
      .height('100%')
  }
}
```

图2-35　在UI中通过eventHub.emit()触发定义的事件

03 当页面被销毁时取消订阅，如图2-36所示，在onDestroy生命周期中通过eventHub.off()来取消订阅的事件。

```
onDestroy(): void {
  hilog.info(0x0000, 'testTag', '%{public}s', 'Ability onDestroy');
//    4. 取消订阅
  this.context.eventHub.off('eventfun')
  this.context.eventHub.off('eventTwo')

}
```

图2-36　当页面被销毁时取消订阅

04 订阅事件挂载，如图2-37所示，通过this.eventHubFunc()来触发订阅事件。

05 手机运行查看打印效果，如图2-38所示。

> 注意 在实际的开发中可能需要传递多个参数，此时需要开发者自己进行参数设计。

关于AppStorage/LocalStorage状态管理，可以参考1.4节的内容。

```
build() {
    Column() {
      Button('eventHub订阅').onClick(()=>{
        this.eventHubFunc()
      })
    }
    .width('100%')
    .height('100%')
}
```

图2-37　订阅事件挂载

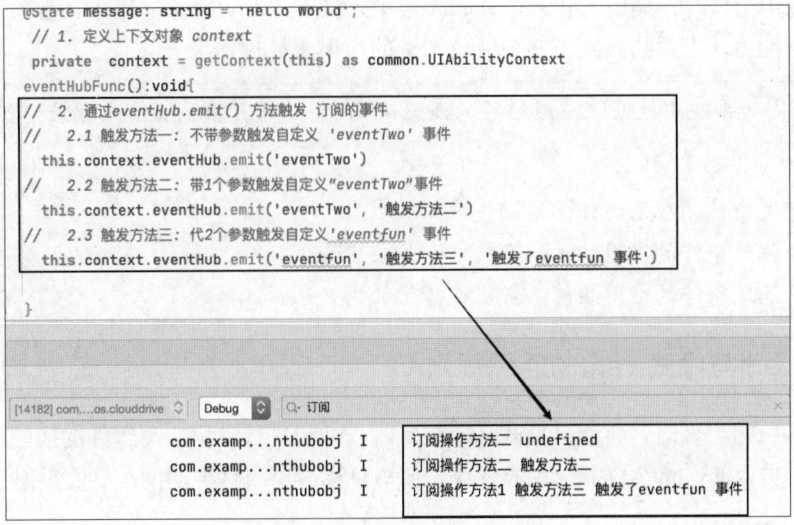

```
@State message: string = 'Hello World';
 // 1. 定义上下文对象 context
 private  context = getContext(this) as common.UIAbilityContext
eventHubFunc():void{
// 2. 通过eventHub.emit() 方法触发 订阅的事件
//   2.1 触发方法一: 不带参数触发自定义 'eventTwo' 事件
  this.context.eventHub.emit('eventTwo')
//   2.2 触发方法二: 带1个参数触发自定义"eventTwo"事件
  this.context.eventHub.emit('eventTwo', '触发方法二')
//   2.3 触发方法三: 代2个参数触发自定义'eventfun' 事件
  this.context.eventHub.emit('eventfun', '触发方法三', '触发了eventfun 事件')

}
```

```
[14182] com....os.clouddrive   Debug   订阅
com.examp...nthubobj  I   订阅操作方法二 undefined
com.examp...nthubobj  I   订阅操作方法二 触发方法二
com.examp...nthubobj  I   订阅操作方法1 触发方法三 触发了eventfun 事件
```

图2-38　手机运行查看打印效果

2.3　信息传递的载体want

本节将详细介绍信息传递的载体want，包括want的基本概念及其在信息传递中的作用，显式want与隐式want之间的匹配规则，并解释这些规则对于理解用户需求的重要性，以帮助读者更好地把握信息传递的具体实现方式。

2.3.1　want的概述

1. 什么是want

want是一种对象，用于在应用组件之间传递信息，一种常见的使用场景是作为startAbility()方法的参数。例如，当UIAbilityA需要启动UIAbilityB并向UIAbilityB传递一些数据时，可以使用want作为一个载体，将数据传递给UIAbilityB。关于want的相关操作方法，可以参考“2.1.3 UIAbility组件的启动模式”中specified的使用方法。

图2-39展示的是want的用法示例。

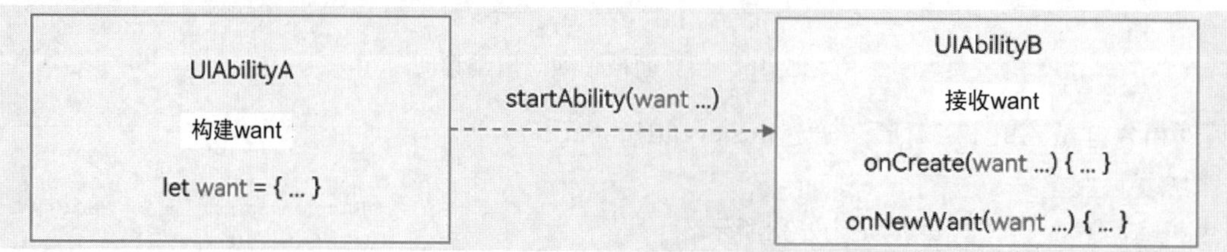

图2-39 want的用法示例

2. want的类型

want的类型分为显式want和隐式want。使用显式want启动目标应用组件时，调用方传入的want参数中指定了abilityName和bundleName，通常用于在当前应用中启动已知的目标应用组件。使用隐式want启动目标应用组件时，调用方传入的want参数中未指定abilityName，用于在当前应用中使用其他应用提供的某个能力，由系统匹配声明支持该请求的应用来处理请求。

注意 因为系统中待匹配应用组件的匹配情况不同，使用隐式want启动应用组件时会出现以下3种情况：

- 未匹配到满足条件的应用组件：启动失败。
- 匹配到一个满足条件的应用组件：直接启动该应用组件。
- 匹配到多个满足条件的应用组件：弹出选择框让用户选择。

2.3.2 显式want与隐式want的匹配规则

在启动目标应用组件时，会通过显式want或者隐式want进行目标应用组件的匹配，这里说的匹配规则就是调用方传入的want参数中设置的参数如何与目标应用组件声明的配置文件进行匹配。

1. 显示want匹配规则

显示want匹配规则如表2-2所示。

表2-2 显示want匹配规则

名称	类型	匹配项	必选	规则
deviceId	string	是	否	若留空，则将仅匹配本设备内的应用组件
bundleName	string	是	是	如果指定abilityName，而不指定bundleName，则匹配失败
moduleName	string	是	否	若留空，则当同一个应用内存在多个模块且模块间存在重名应用组件时，将默认匹配第一个
abilityName	string	是	是	该字段必须设置，表示显式匹配
uri	string	否	否	系统匹配时将忽略该参数，但仍可作为参数传递给目标应用组件

（续表）

名　称	类　型	匹配项	必　选	规　则
type	string	否	否	系统匹配时将忽略该参数，但仍可作为参数传递给目标应用组件
action	string	否	否	系统匹配时将忽略该参数，但仍可作为参数传递给目标应用组件
entities	Array	否	否	系统匹配时将忽略该参数，但仍可作为参数传递给目标应用组件
flags	number	否	否	不参与匹配，直接传递给系统处理，一般用来设置运行态信息，例如URI数据授权等
parameters	{[key: string]: Object}	否	否	不参与匹配，应用自定义数据将直接传递给目标应用组件

2. 隐式want匹配规则

隐式want匹配规则如表2-3所示。

表2-3　隐式want匹配规则

名　称	类　型	匹配项	必　选	规　则
deviceId	string	是	否	跨设备目前不支持隐式调用
abilityName	string	否	否	该字段必须留空，表示隐式匹配
bundleName	string	是	否	匹配对应应用包内的目标应用组件
moduleName	string	是	否	匹配对应Module内的目标应用组件
uri	string	是	否	参见want参数的uri和type匹配规则
type	string	是	否	参见want参数的uri和type匹配规则
action	string	是	否	参见want参数的action匹配规则
entities	Array	是	否	参见want参数的entities匹配规则
flags	number	否	否	不参与匹配，直接传递给系统处理，一般用来设置运行态信息，例如URI数据授权等
parameters	{[key: string]: Object}	否	否	不参与匹配，应用自定义数据将直接传递给目标应用组件

从隐式want的定义可知，传入的want参数表明调用方需要执行的操作，并提供相关数据以及其他应用类型限制。

待匹配应用组件的skills配置，声明其具备的能力（module.json5配置文件中的skills标签参数）。

系统将调用方传入的want参数（包含action、entities、uri和type属性）与已安装待匹配应用组件的skills配置（包含actions、entities、uri和type属性）依次进行匹配。如果4个属性匹配均未配置，则隐式匹配失败；如果4个属性匹配均通过，则此应用才会被应用选择器展示给用户进行选择。

3. want参数的action匹配规则

将调用方传入的want参数的action属性与待匹配应用组件的skills配置中的actions属性进行匹配，如图2-40所示。

- 如果调用方的want参数中的action为空，且待匹配应用组件的skills中的actions也为空，则action匹配失败。

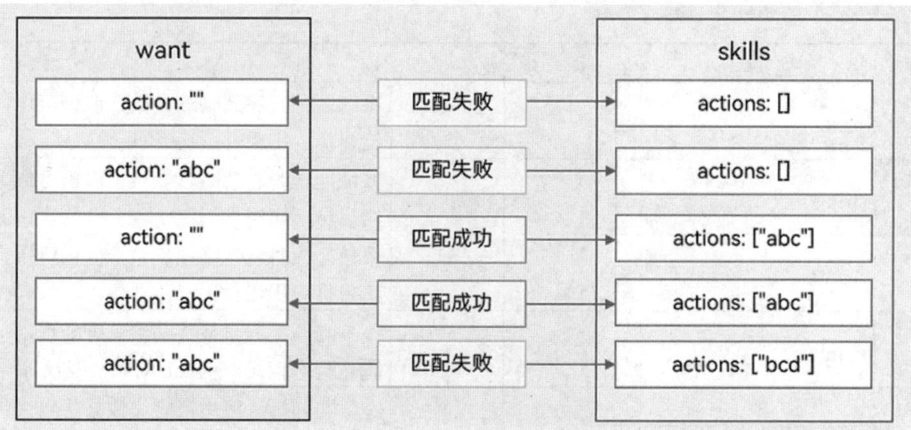

图2-40 want参数的action与skills配置中的actions进行匹配

- 如果调用方的want参数中的action非空，但待匹配应用组件的skills中的actions为空，则action匹配失败。
- 如果调用方的want参数中的action为空，而待匹配应用组件的skills中的actions非空，则action匹配成功。
- 如果调用方的want参数中的action非空，且待匹配应用组件的skills中的actions非空并包含调用方的want参数中的action，则action匹配成功。
- 如果调用方的want参数中的action非空，但待匹配应用组件的skills中的actions非空却不包含调用方的want参数中的action，则action匹配失败。

4. want参数的entities匹配规则

将调用方传入的want参数的entities与待匹配应用组件的skills配置中的entities进行匹配，如图2-41所示。

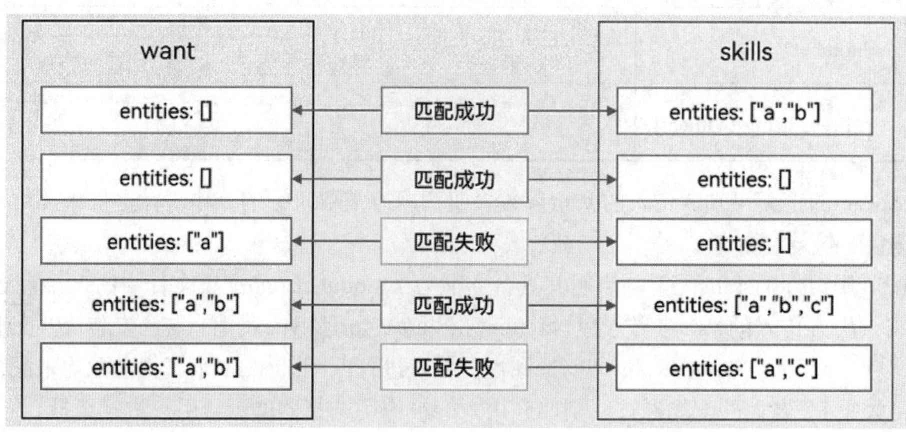

图2-41 want参数的entities与skills配置中的entities进行匹配

- 如果调用方传入的want参数的entities为空，待匹配应用组件的skills配置中的entities不为空，则entities匹配成功。
- 如果调用方传入的want参数的entities为空，待匹配应用组件的skills配置中的entities为空，则entities匹配成功。

- 如果调用方传入的want参数的entities不为空，待匹配应用组件的skills配置中的entities为空，则entities匹配失败。
- 如果调用方传入的want参数的entities不为空，待匹配应用组件的skills配置中的entities不为空且包含调用方传入的want参数的entities，则entities匹配成功。
- 如果调用方传入的want参数的entities不为空，待匹配应用组件的skills配置中的entities不为空且不完全包含调用方传入的want参数的entities，则entities匹配失败。

2.4　实战：显示want启动Ability

本节将通过实战案例“显示want启动Ability”，引导读者深入了解如何创建并运行一个Ability页面。

实战目标：在EntryAbility页面内单击按钮，唤起一个新的Ability，并通过want传值给被拉起的页面，从而展示出来，效果如图2-42所示。

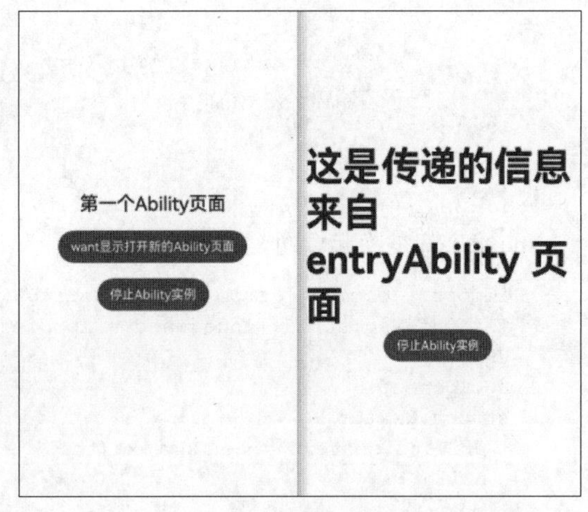

图2-42　案例效果

> **说明** 单击Entry页面中的按钮唤起图2-42右侧的页面，其中文字部分是唤起页面时传递的数据，需要存储到AppStorage中。

在已经创建好的项目中，在ets目录上右击，在弹出的快捷菜单中选择“新建”→Ability，新建一个Ability并命名为nextAbility。

index.ets是启动页，其代码如下：

```
import { common, Want } from '@kit.AbilityKit'
import { BusinessError } from '@kit.BasicServicesKit'
@Entry
@Component
struct Index {
  // 定义上下文
  private context = getContext(this) as common.UIAbilityContext
  build() {
      Column() {
          Text('第一个Ability页面').fontSize(24)
          Button('want显示打开新的Ability页面').onClick(()=>{
          // 将Context 对象传递过去
            let wantInfo:Want={
              deviceId:'', //deviceId为空，表示本设备
              bundleName:'com.example.wantabilityshow', // 位置: AppScope/app.json5:
bundleName
              moduleName:'entry', // 模块名
              abilityName:'nextAbility', // entry/src/main/module.json5:新建的ability 的
名称
              parameters:{
              // 自定义信息
                 infoMsg:'这是传递的信息来自entryAbility 页面'
              }
            }
            this.context.startAbility(wantInfo).then(()=>{
```

```
          console.log('WantAbility 显示启动成功')
        }).catch((error:BusinessError)=>{
          console.log('WantAbility 显示启动失败')
        })
      })
      Button('停止Ability实例').onClick(()=>{

        this.context.terminateSelf((err)=>{
          if (err.code) {
            console.log('WantAbility 停止失败')
            return
          }
          console.log('WantAbility 停止成功')

        })
      })
    }
    .justifyContent(FlexAlign.Center)
    .width('100%')
    .height('100%')
  }
}
```

nextUi.ets是唤起页面，其代码如下：

```
import { common } from '@kit.AbilityKit'
let infoMsg:string|undefined = AppStorage.get('infoMsg')
@Entry
@Component
struct NextUi {
  private context = getContext(this) as common.UIAbilityContext
  build() {
    Row() {
      Column() {
        Text(infoMsg)
          .fontSize(50)
          .fontWeight(FontWeight.Bold)
        Button('停止Ability实例').onClick(()=>{
          this.context.terminateSelf((err)=>{
            if (err.code) {
              console.log('WantAbility 停止失败')
              return
            }
            console.log('WantAbility 停止成功' ,JSON.stringify(this.context))
          })
        })
      }
      .width('100%')
    }
    .height('100%')
  }
}
```

Ability的配置如图2-43所示。

EntryAbility.ets

```
  }

  onWindowStageCreate(windowStage: window.WindowStage): void {
    // Main window is created, set main page for this ability
    hilog.info(0x0000, 'testTag', '%{public}s', 'Ability onWindowStageCreat

    windowStage.loadContent('pages/Index', (err) => {
      if (err.code) {
        hilog.error(0x0000, 'testTag', 'Failed to load the content. Cause:
        return;
      }
      hilog.info(0x0000, 'testTag', 'Succeeded in loading the content.');
    });
  }
```

启动页面入口

nextAbility.ets

```
import ...

export default class nextAbility extends UIAbility {
  onCreate(want: Want, launchParam: AbilityConstant.LaunchParam): void {
    hilog.info(0x0000, 'testTag', '%{public}s', 'Ability onCreate');
    let wantAbility = want
    let infoMsg = wantAbility?.parameters?.infoMsg
    AppStorage.setOrCreate('infoMsg',infoMsg)
    console.log('filterWantAbility 接收UIAbility 传过来的参数被拉起的Ability',infoMsg)
  }

  onDestroy(): void {...}

  onWindowStageCreate(windowStage: window.WindowStage): void {
    // Main window is created, set main page for this ability
    hilog.info(0x0000, 'testTag', '%{public}s', 'Ability onWindowStageCreate');

    windowStage.loadContent('pages/nextUi', (err) => {
      if (err.code) {
        hilog.error(0x0000, 'testTag', 'Failed to load the content. Cause: %{public}s',
        return;
      }
      hilog.info(0x0000, 'testTag', 'Succeeded in loading the content.');
    });
  }
```

将want中自定义的数据进行存储

设置唤起的加载页面

图2-43　Ability的配置

运行效果如图2-44所示。

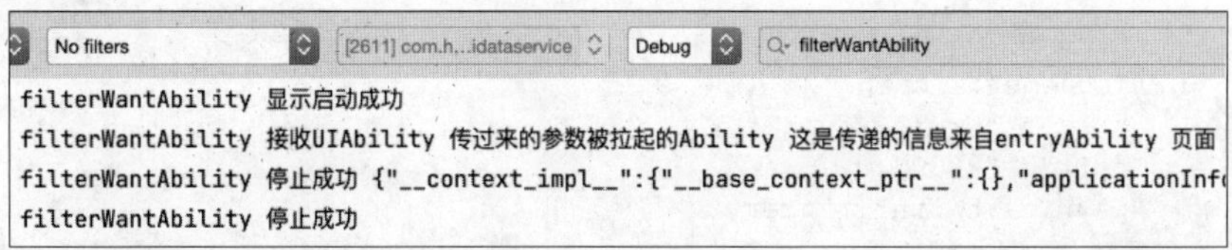

图2-44　运行效果

2.5　实战：隐式want打开浏览器

本节将聚焦于一个具体的实战案例：通过隐式want来打开浏览器。

假设设备上安装了一个或多个浏览器应用，为了使浏览器应用能够正常工作，需要在module.json5配置文件进行配置，具体配置如下：

```
{
  "module": {
    "name": "entry",
    "type": "entry",
    "description": "$string:module_desc",
    "mainElement": "EntryAbility",
    "deviceTypes": [
      "phone",
      "tablet",
      "2in1"
    ],
    "deliveryWithInstall": true,
    "installationFree": false,
    "pages": "$profile:main_pages",
    "abilities": [
      {
        "name": "EntryAbility",
        "srcEntry": "./ets/entryability/EntryAbility.ets",
        "description": "$string:EntryAbility_desc",
        "icon": "$media:layered_image",
        "label": "$string:EntryAbility_label",
        "startWindowIcon": "$media:startIcon",
        "startWindowBackground": "$color:start_window_background",
        "exported": true,
        "skills": [
          {
            "entities": [
              "entity.system.home"
            ],
            "actions": [
              "action.system.home"
            ]
          },
          // 浏览器配置
          {
            "actions": [
              'ohos.want.action.viewData'
            ],
            "entities": [
              "entity.system.browsable"
            ],
            "uris": [{
               "scheme": 'https',
              "host": "www.text.com",
              "port": "8080",
              "pathStartWith": "query"
            },{
              "scheme": "http"
            }]
          }
        ]
      }
    ]
```

在Index.ets文件中添加按钮，用于隐式启动，具体代码如下：

```
import { common, Want } from '@kit.AbilityKit';
@Entry
@Component
struct Index {
  @State message: string = 'Hello World';
  private context= getContext(this) as common.UIAbilityContext
  build() {
      Column() {
         Button('打开').onClick(()=>{
            let wantInfo:Want ={
              action:"ohos.want.action.viewData",
              entities:['entity.system.browsable'],
              uri:"https://www.test.com:8080/query/student"
            }
           this.context.startAbility(wantInfo).then(()=>{
             console.log('启动成功!!')
           })
         })
      }
      .width('100%')
    .height('100%')
  }
}
```

最后看一下运行效果，如图2-45所示。

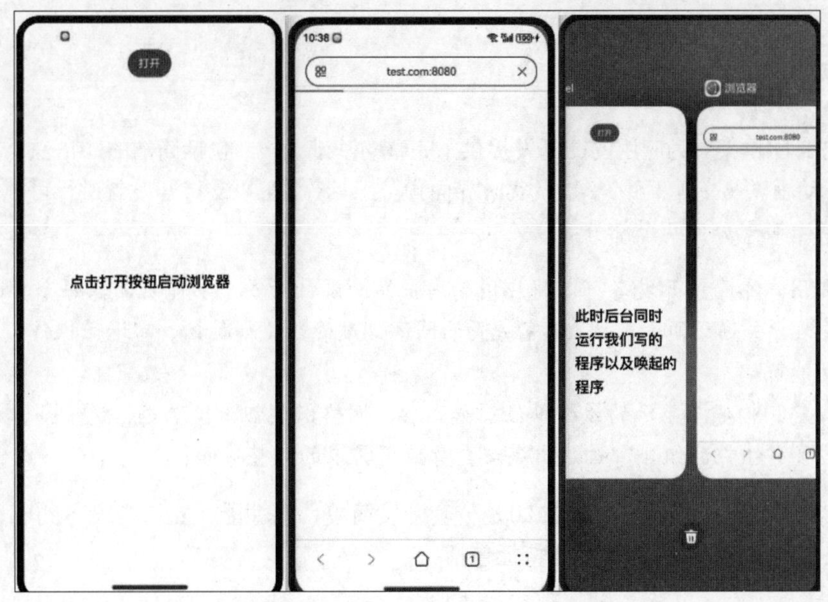

图2-45 运行效果

2.6 本章小结

本章主要介绍了什么是Stage模型以及UIAbility的生命周期和启动模式，还介绍了信息传递载体want的匹配规则，并实战了两个具体案例，即显示want启动Ability和隐式want打开浏览器。通过学习本章内容，读者可以更好地了解HarmonyOS的Ability，为开发不同类型的应用奠定基础。

第 3 章

UI开发基础

在HarmonyOS开发过程中，UI（用户界面）是用户与应用交互的桥梁。本章将带领读者深入理解并掌握ArkUI框架及其常用组件技术，为构建高效、美观的HarmonyOS应用界面打下坚实基础。首先将从ArkUI的基本概念和主要特征入手，逐步过渡到ArkTS的声明式开发范式，让读者体验不同于传统编程的开发方式。随后将详细介绍各种常用组件，并通过实战案例“城市列表选择”展示如何将这些组件应用于实际项目中，从而帮助读者在实践中巩固所学知识，提升UI开发能力。

3.1 ArkUI概述

ArkUI（方舟UI框架）为应用的UI开发提供了完整的基础设施，包括简洁的UI语法、丰富的UI功能（组件、布局、动画以及交互事件），以及实时界面预览工具等，可以支持开发者进行可视化界面开发。

ArkUI的基本概念分为两个部分：

- UI：即用户界面。开发者可以将应用的用户界面设计为多个功能页面，每个页面进行单独的文件管理，并通过页面路由API完成页面间的调度管理（如跳转、回退等操作），以实现应用内的功能解耦。
- 组件：是UI构建与显示的最小单位，如列表、网格、按钮、单选框、进度条、文本等。开发者通过多种组件的组合，构建出满足自身应用需求的完整界面。

基于ArkTS的声明式开发范式的ArkUI是一套开发简单、高性能、支持跨设备的UI开发框架，提供了构建应用UI所必需的能力，其主要特征包括：

- ArkTS：ArkTS是优选的主力应用开发语言，围绕应用开发在TypeScript（简称TS）生态基础上做了进一步扩展。扩展能力包含声明式UI描述、自定义组件、动态扩展UI元素、状态管理和渲染控制。状态管理作为基于ArkTS的声明式开发范式的特色，通过功能不同的装饰器给开发者提供了清晰的页面更新渲染流程和管道。状态管理包括UI组件状态和应用程序状态，两者协作可以使开发者完整地构建整个应用的数据更新和UI渲染。
- 布局：布局是UI的必要元素，它定义了组件在界面中的位置。ArkUI框架提供了多种布局方式，除了基础的线性布局、层叠布局、弹性布局、相对布局、栅格布局外，还提供了相对复杂的列表、宫格、轮播。

- 组件：组件是UI的必要元素，是在界面中显示的元素。由框架直接提供的组件称为系统组件，由开发者定义的组件称为自定义组件。系统内置组件包括按钮、单选框、进度条、文本等。开发者可以通过链式调用的方式设置系统内置组件的渲染效果。开发者还可以将系统内置组件组合为自定义组件，通过这种方式将页面组件化为一个个独立的UI单元，实现页面不同单元的独立创建、开发和复用，具有更强的工程性。
- 页面路由和组件导航：应用可能包含多个页面，可通过页面路由实现页面间的跳转。一个页面内可能存在组件间的导航，如典型的分栏，可通过导航组件实现组件间的导航。
- 图形：ArkUI提供了多种类型图片显示的能力和多种自定义绘制的能力，以满足开发者的自定义绘图需求，支持绘制形状、填充颜色、绘制文本、变形与裁剪、嵌入图片等。
- 动画：动画是UI的重要元素之一，优秀的动画设计能够极大地提升用户体验。ArkUI提供了丰富的动画能力，除了组件内置动画效果外，还包括属性动画、显式动画、自定义转场动画以及动画API等。开发者可以通过封装的物理模型或者调用动画能力API来实现自定义动画轨迹。
- 交互事件：交互事件是UI和用户交互的必要元素。ArkUI提供了多种交互事件，除了触摸事件、鼠标事件、键盘按键事件、焦点事件等通用事件外，还包括基于通用事件进行进一步识别的手势事件。手势事件有单一手势，如单击手势、长按手势、拖动手势、捏合手势、旋转手势、滑动手势，以及通过单一手势事件进行组合的组合手势事件。

3.2　ArkTS的声明式开发范式

针对不同的应用场景及技术背景，ArkUI提供了两种开发范式，分别是基于ArkTS的声明式开发范式（简称“声明式开发范式”）和兼容JavaScript的类Web开发范式（简称“类Web开发范式”）。

- 声明式开发范式：采用基于TypeScript声明式UI语法扩展而来的ArkTS语言，从组件、动画和状态管理三个维度提供UI绘制能力。
- 类Web开发范式：采用经典的HTML、CSS、JavaScript三段式开发方式，即使用HTML标签文件搭建布局，使用CSS文件描述样式，使用JavaScript文件处理逻辑。该范式更符合Web前端开发者的使用习惯，便于快速将已有的Web应用改造成ArkUI应用。

根据所选的应用模型（Stage模型、FA模型）和页面形态（应用或服务的普通页面、卡片）的不同，对应支持的UI开发范式也有所差异，具体如表3-1所示。

表3-1　应用模型与开发范式

应用模型	页面形态	支持的 UI 开发范式
Stage模型（推荐）	应用或服务的页面	声明式开发范式（推荐）
	卡片	声明式开发范式（推荐） 类Web开发范式
FA模型	应用或服务的页面	声明式开发范式 类Web开发范式
	卡片	类Web开发范式

3.3 常用组件

组件作为页面构建的核心，实现了数据和方法的封装，创建了具有独立视觉和交互功能的基本单元。这些组件彼此之间互不影响，可以随时调用并重复使用，大大提高了开发效率。本节先介绍组件的分类，下一节将详细讲解其应用。

1. 布局组件

- Column：用于垂直布局的容器组件。
- Row：用于水平布局的容器组件。
- SideBarContainer：定义侧边栏和内容区的容器组件，适用于需要侧边栏的页面布局。

2. 栅格与排列组件

- GridContainer：用于纵向栅格布局的容器组件。
- GridRow：栅格布局中的行容器组件。
- GridCol：栅格布局中的列子组件。
- RelativeContainer：用于复杂场景中元素对齐的布局组件。

3. 堆叠与弹性组件

- Stack：堆叠容器组件，子组件按顺序堆叠，后一个覆盖前一个。
- Flex：以弹性方式布局子组件的容器组件。

4. 滚动与滑动组件

- Scroll：可滚动的容器组件，用于子组件超出父组件尺寸时的滚动显示。
- Swiper：滑块视图容器组件，提供子组件的滑动轮播功能。
- WaterFlow：瀑布流容器组件，用于自上而下布局不同大小的项目。

5. 导航组件

- Navigator：路由容器组件，提供页面跳转功能。
- Navigation：页面根容器，用于展示页面标题栏、工具栏、导航栏等。
- Stepper：步骤导航器组件，适用于引导用户按步骤完成任务的场景。
- Tabs：页签容器组件，用于内容视图的切换。

6. 按钮与选择器组件

- Button：快速创建不同样式的按钮组件。
- Toggle：提供复选框、状态按钮和开关样式的组件。
- Checkbox：多选框组件，用于打开或关闭某个选项。
- CheckboxGroup：多选框群组控制器。
- CalendarPicker：日期选择组件，通过下拉日历弹窗选择日期。
- DatePicker：日期选择滑动组件。
- TextPicker：文本内容滑动选择组件。

- TimePicker：时间选择滑动组件。
- Radio：单选框组件，提供用户交互选择项。
- Rating：提供评分选择的组件。
- Select：下拉选择菜单组件。
- Slider：滑动条组件，用于调节设置值，如音量、亮度等。
- Counter：计数器组件，提供计数操作。

7. 文本与输入组件

- Text：显示文本的组件。
- Span：行内文本片段显示组件。
- Search：搜索框组件，适用于输入搜索内容。
- TextArea：多行文本输入框组件。
- TextInput：单行文本输入框组件。
- PatternLock：图案密码锁组件，用于密码验证。
- RichText：富文本组件，显示解析后的HTML格式文本。
- RichEditor：支持图文混排和交互式编辑的组件。

8. 图片、视频与媒体组件

- Image：渲染展示本地或网络图片的组件。
- ImageAnimator：帧动画组件，播放配置的图片序列。
- Video：视频播放组件，控制视频播放状态。
- XComponent：EGL/OpenGLES和媒体数据写入。

9. 信息展示组件

- DataPanel：数据面板组件，展示多数据占比情况。
- Gauge：数据量规图组件，以环形图表展示数据。
- LoadingProgress：加载动效展示组件。
- Marquee：跑马灯组件，滚动展示单行文本。
- Progress：进度条组件，显示加载或处理进度。
- QRCode：显示单个二维码的组件。
- TextClock：显示当前系统时间的组件。
- TextTimer：显示计时信息并控制计时状态的组件。

10. 空白与分隔组件

- Blank：空白填充组件，用于填充容器空余部分，通常在Row或Column布局中使用。
- Divider：用于分隔不同内容块或元素。

11. 画布与图形绘制组件

- Canvas：提供画布组件，用于自定义绘制图形。
- Circle：绘制圆形的组件。
- Ellipse：绘制椭圆的组件。

- Line：绘制直线的组件。
- Polyline：绘制折线的组件。
- Polygon：绘制多边形的组件。
- Path：绘制路径生成自定义形状的组件。
- Rect：绘制矩形的组件。
- Shape：绘制组件的父组件，实现类似SVG（可伸缩矢量图形）的效果。

12. 其他组件

- ScrollBar：滚动条组件，用于配合可滚动组件，如List、Grid、Scroll等。
- Badge：用于信息标记的容器组件，可以附加在单个组件上。
- AlphabetIndexer：与容器组件联动，用于快速定位容器显示区域的索引条组件。
- Panel：可滑动面板，提供轻量级内容展示窗口。
- Refresh：用于页面下拉刷新并显示刷新动效的容器组件。
- FormLink：提供静态卡片事件交互功能。
- Hyperlink：超链接组件，单击宽高范围内的组件实现跳转。
- Menu：垂直列表形式的菜单组件。
- MenuItem：展示菜单中的具体项目。
- MenuItemGroup：展示菜单项的分组。
- LocationButton：位置控件，用于获取精准定位权限。
- PasteButton：粘贴控件，用于获取读取剪贴板权限。
- SaveButton：保存控件，用于获取存储权限。

3.4 基础组件详解

本节将通过一个项目来介绍各个组件的用法。本项目可以通过单击列表索引跳转到对应的基础组件页面，展示对应的案例。

首先创建一个项目，并将对应组件的案例放在该项目下。然后跟着本项目进行操作，完成每一个案例，就会拥有一个属于自己的案例库。

01 创建项目并命名为arkuiAbility。

02 依次编写如下代码：

（1）index.ets代码如下：

```
import { router } from '@kit.ArkUI';
interface comPonInter{
  name:string;                        // 组件名称
  path:string;                        // 存放路径
  value:string;                       // 名称
  desc:string;                        // 关于组件的描述
}

@Entry
@Component
struct Index {
```

```
@State componentsList:comPonInter[]=[
  {
    name:'AlphabetIndexer',
    path:'pages/AlphabetIndexerCom',
    value:'AlphabetIndexer',
    desc:'可以与容器组件联动，用于按逻辑结构快速定位容器显示区域的组件。'
  }
]

  build() {
    Column() {
        List({ space: 20, initialIndex: 0 }){
          ForEach(this.componentsList,(item:comPonInter)=>{
              ListItem(){
                Row(){
                  Text(item.name).fontSize(24)
                    .margin(5)
                  Image($r('app.media.iconright'))
                    .width(20)
                    .height(20)
                    .margin(5)
                }
                .width('100%')
                .height(50)
                .backgroundColor('#ffffff')
                .borderRadius(10)
                .justifyContent(FlexAlign.SpaceBetween)
               .onClick(()=>{
               // 路由跳转
                 router.pushUrl({
                   url:item.path,
                   params:{
                      desc:item.desc,
                      value:item.value
                   }
                 })
               })
              }
          })
        }
        .listDirection(Axis.Vertical) // 排列方向
        .scrollBar(BarState.Off)
        .divider({ strokeWidth: 2, color: 0xFFFFFF, startMargin: 20, endMargin: 20 })
// 每行之间的分界线
        .width('90%')
    }
    .width('100%')
    .height('100%')
   .backgroundColor('#e5e5e5')
   .padding({top:5})
  }
}
```

（2）子组件代码。

以AlphabetIndexer基础组件为例，在子组件中需要包含导航组件和基础组件两个案例代码：

```
import { router } from '@kit.ArkUI';
import { Navbar as MyNavbar } from '../components/navBar'
@Entry
```

```
@Component
struct AlphabetIndexerCom {
  @State desc: string = '';                              // 描述
  @State title:string =''                                // 标题
  // 加载页面时接收传递过来的参数
  onPageShow(): void {
    // 获取传递过来的参数对象
    const params = router.getParams() as Record<string, string>;
    // 获取传递的值
    if (params){
      this.desc = params.desc as string
      this.title =params.value as string
    }
  }
  build() {
      Column({space:10}) {
        MyNavbar({title:this.title})          //导航组件
        Divider().width('100%').strokeWidth(2).color(Color.Black)
      // 下面主要编写组件案例内容
      }
      .width('100%')
    .height('100%')
  }
}
```

（3）导航组件代码：

```
import { router } from '@kit.ArkUI';
@Component
export struct Navbar {
  @Prop title:string =''
  build() {
    Row(){
      Image($r('app.media.tornLeft')).width(30)
        .onClick(()=>{
          router.back()
        })
      Text(this.title).fontSize(20).fontWeight(800)
    }
    .justifyContent(FlexAlign.SpaceBetween)
    .width('100%')
    .height('50')
  }
}
```

下面开始介绍各个基础组件的用法。

3.4.1　AlphabetIndexer

AlphabetIndexer是可以与容器组件联动，用于按逻辑结构快速定位容器显示区域的组件，示例代码如下：

```
import { router } from '@kit.ArkUI';
import { Navbar as MyNavbar } from '../components/navBar'
@Entry
@Component
struct AlphabetIndexerCom {
  @State desc: string = '';
  @State title:string =''
```

```
  private arrayA: string[] = ['安']
  private arrayB: string[] = ['卜', '白', '包', '毕', '丙']
  private arrayC: string[] = ['曹', '成', '陈', '催']
  private arrayL: string[] = ['刘', '李', '楼', '梁', '雷', '吕', '柳', '卢']
  private value: string[] = ['#', 'A', 'B', 'C', 'D', 'E', 'F', 'G',
    'H', 'I', 'J', 'K', 'L', 'M', 'N',
    'O', 'P', 'Q', 'R', 'S', 'T', 'U',
    'V', 'W', 'X', 'Y', 'Z']
  // 加载页面时接收传递过来的参数
  onPageShow(): void {
    // 获取传递过来的参数对象
    const params = router.getParams() as Record<string, string>;
    // 获取传递的值
    if (params){
      this.desc = params.desc as string
      this.title =params.value as string
    }
  }
  build() {
      Column({space:10}) {
       MyNavbar({title:this.title})
       Divider().width('100%').strokeWidth(2).color(Color.Black)
 Text(`组件描述：${this.desc}`)
       Row(){
           AlphabetIndexer({arrayValue:this.value , selected:0})
             .selectedColor('#ffffff')                                // 选中项文本颜色
             .popupColor('#fffaf0')                                   // 弹出框文本颜色
             .selectedBackgroundColor('#cccccc')                      // 选中项背景颜色
             .popupBackground('#D2B48C')                              // 弹出框背景颜色
             .usingPopup(true)                                        // 是否显示弹出框
             .selectedFont({ size: 16, weight: FontWeight.Bolder })   // 选中项字体样式
             .popupFont({ size: 30, weight: FontWeight.Bolder })  // 弹出框内容的字体样式
             .itemSize(28)                                    // 每一项的尺寸大小
             .alignStyle(IndexerAlign.Left)                   // 弹出框在索引条右侧弹出
             .popupSelectedColor( '#00FF00')
             .popupUnselectedColor('#0000FF')
             .popupItemFont({ size: 30, style: FontStyle.Normal })
             .popupItemBackgroundColor('#CCCCCC')
             .onRequestPopupData((index: number) => {
              if (this.value[index] == 'A') {
                return this.arrayA      // 当选中A时，弹出框里面的提示文本列表显示A对应的列表
arrayA，选中B、C、L时也如此
              } else if (this.value[index] == 'B') {
                return this.arrayB
              } else if (this.value[index] == 'C') {
                return this.arrayC
              } else if (this.value[index] == 'L') {
                return this.arrayL
              } else {
                return []                            // 选中其余子母项时，提示文本列表为空
              }
             })
         }
      }
      .width('100%')
    .height('100%')
  }
}
```

AlphabetIndexer接收一个对象作为属性，这个对象包含了arrayValue和selected两个属性，其中：

- arrayValue：字母索引字符串数组，不可设置为空。
- selected：初始选中项索引值，若超出索引值范围，则取默认值0。

关于AlphabetIndexer的属性可以参考案例中的注释。

效果如图3-1和图3-2所示。

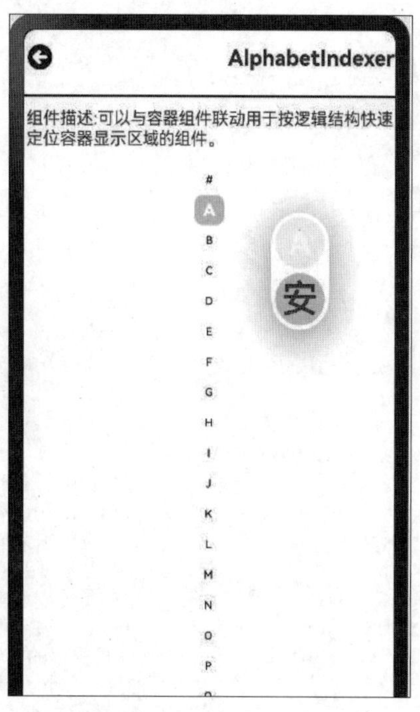

图3-1　AlphabetIndexer组件的效果1

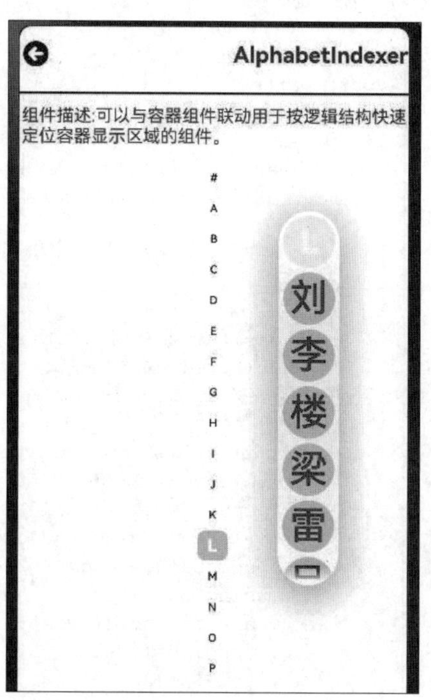

图3-2　AlphabetIndexer组件的效果2

3.4.2　Blank

在容器主轴方向上，Blank（空白）填充组件具有自动填充容器空余部分的能力。仅当父组件为Row/Column/Flex时生效。

示例代码如下：

```
import { router } from '@kit.ArkUI';
import { Navbar as MyNavbar } from '../components/navBar'
@Entry
@Component
struct BlankCom {
  @State desc: string = '';
  @State title:string =''
  // 加载页面时接收传递过来的参数
  onPageShow(): void {
    // 获取传递过来的参数对象
    const params = router.getParams() as Record<string, string>;
    // 获取传递的值
    if (params){
      this.desc = params.desc as string
      this.title =params.value as string
    }
```

```
    }
    build() {
      Column() {
        MyNavbar({title:this.title})
        Divider().width('100%').strokeWidth(2).color(Color.Black)
        Row(){
          Text(`组件描述：${this.desc}`)
        }
        Divider().width('100%').strokeWidth(5).color('#e5e5e5')

        Row() {
          Text('Bluetooth').fontSize(18)
          Blank()
          Toggle({ type: ToggleType.Switch }).margin({ top: 14, bottom: 14, left: 6, right: 6 })
        }.width('100%').backgroundColor('#FFFFFF').borderRadius(15).padding({ left: 12 })
        Divider().width('100%').strokeWidth(5).color('#e5e5e5')
        Row() {
          Text('Bluetooth').fontSize(18)
          // 设置最小宽度为160
          Blank('160').color(Color.Yellow)
          Toggle({ type: ToggleType.Switch }).margin({ top: 14, bottom: 14, left: 6, right: 6 })
        }.backgroundColor(0xFFFFFF).borderRadius(15).padding({ left: 12 })
      }
      .width('100%')
      .height('100%')
      .backgroundColor('#e5e5e5')
    }
  }
```

效果如图3-3所示。

案例中间的空白部分使用Blank组件进行填充，填充的同时不仅可以设置宽度，也可以设置背景色。

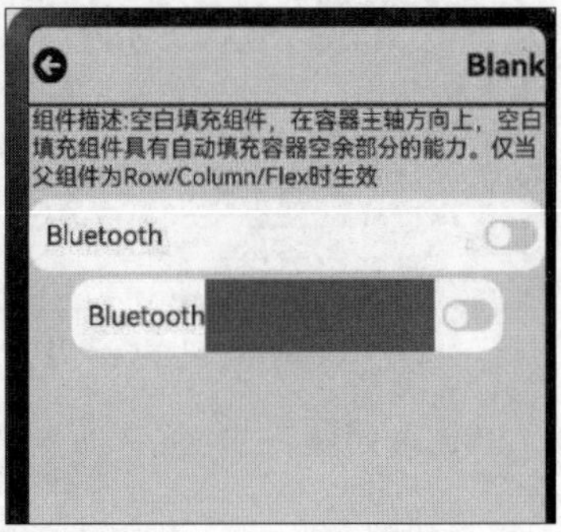

图3-3　Blank组件的效果

3.4.3 Button

Button（按钮）组件可以快速创建不同样式的按钮。关于Button的使用方法在之前的案例中也有涉及，接下来将会进行系统的讲解。

1. 按钮的基础用法

示例代码如下：

```
Button('默认按钮',{type:ButtonType.Normal})
Button('胶囊型按钮',{type:ButtonType.Capsule})
Button( {type:ButtonType.Circle}){ // 原形按钮
  Image($r('app.media.iconright')).width(35)
}.width(50).height(50)
```

2. 禁用按钮

要禁用按钮，可以在组件的第二个参数中添加stateEffect 属性。该属性表示按钮被按下时是否开启按压态显示效果，当设置为false时，关闭按压效果。

示例代码如下：

```
Button('默认按钮',{type:ButtonType.Normal , stateEffect:false}).opacity(0.4)
Button('胶囊型按钮',{type:ButtonType.Capsule , stateEffect:false}).opacity(0.4)
Button( {type:ButtonType.Circle, stateEffect:false }){ // 原形按钮
```

```
    Image($r('app.media.iconright')).width(35)
  }.width(50).height(50).opacity(0.4)
```

提示 opacity属性设置的是透明度。透明度取值为0～1，值越大越不透明，值为1则是完全不透明。

3. 按钮类型

HarmonyOS提供了3种类型的按钮，分别是强调按钮（也是默认值）、普通按钮及文本按钮。在组件的第二个参数中通过buttonStyle来设置按钮的类型。

示例代码如下：

```
Button('强调按钮',{type:ButtonType.Normal , buttonStyle:ButtonStyleMode.EMPHASIZED})
Button('普通按钮',{type:ButtonType.Normal , buttonStyle:ButtonStyleMode.NORMAL})
Button('文本按钮',{type:ButtonType.Normal , buttonStyle:ButtonStyleMode.TEXTUAL})
```

4. 小尺寸按钮

通过controlSize 来设置按钮的大小，目前仅支持小尺寸和默认两种形式。

示例代码如下：

```
Button('小尺寸按钮',{type:ButtonType.Normal , controlSize:ControlSize.SMALL})
Button('小尺寸按钮',{type:ButtonType.Capsule, controlSize:ControlSize.SMALL})
```

除了Button(label ,options) 这种写法外，还有另一种写法，如下所示：

```
Button('强调按钮')
  .type(ButtonType.Capsule)
  .stateEffect(true)
  .buttonStyle(ButtonStyleMode.EMPHASIZED)
  .controlSize(ControlSize.SMALL)
  .fontColor('#000')
  .fontSize('25')
  .fontWeight(500)
  .fontStyle(FontStyle.Italic)
  .fontFamily('微软雅黑')
```

5. 按钮属性

按钮的属性如表3-2所示，可以通过这些属性对按钮进行各种设置。

表3-2 按钮的属性

名　称	描　述
type	设置Button样式。 默认值：ButtonType.Capsule
fontSize	文本显示字号。 默认值：若controlSize的值为controlSize.NORMAL，则取'16fp'；若controlSize的值为controlSize.SMALL，则取'12fp'
fontColor	设置文本显示颜色。 默认值：'#ffffff'
fontWeight	设置文本的字体粗细，number类型取值范围为[100, 900]，取值间隔为100，取值越大，字体越粗。 默认值：400 | FontWeight.Normal

（续表）

名　称	描　述
fontStyle	设置文本的字体样式。 默认值：FontStyle.Normal
fontFamily	字体列表。默认字体为'HarmonyOS Sans'
stateEffect	按钮被按下时是否开启按压态显示效果，当设置为false时，关闭按压效果。 默认值：true
labelStyle10+	设置Button组件标签文本和字体的样式
buttonStyle11+	设置Button组件的样式和重要程度。 默认值：ButtonStyleMode.EMPHASIZED
controlSize11+	设置Button组件的尺寸。 默认值：ControlSize.NORMAL

完整的按钮示例代码如下：

```
import { router } from '@kit.ArkUI';
import { Navbar as MyNavbar } from '../components/navBar'

@Entry
@Component
struct ButtonCom {
  @State desc: string = '';
  @State title:string =''
  // 加载页面时接收传递过来的参数
  onPageShow(): void {
    // 获取传递过来的参数对象
    const params = router.getParams() as Record<string, string>;
    // 获取传递的值
    if (params){
      this.desc = params.desc as string
      this.title =params.value as string
    }
  }

  build() {
      Column() {
        MyNavbar({title:this.title})
        Divider().width('100%').strokeWidth(2).color(Color.Black)
        Row(){
          Text(`组件描述：${this.desc}`)
        }
        Divider().width('100%').strokeWidth(5).color('#e5e5e5')
        Row(){
           Text('基础用法').fontSize(20).fontWeight(800)
        }.width('100%')

        Row(){
          Button('默认按钮',{type:ButtonType.Normal})
          Button('胶囊型按钮',{type:ButtonType.Capsule})
          Button( {type:ButtonType.Circle}){ // 原形按钮
             Image($r('app.media.iconright')).width(35)
          }.width(50).height(50)

        }.width('100%')
        .justifyContent(FlexAlign.SpaceAround)
```

```
        Row(){
          Text('按钮禁用').fontSize(20).fontWeight(800)
        }.width('100%')
        Row(){
          Button('默认按钮',{type:ButtonType.Normal , stateEffect:false}).opacity(0.4)
          Button('胶囊型按钮',{type:ButtonType.Capsule , stateEffect:false}).opacity(0.4)
          Button( {type:ButtonType.Circle, stateEffect:false }){ // 原形按钮
            Image($r('app.media.iconright')).width(35)
          }.width(50).height(50).opacity(0.4)

        }.width('100%')
        .justifyContent(FlexAlign.SpaceAround)
        Row(){
          Text('按钮类型').fontSize(20).fontWeight(800)
        }.width('100%')
        Row(){
          Button('强调按钮',{type:ButtonType.Normal , buttonStyle:ButtonStyleMode.
EMPHASIZED})
          Button('普通按钮',{type:ButtonType.Normal , buttonStyle:ButtonStyleMode.
NORMAL})
          Button('文本按钮',{type:ButtonType.Normal , buttonStyle:ButtonStyleMode.
TEXTUAL})
        }.width('100%')
        .justifyContent(FlexAlign.SpaceAround)

        Row(){
          Text('尺寸按钮').fontSize(20).fontWeight(800)
        }.width('100%')
        Row(){
          Button('小尺寸按钮',{type:ButtonType.Normal , controlSize:ControlSize.SMALL})
          Button('小尺寸按钮',{type:ButtonType.Capsule, controlSize:ControlSize.SMALL})

        }.width('100%')
        .justifyContent(FlexAlign.SpaceAround)

        Row(){
          Text('第二种写法').fontSize(20).fontWeight(800)
        }.width('100%')
        Row(){
          Button('强调按钮')
            .type(ButtonType.Capsule)
            .stateEffect(true)
            .buttonStyle(ButtonStyleMode.EMPHASIZED)
            .controlSize(ControlSize.SMALL)
            .fontColor('#000')
            .fontSize('25fp')
            .fontWeight(500)
            .fontStyle(FontStyle.Italic)
            .fontFamily('微软雅黑')

        }.width('100%')
        .justifyContent(FlexAlign.SpaceAround)

      }
      .width('100%')
    .height('100%')
  }
}
```

示例效果如图3-4所示。

3.4.4　CalendarPicker

CalendarPicker（日历选择器）组件提供下拉日历弹窗，可以让用户选择日期。CalendarPicker组件可以通过edgeAlign和textStyle来设置日历选择器的属性，具有以下功能：

- edgeAlign：设置选择器与入口组件的对齐方式。
- -alignType: 对齐方式类型，默认值为CalendarAlign .END。
- -offset：表示按照对齐类型对齐后，选择器相对入口组件的偏移量。默认值为{dx: 0, dy: 0}。
- textStyle：设置入口区的文本颜色、字号、字体粗细。这个属性会在后面的组件中进行详细讲解。

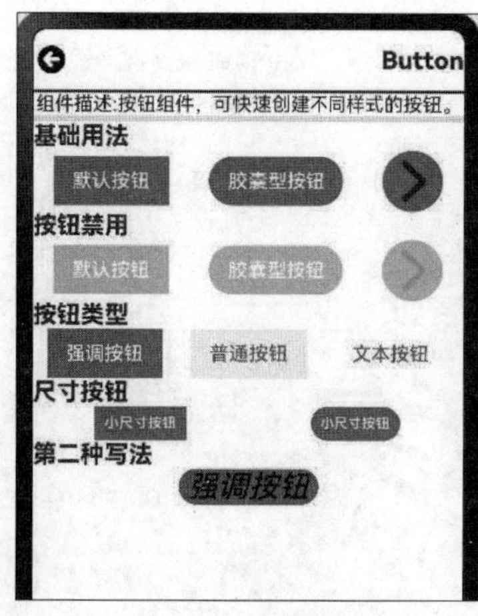

图3-4　按钮效果

一个基础日历选择器的示例代码如下：

```
CalendarPicker({ hintRadius: 10, selected: this.selectedDate })
  .edgeAlign(CalendarAlign.END)
  .textStyle({ color: "#ff182431", font: { size: 20, weight: FontWeight.Normal } })
  .margin(10)
  .onChange((value) => {
    console.info("CalendarPicker onChange:" + JSON.stringify(value))
  })
```

在上述代码中：

- hintRadius：描述日期选中态底板样式，默认样式为圆形。hintRadius为0，底板样式为直角矩形；hintRadius为0～16，底板样式为圆角矩形；hintRadius≥16，底板样式为圆形。
- selected：设置选中项的日期。选中的日期未设置或日期格式不符合规范，则为默认值。默认值为当前系统日期。

在开发过程中，通常会添加onChange事件，以便在选择日期时触发该事件。

CalendarPicker组件的完整代码如下：

```
import { router } from '@kit.ArkUI';
import { Navbar as MyNavbar } from '../components/navBar'

@Entry
@Component
struct CalendarPickerCom {
  @State desc: string = '';
  @State title:string =''
  private selectedDate: Date = new Date()
  // 加载页面时接收传递过来的参数
  onPageShow(): void {
    // 获取传递过来的参数对象
    const params = router.getParams() as Record<string, string>;
    // 获取传递的值
    if (params){
      this.desc = params.desc as string
      this.title =params.value as string
    }
  }

  build() {
```

```
      Column() {
        MyNavbar({title:this.title})
        Divider().width('100%').strokeWidth(2).color(Color.Black)
        Row(){
          Text(`组件描述：${this.desc}`)
        }
        Divider().width('100%').strokeWidth(5).color('#e5e5e5')
       Row(){
          Text('日期选择器').fontSize('20fp').fontWeight(800)
       }.justifyContent(FlexAlign.Start)
        .width('100%')

        Row(){
          Text('hintRadius 为10，设置选择器与入口组件右对齐的对齐方式。 ')
        }

        Row() {
          // 设置选择器与入口组件右对齐的对齐方式
          CalendarPicker({ hintRadius: 10, selected: this.selectedDate })
            .edgeAlign(CalendarAlign.END)
            .textStyle({ color: "#ff182431", font: { size: 20, weight: FontWeight.Normal } })
            .margin(10)
            .onChange((value) => {
              console.info("CalendarPicker onChange:" + JSON.stringify(value))
            })
        }.width('100%')
        .justifyContent(FlexAlign.End)

      }
      .width('100%')
     .height('100%')
   }
 }
```

CalendarPicker组件的示例效果如图3-5所示。

图3-5　CalendarPicker组件的效果

3.4.5 Checkbox

Checkbox是多选框组件，通常用于某选项的打开或关闭。

1. 基本用法

Checkbox单独使用时可以表示两种状态之间的切换。

示例代码如下：

```
Row(){
  Checkbox({name:'备选项',group:'sex'})
    .shape(CheckBoxShape.ROUNDED_SQUARE)
    .onChange((val:boolean)=>{
      console.log('修改了多选', val)
    })
  Text('备选项').fontSize(20)
}
```

2. 属性运用

参考以下示例代码：

```
Row(){
  Checkbox({name:'备选项',group:'sex'})
    .shape(CheckBoxShape.ROUNDED_SQUARE)     // 设置CheckBox组件形状，包括圆形和圆角方形
    .select(true)                            // 设置多选框被选中
    .selectedColor('#000fff')                // 设置多选框选中状态颜色
    .unselectedColor('#ff00ff')              // 设置多选框非选中状态边框颜色
    .onChange((val:boolean)=>{
      console.log('修改了多选', val)
    })
  Text('备选项默认选中').fontSize(20)
}

Row(){
  Checkbox({name:'备选项',group:'sex'})
    .shape(CheckBoxShape.ROUNDED_SQUARE)     // 设置CheckBox组件形状，包括圆形和圆角方形
    .select(false)                           // 设置多选框未被选中
    .selectedColor('#000fff')                // 设置多选框选中状态颜色
    .unselectedColor('#ff00ff')              // 设置多选框非选中状态边框颜色
    .onChange((val:boolean)=>{
      console.log('修改了多选', val)
    })
  Text('备选项默认未选中').fontSize(20)
}
```

Checkbox组件的示例效果如图3-6所示。

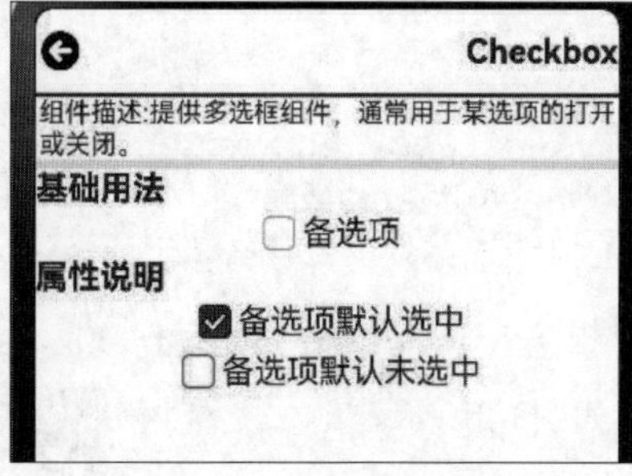

图3-6　Checkbox组件的效果

3.4.6　CheckboxGroup

CheckboxGroup是多选框群组，用于控制多选框全选或者不全选状态。

示例代码如下：

```
    Row(){
      CheckboxGroup({group:'city'})
        .selectedColor('#00ff00')        // 设置被选中或部分选中状态的颜色
        .selectAll(false)                // 设置是否全选， 默认值为false。若同组的Checkbox设置了
select属性，则Checkbox的优先级高
        .unselectedColor('#f0f0f0')      // 设置非选中状态边框颜色
      Text('全选').fontSize(20)
     Checkbox({name:'city1',group:'city'})
       .shape(CheckBoxShape.ROUNDED_SQUARE)
      Text('北京').fontSize(20)

      Checkbox({name:'city2',group:'city'})
        .shape(CheckBoxShape.ROUNDED_SQUARE)

      Text('上海').fontSize(20)
      Checkbox({name:'city3',group:'city'})
        .shape(CheckBoxShape.ROUNDED_SQUARE)

      Text('武汉').fontSize(20)
    }
```

CheckboxGroup组件的示例效果如图3-7所示。

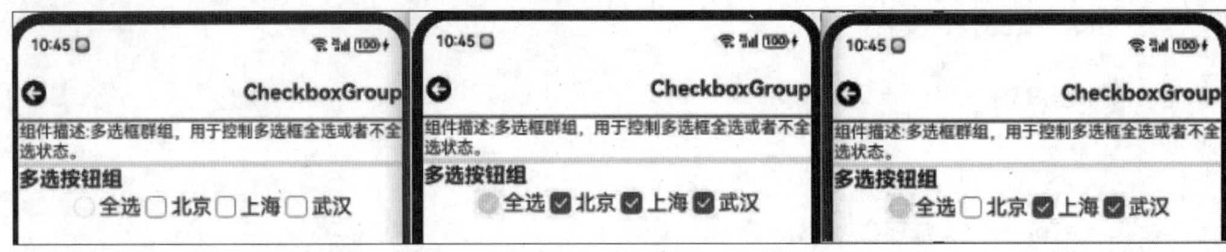

图3-7　CheckboxGroup组件的效果

3.4.7　ContainerSpan

ContainerSpan是Text组件的子组件，用于统一管理多个Span、ImageSpan的背景色及圆角弧度。其使用方法如下：

```
    Column() {
      Text() {
        ContainerSpan() {
          ImageSpan($r('app.media.app_icon'))
            .width('40vp')
            .height('40vp')
            .verticalAlign(ImageSpanAlignment.CENTER)
          Span('   Hello World !').fontSize('16fp').fontColor(Color.White)
        }.textBackgroundStyle({color: "#7F007DFF", radius: "12vp"})
      }
    }.width('100%').alignItems(HorizontalAlign.Center)
```

ContainerSpan组件的示例效果如图3-8所示。

图3-8　ContainerSpan组件的效果

3.4.8　DataPanel

DataPanel是数据面板组件，用于将多个数据占比情况使用占比图进行展示。在DataPanel中，可以通过valueColors来定义各数据的颜色，如果没有定义，会由默认的颜色填充。数据面板的类型有环型和线型两种。

1. 环型进度条

示例代码如下：

```
Row(){
  Text('环形进度条').fontSize(20).fontWeight(800)
}.width('100%')

Row(){
  Stack(){                                    // 堆叠组件
    DataPanel({
      values:[30],                            // 数据值列表，最多包含9个数据
      max:100,                                // 表示数据的最大值
      type:DataPanelType.Circle               // 数据面板的类型，Line是线型数据面板，Circle是环形数据面板
    }).width(168)
      .height(168)
      .valueColors(['#00ff00'])  // 各数据段颜色，ResourceColor为纯色，LinearGradient为渐
变色

    Column(){
      Text('20').fontSize(35).fontColor('#182431')
    }
  }
}
```

2. 线型进度条

示例代码如下：

```
Row(){
  Text('线型进度条').fontSize(20).fontWeight(800)
}.width('100%')

Row(){
  Stack(){
    DataPanel({ values: this.valueArr, max: 100, type: DataPanelType.Line }).width(300).
height(10)
  }
}
```

DataPanel组件的示例效果如图3-9所示。

DataPanel的其他属性：

- closeEffect：关闭数据占比图旋转动效和投影效果。默认值为false。
- trackBackgroundColor：底板颜色。默认值为'#08182431'，格式为十六进制ARGB值，前两位代表透明度。
- strokeWidth：圆环粗细。
- trackShadow：投影样式。

图3-9 DataPanel组件的效果

3.4.9 DatePicker

DatePicker是日期选择器组件，用于根据指定日期范围创建日期滑动选择器。

示例代码如下：

```
    Column() {
      Button('切换公历农历')
        .margin({ top: 30, bottom: 30 })
        .onClick(() => {
          this.isLunar = !this.isLunar
        })
      DatePicker({
        start: new Date('1970-1-1'),        // 指定选择器的起始日期
        end: new Date('2100-1-1'),          // 指定选择器的结束日期
        selected: this.selectedDate         // 设置选中项的日期
      })
        .disappearTextStyle({
          color: Color.Gray,
          font: { size: '16fp', weight: FontWeight.Bold }
        })                     // 设置所有选项中最上和最下两个选项的文本颜色、字号、字体粗细
        .textStyle({ color: '#ff182431', font: { size: '18fp', weight: FontWeight.Normal } })
// 设置所有选项中除了最上、最下及选中项以外的文本颜色、字号、字体粗细
        .selectedTextStyle({ color: '#ff0000FF', font: { size: '26fp', weight:
FontWeight.Regular } })      // 设置选中项的文本颜色、字号、字体粗细
        .lunar(this.isLunar)  // 日期是否显示农历。true：展示农历。false：不展示农历。默认值为false
        .onDateChange((value: Date) => {              // 选择日期时触发该事件
          this.selectedDate = value
          console.info('select current date is: ' + value.toString())
        })
    }.width('100%')
```

DatePicker组件的示例效果如图3-10所示。

图3-10 DatePicker组件的示例效果

3.4.10 Divider

Divider提供分隔器组件，用于分隔不同内容块/内容元素。Divider组件的相关使用方法在之前的代码中已经提及，下列示例主要介绍该组件的属性的用法。

```
    Row(){
      Text('垂直分割').fontSize(20).fontWeight(800)
    }.width('100%')

    Column(){

      Divider()
```

```
      .vertical(true)        // 使用水平分割线还是垂直分割线。false：水平分割线。true：垂直分割线
      .color('#00ff00')      // 分割线颜色
      .strokeWidth(10)       // 分割线宽度
      .lineCap(LineCapStyle.Round)
      /*
       *LineCapStyle.Butt 线条两端为平行线，不额外扩展
       *LineCapStyle.Round在线条两端延伸半个圆，直径等于线宽
       *LineCapStyle.Square在线条两端延伸一个矩形，宽度等于线宽的一半，高度等于线宽
       */

  }.height(200)

  Row(){
    Text('垂直分割').fontSize(20).fontWeight(800)
  }.width('100%')
  Column(){
    Divider()
      .vertical(false)       //使用水平分割线还是垂直分割线。false：水平分割线。true：垂直分割线
      .color('#00ff00')      // 分割线颜色
      .strokeWidth(10)       // 分割线宽度
      .lineCap(LineCapStyle.Square)
  }
```

Divider组件的属性示例效果如图3-11所示。

图3-11　Divider组件的属性示例效果

3.4.11　Gauge

Gauge是数据量规图表组件，用于将数据展示为环形图表。

1. 默认样式

示例代码如下：

```
Gauge({value:50 , min:1, max:100}){
  Column(){
    Text('50')
      .fontWeight(FontWeight.Medium)
      .width('62%')
      .fontColor("#ff182431")
      .maxFontSize("60.0vp")
      .minFontSize("30.0vp")
```

```
      .textAlign(TextAlign.Center)
      .margin({ top: '35%' })
      .textOverflow({ overflow: TextOverflow.Ellipsis })
      .maxLines(1)
    Text('辅助文本')
      .maxFontSize("16.0fp")
      .minFontSize("10.0vp")
      .fontColor($r('sys.color.ohos_id_color_text_secondary'))
      .fontColor($r('sys.color.ohos_id_color_text_secondary'))
      .fontWeight(FontWeight.Regular)
      .width('67.4%')
      .height('9.5%')
      .textAlign(TextAlign.Center)

  }
}
```

Gauge组件的默认样式示例效果如图3-12所示。

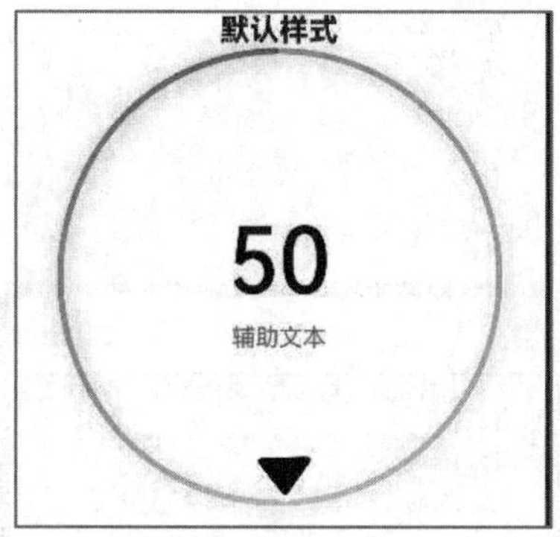

图3-12　Gauge组件的默认样式示例效果

2. 属性配置

示例代码如下：

```
@Builder descriptionBuilderImage() {
  Image($r('sys.media.ohos_ic_public_clock')).width(72).height(72)
}

ListItem(){
  Row(){
    Text('属性配置').fontSize(20).fontWeight(800)
  }
}

ListItem(){
  /**
   * value: 量规图的当前数据值，即图中指针指向的位置
   * min : 当前数据段最小值
   * max : 当前数据段最大值
   * */
  Gauge({value:50, min:1, max:100}){
    Column() {
      Text('50')
        .fontWeight(FontWeight.Medium)
        .width('62%')
        .fontColor("#ff182431")
```

```
          .maxFontSize("60.0vp")
          .minFontSize("30.0vp")
          .textAlign(TextAlign.Center)
          .margin({ top: '35%' })
          .textOverflow({ overflow: TextOverflow.Ellipsis })
          .maxLines(1)
      }.width('100%').height('100%')
    }
    .startAngle(210) // 设置起始角度位置，时钟0点为0度，顺时针方向为正角度
    .endAngle(150) // 设置终止角度位置，时钟0点为0度，顺时针方向为正角度。起始角度位置和终止角度位置
差过小时，会绘制出异常图像，请取合理的起始角度位置和终止角度位置
    .colors(
      [ [new LinearGradient([{ color: "#deb6fb", offset: 0 }, { color: "#ac49f5", offset:
1 }]), 9],
        [new LinearGradient([{ color: "#bbb7fc", offset: 0 }, { color: "#564af7", offset:
1 }]), 8],
        [new LinearGradient([{ color: "#f5b5c2", offset: 0 }, { color: "#e64566", offset:
1 }]), 7],
        [new LinearGradient([{ color: "#f8c5a6", offset: 0 }, { color: "#ed6f21", offset:
1 }]), 6],
        [new LinearGradient([{ color: "#fceb99", offset: 0 }, { color: "#f7ce00", offset:
1 }]), 5],
        [new LinearGradient([{ color: "#dbefa5", offset: 0 }, { color: "#a5d61d", offset:
1 }]), 4],
        [new LinearGradient([{ color: "#c1e4be", offset: 0 }, { color: "#64bb5c", offset:
1 }]), 3],
        [new LinearGradient([{ color: "#c0ece5", offset: 0 }, { color: "#61cfbe", offset:
1 }]), 2],
        [new LinearGradient([{ color: "#b5e0f4", offset: 0 }, { color: "#46b1e3", offset:
1 }]), 1]]
    ) // 设置量规图的颜色，支持分段颜色设置。也可以设置单独的颜色，如 colors("#46b1e3")
    .width('80%')
    .height('80%')
    .strokeWidth(18) // 设置环形量规图的环形厚度
    .description(this.descriptionBuilderImage) // 设置说明内容。@Builder中的内容由开发者自定义，
建议使用文本或者图片
    .padding(18)
  }
```

Gauge组件的示例效果（属性运用）如图3-13所示。

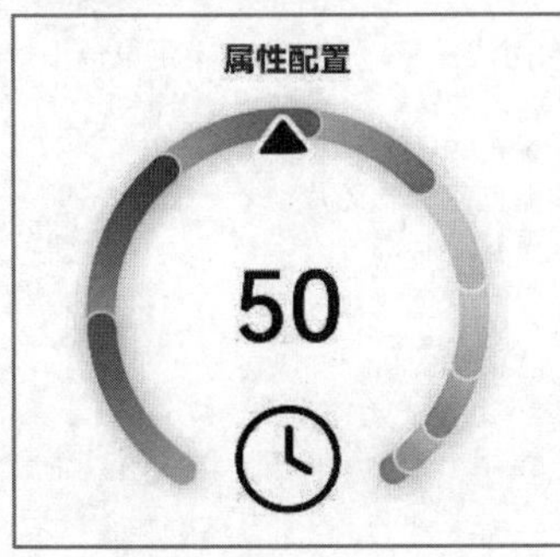

图3-13　Gauge组件的示例效果（属性运用）

3.4.12　Image

Image为图片组件，常用于在应用中显示图片。Image支持加载PixelMap、ResourceStr和DrawableDescriptor类型的数据源，支持png、jpg、jpeg、bmp、svg、webp和gif类型的图片格式。

需要注意的是，使用网络图片时，需要申请ohos.permission.INTERNET权限，如图3-14所示。

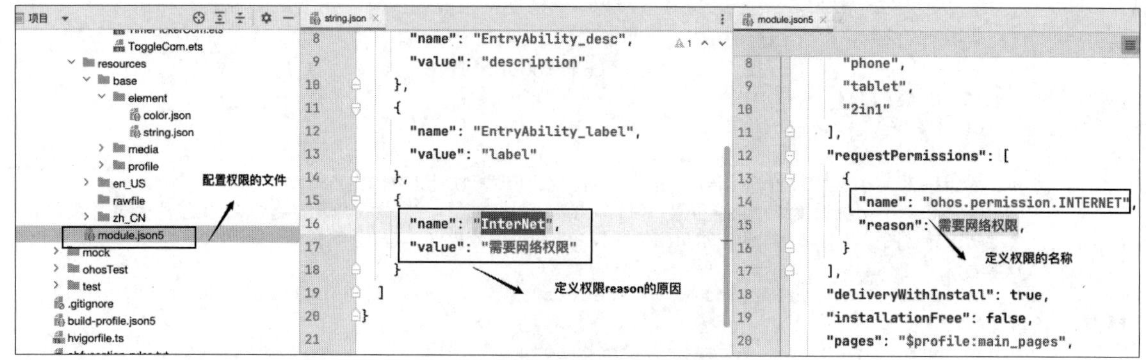

图3-14　网络图片权限申请页面

关于图片的属性，不管是网络图片还是本地图片，其属性都是通用的，具体使用可参考如下示例代码：

```
    Row() {
      Text('引用网络图片地址')
    }
    Row() {
      Image('https://img1.baidu.com/it/u=844365158,2832392509&fm=253&fmt=auto&app=120&f=JPEG?w=500&h=500')
        .width('100%')
        .height(100)
        .objectFit(ImageFit.Contain)
       /**
        *  设置图片的填充效果
        *  ImageFit.Contain : 保持宽高比进行缩小或者放大，使得图片完全显示在显示边界内
        * ImageFit.Cover : 保持宽高比进行缩小或者放大，使得图片两边都大于或等于显示边界
        * ImageFit.Auto : 图像会根据其自身尺寸和组件的尺寸进行适当缩放，以在保持比例的同时填充视图
        *  ImageFit.Fill :不保持宽高比进行放大或缩小，使得图片充满显示边界
        * ImageFit.ScaleDown :保持宽高比显示，图片缩小或者保持不变
        * ImageFit.None : 保持原有尺寸显示
        * */
        .objectRepeat(ImageRepeat.XY)
      /**
       *设置图片的重复样式。从中心点向两边重复，剩余空间不足以放下一幅图片时会截断
       *  ImageRepeat.X : 只在水平轴上重复绘制图片
       *  ImageRepeat.Y : 只在竖直轴上重复绘制图片
       * ImageRepeat.XY : 在两个轴上重复绘制图片
       * ImageRepeat.NoRepeat: 不重复绘制图片
       * */


    }.width('100%')
      .height(200)
```

使用网络图片的示例效果如图3-15所示。

图3-15　网络图片的示例效果

关于网络图片还有其他属性，可参考以下示例代码：

```
Row(){
  Text(`图片其他属性`)
}
Row(){
   Image($r('app.media.startIcon'))
     .width(100)
     .height(100)
     .draggable(true)                    // 组件默认拖曳效果，设置为true时，组件可拖曳
     .enableAnalyzer(true)               // 设置组件是否支持AI分析，设置为true时，组件可进行AI分析
}
```

3.4.13　ImageAnimator

ImageAnimator提供帧动画组件来实现逐帧播放图片的能力，可以配置需要播放的图片列表，每幅图片可以配置时长。下面介绍该组件的使用方法。

首先，准备4幅图片放在resources/media文件夹中，然后编写如下示例代码：

```
Column({space:10}){
   ImageAnimator()
     .images([
       {
         src:$r('app.media.01'),
         width:'300',
         height:'300'

       },
       {
         src:$r('app.media.02'),
         width:'300',
         height:'300'
       },
       {
         src:$r('app.media.03'),
         width:'300',
         height:'300'
       },
       {
         src:$r('app.media.04'),
         width:'300',
         height:'300'
```

```
      }
    ])
    .duration(2000) // duration为0时，不播放图片；每隔多长时间切换一次图片
    .state(AnimationStatus.Running)
    /**
     * 用于控制播放状态
     * Initial : 动画初始状态
     * Running : 动画处于播放状态
     * Paused  : 动画处于暂停状态
     * Stopped : 动画处于停止状态
     * */
    .reverse(true)
  /*
   * 设置播放方向。false表示从第1幅图片播放到最后1幅图片； true表示从最后1幅图片播放到第1幅图片
   */
    .fixedSize(false)
  /**
   *  设置图片大小是否固定为组件大小
   *  true表示图片大小与组件大小一致，此时设置图片的width 、height 、top 和left属性是无效的
   *   false表示每一幅图片的width、height、top和left属性都要单独设置
   * */
    .iterations(-1)
  /**
   * 默认播放一次，设置为-1时表示无限次播放
   * */
    .fillMode(FillMode.None)
  /**
   * 设置当前播放方向下，动画开始前和结束后的状态
   * None：动画未执行时不会将任何样式应用于目标，动画播放完成之后恢复初始默认状态
   * Forwards：目标将保留动画执行期间最后一个关键帧的状态
   * Backwards：动画将在应用于目标时立即应用第一个关键帧中定义的值，并在delay期间保留此值
   * Both： 动画将遵循Forwards和Backwards的规则，在两个方向上扩展动画属性
   * */

}.width('100%')
.height(400)
```

ImageAnimator组件的示例效果如图3-16所示。4幅图片会循环切换，类似轮播图的效果。

图3-16 ImageAnimator组件的示例效果

注意，除了在images的每个属性中设置src之外，还可以设置其他属性，如width、height、top、left、duration。另外，ImageAnimator组件还支持以下事件：

- onStart(event: () => void)：状态回调，动画开始播放时触发。
- onPause(event: () => void)：状态回调，动画暂停播放时触发。
- onRepeat(event: () => void)：状态回调，动画重复播放时触发。
- onCancel(event: () => void)：状态回调，动画返回最初状态时触发。
- onFinish(event: () => void)：状态回调，动画播放完成时或者停止播放时触发。

通过这些事件可以设置动画的状态。

3.4.14 ImageSpan

ImageSpan是Text、ContainerSpan组件的子组件，用于显示行内图片。

我们通过以下示例来演示该组件的使用方法：

```
Text(){
  Span('测试文字').fontSize(25)
   ImageSpan($r('app.media.startIcon'))
     .width('60vp')
     .height('60vp')
     .verticalAlign(ImageSpanAlignment.CENTER)
  /**
   * 图片基于文本的对齐方式
   * ImageSpanAlignment.TOP : 图片上边沿与行上边沿对齐
   * ImageSpanAlignment.CENTER : 图片中间与行中间对齐
   * ImageSpanAlignment.BOTTOM : 图片下边沿与行下边沿对齐
   * ImageSpanAlignment.BASELINE : 图片下边沿与文本BaseLine对齐
   * */
     .objectFit(ImageFit.Contain)            // 设置图片的缩放类型

}.borderColor('#000000').borderWidth(2)
```

ImageSpan组件的示例效果如图3-17所示。

图3-17　ImageSpan组件的示例效果

3.4.15 LoadingProgress

LoadingProgress是用于显示加载动效的组件。

示例代码如下：

```
Column(){
   LoadingProgress()
     .color('#fff000')          // 设置加载进度条前景色
```

```
      .enableLoading(true)
    /**
     * 设置LoadingProgress动画显示或者不显示
     * 默认值为true。LoadingProgress动画不显示时，该组件依旧占位
     **/

  }.width('100%')
```

LoadingProgress组件的示例效果如图3-18所示。

图3-18　LoadingProgress组件的示例效果

3.4.16　Marquee

Marquee是跑马灯组件，用于滚动展示一段单行文本。仅当文本内容宽度超过跑马灯组件宽度时滚动，不超过时不滚动。

示例代码如下：

```
Row(){
  Marquee({
    start:true,            // 控制跑马灯是否进入播放状态
    step: 20 ,             // 滚动步长，当step大于Marquee的文本宽度时，取默认值
    src:this.desc ,        // 需要滚动的文本
    loop:-1 ,              // 设置重复滚动的次数，小于或等于0时无限循环
    fromStart:true,        // 设置文本从头开始滚动或反向滚动
  })
    .onStart(()=>{
      // 开始滚动时触发回调
    })
    .onBounce(()=>{
      // 完成一次滚动时触发，若循环次数不为1，则该事件会多次触发
    })
    .onFinish(()=>{
      // 完成滚动全部循环次数时触发回调
    })
}.width('100%')
.height(300)
```

Marquee组件的示例效果如图3-19所示。

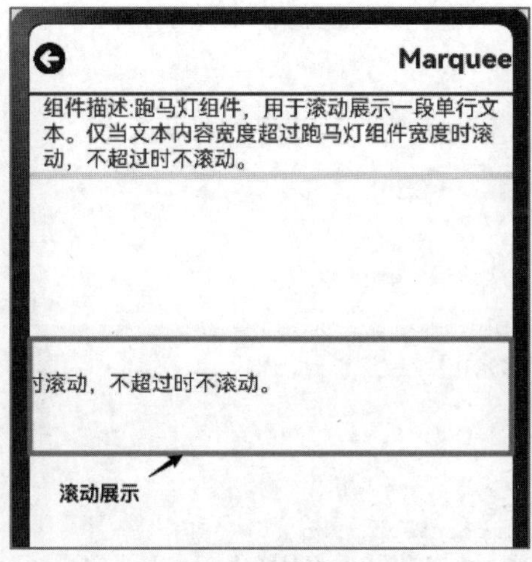

图3-19　Marquee组件的示例效果

3.4.17　Menu

Menu是菜单的容器组件，以垂直列表形式显示菜单。需要配合MenuItem、MenuItemGroup使用。可以通过以下属性来统一设置Menu中所有的文本样式或者Menu的边框圆角宽度等：

- font：统一设置Menu中所有文本的字体样式。
- fontColor：统一设置Menu中所有文本的颜色。
- radius：设置Menu边框圆角半径。默认值跟随主题。数值高于menu宽度的一半时，取默认值。
- width：设置Menu边框宽度。支持设置的最小宽度为64vp。

3.4.18　MenuItem

MenuItem用于展示菜单Menu中具体的菜单项。关于MenuItem的使用方法可参考如下示例代码：

```
import { router } from '@kit.ArkUI';
import { Navbar as MyNavbar } from '../components/navBar'

@Entry
@Component
struct MenuItemCom {
  @State desc: string = '';
  @State title:string =''
  // 加载页面时接收传递过来的参数
  onPageShow(): void {
    // 获取传递过来的参数对象
    const params = router.getParams() as Record<string, string>;
    // 获取传递的值
    if (params){
      this.desc = params.desc as string
      this.title =params.value as string
    }
  }
  // 通过@Builder创建二级菜单组件
  @Builder
   SubMenu(){
    Menu() {
      MenuItem({ content: "复制", labelInfo: "Ctrl+C" })
```

```
      MenuItem({ content: "粘贴", labelInfo: "Ctrl+V" })
    }
  }

  // 通过@Builder创建一个菜单组件
  @Builder
  MyMenu(){
    Menu(){
      MenuItem(
        {
          startIcon:$r('app.media.app_icon'),
          content:'item中显示在左侧的图标信息路径。'
        }
      )
      MenuItem(
        {
          endIcon:$r('app.media.app_icon'),
          content:'item中显示在右侧的图标信息路径。'
        }
      )
      MenuItem(
        {
          content: "定义结束标签信息，如快捷键方式Ctrl+C等。",
          labelInfo: "结束信息"
        }
      )
      MenuItem(
        {
          content: "设置菜单项是否选中。",
          labelInfo: "结束信息"
        }
      ).enabled(false)

      //创建展示菜单
      MenuItem(
        {
          content: "二级菜单",
          builder: ():void=>this.SubMenu()
        }
      )
    }
  }
  build() {
      Column() {
        MyNavbar({title:this.title})
        Divider().width('100%').strokeWidth(2).color(Color.Black)
        Row(){
          Text(`组件描述：${this.desc}`)
        }

        Divider().width('100%').strokeWidth(5).color('#e5e5e5')
         Column(){
         Text('展示菜单')
         }.width(100)
        .bindMenu(this.MyMenu)

      }
      .width('100%')
    .height('100%')
  }
}
```

MenuItem组件的示例效果如图3-20所示。

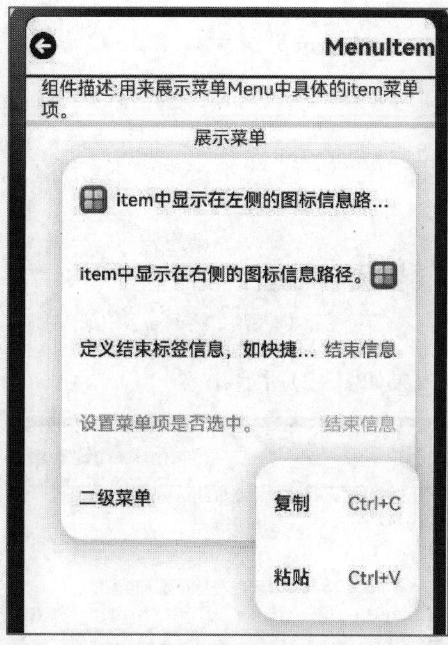

图3-20　MenuItem组件的示例效果

3.4.19　MenuItemGroup

MenuItemGroup组件用来展示菜单MenuItem的分组。关于MenuItemGroup的使用方法，可以通过修改MenuItem的MyMenu组件信息来实现，示例代码如下：

```
@Builder
MyMenu(){
  Menu(){
    MenuItem(
      {
        startIcon:$r('app.media.app_icon'),
        content:'item中显示在左侧的图标信息路径。'
      }
    )
    MenuItemGroup({ header: '设置对应group的标题显示信息。' }) {
      MenuItem(
        {
          endIcon: $r('app.media.app_icon'),
          content: 'item中显示在右侧的图标信息路径。'
        }
      )
      MenuItem(
        {
          content: "定义结束标签信息，如快捷键方式Ctrl+C等。",
          labelInfo: "结束信息"
        }
      )
    }
    MenuItem(
      {
        content: "设置菜单项是否被选中。",
```

```
        labelInfo: "结束信息"
      }
    ).enabled(false)
  MenuItemGroup({footer:"设置对应group的尾部显示信息。"}){
    MenuItem(
      {
        content: "二级菜单",
        builder: ():void=>this.SubMenu()
      }
    )
  }

  }
}
```

MenuItemGroup组件的示例效果如图3-21所示。

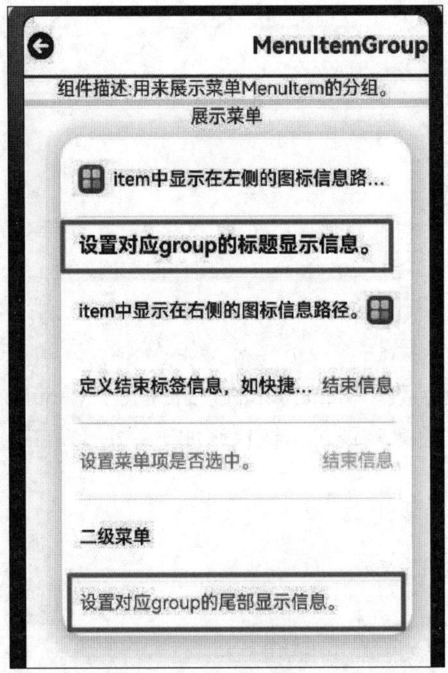

图3-21　MenuItemGroup组件的示例效果

3.4.20　Radio

Radio是单选框，用于提供用户交互选择项。该组件的使用可以参考如下示例代码：

```
Row(){
  Text('基础用法').fontSize(20).fontWeight(800)
}
Row(){
  Radio({value:'备选项1',group:'radioGroup'})
  Radio({value:'备选项2',group:'radioGroup'})

}
Row(){
  Text('默认选中').fontSize(20).fontWeight(800)
}
Row(){
```

```
    Radio({value:'备选项1',group:'radioGroup1'})
      .checked(true)
    Radio({value:'备选项2',group:'radioGroup1'})

  }
  Row(){
    Text('自定义样式').fontSize(20).fontWeight(800)
  }
  Row(){
    Radio({value:'备选项1',group:'radioGroup2'})
      .radioStyle({
        checkedBackgroundColor:'#ff00ff',          // 开启状态底板颜色
        uncheckedBorderColor:'#000fff',            // 关闭状态描边颜色
        indicatorColor:'#00ff00',                  // 开启状态内部圆饼颜色
      })
    Radio({value:'备选项2',group:'radioGroup2'})

  }
```

Radio组件的示例效果如图3-22所示。

图3-22　Radio组件的示例效果

3.4.21　Rating

Rating是提供在给定范围内选择评分的组件。该组件的使用可以参考如下示例代码：

```
 Row(){
  /**
   * rating: 设置并接收评分值
   * indicator: 设置评分组件作为指示器使用，不可改变评分
   * */
  Rating({ rating: this.rating, indicator: false })
    .stars(5)                    // 设置评分总数
    .stepSize(0.5)               // 操作评级的步长
    /**
     * backgroundUri：未选中的星级图片链接，可由用户自定义或使用系统默认图片
     * foregroundUri：选中的星级图片路径，可由用户自定义或使用系统默认图片
     * secondaryUri：部分选中的星级图片路径，可由用户自定义或使用系统默认图片
     * */
    .starStyle({
      backgroundUri:"/common/backgroundUri.png",         //common目录与pages同级
      foregroundUri:"/common/foregroundUri.png",
      secondaryUri:"/common/secondaryUri.png"
    })
    .margin({ top: 24 ,right:10})
    .onChange((value: number) => {
```

```
        this.rating = value
      })
    }
```

Rating组件的示例效果如图3-23所示。

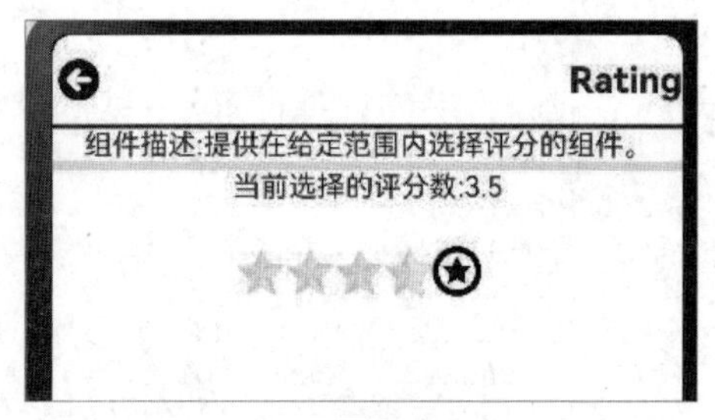

图3-23 Rating组件的示例效果

3.4.22 RichText

RichText是富文本组件，用于解析并显示HTML格式文本。该组件适用于加载与显示一段HTML字符串，且不需要对显示效果进行较多自定义的应用场景。由于RichText组件底层复用了Web组件来提供基础能力，包括但不限于HTML页面的解析、渲染等，所以使用RichText组件需要遵循Web约束条件。

RichText组件不适用于对HTML字符串的显示效果进行较多自定义的应用场景。例如RichText组件不支持通过设置属性与事件来修改背景颜色、字体颜色、字体大小和动态改变内容等。在这种情况下，推荐使用Web组件。

需要注意的是，RichText组件比较消耗内存资源，而且在一些重复使用RichText组件的场景下，比如在List下循环使用RichText，会出现卡顿、滑动响应慢等现象。

RichText组件的示例代码如下：

```
import { router } from '@kit.ArkUI';
import { Navbar as MyNavbar } from '../components/navBar'

@Entry
@Component
struct RichTextCom {
  @State desc: string = '';
  @State title:string =''
  @State data: string = '<h1 style="text-align: center;">h1标题</h1>' +
    '<h1 style="text-align: center;"><i>h1斜体</i></h1>' +
    '<h1 style="text-align: center;"><u>h1下画线</u></h1>' +
    '<h2 style="text-align: center;">h2标题</h2>' +
    '<h3 style="text-align: center;">h3标题</h3>' +
    '<p style="text-align: center;">p常规</p><hr/>' +
    '<div style="width: 500px;height: 500px;border: 1px solid;margin: 0 auto;">' +
    '<p style="font-size: 35px;text-align: center;font-weight: bold; color:
rgb(24,78,228)">字体大小35px,行高45px</p>' +
    '<p style="background-color: #e5e5e5;line-height: 45px;font-size: 35px;text-indent:
2em;">' +
    '<p>这是一段文字这是一段文字这是一段文字这是一段文字这是一段文字这是一段文字这是一段文字这是一段
文字这是一段文字</p>';

  // 加载页面时接收传递过来的参数
  onPageShow(): void {
    // 获取传递过来的参数对象
    const params = router.getParams() as Record<string, string>;
    // 获取传递的值
    if (params){
      this.desc = params.desc as string
      this.title =params.value as string
    }
  }
```

```
  build() {
      Column() {
        MyNavbar({title:this.title})
        Divider().width('100%').strokeWidth(2).color(Color.Black)
        Row(){
          Text(`组件描述：${this.desc}`)
        }
        Divider().width('100%').strokeWidth(5).color('#e5e5e5')
        RichText(this.data)
          .onStart(() => {
            console.info('RichText onStart');
          })
          .onComplete(() => {
            console.info('RichText onComplete');
          })
          .width(500)
          .height(500)
          .backgroundColor(0XBDDB69)
      }
      .width('100%')
    .height('100%')
  }
}
```

RichText组件的示例效果如图3-24所示。

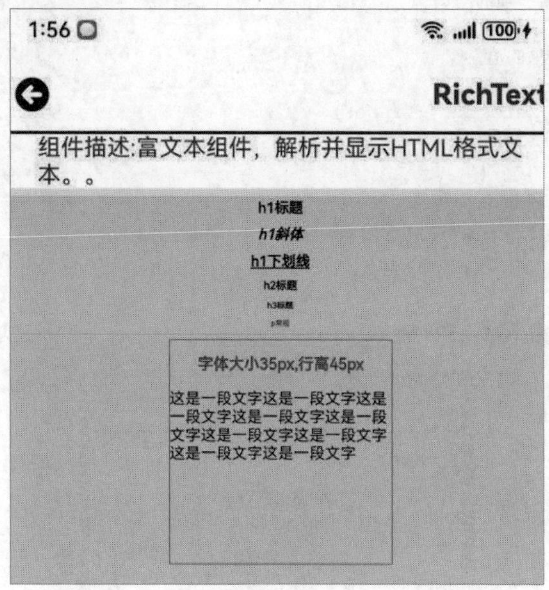

图3-24　RichText组件的示例效果

3.4.23　Select

Select组件用于提供下拉选择菜单，以便让用户在多个选项之间进行选择。

Select组件的示例代码如下：

```
// 定义的变量
@State text: string = "请选择.."
@State index: number = 0
@State space: number = 8
```

```
@State arrowPosition: ArrowPosition = ArrowPosition.END
// 主代码区域
Column(){
  Select([{ value: '黄金糕', icon: $r("app.media.secondaryUri") },
    { value: '双皮奶', icon: $r("app.media.secondaryUri") },
    { value: '龙须面', icon: $r("app.media.secondaryUri") },
    { value: '北京烤鸭', icon: $r("app.media.secondaryUri") }])
    .selected(this.index) // 设置下拉菜单初始选项的索引，第一项的索引为0
    .value(this.text)     // 设置下拉按钮本身的文本内容。当菜单被选中时，默认会替换为菜单项文本内容
    .font({ size: 16, weight: 500 })                     // 设置下拉按钮本身的文本样式
    .fontColor('#182431')                                // 设置下拉按钮本身的文本颜色
    .selectedOptionFont({ size: 18, weight: 800 })       // 设置下拉菜单选中项的文本样式
    .optionFont({ size: 16, weight: 400 })               // 设置下拉菜单项的文本样式
    .space(this.space)                                   // 设置下拉菜单项的文本与箭头的间距
    .arrowPosition(this.arrowPosition)                   // 设置下拉菜单项的文本与箭头的对齐方式
    .menuAlign(MenuAlignType.START, {dx:0, dy:0})
      /**
       *  设置下拉按钮与下拉菜单的对齐方式
       * -alignType: 对齐方式类型，必填。默认值为MenuAlignType.START
       * -offset: 按照对齐类型对齐后，下拉菜单相对下拉按钮的偏移量。默认值为{dx: 0, dy: 0}
       * */
    .optionWidth(200)                                    // 设置下拉菜单项的宽度
    .optionHeight(300)                                   // 设置下拉菜单显示的最大高度
    .onSelect((index:number, text?: string | undefined)=>{
      /**
       * 下拉菜单选中某一项的回调
       *  index: 选中项的索引
       *  value: 选中项的值
       * */
      console.info('Select:' + index)
      this.index = index;
      if(text){
        this.text = text;
      }
    })
}
```

Select组件的示例效果如图3-25所示。

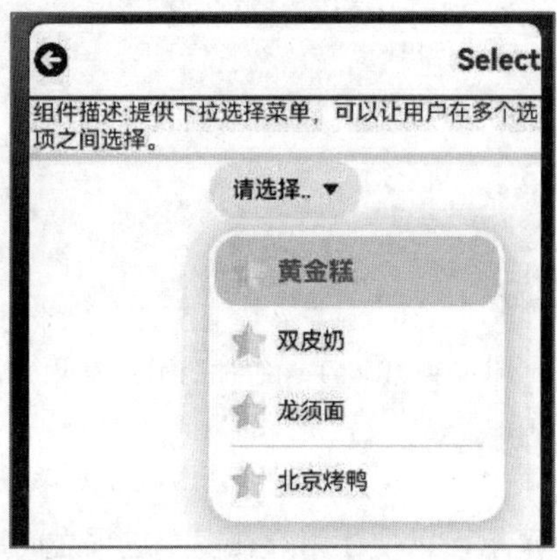

图3-25 Select组件的示例效果

3.4.24 Slider

Slider是滑动条组件，通常用于快速调节设置值，如调节音量、亮度等。

（1）基本用法的示例代码如下：

```
Row(){
  Slider({
    value:10 ,        // 当前进度值
   min:0 ,            // 最小值
   max:100 ,          // 最大值
   step:1 ,           // 设置Slider滑动步长
  })
}
```

（2）相关属性的使用，示例代码如下：

```
Row() {
  Slider({
    value: 10,          // 当前进度值
    min: 0,             // 最小值
    max: 100,           // 最大值
    step: 1,            // 设置Slider滑动步长
    style: SliderStyle.OutSet,
    /**
     * 设置Slider的滑块与滑轨显示样式
     * SliderStyle.OutSet :  滑块在滑轨上
     * SliderStyle.InSet : 滑块在滑轨内
     * */
    direction: Axis.Horizontal,
    /**
     *  设置滑动条滑动方向为水平或竖直方向
     *  Axis.Vertical :方向为纵向
     *  Axis.Vertical : 方向为横向
     * */
    reverse: false
    /**
     * 设置滑动条取值范围是否反向
     * 横向Slider默认为从左往右滑动
     * 竖向Slider默认为从上往下滑动
     * */
  })
    .blockColor('#191970')          // 设置滑块的颜色
    .trackColor('#ADD8E6')          // 设置滑轨的背景颜色
    .selectedColor('#4169E1')       // 设置滑轨的已滑动部分颜色
    .showSteps(true)                // 设置当前是否显示步长刻度值
    .showTips(true)                 // 设置滑动时是否显示气泡提示
    .trackThickness(15)             // 设置滑轨的粗细
    .blockBorderColor('#fff000')    // 设置滑块描边颜色
    .blockBorderWidth(1)
     /**
     * 设置滑块描边粗细
     * 设置为SliderBlockType.IMAGE时，滑块无描边，设置blockBorderWidth不生效
     * */
    .stepColor('#ff00ff')// 设置刻度颜色
    .blockStyle({
      type: SliderBlockType.SHAPE,
      shape: new Path({ commands: 'M60 60 M30 30 L15 56 L45 56 Z' })
    })
  /**
   *  设置滑块形状参数
   *  {
   *   type属性:
```

```
     *   1. SliderBlockType.DEFAULT : 使用默认滑块（圆形）
     *   2. SliderBlockType.IMAGE : 使用图片资源作为滑块
     *   3. SliderBlockType.SHAPE : 使用自定义形状作为滑块
     *   image属性:设置滑块图片资源
     *   shape属性:设置滑块使用的自定义形状， Circle | Ellipse | Path | Rect
     * }
     * */
  }
  .width('100%')
```

Slider组件的示例效果如图3-26所示。

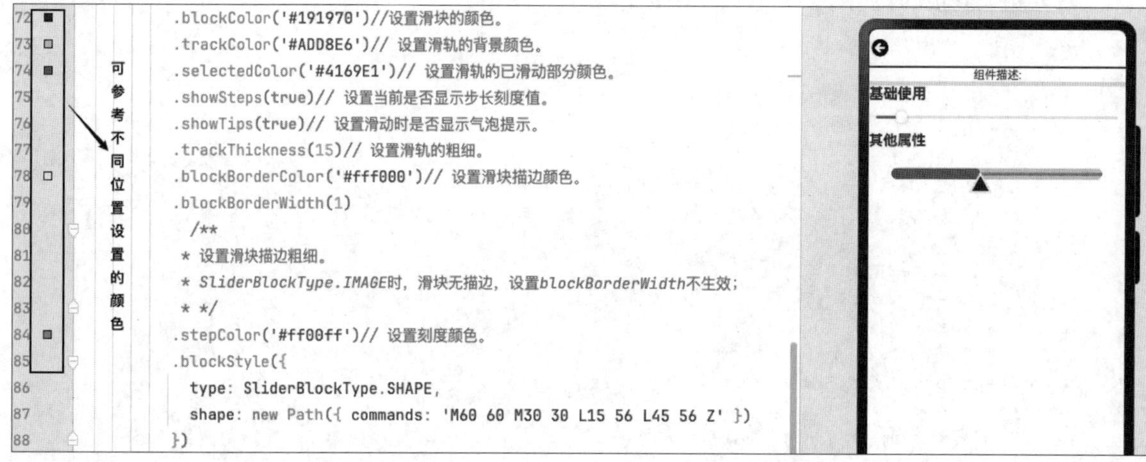

图3-26　Slider组件的示例效果

3.4.25　Text

Text组件用于显示一段文本，可以包含Span等子组件。

Text组件的属性如下：

- textAlign：设置文本段落在水平方向的对齐方式。
- textOverflow：设置文本超长时的显示方式。默认值为{overflow: TextOverflow.Clip}。
- maxLines：设置文本的最大行数。
- lineHeight：设置文本的行高。设置值不大于0时，不限制文本行高，自适应字体大小。
- decoration：设置文本装饰线样式及其颜色。
- baselineOffset：置文本基线的偏移量，默认值为0。
- letterSpacing：设置文本字符间距。
- minFontSize：设置文本最小显示字号。
- maxFontSize：设置文本最大显示字号。
- textCase：设置字母的大小写。
- copyOption：组件支持设置文本是否可复制粘贴。
- draggable：设置选中文本的拖曳效果。
- wordBreak：设置断行规则。

Text组件的示例代码如下：

```
  Column(){
    Text("君不见,黄河之水天上来,奔流到海不复回, Don't you see, the water of the Yellow River
comes from the sky and flows to the sea without coming back ")
      .textAlign(TextAlign.Center)
      /**
       *  TextAlign.Start                    // 水平对齐首部
       *  TextAlign.Center                   // 水平居中对齐
       *  TextAlign.End                      // 水平对齐尾部
       *  TextAlign.JUSTIFY                  // 双端对齐
       * */
      .textOverflow({
        overflow:TextOverflow.Ellipsis
      })
      /**
       * overflow:TextOverflow.None          // 文本超长时，按最大行截断显示。此时采用默认属性
       * overflow:TextOverflow.Clip          // 文本超长时，按最大行截断显示
       * overflow:TextOverflow.Ellipsis      // 文本超长时，显示不下的文本用省略号代替
       * overflow:TextOverflow.MARQUEE       // 文本超长时，以跑马灯的方式展示
       * */
      .maxLines(2)                           // 设置文本的最大行数
      .lineHeight(35)                        // 设置文本的行高
      .decoration({
        type:TextDecorationType.Underline,
        color:Color.Green
      })
     /**
      *type: 样式
      * TextDecorationType.Underline         // 文字用下画线修饰
      * TextDecorationType.LineThrough       // 穿过文本的修饰线
      * TextDecorationType.Overline          // 文字用上画线修饰
      * TextDecorationType.None              // 不使用文本装饰线
      * */
      .letterSpacing(5)                      // 设置文本字符间距
      .textCase(TextCase.UpperCase)
    /**
     *  设置字母大小写
     * TextCase.Normal                       // 保持字母原有大小写
     * TextCase.LowerCase                    // 字母采用全小写
     * TextCase.UpperCase                    // 字母采用全大写
     * */
      .copyOption(
        CopyOptions.InApp
      )
    /**
     * 组件支持设置文本是否可复制粘贴
     * CopyOptions.None                      // 不支持复制
     * CopyOptions.InApp                     // 支持应用内复制
     * CopyOptions.LocalDevice               // 支持设备内复制
     * CopyOptions.CROSS_DEVICE              // 支持跨设备复制
     * */
      .draggable(true)                       // 设置选中文本的拖曳效果
      .fontSize(30)                          // 设置字体大小


  }
```

Text组件的示例效果如图3-27所示。

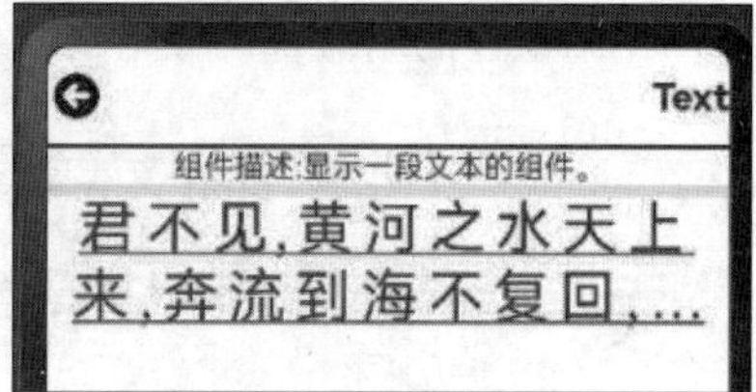

图3-27　Text组件的示例效果

3.4.26　TextArea

TextArea是多行文本输入框组件，当输入的文本内容超过组件宽度时，会自动换行显示；高度未设置时，组件无默认高度，自适应内容高度；宽度未设置时，默认撑满最大宽度。

示例代码如下：

```
Column(){
   TextArea({
     placeholder:'设置无输入时的提示文本。输入内容后，提示文本不显示。',
     text:this.text
   })
     .placeholderColor('#ff00ff') // 设置placeholder文本颜色。默认值跟随主题
     .textAlign(TextAlign.Center)
     /**
      *设置文本在输入框中的水平对齐方式
      *  TextAlign.Start              // 水平对齐首部
      *  TextAlign.Center             // 水平居中对齐
      *  TextAlign.End                // 水平对齐尾部
      *  TextAlign.JUSTIFY            // 双端对齐
      * */
     .caretColor('#000fff')           // 设置输入框光标颜色
     .onChange((val)=>{
        this.text = val
     })
}
```

TextArea组件的示例效果如图3-28所示。

图3-28　TextArea组件的示例效果

3.4.27　TextClock

TextClock组件通过文本将当前系统时间显示在设备上，支持不同时区的时间显示，最高精度到秒级。

代码示例如下：

```
Row(){
Text('基础使用').fontSize(25)
}.width('100%').height(35)
Row(){
   TextClock().margin(20).fontSize(20)
}
```

```
Row(){
  Text('日期格式化').fontSize(25)
}.width('100%').height(35)

Row(){
  TextClock().margin(20).fontSize(20)
    .format('yyyy-M-d HH:mm:ss EEEE')
    /**
     * 日期格式化
     *
     * y：年（yyyy表示完整年份，yy表示年份后两位）
     * M：月（若想使用01月，则使用MM）
     * d：日（若想使用01日，则使用dd）
     * E：星期（若想使用星期六，则使用EEEE；若想使用周六，则使用E、EE、EEE）
     * H：小时（24小时制） h：小时（12小时制）
     * m：分钟
     * s：秒
     * */
}
```

TextClock组件的示例效果如图3-29所示。

图3-29　TextClock组件的示例效果

3.4.28　TextInput

TextInput是单行文本输入框组件。注意，TextInput的很多属性与Text 是一样的，不同的是TextInput主要用于与用户交互，比如表单提交等。

示例代码如下：

```
Row(){
   TextInput({
     placeholder:'请输入内容...',
     text:this.text,
   })
     .width(300)
     .margin({
       top:10
     })
     .type(InputType.Normal)             // 设置输入框类型。与h5中input的type类型相同
     .maxLength(10)                      // 设置文本的最大输入字符数
     .placeholderColor('#0ff000')        // 设置placeholder文本颜色
     .onChange(val=>{
       this.text=val
     })
}
```

TextInput组件的示例效果如图3-30所示。

图3-30　TextInput组件的示例效果

3.4.29　TextPicker

TextPicker是滑动选择文本内容的组件。

1. 基础使用

示例代码如下：

（1）定义数据源，以及默认选中的索引：

```
private select: number = 1
private fruits: string[] = ['苹果', '香蕉', '猕猴桃', '西瓜']
```

（2）使用TextPicker实现滑动选择文本内容：

```
Row(){
  TextPicker({
     range:this.fruits,
     /**
      * 选择器的数据选择列表
      * 不可设置为空数组，若设置为空数组，则不显示
      * 若动态变化为空数组，则保持当前正常值显示
      * */
     selected:this.select
    /**
     * 设置默认选中项在数组中的索引值
     * */
  })
    .disappearTextStyle({color: Color.Red, font: {size: 15, weight: FontWeight.Lighter}})
    /**
     * 设置所有选项中最上和最下两个选项的文本颜色、字号、字体粗细
     * */
    .textStyle({color: Color.Black, font: {size: 20, weight: FontWeight.Normal}})
    /**
     * 设置所有选项中除了最上、最下及选中项以外的文本颜色、字号、字体粗细
     * */
    .selectedTextStyle({color: Color.Blue, font: {size: 30, weight: FontWeight.Bolder}})
  /**
   * 设置选中项的文本颜色、字号、字体粗细
   * */
}
```

TextPicker组件的示例效果如图3-31所示。

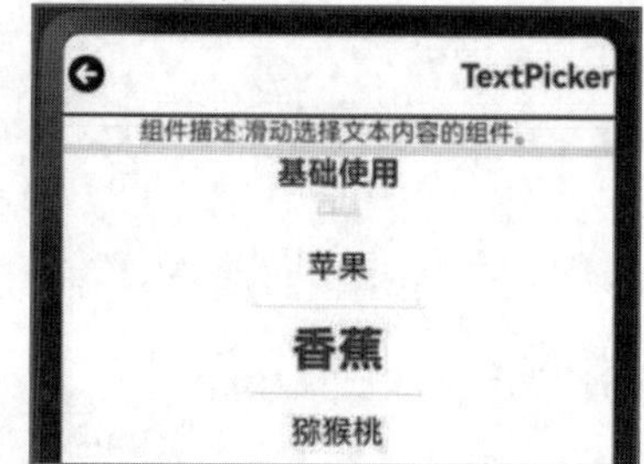

图3-31　TextPicker组件的示例效果

2. 数据联动

我们购物添加地址时，通常会出现选择省市区的滑块，当选择完省之后，市栏目展示的内容就是与选择的省相关的；同理区也一样。这样的效果被称为数据联动。

TextPicker组件可以很容易实现数据联动功能，下面演示其用法。

（1）定义数据：

```
/**
 * TextCascadePickerRangeContent:
 * 里面可以包含text（文本信息）以及children（ 联动数据）
```

```
    * 同时children 的类型也是TextCascadePickerRangeContent
    * */
  private cascade: TextCascadePickerRangeContent[] = [
    {
      text: '辽宁省',
      children: [{ text: '沈阳市', children: [{ text: '沈河区' }, { text: '和平区' }, { text:
'浑南区' }] },
        { text: '大连市', children: [{ text: '中山区' }, { text: '金州区' }, { text: '长海县
' }] }]
    },
    {
      text: '吉林省',
      children: [{ text: '长春市', children: [{ text: '南关区' }, { text: '宽城区' }, { text:
'朝阳区' }] },
        { text: '四平市', children: [{ text: '铁西区' }, { text: '铁东区' }, { text: '梨树县
' }] }]
    },
    {
      text: '黑龙江省',
      children: [{ text: '哈尔滨市', children: [{ text: '道里区' }, { text: '道外区' }, { text:
'南岗区' }] },
        { text: '牡丹江市', children: [{ text: '东安区' }, { text: '西安区' }, { text: '爱民
区' }] }]
    }
  ]
```

（2）载入联动数据：

```
Row(){
  TextPicker({ range: this.cascade })
    .onChange((value: string | string[], index: number | number[]) => {
      console.info('TextPicker 多列联动:onChange ' + JSON.stringify(value) + ', ' + 'index:
' + JSON.stringify(index))
    })
}
```

TextPicker组件的数据联动示例效果如图3-32所示。

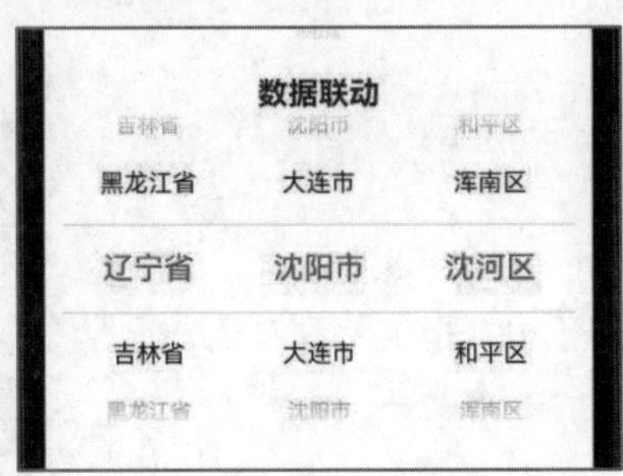

图3-32 TextPicker组件的数据联动示例效果

3.4.30 TextTimer

TextTimer是通过文本显示计时信息并控制其计时器状态的组件。

示例代码如下：

（1）定义计时器的显示格式以及控制器：

```
textTimerController: TextTimerController = new TextTimerController()
@State format: string = 'mm:ss.SS'
```

（2）使用TextTimer：

```
TextTimer({
  isCountDown: true,                // 是否倒计时
  count: 30000,
  /**
   * 倒计时时间（isCountDown为true时生效），单位为毫秒
   * 最长不超过86400000毫秒（24小时）
   * */
  controller: this.textTimerController
  /**
   * TextTimer控制器
   * */
 })
  .format(this.format)
    /**
     * 自定义格式，需至少包含HH、mm、ss、SS中的一个关键字
     * 如使用yy、MM、dd等日期格式，则使用默认值
     * 默认值：'HH:mm:ss.SS'
     * */
  .fontColor(Color.Black)
  .fontSize(50)
  .onTimer((utc: number, elapsedTime: number) => {
    //时间文本发生变化时触发
    console.info('textTimer notCountDown utc is：' + utc + ', elapsedTime: ' + elapsedTime)
  })
Row() {
  Button("开始").onClick(() => {
    this.textTimerController.start()
  })
  Button("暂停").onClick(() => {
    this.textTimerController.pause()
  })
  Button("重置").onClick(() => {
    this.textTimerController.reset()
  })
}
```

TextTimer组件的示例效果如图3-33所示。

图3-33　TextTimer组件的示例效果

3.4.31　TimePicker

TimePicker是时间选择组件，用于根据指定参数创建选择器，支持选择小时及分钟。

示例代码如下：

（1）定义相关变量：

```
@State isMilitaryTime: boolean = false
private selectedTime: Date = new Date('2024-07-29T08:00:00')
```

（2）UI编写：

```
Column() {
  Button('切换12小时制/24小时制')
    .margin(30)
    .onClick(() => {
      this.isMilitaryTime = !this.isMilitaryTime
```

```
    })
  TimePicker({
    selected: this.selectedTime,              // 设置选中项的时间
  })
    .useMilitaryTime(this.isMilitaryTime)
      /**
       * 展示时间是否为24小时制
       * 当展示时间为12小时制时，上午和下午与小时无联动关系
       * */
    .disappearTextStyle({color: Color.Red, font: {size: 15, weight: FontWeight.Lighter}})
    /**
     * 设置所有选项中最上和最下两个选项的文本颜色、字号、字体粗细
     * */
    .textStyle({color: Color.Black, font: {size: 20, weight: FontWeight.Normal}})
    /**
     * 设置所有选项中除了最上、最下及选中项以外的文本颜色、字号、字体粗细
     * */
    .selectedTextStyle({color: Color.Blue, font: {size: 30, weight: FontWeight.Bolder}})
    /**
     *设置选中项的文本颜色、字号、字体粗细
     * */
    .loop(true)              // 是否启用循环模式
    .onChange((value: TimePickerResult) => {
     //选择时间时触发该事件
      if(value.hour >= 0) {
        this.selectedTime.setHours(value.hour, value.minute)
        console.info('select current date is: ' + JSON.stringify(value))
      }
    })
}.width('100%')
```

TimePicker组件的示例效果如图3-34所示。

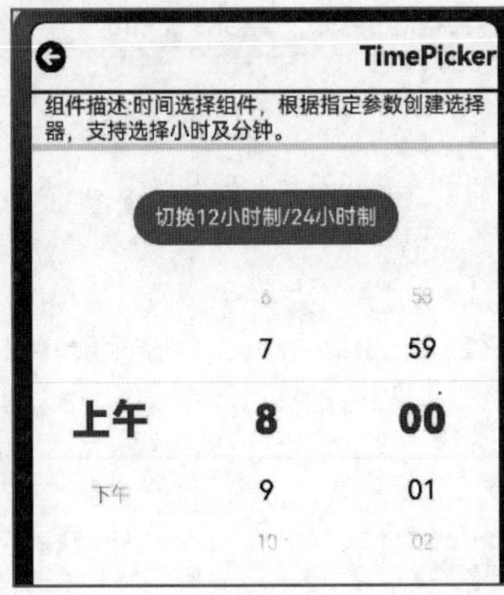

图3-34　TimePicker组件的示例效果

3.4.32　Toggle

Toggle是提供复选框、状态按钮及开关的样式的组件。

以下是展示不同状态的样式的Toggle组件的示例代码：

```
Column({space:10}){
  Row(){
    Text('Switch 模式').fontSize(12).fontWeight(800).width('90%').textAlign
```

```
(TextAlign.Start)
      }
       Row(){
         Toggle({
           type: ToggleType.Switch,                  // 开关的样式
           isOn: false                               // 开关是否打开。true：打开。false：关闭
         })
           .selectedColor('#007DFF')                 // 设置组件打开状态的背景颜色
           .switchPointColor('#FFFFFF')              // 设置Switch类型的圆形滑块颜色
           .onChange((isOn: boolean) => {
             //开关状态切换时触发该事件
             console.info('Component status:' + isOn)
           })

         Toggle({ type: ToggleType.Switch, isOn: true })
           .selectedColor('#007DFF')
           .switchPointColor('#FFFFFF')
           .onChange((isOn: boolean) => {
             console.info('Component status:' + isOn)
           })
       }

      Row(){
        Text('Checkbox 模式').fontSize(12).fontWeight(800).width('90%').textAlign
(TextAlign.Start)
      }
      Row(){
        Toggle({ type: ToggleType.Checkbox, isOn: false })
          .size({ width: 20, height: 20 })
          .selectedColor('#007DFF')
          .onChange((isOn: boolean) => {
            console.info('Component status:' + isOn)
          })

        Toggle({ type: ToggleType.Checkbox, isOn: true })
          .size({ width: 20, height: 20 })
          .selectedColor('#007DFF')
          .onChange((isOn: boolean) => {
            console.info('Component status:' + isOn)
          })
      }

      Row(){
        Text('Button 模式').fontSize(12).fontWeight(800).width('90%').textAlign
(TextAlign.Start)
      }
    Row(){
      Toggle({ type: ToggleType.Button, isOn: false }){
        Text('button样式').fontColor('#182431').fontSize(12)
      }
        .size({ width: 150, height: 50 })
        .selectedColor('#007DFF')
        .onChange((isOn: boolean) => {
          console.info('Component status:' + isOn)
        })

      Toggle({ type: ToggleType.Button, isOn: true }){
        Text('button样式').fontColor('#182431').fontSize(12)

      }
        .size({ width: 150, height: 50 })
        .selectedColor('#007DFF')
```

```
        .onChange((isOn: boolean) => {
          console.info('Component status:' + isOn)
        })
    }

    }
```

Toggle组件的示例效果如图3-35所示。

图3-35　Toggle组件的示例效果

3.5　实战：城市列表选择案例

案例效果如图3-36和图3-37所示，在图3-36中单击右侧的索引进行城市查找，在图3-37的搜索框内输入城市进行查找。

图3-36　案例效果1

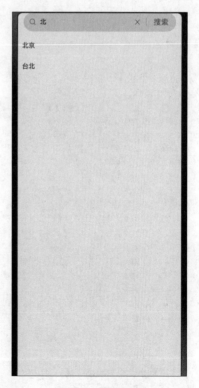

图3-37　案例效果2

3.5.1 数据模块的定义

接下来开始正式进行项目开发，主要的开发步骤如下：

01 创建项目并命名为CitySelection。在pages目录的同级创建文件夹并命名为model，在model文件夹中创建DetailData.ets文件，用于定义项目中的数据以及数据类型等。

02 在pages目录中分别创建CityView.ets（展示城市列表的UI）、SearchView.ets（展示搜索内容组件）和Index.ets（入口文件，将城市列表以及搜索内容的组件引入，并根据需求进行操作）。

DetailData.ets代码如下：

```
// 定义城市类型类
export class CityType {
  name: string;
  city: string[];

  constructor(name: string, city: string[]) {
    this.name = name;
    this.city = city;
  }
}

// 定义关键字城市类
export class cityGroup {
  name: string;
  city: string[];

  constructor(name: string, city: string[]) {
    this.name = name;
    this.city = city;
  }
}

// 城市列表数据
export const CITY_DATA = [
  new CityType('A', ['阿尔山', '阿勒泰地区', '安庆', '安阳']),
  new CityType('B', ['北京', '亳州', '包头', '宝鸡']),
  new CityType('C', ['重庆', '长春', '长沙', '成都']),
  new CityType('F', ['福州', '阜阳', '佛山', '抚顺']),
  new CityType('G', ['广州', '桂林', '赣州', '高雄']),
  new CityType('H', ['哈尔滨', '合肥', '杭州', '呼和浩特', '鹤岗', '呼兰']),
  new CityType('J', ['济南', '九江', '佳木斯']),
  new CityType('L', ['兰州', '丽江', '洛阳',]),
  new CityType('N', ['南昌', '南京', '宁波']),
  new CityType('Q', ['青岛', '七台河', '秦皇岛']),
  new CityType('S', ['上海', '沈阳', '石家庄', '三亚', '双鸭山', '深圳', '苏州']),
  new CityType('T', ['天津', '太原', '吐鲁番', '台北', '台湾', "唐山"]),
  new CityType('W', ['武汉', '文昌', '温岭', '温州', '芜湖']),
  new CityType('X', ['西安', '咸阳', '信阳', '厦门', '香港', '响水', '湘西']),
  new CityType('Y', ['银川', '延吉', '宜昌', '延边', '扬州', '烟台']),
  new CityType('Z', ['郑州', '珠海', '张家口', '张家界', '镇江', '中山', '枣阳', '枣庄', '
漳州', '枝江', '芷江', '织金', '中牟', '中卫', '周口', '舟山', '庄河', '珠海'])
];

// 搜索关键字及相关城市数据
export const ALL_CITY2 = [
  new cityGroup('a', ['阿尔山', '阿勒泰地区', '安庆', '安阳']),
```

```
    new cityGroup('an', ['安庆', '安阳']),
    new cityGroup('b', ['北京', '亳州', '包头']),
  ];

  // 国内热门城市数据
  export const HOT_CITY = ['北京', '上海', '广州', '深圳', '杭州', '南京', '苏州', '天津', '
武汉', '长沙', '重庆', '成都'];

  // AlphabetIndexer字母索引条数据
  export const TAB_VALUE = ['A', 'B', 'C', 'F', 'G', 'H', 'J', 'L', 'N', 'Q', 'S', 'T',
'W', 'X', 'Y', 'Z'];
```

3.5.2 主页布局

入口文件的实现思路如下：

（1）通过AlphabetIndexer组件实现通过城市首字母快速定位城市的索引条导航。

（2）当用户滑动List组件时，List组件的onScrollIndex监听到firstIndex的改变，绑定赋值给AlphabetIndexer的selected属性，从而定位到字母索引。

（3）当单击AlphabetIndexer的字母索引时，通过scrollToIndex触发List组件的滑动并指定firstIndex，从而实现List列表与AlphabetIndexer组件的联动效果。

Index.ets代码如下：

```
  import { ALL_CITY2, CITY_DATA } from '../model/DetailData';
  import { SearchView } from './SearchView';
  import { CityView } from './CityView';


  const SEARCH_BUTTON_TEXT = '搜索';

  @Entry
  @Component
  struct Index {
    // 搜索值
    @State changeValue: string = '';
    // 占位
    @State placeholder: string = getContext().resourceManager.getStringSync
($r('app.string.citysearch_placeholder'));
    // 搜索控制器
    controller: SearchController = new SearchController();
    // 是否展示搜索结果列表
    @State isSearchState: boolean = false;
    // 搜索结果
    @State searchList: string[] = [];

    build() {
      Column() {
        // 搜索框
        Search({ value: this.changeValue, placeholder: this.placeholder, controller:
this.controller })
          .searchButton(SEARCH_BUTTON_TEXT)
          .width('100%')
          .height($r('app.integer.citysearch_search_height'))
          .margin({ left: $r('app.integer.citysearch_search_margin_left') })
          .backgroundColor($r('app.color.citysearch_search_bgc'))
          .placeholderColor(Color.Grey)
```

```
          .placeholderFont({ size: $r('app.integer.citysearch_placeholderFont_size'),
weight: 400 })
          .textFont({ size: $r('app.integer.citysearch_placeholderFont_size'), weight:
400 })
          .onSubmit((value: string) => {
            // 如果没有输入数据，就使用占位符作为默认数据
            if (value.length === 0) {
              value = this.placeholder;
            }
            // 将值赋给changeValue
            this.changeValue = value;
            this.isSearchState = true;
            // 搜索
            this.searchCityList(value);
          })
          .onChange((value: string) => {
            this.changeValue = value;
            // 搜索
            this.searchCityList(value);
            if (value.length === 0) {
              // 关闭搜索列表
              this.isSearchState = false;
              // 清空数据
              this.searchList.splice(0, this.searchList.length);
            } else {
              this.changeValue = value;
              // 搜索
              this.searchCityList(value);
              this.isSearchState = true;
            }
          })

        // 城市列表组件
        CityView({ isSearchState: $isSearchState, changeValue: $changeValue })
          .margin({ top: $r('app.integer.citysearch_list_margin_top') })

        // 搜索组件，将数据传递到搜索列表
        SearchView({ searchList: $searchList, isSearchState: $isSearchState, changeValue:
$changeValue })
          .width("100%")
          .layoutWeight(1)
      }
      .width('100%')
      .height('100%')
      .padding({ left: $r('app.integer.citysearch_padding_left'), right:
$r('app.integer.citysearch_padding_right') })
      .backgroundColor($r('app.color.citysearch_bgc'))
      .justifyContent(FlexAlign.Center)
      .alignItems(HorizontalAlign.Start)
    }

    // 搜索城市的展示逻辑
    searchCityList(value: string) {
      const cityNames: string[] = [];
      ALL_CITY2.forEach(item => {
        if (item.name === value) {
          // 搜索关键字时，展示相关城市信息。例如搜索"an"，展示"安庆"、"安阳"
          item.city.forEach(city => {
            cityNames.push(city);
```

```
        })
      }
      this.searchList = cityNames;
      return;
    })
    CITY_DATA.forEach(item => {
      item.city.forEach(city => {
        // 当搜索汉字时，会进行模糊搜索，展示相关城市信息。例如搜索"长"，展示"长沙"、"长春"
        if (city.includes(value)) {
          cityNames.push(city);
        }
      })
    })
    this.searchList = cityNames;
  }
}
```

3.5.3 实现城市列表组件

城市列表组件使用了部分容器组件的属性，即：

- Stack：组件堆叠，会将Stack里面的组件进行堆叠展示。
- Flex：与List容器组件相似，都可以滑动容器里面的内容，不同的是Flex类似于栅格布局，而List则是列表展示。

关于容器组件的使用方法在第4章中详细讲解。

CityView.ets的代码如下：

```
import { CityType, CITY_DATA, HOT_CITY, TAB_VALUE } from '../model/DetailData';
import promptAction from '@ohos.promptAction';

@Component
export struct CityView {
  private scroller: Scroller = new Scroller();
  @State stabIndex: number = 0;
  @State location: boolean = true;
  @Link isSearchState: boolean;
  @Link changeValue: string;
  curCity: string = '';
  controller: SearchController = new SearchController();

  build() {
    Stack({ alignContent: Alignment.End }) {
      Column() {
        Text($r('app.string.citysearch_hotCity'))
          .fontSize($r('app.integer.citysearch_text_font'))
          .fontColor($r('app.color.citysearch_text_font_color'))
          .opacity(0.6)
          .margin({ left: $r('app.integer.citysearch_txt_margin_left'), bottom:
$r('app.integer.citysearch_row_margin_bottom') })

        Flex({ justifyContent: FlexAlign.SpaceBetween, alignItems: ItemAlign.Center, wrap:
FlexWrap.Wrap }) {
          ForEach(HOT_CITY, (item: string) => {
            // 这里规定每行占4个城市
            Text(`${item}`)
```

```
          .margin({ bottom: $r('app.integer.citysearch_text_margin_bottom'), left:
$r('app.integer.citysearch_text_margin_left2') })
          .width('22%')
          .height($r('app.integer.citysearch_text_height'))
          .textAlign(TextAlign.Center)
          .fontSize($r('app.integer.citysearch_text_font'))
          .maxLines(3)
          .fontColor($r('app.color.citysearch_text_font_color2'))
          .backgroundColor($r('app.color.citysearch_text_bgc'))
          .borderRadius($r('app.integer.citysearch_text_border_radius'))
          .onClick(() => {
            this.changeValue = item;
          })
      })
    }
    .width('100%')

    List({ space: 14, initialIndex: 0, scroller: this.scroller }) {
      ForEach(CITY_DATA, (index: CityType) => {
        ListItem() {
          Column() {
            Text(`${index.name}`)
              .height($r('app.integer.citysearch_list_item_height'))
              .fontSize($r('app.integer.citysearch_font_size'))
              .fontColor($r('app.color.citysearch_text_font_color'))
              .width('100%')
            ForEach(index.city, (item: string) => {
              Text(item)
                .height($r('app.integer.citysearch_list_item_height'))
                .fontSize($r('app.integer.citysearch_text_font'))
                .width('100%')
                .onClick(() => {
                  // 调用Toast显示提示："此样式仅为案例展示"
                  promptAction.showToast({ message:
$r('app.string.citysearch_only_show_ui') });
                })
            })
          }
        }
      })
    }
    .width('100%')
    .margin({ left: $r('app.integer.citysearch_txt_margin_left'), bottom:
$r('app.integer.citysearch_txt_margin_bottom') })
    .layoutWeight(1)
    .edgeEffect(EdgeEffect.None)
    .divider({
      strokeWidth: $r('app.integer.citysearch_divider_strokeWidth'), color:
$r('app.color.citysearch_divider_color'),
      startMargin: $r('app.integer.citysearch_divider_start'), endMargin:
$r('app.integer.citysearch_divider_end')
    })
    .listDirection(Axis.Vertical)
    .scrollBar(BarState.Off)
    .onScrollIndex((firstIndex: number, lastIndex: number) => {
      this.stabIndex = firstIndex;
    })
  }
  .alignItems(HorizontalAlign.Start)
```

```
        /* 知识点：可以与容器组件联动用于按逻辑结构快速定位容器显示区域的组件，arrayValue为字母索引字
符串数组，selected为初始选中项索引值
         * 1. 当用户滑动List组件时，List组件的onScrollIndex监听到firstIndex的改变，绑定赋值给
AlphabetIndexer的selected属性，从而定位到字母索引
         * 2. 当单击AlphabetIndexer的字母索引时，通过scrollToIndex触发List组件滑动，并指定
firstIndex，从而实现List列表与AlphabetIndexer组件联动
         * 首字母联动吸顶展示
         */
        AlphabetIndexer({ arrayValue: TAB_VALUE, selected: this.stabIndex })
          .height('100%')
          .selectedColor($r('app.color.citysearch_alphabet_select_color')) // 选中项文本颜
色
          .popupColor($r('app.color.citysearch_alphabet_pop_color'))    // 弹出框文本颜色
          .selectedBackgroundColor($r('app.color.citysearch_alphabet_selected_bgc')) //
选中项背景颜色
          .popupBackground($r('app.color.citysearch_alphabet_pop_bgc')) // 弹出框背景颜色
          .popupPosition({ x: $r('app.integer.citysearch_pop_position_x'), y:
$r('app.integer.citysearch_pop_position_y') })
          .usingPopup(true)                          // 是否显示弹出框
          .selectedFont({ size: $r('app.integer.citysearch_select_font'), weight:
FontWeight.Bolder })                                 // 选中项字体样式
          .popupFont({ size: $r('app.integer.citysearch_pop_font'), weight:
FontWeight.Bolder })                                 // 弹出框内容的字体样式
          .alignStyle(IndexerAlign.Right)            // 弹出框在索引条左侧弹出
          .itemSize(20)                              // 每一项的尺寸大小
          .margin({ right: -8 })
          .onSelect((tabIndex: number) => {
            this.scroller.scrollToIndex(tabIndex);
          })
      }
      .flexShrink(1)
      .flexGrow(1)
      .padding({ bottom: $r('app.integer.citysearch_padding_bottom') })
      /* 知识点：由于需要通过搜索按钮频繁地控制自定义组件的显隐状态，因此推荐使用显隐控制替代条件渲染
     */
      .visibility(this.isSearchState ? Visibility.None : Visibility.Visible)
    }
  }
```

3.5.4 实现搜索组件

搜索组件SearchView.ets的代码如下：

```
@Component
export struct SearchView {
  private scroller: Scroller = new Scroller(); // List组件里可以绑定的可滚动组件的控制器
  @Link searchList: string[];
  @Link isSearchState: boolean;
  @Link changeValue: string;

  build() {
    Stack({ alignContent: Alignment.TopEnd }) {
      List({ space: 14, initialIndex: 0, scroller: this.scroller }) {
        ForEach(this.searchList, (item: string) => {
          ListItem() {
            Column() {
              Text(item)
                .height(30)
```

```
                .fontSize(14)
            }.onClick(()=>{
              this.changeValue= item;
            })
          }
        })
      }
      .layoutWeight(1)
      .edgeEffect(EdgeEffect.None)
      .divider({
        strokeWidth: $r('app.integer.citysearch_divider_strokeWidth'), color:
$r('app.color.citysearch_divider_color'),
        startMargin: $r('app.integer.citysearch_divider_start'), endMargin:
$r('app.integer.citysearch_divider_end')
      })
      .listDirection(Axis.Vertical)
      .sticky(StickyStyle.Header)
    }
    .width("100%")
    .height("100%")
    .layoutWeight(1)
    .visibility(this.isSearchState ? Visibility.Visible : Visibility.None)
  }
}
```

3.5.5 项目小结

在项目中，我们同时定义了多个颜色值、属性值和文字类型，虽然这样确实有些复杂了，但却是正式开发过程中不可缺少的部分。将公共的属性或者其他内容提取为公共变量进行访问，这样做的优点是当项目需要进行优化时，可以直接选择公共属性进行修改，既省时又省力。

定义公共属性的目录如图3-38所示，可以从Git地址中获取。

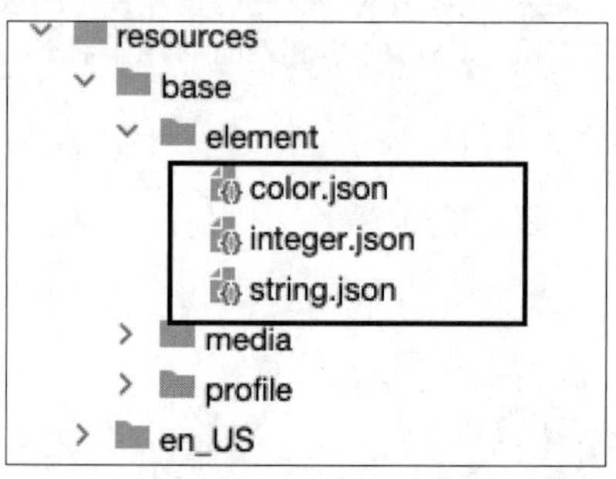

图3-38 定义公共属性的目录

3.6 本章小结

本章主要讲解ArkTS中的基础组件及其使用方式。当我们合理地使用每一个基础组件时，便可以完成一个优秀的作品。除此之外，本章还写了一个关于城市列表选择的案例，这个案例涉及容器组件的内容，使读者能更加深刻地了解容器组件与基础组件的结合使用方式，同时也了解企业级开发的一些规范。

第 4 章

UI开发进阶

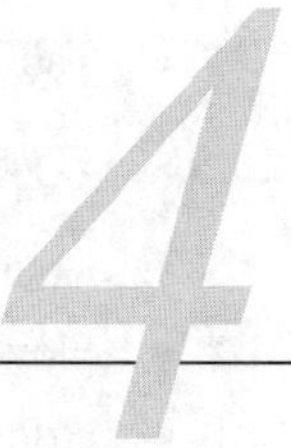

上一章讲解了UI开发的基础知识及相关组件，本章将继续讲解UI开发的一些高级组件和相关知识，包括容器组件、绘制组件、画布组件、弹窗，以及自定义组件的生命周期等相关内容。

4.1 容器组件详解

HarmonyOS NEXT的容器组件是界面设计中用于组织和布局子组件的基础元素。这些组件能够容纳其他组件，并按照特定的排列方式展示它们。

声明式开发范式目前可供选择的容器组件有以下4类。

（1）布局与容器组件：

- Badge（徽章）：用于展示计数或状态提示。
- Column（列）：用于垂直排列内容。
- ColumnSplit（列分割）：用于将内容分割成多列。
- Flex（弹性布局）：用于灵活地对齐和分配容器内元素的空间。
- Grid（栅格布局）：用于创建多列和多行的布局结构。
- GridCol（栅格列）：用于定义栅格布局中的列。
- GridRow（栅格行）：用于定义栅格布局中的行。
- Panel（面板）：用于展示一块独立的内容区域。
- RelativeContainer（相对容器）：用于创建相对定位的布局。
- Row（行）：用于水平排列内容。
- RowSplit（行分割）：用于将内容分割成多行。
- SideBarContainer（侧边栏容器）：用于包含侧边栏和主要内容区域。
- Stack（堆叠布局）：用于垂直或水平堆叠子元素。

（2）导航与交互组件：

- FolderStack（文件夹堆叠）：用于展示文件夹层次结构。
- FormLink（表单链接）：用于在表单中创建链接。
- Hyperlink（超链接）：用于创建可单击的链接。
- Navigator（导航器）：用于页面或视图之间的导航。

- Tabs（选项卡）：用于切换不同内容区域。
- TabContent（选项卡内容）：用于展示与选项卡对应的内容。

（3）列表与数据展示组件：

- Counter（计数器）：用于显示数字信息。
- FlowItem（流式项目）：用于在流式布局中展示单个项目。
- GridItem（栅格项目）：用于在栅格布局中展示单个项目。
- List（列表）：用于展示一系列相关数据。
- ListItem（列表项）：用于展示列表中的单个项目。
- ListItemGroup（列表项组）：用于将相关列表项分组。

（4）其他组件：

- Refresh（刷新）：用于实现内容刷新功能。
- Scroll（滚动）：用于实现内容滚动功能。
- Swiper（轮播）：用于展示轮播图或轮播内容。
- WaterFlow（瀑布流）：用于展示不等高的图片或内容布局。

接下来将演示如何使用这些容器组件，相关示例代码可以在配书资源的代码中找到。

4.1.1 Badge

Badge是可以附加在单个组件上用于信息标记的容器组件。

1. 基础使用

给图片添加一个标识气泡，代码如下：

```
Column(){
  Badge({
    value:'',
    style:{
      badgeSize:10,                // Badge的大小
      badgeColor:'#fa2a2d'         // Badge的颜色
    }
  }){
    Image($r('app.media.startIcon')).width(24).height(24)
  }
}
```

效果如图4-1所示，图片右上角的小红点即为Badge设置的属性。Badge中style对象的属性列举如下：

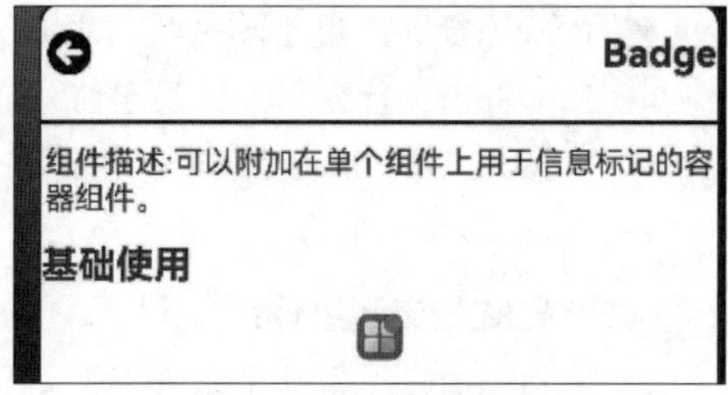

图4-1　图片右上角的小红点即为Badge设置的属性

- color：文本颜色。
- fontSize：文本大小。
- badgeSize：Badge的大小。
- badgeColor：Badge的颜色。
- fontWeight：设置文本的字体粗细。
- borderColor：底板描边颜色。
- borderWidth：底板描边粗细。

2. 设置提示点显示位置

提示点的显示位置可以通过position来进行设置，目前仅支持3种，分别是：

- RightTop：显示在右上角。
- Right：显示在右侧纵向居中。
- Left：显示在左侧纵向居中。

示例代码如下：

```
Row(){
  Badge({
    value:'10',
    style:{
      color:'#ffffff',
     fontSize:'16vp',
     badgeSize:'16vp',
     badgeColor:Color.Red,
     fontWeight:FontWeight.Lighter,
     borderColor:Color.White,
     borderWidth:'1vp'
    },
    position:BadgePosition.Right              // 设置提示点显示位置
  }){
    Text('设置提示点显示位置。').fontSize(16).height(18)
  }
}
```

效果如图4-2所示。

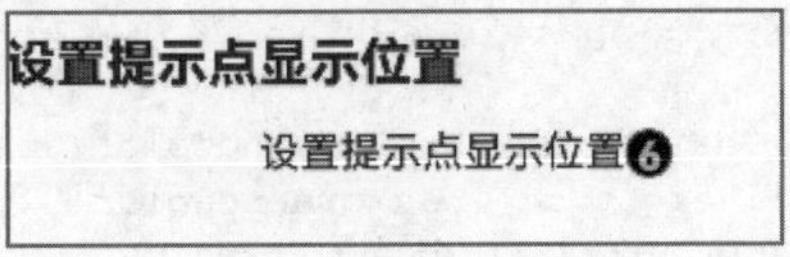

设置提示点显示位置

设置提示点显示位置⑥

图4-2　设置提示点的显示位置的效果

3. 设置提醒消息数

可以使用以下两个参数来设置提醒消息数：

- count：设置提醒消息数，小于或等于0时不显示信息标记。
- maxCount：最大消息数，超过最大消息数时仅显maxCount+。

示例代码如下：

```
Row(){
  Badge({
    count:1000,
    maxCount:99,
    style:{
      badgeSize:'16vp',
      badgeColor:Color.Red,
    },
  }){
    Image($r('app.media.app_icon')).width(50).height(50)
  }
}
```

效果如图4-3所示。

图4-3　设置最大消息数的效果

4.1.2　Column和Row

Column是沿垂直方向布局的容器。Row是沿水平方向布局的容器。Column和Row是常用的容器组件，它们有很多共同参数，但是相同的参数在不同容器中的展示是有所区别的。

Column和Row的构造函数都有space参数，用来表示元素的间距。

Column和Row都包含属性alignItems和justifyContent，用来设置子组件的对齐格式。它们的区别是，对应Column而言，alignItems用于设置子组件在水平方向上的对齐格式，默认值是HorizontalAlign.Center，justifyContent用于设置子组件在垂直方向上的对齐格式，默认值是FlexAlign.Start；而Row则相反，alignItems用于设置子组件在垂直方向上的对齐格式，默认值是VerticalAlign.Center，justifyContent用于设置子组件在水平方向上的对齐格式，默认值是FlexAlign.Start。

Column的示例代码如下：

```
Row(){
  Text('Column的使用').fontSize(20).fontWeight(800).width('100%').height(30)
}
Column({ space: 5 }) {
  // 设置子元素垂直方向间距为5
  Text('设置子元素垂直方向间距为5: space').width('90%')
  Column({ space: 5 }) {
    Column().width('100%').height(30).backgroundColor(0xAFEEEE)
    Column().width('100%').height(30).backgroundColor(0x00FFFF)
  }.width('90%').height(100).border({ width: 1 })

  // 设置子元素水平方向对齐方式
  Text('设置子元素水平方向对齐方式:alignItems(Start)').width('90%')
  Column() {
    Column().width('50%').height(30).backgroundColor(0xAFEEEE)
    Column().width('50%').height(30).backgroundColor(0x00FFFF)
  }.alignItems(HorizontalAlign.Start).width('90%').border({ width: 1 })

  Text('设置子元素水平方向对齐方式:alignItems(End)').width('90%')
  Column() {
    Column().width('50%').height(30).backgroundColor(0xAFEEEE)
    Column().width('50%').height(30).backgroundColor(0x00FFFF)
  }.alignItems(HorizontalAlign.End).width('90%').border({ width: 1 })

  Text('设置子元素水平方向对齐方式:alignItems(Center)').width('90%')
  Column() {
    Column().width('50%').height(30).backgroundColor(0xAFEEEE)
    Column().width('50%').height(30).backgroundColor(0x00FFFF)
  }.alignItems(HorizontalAlign.Center).width('90%').border({ width: 1 })

  // 设置子元素垂直方向的对齐方式
  Text('设置子元素垂直方向的对齐方式:justifyContent(Center)').width('90%')
  Column() {
    Column().width('90%').height(30).backgroundColor(0xAFEEEE)
```

```
    Column().width('90%').height(30).backgroundColor(0x00FFFF)
  }.height(100).border({ width: 1 }).justifyContent(FlexAlign.Center)

  Text('设置子元素垂直方向的对齐方式:justifyContent(End)').width('90%')
  Column() {
    Column().width('90%').height(30).backgroundColor(0xAFEEEE)
    Column().width('90%').height(30).backgroundColor(0x00FFFF)
  }.height(100).border({ width: 1 }).justifyContent(FlexAlign.End)
}.width('100%').padding({ top: 5 })
```

Column的效果如图4-4所示。

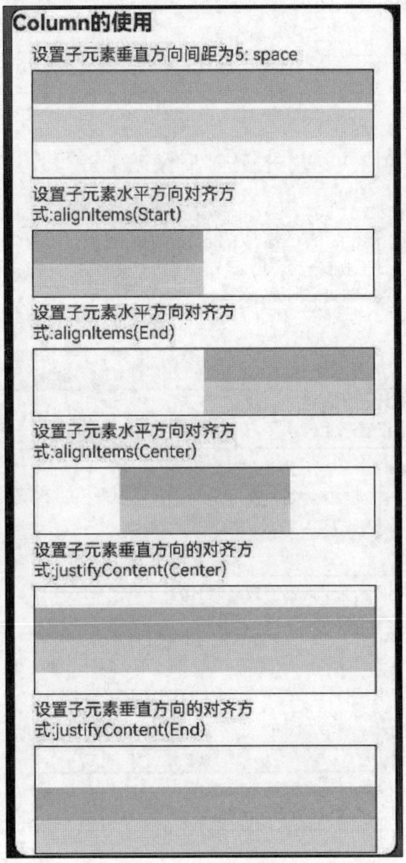

图4-4　Column的效果

Row的示例代码如下：

```
Row(){
  Text('Row的使用').fontSize(20).fontWeight(800).width('100%').height(30)
}
Column({ space: 5 }) {
  // 设置子组件水平方向的间距为5
  Text('设置子组件水平方向的间距为5:space').width('90%')
  Row({ space: 5 }) {
    Row().width('30%').height(50).backgroundColor(0xAFEEEE)
    Row().width('30%').height(50).backgroundColor(0x00FFFF)
  }.width('90%').height(107).border({ width: 1 })

  // 设置子元素垂直方向对齐方式
  Text('设置子元素垂直方向对齐方式:alignItems(Bottom)').width('90%')
```

```
    Row() {
      Row().width('30%').height(50).backgroundColor(0xAFEEEE)
      Row().width('30%').height(50).backgroundColor(0x00FFFF)
    }.width('90%').alignItems(VerticalAlign.Bottom).height('15%').border({ width: 1 })

    Text('设置子元素垂直方向对齐方式:alignItems(Center)').width('90%')
    Row() {
      Row().width('30%').height(50).backgroundColor(0xAFEEEE)
      Row().width('30%').height(50).backgroundColor(0x00FFFF)
    }.width('90%').alignItems(VerticalAlign.Center).height('15%').border({ width: 1 })

    // 设置子元素水平方向对齐方式
    Text('设置子元素水平方向对齐方式:justifyContent(End)').width('90%')
    Row() {
      Row().width('30%').height(50).backgroundColor(0xAFEEEE)
      Row().width('30%').height(50).backgroundColor(0x00FFFF)
    }.width('90%').border({ width: 1 }).justifyContent(FlexAlign.End)

    Text('设置子元素水平方向对齐方式:justifyContent(Center)').width('90%')
    Row() {
      Row().width('30%').height(50).backgroundColor(0xAFEEEE)
      Row().width('30%').height(50).backgroundColor(0x00FFFF)
    }.width('90%').border({ width: 1 }).justifyContent(FlexAlign.Center)
  }.width('100%')
```

Row的效果如图4-5所示。

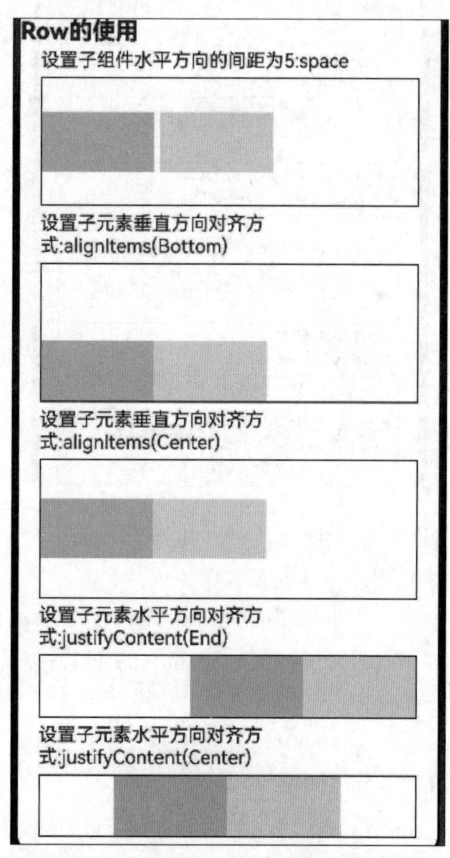

图4-5　Row的效果

完整代码可以在配书资源中找到。

4.1.3　ColumnSplit和RowSplit

ColumnSplit是用于将子组件纵向布局，并在相邻两个子组件之间插入一根横向分割线的容器组件。RowSplit是用于将子组件横向布局，并在相邻两个子组件之间插入一根纵向分割线的容器组件。

ColumnSplit拥有4个属性，分别是：

- resizeable：分割线是否可拖曳，默认值为false。
- divider：设置分割线的margin。默认值为null，表示分割线上下margin为0。
- startMargin：设置分割线与其上方子组件的距离。
- endMargin：设置分割线与其下方子组件的距离。

ColumnSplit的示例代码如下：

```
   Row() {
     Text('ColumnSplit的使用').fontSize(20).fontWeight(800).width('100%').height(30)
   }

     ColumnSplit() {
       Text('1').width('100%').height(50).backgroundColor(0xF5DEB3).
textAlign(TextAlign.Center)
       Text('2').width('100%').height(50).backgroundColor(0xD2B48C).
textAlign(TextAlign.Center)
       Text('3').width('100%').height(50).backgroundColor(0xF5DEB3).
textAlign(TextAlign.Center)
       Text('4').width('100%').height(50).backgroundColor(0xD2B48C).
textAlign(TextAlign.Center)
       Text('5').width('100%').height(50).backgroundColor(0xF5DEB3).
textAlign(TextAlign.Center)
     }
     .borderWidth(1)
     .divider({
       startMargin: 3,
       endMargin: 3
     })
     .resizeable(true) // 可拖动
     .width('90%')
     .height('60%')
```

ColumnSplit的效果如图4-6所示。

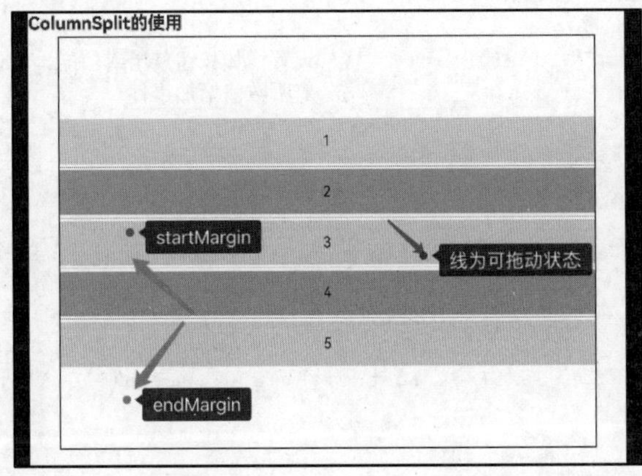

图4-6　ColumnSplit的效果

RowSplit只有一个resizeable属性，用于设置分割线是否可拖曳，默认值为false。

RowSplit的示例代码如下：

```
Row() {
  Text('RowSplit的使用').fontSize(20).fontWeight(800).width('100%').height(30)
}
RowSplit() {
  Text('1').width('10%').height(100).backgroundColor(0xF5DEB3).
textAlign(TextAlign.Center)
   Text('2').width('10%').height(100).backgroundColor(0xD2B48C).
textAlign(TextAlign.Center)
  Text('3').width('10%').height(100).backgroundColor(0xF5DEB3).
textAlign(TextAlign.Center)
  Text('4').width('10%').height(100).backgroundColor(0xD2B48C).
textAlign(TextAlign.Center)
  Text('5').width('10%').height(100).backgroundColor(0xF5DEB3).
textAlign(TextAlign.Center)
}
.resizeable(true) // 可拖动
.width('90%').height(100)
```

RowSplit的效果如图4-7所示。

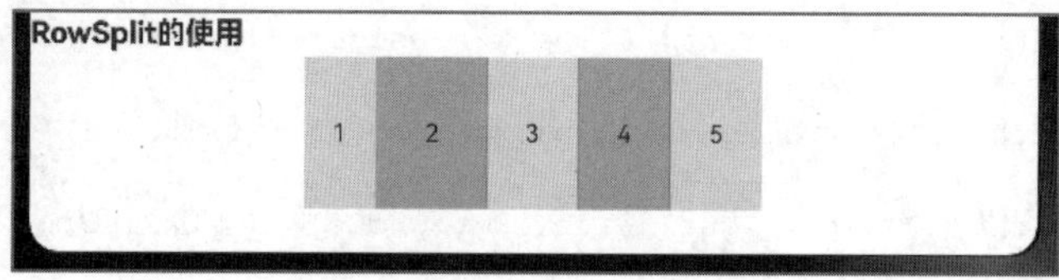

图4-7　RowSplit的效果

4.1.4　Counter

Counter是计数器组件，提供相应的增加或者减少计数的操作。Counter组件的示例代码如下：

```
Row() {
  Text('增加按钮禁用').fontSize(20).fontWeight(800).width('100%').height(30)
}

Row(){
  Counter() {
    Text(this.upValue.toString())
  }.margin(100)
  .enableInc(!(this.upValue>10))          // 设置增加按钮禁用或使能。默认值为true
  .onInc(() => {                          // 监听数值增加事件
    this.upValue++
  })
  .onDec(() => {                          // 监听数值减少事件
    this.upValue--
  })
}

Row() {
  Text('减少按钮禁用').fontSize(20).fontWeight(800).width('100%').height(30)
}

Row(){
  Counter() {
```

```
        Text(this.downValue.toString())
      }.margin(100)
      .enableDec(!(this.downValue<=0))          // 设置增加按钮禁用或使能。默认值为true
      .onInc(() => {                             // 监听数值增加事件
        this.downValue++
      })
      .onDec(() => {                             // 监听数值减少事件
        this.downValue--
      })
    }
```

Counter的效果如图4-8所示。

Counter

组件描述:计数器组件，提供相应的增加或者减少的计数操作。

增加按钮禁用

- 10 +

减少按钮禁用

- 3 +

图4-8　Counter组件的效果

4.1.5　Flex

Flex是以弹性方式布局子组件的容器组件。

标准Flex布局容器的参数有以下几种：

- direction：子组件在Flex容器上排列的方向，即主轴的方向。
- wrap：Flex容器是单行/列还是多行/列排列。
- justifyContent：所有子组件在Flex容器主轴上的对齐格式。
- alignItems：所有子组件在Flex容器交叉轴上的对齐格式。
- alignContent：当交叉轴中有额外的空间时，多行内容的对齐方式。仅当wrap为Wrap或WrapReverse时生效。

在使用Flex组件时，要注意以下基本概念：

- 主轴：Flex组件布局方向的轴线，子元素默认沿着主轴排列。主轴开始的位置称为主轴起始点，结束的位置称为主轴结束点。
- 交叉轴：垂直于主轴方向的轴线。交叉轴开始的位置称为交叉轴起始点，结束的位置称为交叉轴结束点。

主轴和交叉轴示例如图4-9所示。

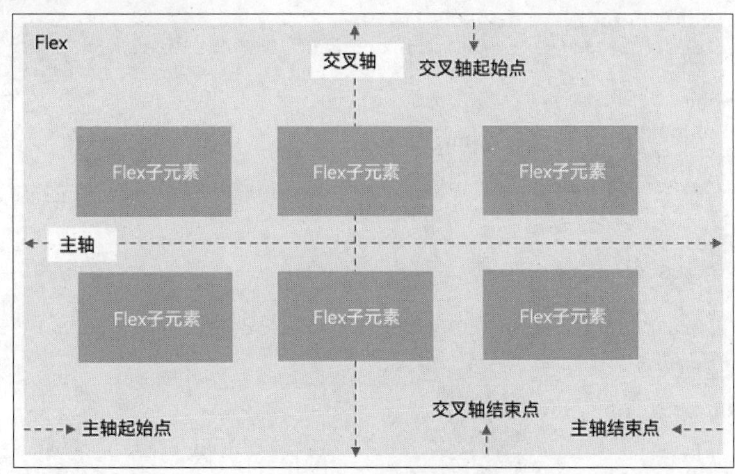

图4-9　主轴和交叉轴的示例

下面通过示例来演示Flex组件的使用。

1. 布局方向

在弹性布局中，容器的子元素可以按照任意方向排列。通过设置参数direction，可以决定主轴的方向，从而控制子元素的排列方向。示意图如图4-10所示。

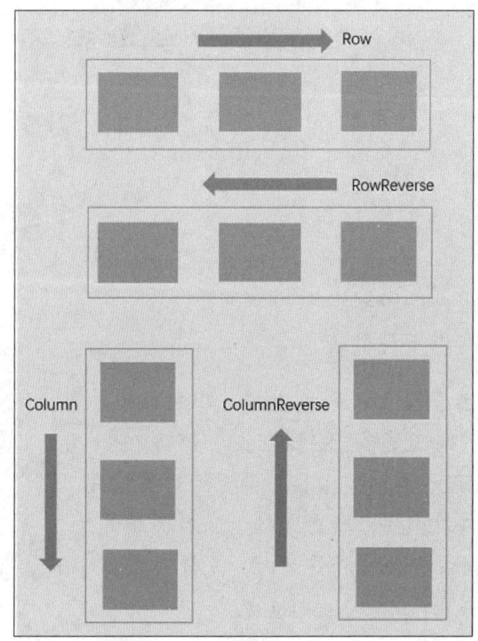

图4-10　Flex布局方向控制原理

示例代码如下：

```
Text("FlexDirection.Row").margin({top:50})
/**
 *FlexDirection.Row : 主轴与行方向一致作为布局模式
 * FlexDirection.RowReverse : 在与Row相反的方向进行布局
 * */

Flex({ direction: FlexDirection.Row }) {
  Text('1').width('33%').height(50).backgroundColor(0xF5DEB3).border({
    width: 1,
    color: '#000',
    style: BorderStyle.Solid
  })
  Text('2').width('33%').height(50).backgroundColor(0xD2B48C).border({
    width: 1,
    color: '#000',
    style: BorderStyle.Solid
  })
  Text('3').width('33%').height(50).backgroundColor(0xF5DEB3).border({
    width: 1,
    color: '#000',
    style: BorderStyle.Solid
  })
}
.height(70)
.width('90%')
.backgroundColor('#cccccc')
```

```
Text("FlexDirection.RowReverse")

Flex({ direction: FlexDirection.RowReverse }) {
  Text('1').width('33%').height(50).backgroundColor(0xF5DEB3).border({
    width: 1,
    color: '#000',
    style: BorderStyle.Solid
  })
  Text('2').width('33%').height(50).backgroundColor(0xD2B48C).border({
    width: 1,
    color: '#000',
    style: BorderStyle.Solid
  })
  Text('3').width('33%').height(50).backgroundColor(0xF5DEB3).border({
    width: 1,
    color: '#000',
    style: BorderStyle.Solid
  })
}
.height(70)
.width('90%')
.backgroundColor('#cccccc')

Text("FlexDirection.Column")
/**
 *FlexDirection.Column : 主轴与列方向一致作为布局模式
 * FlexDirection.ColumnReverse : 在与Column相反的方向上进行布局
 * */
Flex({ direction: FlexDirection.Column }) {
  Text('1').width('100%').height(50).backgroundColor(0xF5DEB3).border({
    width: 1,
    color: '#000',
    style: BorderStyle.Solid
  })
  Text('2').width('100%').height(50).backgroundColor(0xD2B48C).border({
    width: 1,
    color: '#000',
    style: BorderStyle.Solid
  })
  Text('3').width('100%').height(50).backgroundColor(0xF5DEB3).border({
    width: 1,
    color: '#000',
    style: BorderStyle.Solid
  })
}
.height(70)
.width('90%')
.padding(10)
.backgroundColor('#cccccc')
Text("FlexDirection.ColumnReverse")
Flex({ direction: FlexDirection.ColumnReverse }) {
  Text('1').width('100%').height(50).backgroundColor(0xF5DEB3).border({
    width: 1,
    color: '#000',
    style: BorderStyle.Solid
  })
  Text('2').width('100%').height(50).backgroundColor(0xD2B48C).border({
    width: 1,
    color: '#000',
```

```
    style: BorderStyle.Solid
  })
  Text('3').width('100%').height(50).backgroundColor(0xF5DEB3).border({
    width: 1,
    color: '#000',
    style: BorderStyle.Solid
  })
}
.height(70)
.width('90%')
.padding(10)
.backgroundColor('#cccccc')
```

上述示例代码的效果如图4-11所示。

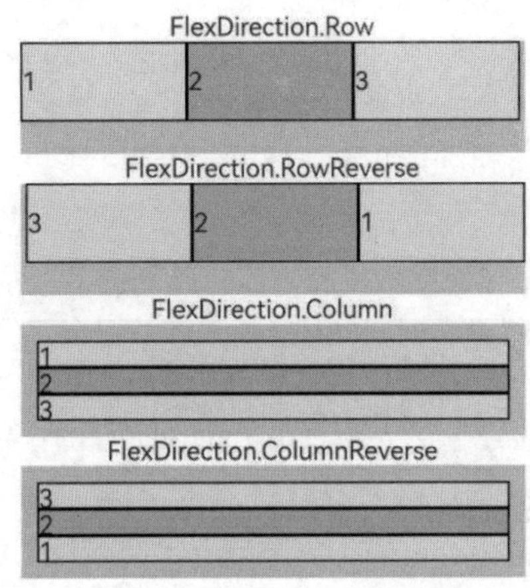

图4-11　布局方向示例效果

2. 布局换行

弹性布局分为单行布局和多行布局。默认情况下，Flex容器中的子元素都排在一条线（又称“轴线”）上。当子元素主轴尺寸之和大于容器主轴尺寸时，可以用wrap属性控制Flex是单行布局还是多行布局。在多行布局时，通过交叉轴方向确认新行排列方向。

示例代码如下：

```
Text("FlexWrap.NoWrap").margin({top:50})
/**
 * FlexWrap.NoWrap: Flex容器的元素单行/列布局，子项不允许超出容器
 * FlexWrap.Wrap:  Flex容器的元素多行/列排布，子项允许超出容器
 * FlexWrap.WrapReverse:Flex容器的元素反向多行/列排布，子项允许超出容器
 * */
Flex({ wrap: FlexWrap.NoWrap }) {
  Text('1').width('50%').height(50).backgroundColor(0xF5DEB3).border({
    width: 1,
    color: '#000',
    style: BorderStyle.Solid
  })
  Text('2').width('50%').height(50).backgroundColor(0xD2B48C).border({
    width: 1,
    color: '#000',
    style: BorderStyle.Solid
  })
```

```
    Text('3').width('50%').height(50).backgroundColor(0xF5DEB3).border({
      width: 1,
      color: '#000',
      style: BorderStyle.Solid
    })
  }
  .width('90%')
  .padding(10)
  .backgroundColor('#cccccc')


  Text("FlexWrap.Wrap")
  Flex({ wrap: FlexWrap.Wrap }) {
    Text('1').width('50%').height(50).backgroundColor(0xF5DEB3).border({
      width: 1,
      color: '#000',
      style: BorderStyle.Solid
    })
    Text('2').width('50%').height(50).backgroundColor(0xD2B48C).border({
      width: 1,
      color: '#000',
      style: BorderStyle.Solid
    })
    Text('3').width('50%').height(50).backgroundColor(0xF5DEB3).border({
      width: 1,
      color: '#000',
      style: BorderStyle.Solid
    })
  }
  .width('90%')
  .padding(10)
  .backgroundColor('#cccccc')

  Text("FlexWrap.WrapReverse")
  Flex({ wrap: FlexWrap.WrapReverse }) {
    Text('1').width('50%').height(50).backgroundColor(0xF5DEB3).border({
      width: 1,
      color: '#000',
      style: BorderStyle.Solid
    })
    Text('2').width('50%').height(50).backgroundColor(0xD2B48C).border({
      width: 1,
      color: '#000',
      style: BorderStyle.Solid
    })
    Text('3').width('50%').height(50).backgroundColor(0xF5DEB3).border({
      width: 1,
      color: '#000',
      style: BorderStyle.Solid
    })
  }
  .width('90%')
  .padding(10)
  .backgroundColor('#cccccc')
```

上述示例效果如图4-12所示。

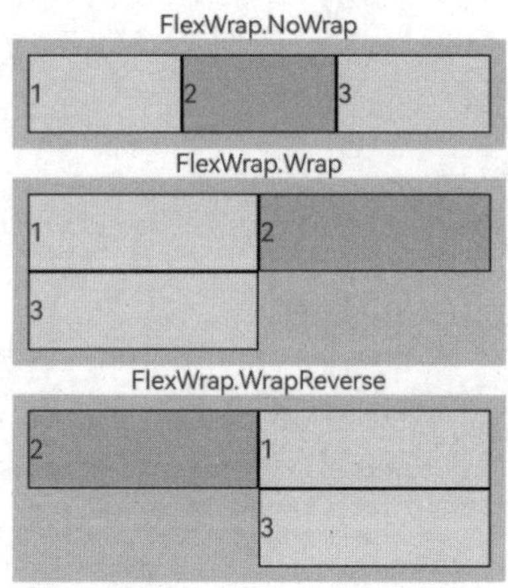

图4-12　布局换行示例效果

3. 主轴对齐方式

可以通过justifyContent参数设置子元素在主轴方向的对齐方式。主轴对齐方式的示意图如图4-13所示。

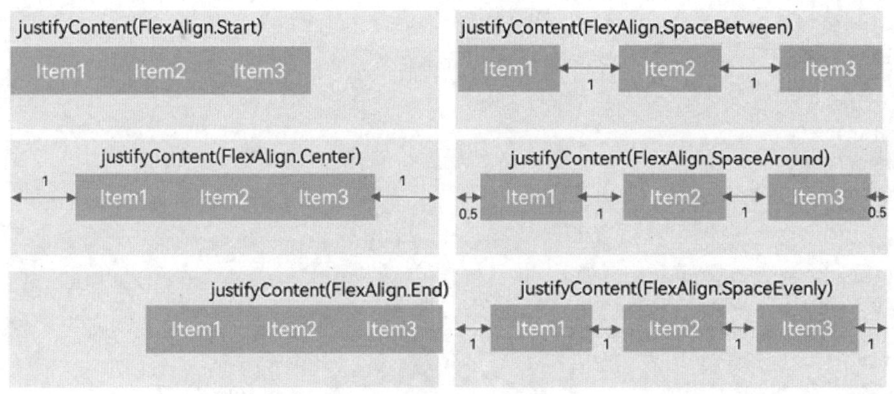

图4-13　对齐方式

示例代码如下：

```
Text("FlexAlign.Start ").margin({top:50})
/**
 * FlexAlign.Start: 元素在主轴方向首端对齐，第一个元素与行首对齐，后续的元素与前一个对齐
 * FlexAlign.Center:元素在主轴方向中心对齐，第一个元素与行首的距离和最后一个元素与行尾的距离相同
 * FlexAlign.End:元素在主轴方向尾部对齐，最后一个元素与行尾对齐，其他元素与后一个对齐
 * FlexAlign.SpaceBetween:Flex主轴方向均匀分配弹性元素，相邻元素之间距离相同。第一个元素与行首对齐，最后一个元素与行尾对齐
 * FlexAlign.SpaceAround:Flex主轴方向均匀分配弹性元素，相邻元素之间距离相同。第一个元素到行首的距离和最后一个元素到行尾的距离是相邻元素之间距离的一半
 * FlexAlign.SpaceEvenly:Flex主轴方向均匀分配弹性元素，相邻元素之间的距离、第一个元素与行首的距离、最后一个元素与行尾的距离都完全一样
 * */
Flex({ justifyContent: FlexAlign.Start }) {
  Text('1').width('20%').height(50).backgroundColor(0xF5DEB3)
  Text('2').width('20%').height(50).backgroundColor(0xD2B48C)
  Text('3').width('20%').height(50).backgroundColor(0xF5DEB3)
```

```
}
.width('90%')
.padding(10)
.backgroundColor('#cccccc')

Text("FlexAlign.Center ")
Flex({ justifyContent: FlexAlign.Center }) {
  Text('1').width('20%').height(50).backgroundColor(0xF5DEB3)
  Text('2').width('20%').height(50).backgroundColor(0xD2B48C)
  Text('3').width('20%').height(50).backgroundColor(0xF5DEB3)
}
.width('90%')
.padding(10)
.backgroundColor('#cccccc')

Text("FlexAlign.End ")
Flex({ justifyContent: FlexAlign.End }) {
  Text('1').width('20%').height(50).backgroundColor(0xF5DEB3)
  Text('2').width('20%').height(50).backgroundColor(0xD2B48C)
  Text('3').width('20%').height(50).backgroundColor(0xF5DEB3)
}
.width('90%')
.padding(10)
.backgroundColor('#cccccc')

Text("FlexAlign.SpaceBetween ")
Flex({ justifyContent: FlexAlign.SpaceBetween }) {
  Text('1').width('20%').height(50).backgroundColor(0xF5DEB3)
  Text('2').width('20%').height(50).backgroundColor(0xD2B48C)
  Text('3').width('20%').height(50).backgroundColor(0xF5DEB3)
}
.width('90%')
.padding(10)
.backgroundColor('#cccccc')

Text("FlexAlign.SpaceAround ")
Flex({ justifyContent: FlexAlign.SpaceAround }) {
  Text('1').width('20%').height(50).backgroundColor(0xF5DEB3)
  Text('2').width('20%').height(50).backgroundColor(0xD2B48C)
  Text('3').width('20%').height(50).backgroundColor(0xF5DEB3)
}
.width('90%')
.padding(10)
.backgroundColor('#cccccc')

Text("FlexAlign.SpaceEvenly ")
Flex({ justifyContent: FlexAlign.SpaceEvenly }) {
  Text('1').width('20%').height(50).backgroundColor(0xF5DEB3)
  Text('2').width('20%').height(50).backgroundColor(0xD2B48C)
  Text('3').width('20%').height(50).backgroundColor(0xF5DEB3)
}
.width('90%')
.padding(10)
.backgroundColor('#cccccc')
```

上述示例效果如图4-14所示。

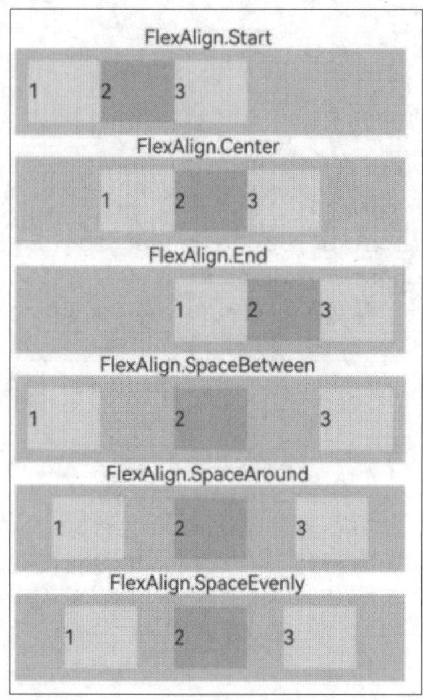

图4-14　主轴对齐方向示例效果

4. 容器组件设置交叉轴对齐

容器和子元素都可以设置交叉轴对齐方式，且子元素设置的对齐方式优先级较高。可以通过Flex组件的alignItems参数设置子元素在交叉轴上的对齐方式。示例代码如下：

```
Text("ItemAlign.Start").margin({top:50})
/**
 * ItemAlign.Start:元素在Flex容器中，交叉轴方向首部对齐
 * ItemAlign.Center:元素在Flex容器中，交叉轴方向居中对齐
 * ItemAlign.End:元素在Flex容器中，交叉轴方向底部对齐
 * ItemAlign.Stretch:元素在Flex容器中，交叉轴方向拉伸填充
 * 容器为Flex且设置Wrap为FlexWrap.Wrap或FlexWrap.WrapReverse时
 * 元素拉伸到与当前行/列交叉轴长度最长的元素尺寸
 * 其余情况下，无论元素尺寸是否设置，均拉伸到容器尺寸
 * ItemAlign.Baseline:元素在Flex容器中，交叉轴方向文本基线对齐
 * */
Flex({ alignItems:ItemAlign.Start}) {
  Text('1').width('33%').height(30).backgroundColor(0xF5DEB3)
  Text('2').width('33%').height(40).backgroundColor(0xD2B48C)
  Text('3').width('33%').height(50).backgroundColor(0xF5DEB3)
}
.width('90%')
.padding(10)
.backgroundColor('#cccccc')

Text("ItemAlign.Center")
Flex({ alignItems:ItemAlign.Center}) {
  Text('1').width('33%').height(30).backgroundColor(0xF5DEB3)
  Text('2').width('33%').height(40).backgroundColor(0xD2B48C)
  Text('3').width('33%').height(50).backgroundColor(0xF5DEB3)
}
.width('90%')
.padding(10)
.backgroundColor('#cccccc')
```

```
Text("ItemAlign.End")
Flex({ alignItems:ItemAlign.End}) {
  Text('1').width('33%').height(30).backgroundColor(0xF5DEB3)
  Text('2').width('33%').height(40).backgroundColor(0xD2B48C)
  Text('3').width('33%').height(50).backgroundColor(0xF5DEB3)
}
.width('90%')
.padding(10)
.backgroundColor('#cccccc')

Text("ItemAlign.Stretch")
Flex({ alignItems:ItemAlign.Stretch}) {
  Text('1').width('33%').height(30).backgroundColor(0xF5DEB3)
  Text('2').width('33%').height(40).backgroundColor(0xD2B48C)
  Text('3').width('33%').height(50).backgroundColor(0xF5DEB3)
}
.width('90%')
.padding(10)
.backgroundColor('#cccccc')

Text("ItemAlign.Baseline")
Flex({ alignItems:ItemAlign.Baseline}) {
  Text('1').width('33%').height(30).backgroundColor(0xF5DEB3)
  Text('2').width('33%').height(40).backgroundColor(0xD2B48C)
  Text('3').width('33%').height(50).backgroundColor(0xF5DEB3)
}
.width('90%')
.padding(10)
.backgroundColor('#cccccc')
```

上述示例效果如图4-15所示。

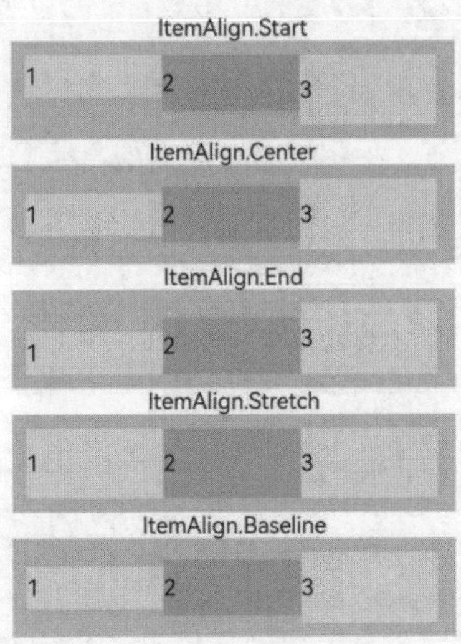

图4-15　容器组件设置交叉轴对齐的效果

5. 子元素设置交叉轴对齐

子元素的alignSelf属性也可以设置子元素在父容器交叉轴的对齐格式，且会覆盖Flex布局容器中的alignItems配置。示例代码如下。

```
    Text("FlexAlign.Start").margin({top:50})
    /**
     * FlexAlign.Start: 元素在主轴方向首端对齐，第一个元素与行首对齐，后续的元素与前一个对齐
     * FlexAlign.Center:元素在主轴方向中心对齐，第一个元素与行首的距离和最后一个元素与行尾的距离相同
     * FlexAlign.End:元素在主轴方向尾部对齐，最后一个元素与行尾对齐，其他元素与后一个对齐
     * FlexAlign.SpaceBetween:Flex主轴方向均匀分配弹性元素，相邻元素之间的距离相同。第一个元素与行首对齐，最后一个元素与行尾对齐
     * FlexAlign.SpaceAround:Flex主轴方向均匀分配弹性元素，相邻元素之间的距离相同。第一个元素到行首的距离和最后一个元素到行尾的距离是相邻元素之间距离的一半
     * FlexAlign.SpaceEvenly:Flex主轴方向均匀分配弹性元素，相邻元素之间的距离、第一个元素与行首的距离、最后一个元素到行尾的距离都完全一样
     * */
    Flex({ justifyContent: FlexAlign.SpaceBetween, wrap: FlexWrap.Wrap, alignContent: FlexAlign.Start }) {
      Text('1').width('30%').height(20).backgroundColor(0xF5DEB3)
      Text('2').width('60%').height(20).backgroundColor(0xD2B48C)
      Text('3').width('40%').height(20).backgroundColor(0xD2B48C)
      Text('4').width('30%').height(20).backgroundColor(0xF5DEB3)
      Text('5').width('20%').height(20).backgroundColor(0xD2B48C)
    }
    .width('90%')
    .height(100)
    .backgroundColor('#cccccc')

    Text("FlexAlign.Center")
    Flex({ justifyContent: FlexAlign.SpaceBetween, wrap: FlexWrap.Wrap, alignContent: FlexAlign.Center }) {
      Text('1').width('30%').height(20).backgroundColor(0xF5DEB3)
      Text('2').width('60%').height(20).backgroundColor(0xD2B48C)
      Text('3').width('40%').height(20).backgroundColor(0xD2B48C)
      Text('4').width('30%').height(20).backgroundColor(0xF5DEB3)
      Text('5').width('20%').height(20).backgroundColor(0xD2B48C)
    }
    .width('90%')
    .height(100)
    .backgroundColor('#cccccc')

    Text("FlexAlign.End")
    Flex({ justifyContent: FlexAlign.SpaceBetween, wrap: FlexWrap.Wrap, alignContent: FlexAlign.End }) {
      Text('1').width('30%').height(20).backgroundColor(0xF5DEB3)
      Text('2').width('60%').height(20).backgroundColor(0xD2B48C)
      Text('3').width('40%').height(20).backgroundColor(0xD2B48C)
      Text('4').width('30%').height(20).backgroundColor(0xF5DEB3)
      Text('5').width('20%').height(20).backgroundColor(0xD2B48C)
    }
    .width('90%')
    .height(100)
    .backgroundColor('#cccccc')

    Text("FlexAlign.SpaceBetween")
    Flex({ justifyContent: FlexAlign.SpaceBetween, wrap: FlexWrap.Wrap, alignContent: FlexAlign.SpaceBetween }) {
      Text('1').width('30%').height(20).backgroundColor(0xF5DEB3)
      Text('2').width('60%').height(20).backgroundColor(0xD2B48C)
      Text('3').width('40%').height(20).backgroundColor(0xD2B48C)
      Text('4').width('30%').height(20).backgroundColor(0xF5DEB3)
      Text('5').width('20%').height(20).backgroundColor(0xD2B48C)
    }
    .width('90%')
```

```
    .height(100)
    .backgroundColor('#cccccc')

    Text("FlexAlign.SpaceAround")
    Flex({ justifyContent: FlexAlign.SpaceBetween, wrap: FlexWrap.Wrap, alignContent:
FlexAlign.SpaceAround }) {
      Text('1').width('30%').height(20).backgroundColor(0xF5DEB3)
      Text('2').width('60%').height(20).backgroundColor(0xD2B48C)
      Text('3').width('40%').height(20).backgroundColor(0xD2B48C)
      Text('4').width('30%').height(20).backgroundColor(0xF5DEB3)
      Text('5').width('20%').height(20).backgroundColor(0xD2B48C)
    }
    .width('90%')
    .height(100)
    .backgroundColor('#cccccc')

    Text("FlexAlign.SpaceEvenly")
    Flex({ justifyContent: FlexAlign.SpaceBetween, wrap: FlexWrap.Wrap, alignContent:
FlexAlign.SpaceEvenly }) {
      Text('1').width('30%').height(20).backgroundColor(0xF5DEB3)
      Text('2').width('60%').height(20).backgroundColor(0xD2B48C)
      Text('3').width('40%').height(20).backgroundColor(0xD2B48C)
      Text('4').width('30%').height(20).backgroundColor(0xF5DEB3)
      Text('5').width('20%').height(20).backgroundColor(0xD2B48C)
    }
    .width('90%')
    .height(100)
    .backgroundColor('#cccccc')
```

上述示例效果如图4-16所示。

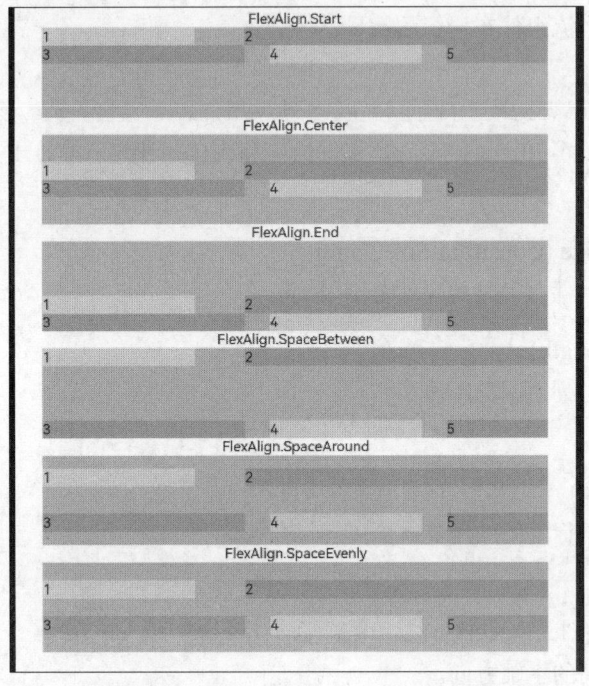

图4-16 子元素设置交叉轴对齐的效果

Flex容器组件涉及的知识点繁多且复杂，同时它也是开发过程中使用频繁的一个关键组件。因此，本小节对Flex容器的所有属性进行了全面解析，希望读者注意区别不同属性的应用场景。

4.1.6 WaterFlow和FlowItem

WaterFlow是瀑布流容器组件，由“行”和“列”分割的单元格组成，通过容器自身的排列规则将不同大小的“项目”自上而下排列，如瀑布般紧密布局。

FlowItem是WaterFlow的子组件，用来展示瀑布流的具体项目。

提示 瀑布流的知识点略有难度，对于初学者，建议先学习其他章节，再学本小节内容。

注意 WaterFlow子组件的visibility属性设置为None时，不显示该子组件，但该子组件周围的columnsGap、rowsGap、margin仍会生效。

1. WaterFlow的属性

WaterFlow的属性主要用于设置瀑布流的展现形式，重要的属性有以下几个：

1）columnsTemplate (string)

功　　能：设置瀑布流组件布局列的数量。

默 认 值：'1fr'。

示　　例：'1fr 1fr 2fr' 表示分为3列，宽度比例为1:1:2。

特殊用法：'repeat(auto-fill, track-size)'，根据给定宽度自动计算列数，支持的单位有px、vp、%或有效数字，默认单位为vp。

2）rowsTemplate (string)

功　　能：设置瀑布流组件布局行的数量。

默 认 值：'1fr'。

示　　例：'1fr 1fr 2fr' 表示分为3行，高度比例为1:1:2。

特殊用法：'repeat(auto-fill, track-size)'，根据给定高度自动计算行数，支持的单位有px、vp、%或有效数字，默认单位为vp。

3）itemConstraintSize (ConstraintSizeOptions)

功　　能：设置子组件布局时的尺寸范围限制。

4）columnsGap (Length)

功　　能：设置列与列之间的距离。

默 认 值：0。

5）rowsGap (Length)

功　　能：设置行与行之间的距离。

默 认 值：0。

6）layoutDirection (FlexDirection)

功　　能：设置布局的主轴方向。

默 认 值：FlexDirection.Column。

7）enableScrollInteraction (boolean)

功　　能：设置是否支持滚动手势。

默 认 值：true。

8）nestedScroll (NestedScrollOptions)

功　　能：设置嵌套滚动模式，实现与父组件的滚动联动。

9）friction (number | Resource)

功　　能：设置摩擦系数，影响惯性滚动过程。

默 认 值：非可穿戴设备为0.6，可穿戴设备为0.9；从API version 11开始，非可穿戴设备默认值为0.7。

10）cachedCount (number)

功　　能：设置预加载的FlowItem数量，仅在LazyForEach中生效。

默 认 值：1。

11）scrollBar (BarState)

功　　能：设置滚动条状态。

默 认 值：BarState.Off。

12）scrollBarWidth (string | number)

功　　能：设置滚动条的宽度。

默 认 值：4。

单　　位：vp。

13）scrollBarColor (string | number | Color)

功　　能：设置滚动条的颜色。

14）edgeEffect (EdgeEffect)

功　　能：设置边缘滑动效果。

默 认 值：EdgeEffect.None。

选　　项：设置当组件内容小于组件自身时是否开启滑动效果，默认为false。

2. WaterFlow的参数说明

WaterFlow通过参数来控制其尾部组件以及滚动组件的控制器，主要有以下两个参数：

1）footer（CustomBuilder）

功　　能：设置WaterFlow尾部组件。

2）scroller（Scroller）

功　　能：可滚动组件的控制器，与可滚动组件绑定。

3. WaterFlow组件示例

01 创建一个WaterFlowDataSource.ets文件，用于设置瀑布流的一些操作事件及方法：

```
// 实现IDataSource接口的对象，用于瀑布流组件加载数据
export class WaterFlowDataSource implements IDataSource {
  private dataArray: number[] = []
  private listeners: DataChangeListener[] = []

  constructor() {
```

```
  for (let i = 0; i < 100; i++) {
    this.dataArray.push(i)
  }
}

// 获取索引对应的数据
public getData(index: number): number {
  return this.dataArray[index]
}

// 通知控制器重新加载数据
notifyDataReload(): void {
  this.listeners.forEach(listener => {
    listener.onDataReloaded()
  })
}

// 通知控制器增加数据
notifyDataAdd(index: number): void {
  this.listeners.forEach(listener => {
    listener.onDataAdd(index)
  })
}

// 通知控制器数据发生变化
notifyDataChange(index: number): void {
  this.listeners.forEach(listener => {
    listener.onDataChange(index)
  })
}

// 通知控制器删除数据
notifyDataDelete(index: number): void {
  this.listeners.forEach(listener => {
    listener.onDataDelete(index)
  })
}

// 通知控制器数据位置发生变化
notifyDataMove(from: number, to: number): void {
  this.listeners.forEach(listener => {
    listener.onDataMove(from, to)
  })
}

// 获取数据总数
public totalCount(): number {
  return this.dataArray.length
}

// 注册改变数据的控制器
registerDataChangeListener(listener: DataChangeListener): void {
  if (this.listeners.indexOf(listener) < 0) {
    this.listeners.push(listener)
  }
}

// 注销改变数据的控制器
unregisterDataChangeListener(listener: DataChangeListener): void {
  const pos = this.listeners.indexOf(listener)
  if (pos >= 0) {
    this.listeners.splice(pos, 1)
  }
```

```
  }

  // 增加数据
  public add1stItem(): void {
    this.dataArray.splice(0, 0, this.dataArray.length)
    this.notifyDataAdd(0)
  }

  //在数据尾部增加一个元素
  public addLastItem(): void {
    this.dataArray.splice(this.dataArray.length, 0, this.dataArray.length)
    this.notifyDataAdd(this.dataArray.length - 1)
  }

  //在指定索引位置增加一个元素
  public addItem(index: number): void {
    this.dataArray.splice(index, 0, this.dataArray.length)
    this.notifyDataAdd(index)
  }

  // 删除第一个元素
  public delete1stItem(): void {
    this.dataArray.splice(0, 1)
    this.notifyDataDelete(0)
  }

  // 删除第二个元素
  public delete2ndItem(): void {
    this.dataArray.splice(1, 1)
    this.notifyDataDelete(1)
  }

  // 删除最后一个元素
  public deleteLastItem(): void {
    this.dataArray.splice(-1, 1)
    this.notifyDataDelete(this.dataArray.length)
  }

  // 重新加载数据
  public reload(): void {
    this.dataArray.splice(1, 1)
    this.dataArray.splice(3, 2)
    this.notifyDataReload()
  }
}
```

02 实现瀑布流布局：

```
import { router } from '@kit.ArkUI';
import { Navbar as MyNavbar } from '../components/navBar'

import { WaterFlowDataSource } from './WaterFlowDataSource'
@Entry
@Component
struct WaterFlowCom {
  @State desc: string = '';
  @State title: string = ''

  @State minSize: number = 80
  @State maxSize: number = 180
  @State colors: number[] = [0xFFC0CB, 0xDA70D6, 0x6B8E23, 0x6A5ACD, 0x00FFFF, 0x00FF7F]
  dataSource: WaterFlowDataSource = new WaterFlowDataSource()
  private itemWidthArray: number[] = []
```

```
  private itemHeightArray: number[] = []
  // 加载页面时接收传递过来的参数
  onPageShow(): void {
    // 获取传递过来的参数对象
    const params = router.getParams() as Record<string, string>;
    // 获取传递的值
    if (params) {
      this.desc = params.desc as string
      this.title = params.value as string
    }
  }

  // 计算FlowItem宽/高
  getSize() {
    let ret = Math.floor(Math.random() * this.maxSize)
    return (ret > this.minSize ? ret : this.minSize)
  }

  // 设置FlowItem宽/高数组
  setItemSizeArray() {
    for (let i = 0; i < 100; i++) {
      this.itemWidthArray.push(this.getSize())
      this.itemHeightArray.push(this.getSize())
    }
  }

  aboutToAppear() {
    this.setItemSizeArray()
  }

  build() {
      Column() {
        MyNavbar({ title: this.title })
        Divider().width('100%').strokeWidth(2).color(Color.Black)
        Row() {
          Text(`组件描述: ${this.desc}`)
        }

        Column({ space: 2 }) {
          WaterFlow() {
            LazyForEach(this.dataSource, (item: number) => {
              FlowItem() {
                Column() {
                  Text("N" + item).fontSize(12).height('16')
                }
              }
              .width('100%')
              .height(this.itemHeightArray[item % 100])
              .backgroundColor(this.colors[item % 5])
            }, (item: string) => item)
          }
          .columnsTemplate("1fr 1fr")
          .columnsGap(10)
          .rowsGap(5)
          .padding({left:5})
          .backgroundColor(0xFAEEE0)
          .width('100%')
          .height('100%')
        }
      }
```

```
        .width('100%')
      .height('100%')
    }
  }
```

上述示例代码的效果如图4-17所示。

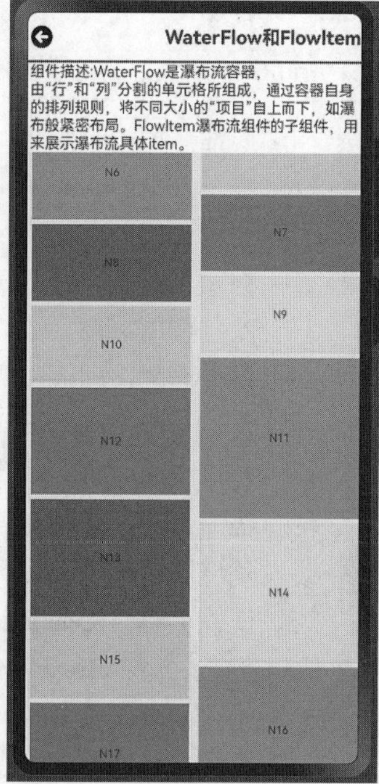

图4-17　WaterFlow示例效果

4.1.7　Stack

Stack是堆叠容器组件，子组件按照顺序依次入栈，后一个子组件覆盖前一个子组件。

Stack主要通过alignContent属性来设置子组件在容器内的对齐方式，alignContent的属性值如下：

- Alignment.TopStart：元素与容器的顶部起始端对齐。
- Alignment.Top：元素在容器的顶部横向居中对齐。
- Alignment.TopEnd：元素与容器的顶部尾端对齐。
- Alignment.Start：元素在容器的起始端纵向居中对齐。
- Alignment.Center：元素在容器的横向和纵向都居中对齐。
- Alignment.End：元素在容器的尾端纵向居中对齐。
- Alignment.BottomStart：元素与容器的底部起始端对齐。
- Alignment.Bottom：元素在容器的底部横向居中对齐。
- Alignment.BottomEnd：元素与容器的底部尾端对齐。

示例代码如下：

```
  Stack({ alignContent: Alignment.Bottom }) {
    Text('外层容器').width('90%').height('100%').backgroundColor('#cccccc').align
(Alignment.TopStart)
    Text('堆叠的容器').width('70%').height('60%').backgroundColor('#fff000').align
(Alignment.Center)
  }.width('100%').height(150).margin({ top: 5 })
```

上述示例代码的效果如图4-18所示。

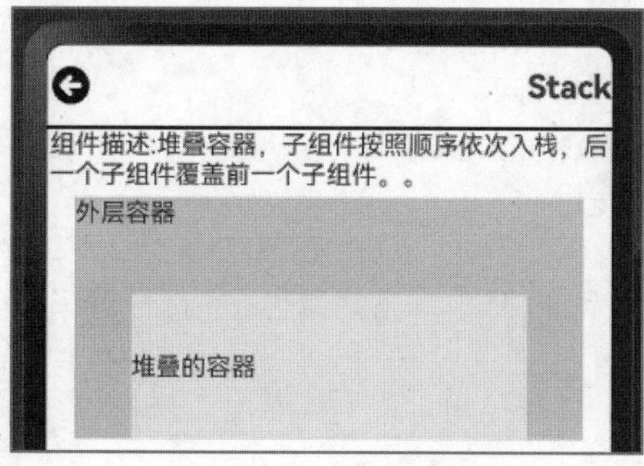

图4-18　Stack的示例效果

4.1.8　GridRow和GridCol

GridRow是栅格容器组件，仅可以和栅格子组件（GridCol）在栅格布局场景中使用。

GridCol必须作为栅格容器组件（GridRow）的子组件使用。

说明 栅格布局可以为布局提供规律性的结构，解决多尺寸多设备的动态布局问题，保证不同设备上各个模块的布局一致性。

1. GridRow

GridRow通过配置对应的属性来控制子组件的展示方式，主要有以下几种属性。

（1）属性名称：columns。
类　　型：number | GridRowColumnOption。
是否必填：否。
描　　述：设置布局列数。
默 认 值：12。

（2）属性名称：gutter。
类　　型：Length | GutterOption。
是否必填：否。
描　　述：栅格布局间距。
默 认 值：0。

（3）属性名称：breakpoints。
类　　型：BreakPoints。
是否必填：否。
描　　述：设置断点值的断点数列以及基于窗口或容器尺寸的相应参照。
默 认 值：

```
value: ["320vp", "600vp", "840vp"]
  reference: BreakpointsReference.WindowSize
```

以窗口为参照：BreakpointsReference.WindowSize。
以容器为参照：BreakpointsReference.ComponentSize。

（4）属性名称：direction。
类　　型：GridRowDirection。
是否必填：否。
描　　述：栅格布局排列方向。
默 认 值：GridRowDirection.Row。

2. GridCol

GridCol作为GridRow的子组件，也拥有自己的属性，通过设置子组件的属性可以实现不同的布局，主要属性如下：

（1）属性名称：span。
类　　型：number | GridColColumnOption。
是否必填：否。
描　　述：栅格子组件占用栅格容器组件的列数。'span'为0表示该元素不参与布局计算，即不会被渲染。
默 认 值：1。

（2）属性名称：offset。

类　　型：number | GridColColumnOption。

是否必填：否。

描　　述：栅格子组件相对于原本位置偏移的列数。

默 认 值：0。

（3）属性名称：order。

类　　型：number | GridColColumnOption。

是否必填：否。

描　　述：元素的序号，根据栅格子组件的序号从小到大对栅格子组件进行排序。

默 认 值：0。

说明 当子组件不设置order或者设置相同的order时，子组件按照代码顺序展示。当子组件部分设置order，部分不设置order时，未设置order的子组件依次排序靠前，设置了order的子组件按照数值从小到大排列。

注意 span、offset、order属性按照xs、sm、md、lg、xl、xxl的顺序具有“继承性”，未设置值的断点将会从前一个断点取值。它们在不同宽度设备类型上的默认值如表4-1所示。

表4-1　span、offset和order在不同宽度设备类型上的默认值

参数\断点	xs	sm	md	lg	xl	xxl
span	2	2	3	3	4	4
offset	2	2	3	5	5	5
order	20	20	20	3	3	3

GridRow和GridCol的示例代码如下：

```
import { router } from '@kit.ArkUI';
import { Navbar as MyNavbar } from '../components/navBar'
@Entry
@Component
struct GridRowGridColCom {
  @State desc: string = '';
  @State title: string = ''
  @State bgColors: Color[] = [Color.Red, Color.Orange, Color.Yellow, Color.Green,
Color.Pink, Color.Grey, Color.Blue, Color.Brown]
  @State currentBp: string = 'unknown'
  // 加载页面时接收传递过来的参数
  onPageShow(): void {
    // 获取传递过来的参数对象
    const params = router.getParams() as Record<string, string>;
    // 获取传递的值
    if (params) {
      this.desc = params.desc as string
      this.title = params.value as string
    }
  }
  build() {
    Column() {
      MyNavbar({ title: this.title })
```

```
      Divider().width('100%').strokeWidth(2).color(Color.Black)
      Row() {
        Text(`组件描述：${this.desc}`)
      }

      GridRow({
        columns: 5,  //设置布局列数。
        gutter: { x: 5, y: 10 }, //栅格布局间距。x:栅格子组件水平方向上的间距。y:栅格子组件竖
直方向上的间距
        breakpoints: { value: ["400vp", "600vp", "800vp"],
          reference: BreakpointsReference.WindowSize },
        /**
         * 设置断点值的断点数列以及基于窗口或容器尺寸的相应参照
         * 默认值： {
         *           value: ["320vp", "600vp", "840vp"],
         *           reference: BreakpointsReference.WindowSize
         * }
         * */
        direction: GridRowDirection.Row              //栅格布局排列方向
      }) {
        ForEach(this.bgColors, (color: Color) => {
          /**
           *span: 栅格子组件占用栅格容器组件的列数。span为0表示该元素不参与布局计算，即不会被渲染
           * offset: 栅格子组件相对于原本位置偏移的列数
           * order:元素的序号，根据栅格子组件的序号从小到大对栅格子组件进行排序
           * */
          GridCol({ span: { xs: 1, sm: 2, md: 3, lg: 4 }, offset: 0, order: 0 }) {
            Row().width("100%").height("20vp")
          }.borderColor(color).borderWidth(2)
        })
      }.width("100%").height("100%")
      .onBreakpointChange((breakpoint) => {
        this.currentBp = breakpoint
      })

    }
    .width('100%')
   .height('100%')
  }
}
```

上述示例代码效果如图4-19所示。

图4-19　GridRow和GridCol的示例效果

4.1.9　Grid和GridItem

Grid作为栅格容器组件，由“行”和“列”分割的单元格组成，通过指定“项目”所在的单元格来做出各种各样的布局。GridItem是栅格容器中单项内容容器。

Grid通过配置对应的属性来控制其展示方式，主要的属性说明如下：

（1）属性名称：regularSize。
类　　型：[number, number]。
是否必填：是。
描　　述：大小规则的GridItem在Grid中占的行数和列数，只支持占1行1列，即[1, 1]。

（2）属性名称：irregularIndexes。
类　　型：number[]。
是否必填：否。
描　　述：指定的GridItem索引在Grid中的大小是不规则的。当不设置onGetIrregularSizeByIndex时，irregularIndexes中GridItem的默认大小为垂直滚动Grid的一整行或水平滚动Grid的一整列。

（3）属性名称：onGetIrregularSizeByIndex。
类　　型：(index: number) => [number, number]。
是否必填：否。
描　　述：配合irregularIndexes使用，设置大小不规则的GridItem占用的行数和列数。

（4）属性名称：onGetRectByIndex。
类　　型：(index: number) => [number, number, number, number]。
是否必填：否。
描　　述：设置指定索引index对应的GridItem的位置及大小[rowStart, columnStart, rowSpan, columnSpan]。

（5）属性名称：columnsTemplate。
类　　型：string。
描　　述：设置当前栅格布局列的数量或最小列宽值。

（6）属性名称：rowsTemplate。
类　　型：string。
描　　述：设置当前栅格布局行的数量或最小行高值。

（7）属性名称：columnsGap。
类　　型：Length。
描　　述：设置列与列的间距。

（8）属性名称：rowsGap。
类　　型：Length。
描　　述：设置行与行的间距。

（9）属性名称：scrollBar。
类　　型：BarState。
描　　述：设置滚动条状态。

（10）属性名称：scrollBarColor。
类　　型：string | number | Color。
描　　述：设置滚动条的颜色。

（11）属性名称：scrollBarWidth。
类　　型：string | number。

描　　述：设置滚动条的宽度。

（12）属性名称：cachedCount。
类　　型：number。
描　　述：设置预加载的GridItem的数量。

（13）属性名称：editMode。
类　　型：boolean。
描　　述：设置Grid是否进入编辑模式。

（14）属性名称：layoutDirection。
类　　型：GridDirection。
描　　述：设置布局的主轴方向。

（15）属性名称：maxCount。
类　　型：number。
描　　述：设置可显示的最大列数或行数。

（16）属性名称：minCount。
类　　型：number。
描　　述：设置可显示的最小列数或行数。

（17）属性名称：cellLength。
类　　型：number。
描　　述：设置一行的高度或一列的宽度。

（18）属性名称：multiSelectable。
类　　型：boolean。
描　　述：是否开启鼠标框选。

（19）属性名称：supportAnimation。
类　　型：boolean。
描　　述：是否支持动画。

（20）属性名称：edgeEffect。
类　　型：value: EdgeEffect, options?: EdgeEffectOptions。
描　　述：设置边缘滑动效果。

（21）属性名称：enableScrollInteraction。
类　　型：boolean。
描　　述：设置是否支持滚动手势。

（22）属性名称：nestedScroll。
类　　型：NestedScrollOptions。
描　　述：设置嵌套滚动选项。

（23）属性名称：friction。
类　　型：number | Resource。
描　　述：设置摩擦系数。

同理，GridItem也是通过配置对应的属性来控制其展示方式的。GridItem包含的属性说明如下：

（1）属性名称：rowStart。

类　　型：number。

描　　述：指定当前元素起始行号。

（2）属性名称：rowEnd。

类　　型：number。

描　　述：指定当前元素终点行号。

（3）属性名称：columnStart。

类　　型：number。

描　　述：指定当前元素起始列号。

（4）属性名称：columnEnd。

类　　型：number。

描　　述：指定当前元素终点列号。

（5）属性名称：selectable。

类　　型：boolean。

描　　述：当前GridItem元素是否可以被鼠标框选。外层Grid容器的鼠标框选开启时，GridItem的框选才生效。

默 认 值：true。

（6）属性名称：selected。

类　　型：boolean。

描　　述：设置当前GridItem选中状态。该属性支持双向绑定变量。该属性需要在设置选中态样式前使用，才能使选中态样式生效。

默认值：false。

说明

- rowStart、rowEnd、columnStart、columnEnd属性用于定义GridItem在Grid中的位置和大小。
- selectable属性用于控制GridItem是否可以被鼠标框选，依赖于外层Grid容器的框选设置。
- selected属性用于设置GridItem的选中状态，并支持双向绑定，需要在使用前设置选中态样式。

Grid和GridItem的示例代码如下：

```
Column(){
  Grid(this.scroller) {
    ForEach(this.numbers, (day: string) => {
      ForEach(this.numbers, (day: string) => {
        GridItem() {
          Text(day)
            .fontSize(16)
            .backgroundColor(0xF9CF93)
            .width('100%')
            .height(80)
            .textAlign(TextAlign.Center)
        }
      }, (day: string) => day)
    }, (day: string) => day)
  }
  .columnsTemplate('1fr 1fr 1fr 1fr 1fr')
  .columnsGap(10)
```

```
.rowsGap(10)
.friction(0.6)
.enableScrollInteraction(true)
.supportAnimation(false)
.multiSelectable(false)
.edgeEffect(EdgeEffect.Spring)
.scrollBar(BarState.On)
.scrollBarColor(Color.Grey)
.scrollBarWidth(4)
.width('90%')
.backgroundColor(0xFAEEE0)
.height(300)
.onScrollIndex((first: number, last: number) => {
  /**
   * 当前栅格显示的起始位置/终止位置的item发生变化时触发。栅格初始化时会触发一次
   * first: 当前显示的栅格起始位置的索引值
   * last: 当前显示的栅格终止位置的索引值
   * Grid显示区域上第一个子组件/最后一个组件的索引值有变化就会触发
   * */
  console.info(first.toString())
  console.info(last.toString())
})
.onScrollBarUpdate((index: number, offset: number) => {
  /**
   * 当前栅格显示的起始位置item发生变化时触发，可通过该回调设置滚动条的位置及长度
   * index: 当前显示的栅格起始位置的索引值
   * offset: 当前显示的栅格起始位置元素相对栅格显示起始位置的偏移，单位为vp
   * */
  return { totalOffset: (index / 5) * (80 + 10) - offset, totalLength: 80 * 5 + 10 * 4 }
})
.onScroll((scrollOffset: number, scrollState: ScrollState) => {
  /**
   * 栅格滑动时触发
   * scrollOffset: 每帧滚动的偏移量，Grid的内容向上滚动时偏移量为正，向下滚动时偏移量为负，单位为vp
   * scrollState: 当前滑动状态
   * */
  console.info(scrollOffset.toString())
  console.info(scrollState.toString())
})
.onScrollStart(() => {
  /**
   * 栅格滑动开始时触发。手指拖动栅格或栅格的滚动条触发的滑动开始时，会触发该事件
   * */
  console.info("XXX" + "Grid onScrollStart")
})
.onScrollStop(() => {
  /**
   * 栅格滑动停止时触发。手指离开屏幕并且滑动停止时会触发该事件
   * */
  console.info("XXX" + "Grid onScrollStop")
})
.onReachStart(() => {
  /**
   * 栅格到达起始位置时触发
   * */
  this.gridPosition = 0
  console.info("XXX" + "Grid onReachStart")
})
.onReachEnd(() => {
```

```
    /**
     * 栅格到达末尾位置时触发
     * */
    this.gridPosition = 2
    console.info("XXX" + "Grid onReachEnd")
  })
}
```

上述示例代码效果如图4-20所示。

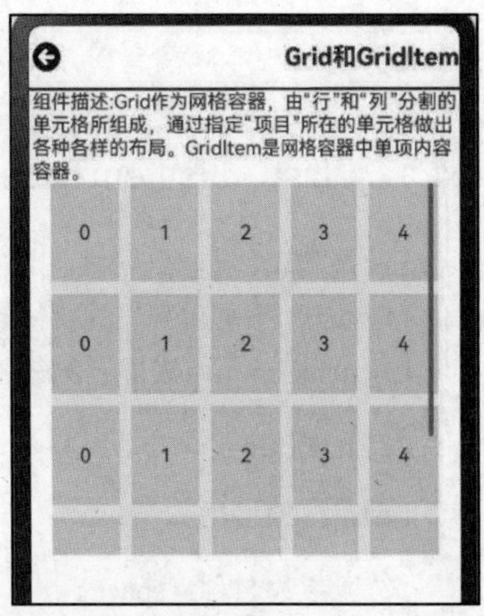

图4-20　Grid和GridItem的示例效果

4.1.10　Hyperlink

Hyperlink是超链接组件，在组件宽高范围内单击可实现跳转。Hyperlink通过指定参数来设置跳转的网页以及显示的文本内容，其参数如下：

（1）参数名称：address。
类　　型：string | Resource。
是否必填：是。
描　　述：Hyperlink组件跳转的网页。

（2）参数名称：content。
类　　型：string | Resource。
是否必填：否。
描　　述：Hyperlink组件中超链接显示文本。

说明 当Hyperlink组件内包含子组件时，不会显示超链接文本。这意味着如果Hyperlink组件中有子组件，那么content参数指定的文本将不会显示。

Hyperlink组件包括的属性如下：

参数名称：color。
类　　型：ResourceColor。
是否必填：设置超链接文本的颜色。
默 认 值：'#ff007dff'。

Hyperlink组件示例代码如下：

```
Column() {
  Hyperlink('https://www.baidu.com/') {
    Image($r('app.media.background'))
      .width(200)
      .height(100)
  }
}

Column() {
  Hyperlink('https://www.baidu.com/', '单击跳转百度页面') {
  }
  .color(Color.Blue)
}
```

上述示例代码效果如图4-21所示。

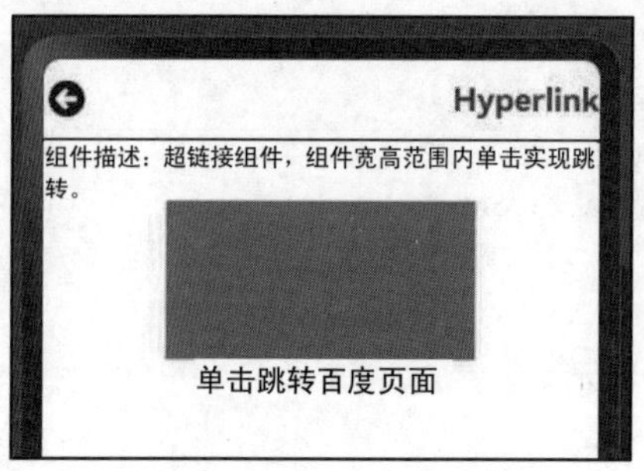

图4-21 Hyperlink组件的示例效果

4.1.11 List、ListItem和ListItemGroup

List是列表，包含一系列相同宽度的列表项，适合连续、多行呈现同类数据，例如图片和文本。

ListItem用来展示列表的具体item，必须配合List组件来使用。

ListItemGroup用来展示列表item分组，宽度默认充满List组件，必须配合List组件来使用。

1. List组件

List组件的参数如下：

（1）参数名称：space。

描　　述：子组件主轴方向的间距。

说明 如果space参数值设置为负数或者大于或等于List内容区长度，将按默认值（0）显示。如果space参数值小于List分割线宽度，那么子组件主轴方向的间距将取分割线宽度。

（2）参数名称：initialIndex。

描　　述：设置当前List初次加载时视口起始位置显示的item的索引值。

说明 如果设置为负数或超过了当前List最后一个item的索引值，则视为无效取值，无效取值将按默认值（0）显示。

（3）参数名称：scroller。

描　　述：可滚动组件的控制器，用于与可滚动组件进行绑定。

说明 不允许和其他滚动类组件绑定同一个滚动控制对象。这样做是为了避免滚动行为之间的冲突和不一致。

（4）参数名称：listDirection。

描　　述：设置List组件排列方向。

（5）参数名称：divider。

类　　型：

```
{
strokeWidth: Length,            //分割线的线宽
color?: ResourceColor,          //分割线的颜色（可选）
startMargin?: Length,           //分割线与列表侧边起始端的距离（可选）
```

```
  endMargin?: Length              //分割线与列表侧边结束端的距离（可选）

} | null
```

描　　述：设置ListItem分割线样式，默认无分割线。

默 认 值：null（无分割线）。

List和ListItem组件的示例代码如下：

```
import { router } from '@kit.ArkUI';
import { Navbar as MyNavbar } from '../components/navBar'
@Entry
@Component
struct ListCom {
  @State desc: string = '';
  @State title: string = ''
  @State arr:number[] =[0, 1, 2, 3, 4, 5, 6, 7, 8, 9]
  // 加载页面时接收传递过来的参数
  onPageShow(): void {
    // 获取传递过来的参数对象
    const params = router.getParams() as Record<string, string>;
    // 获取传递的值
    if (params) {
      this.desc = params.desc as string
      this.title = params.value as string
    }
  }
  build() {
      Column() {
        MyNavbar({ title: this.title })
        Divider().width('100%').strokeWidth(2).color(Color.Black)
        Row() {
          Text(`组件描述：${this.desc}`)
        }

        Column(){
          List({ space: 20, initialIndex: 0 }) {
            ForEach(this.arr, (item: number) => {
              ListItem() {
                Text(`${item}`)
                  .width('100%').height(100).fontSize(16)
                  .textAlign(TextAlign.Center).borderRadius(10).backgroundColor(0xFFFFFF)
              }
            }, (item: string) => item)
          }
          .listDirection(Axis.Vertical) // 排列方向
          .scrollBar(BarState.Off)
          .friction(0.6)
          .divider({ strokeWidth: 2, color: 0xFFFFFF, startMargin: 20, endMargin: 20 })
// 相邻两行之间的分界线
          .edgeEffect(EdgeEffect.Spring) // 边缘效果设置为Spring
          .onScrollIndex((firstIndex: number, lastIndex: number, centerIndex: number) => {
            console.info('first' + firstIndex)
            console.info('last' + lastIndex)
            console.info('center' + centerIndex)
          })
          .onScroll((scrollOffset: number, scrollState: ScrollState) => {
            console.info(`onScroll scrollState = ScrollState` + scrollState + `,
scrollOffset = ` + scrollOffset)
```

```
        })
        .width('90%')
      }
      .width('100%')
      .height('100%')
      .backgroundColor(0xDCDCDC)
    }
    .width('100%')
    .height('100%')
  }
}
```

上述示例代码效果如图4-22所示。

同时，项目Index.ets文件也是使用List加ListItem的结构编写的，此时可以详细地了解一下该项目的写法。

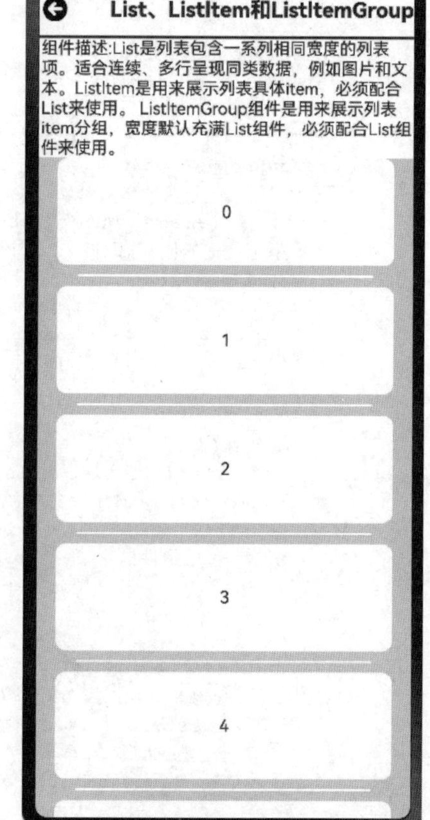

图4-22　List和ListItem组件的效果

2. ListItemGroup

ListItemGroup组件的参数如下：

（1）参数名称：header。
　　类　　型：CustomBuilder。
　　描　　述：设置ListItemGroup头部组件。

（2）参数名称：footer。
　　类　　型：CustomBuilder。
　　描　　述：设置ListItemGroup尾部组件。

（3）参数名称：space。
　　类　　型：number | string。
　　描　　述：列表项间距。这个间距只作用于ListItem与ListItem之间，不作用于header与ListItem、footer与ListItem之间。

（4）参数名称：style。
　　类　　型：ListItemGroupStyle。
　　描　　述：设置List组件卡片样式。
　　默 认 值：ListItemGroupStyle.NONE。

List、ListItem和ListItemGroup组件的示例代码如下：

```
import { router } from '@kit.ArkUI';
import { Navbar as MyNavbar } from '../components/navBar'

interface TimeTable{
  title:string;
  projects:string[];
}

@Entry
@Component
struct ListComTwo {
  @State desc: string = '';
  @State title: string = ''
```

```
    private timeTable: TimeTable[] = [
      {
        title: '星期一',
        projects: ['语文', '数学', '英语']
      },
      {
        title: '星期二',
        projects: ['物理', '化学', '生物']
      },
      {
        title: '星期三',
        projects: ['历史', '地理', '政治']
      },
      {
        title: '星期四',
        projects: ['美术', '音乐', '体育']
      }
    ]

    @Builder
    itemHead(text: string) {
      Text(text)
        .fontSize(20)
        .backgroundColor(0xAABBCC)
        .width("100%")
        .padding(10)
    }

    @Builder
    itemFoot(num: number) {
      Text('共' + num + "节课")
        .fontSize(16)
        .backgroundColor(0xAABBCC)
        .width("100%")
        .padding(5)
    }
    // 加载页面时接收传递过来的参数
    onPageShow(): void {
      // 获取传递过来的参数对象
      const params = router.getParams() as Record<string, string>;
      // 获取传递的值
      if (params) {
        this.desc = params.desc as string
        this.title = params.value as string
      }
    }
    build() {
        Column() {
          MyNavbar({ title: this.title })
          Divider().width('100%').strokeWidth(2).color(Color.Black)
          Row() {
            Text(`组件描述: ${this.desc}`)
          }
          Column(){
            List({ space: 20 }) {
              ForEach(this.timeTable, (item: TimeTable) => {
                ListItemGroup({ header: this.itemHead(item.title), footer: this.itemFoot
(item.projects.length) }) {
                  ForEach(item.projects, (project: string) => {
```

```
                ListItem() {
                  Text(project)
                    .width("100%")
                    .height(100)
                    .fontSize(20)
                    .textAlign(TextAlign.Center)
                    .backgroundColor(0xFFFFFF)
                }
              }, (item: string) => item)
            }
            .divider({ strokeWidth: 1, color: Color.Blue }) // 每行之间的分界线
          })
        }
        .width('90%')
        .sticky(StickyStyle.Header | StickyStyle.Footer)
        .scrollBar(BarState.Off)
      }.width('100%').height('100%').backgroundColor(0xDCDCDC).padding({ top: 5 })
    }
    .width('100%')
  .height('100%')
  }
}
```

上述示例代码效果如图4-23所示。

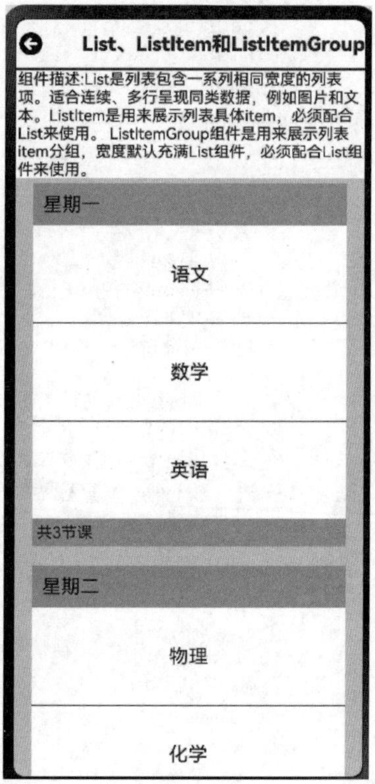

图4-23 List、ListItem和ListItemGroup的示例效果

4.1.12 Navigator

Navigator是路由容器组件，提供路由跳转能力。Navigator组件的参数有以下两种：

（1）参数名称：target。
类　　型：string。
是否必填：是。
描　　述：指定跳转目标页面的路径。这通常是一个字符串，表示应用内页面的标识符或URL路径，用于导航到特定的页面。

（2）参数名称：type。
类　　型：NavigationType。
是否必填：否。
描　　述：指定路由方式。这决定了页面跳转的行为，例如是否保留当前页面状态，是否可以返回等。

其中，NavigationType的属性如下：

- NavigationType.push：跳转到应用内的指定页面。
- NavigationType.Replace：用应用内的某个页面替换当前页面，并销毁被替换的页面。
- NavigationType.Back：返回到指定的页面。如果指定的页面不存在于栈中时，不响应。未传入指定的页面时返回上一页。

Navigator组件的属性如下：

- active：当前路由组件是否处于激活状态，当处于激活状态时，会使相应的路由操作生效。
- params：跳转时要同时传递到目标页面的数据，可在目标页面使用router.getParams()获得。
- target：设置跳转目标页面的路径。目标页面需加入main_pages.json文件中。
- type：设置路由方式。默认值为NavigationType.Push。

Navigator组件的示例代码如下：

```
import { router } from '@kit.ArkUI';
import { Navbar as MyNavbar } from '../components/navBar'
interface comPonInter{
  name:string;
  path:string;
  value:string;
  desc:string;
}
@Entry
@Component
struct NavigatorCom {
  @State desc: string = '';
  @State title: string = ''
  private  navigatorArr:comPonInter[] = [
  {
  name:'Badge',
  path:'pages/BadgeCom',
  value:'Badge',
  desc:'可以附加在单个组件上，用于信息标记的容器组件。'
},
  {
    name:'Column&Row',
    path:'pages/ColumnCom',
    value:'Column&Row',
    desc:'Column是沿垂直方向布局的容器。Row是沿水平方向布局的容器。'
  },
  {
    name:'ColumnSplit&RowSplit',
    path:'pages/ColumnSplitCom',
    value:'ColumnSplit&RowSplit',
    desc:'ColumnSplit 是将子组件纵向布局，并在相邻两个子组件之间插入一根横向的分割线。RowSplit 将子组件横向布局，并在相邻两个子组件之间插入一根纵向的分割线。'
  },{
    name:'Counter',
    path:'pages/CounterCom',
    value:'Counter',
    desc:'计数器组件，提供相应的增加或者减少计数的操作。'
  },{
    name:"Flex",
    path:'pages/FlexCom',
    value:'Flex',
    desc:'以弹性方式布局子组件的容器组件。'
  },{
    name:"WaterFlow和FlowItem",
    path:'pages/WaterFlowCom',
    value:'WaterFlow和FlowItem',
    desc:'WaterFlow是瀑布流容器，由“行”和“列”分割的单元格组成，通过容器自身的排列规则，将不同大小的“项目”自上而下排列，如瀑布般紧密布局。FlowItem的子组件用来展示瀑布流具体item。'
```

```
    },{
      name:"Stack",
      path:'pages/StackCom',
      value:'Stack',
      desc:'堆叠容器，子组件按照顺序依次入栈，后一个子组件覆盖前一个子组件。'
    },{
      name:"GridRow和GridCol",
      path:'pages/GridRowGridColCom',
      value:'GridRow和GridCol',
      desc:'GridRow栅格容器组件，仅可以和栅格子组件(GridCol)在栅格布局场景中使用。 GridCol必须作为
栅格容器组件(GridRow)的子组件使用。'
    },{
      name:"Grid和GridItem",
      path:'pages/GridGridItem',
      value:'Grid和GridItem',
      desc:'Grid作为栅格容器，由"行"和"列"分割的单元格组成，通过指定"项目"所在的单元格来做出各种各样
的布局。GridItem是栅格容器中单项内容容器。'
    },{
      name:"Hyperlink",
      path:'pages/HyperlinkCom',
      value:'Hyperlink',
      desc:'超链接组件，在组件宽高范围内单击可实现跳转。'
    },{
      name:"List、ListItem和ListItemGroup(一)",
      path:'pages/ListCom',
      value:'List、ListItem和ListItemGroup',
      desc:'List是列表，包含一系列相同宽度的列表项，适合连续、多行呈现同类数据，例如图片和文本。ListItem
用来展示列表具体item，必须配合List来使用。 ListItemGroup是用来展示列表item分组，宽度默认充满List组件，
必须配合List组件来使用。'
    },{
      name:"List、ListItem和ListItemGroup(二)",
      path:'pages/ListComTwo',
      value:'List、ListItem和ListItemGroup',
      desc:'List是列表，包含一系列相同宽度的列表项，适合连续、多行呈现同类数据，例如图片和文本。ListItem
用来展示列表具体item，必须配合List来使用。 ListItemGroup用来展示列表item分组，宽度默认充满List组件，必
须配合List组件来使用。'
    }]
    // 加载页面时接收传递过来的参数
    onPageShow(): void {
      // 获取传递过来的参数对象
      const params = router.getParams() as Record<string, string>;
      // 获取传递的值
      if (params) {
        this.desc = params.desc as string
        this.title = params.value as string
      }
    }
    build() {
      Column() {
        MyNavbar({ title: this.title })
        Divider().width('100%').strokeWidth(2).color(Color.Black)
        Row() {
          Text(`组件描述：${this.desc}`)
        }
        Column(){
          List({space:10}){
             ForEach(this.navigatorArr,(item:comPonInter)=>{
                ListItem(){
                   Navigator({target:item.path , type:NavigationType.Push}){
```

```
                    Text(item.name).width('100%').textAlign(TextAlign.Center)
                  }.params({
                    desc:item.desc,
                    value:item.value
                  })
               }.height(50).backgroundColor('#ffffff').borderRadius(20)
            })
         }.listDirection(Axis.Vertical)
         .scrollBar(BarState.Off)
         .divider({ strokeWidth: 2, color: 0xFFFFFF, startMargin: 20, endMargin: 20 })
// 相邻两行之间的分界线
         .edgeEffect(EdgeEffect.Spring) // 边缘效果设置为Spring
         .width('90%')
       }.width('100%').height(400).backgroundColor('#dcdcdc')

     }
     .width('100%')
     .height('100%')
   }
}
```

上述示例代码效果如图4-24所示。当单击某个栏目时，会跳转到对应的页面，同时传入参数。

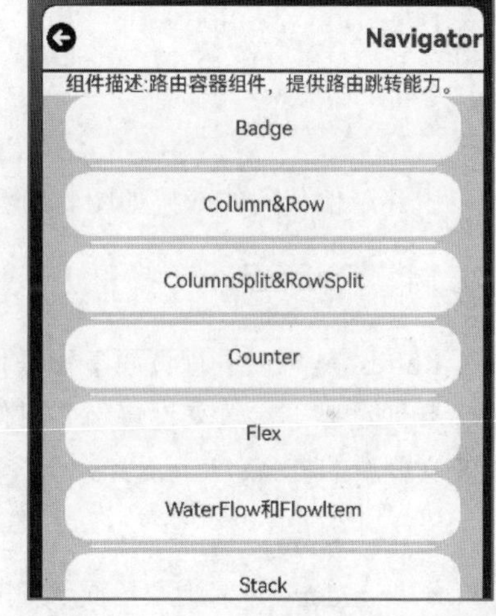

图4-24　Navigator组件的示例效果

4.1.13　Panel

Panel组件是可滑动面板，提供一种轻量的内容展示窗口，方便在不同尺寸中切换。Panel通过show参数来控制可滑动面板的显示或者隐藏。Panel的属性如下：

（1）type：设置可滑动面板的类型。

- PanelType.Minibar: 提供minibar和类全屏展示切换效果。
- PanelType.Foldable: 内容永久展示类，提供大（类全屏）、中（类半屏）、小三种尺寸展示切换效果。
- PanelType.Temporary: 内容临时展示区，提供大（类全屏）、中（类半屏）两种尺寸展示切换效果。
- PanelType.CUSTOM: 配置自适应内容高度，不支持尺寸切换效果。

（2）mode：设置可滑动面板的初始状态。

- PanelMode.Mini: 类型为minibar和foldable时，为最小状态；类型为temporary时，则不生效。
- PanelMode.Half: 类型为foldable和temporary时，为类半屏状态；类型为minibar时，则不生效。
- PanelMode.Full: 类全屏状态。

（3）dragBar：设置是否存在dragbar，true表示存在，false表示不存在。

（4）customHeight：指定PanelType.CUSTOM状态下的高度。

（5）fullHeight：指定PanelMode.Full状态下的高度。

（6）halfHeight：指定PanelMode.Half状态下的高度。

（7）miniHeight：指定PanelMode.Mini状态下的高度。

（8）show：当滑动面板弹出时调用，true表示显示面板，false表示不显示面板。

（9）backgroundMask：指定Panel的背景蒙层。

（10）showCloseIcon：设置是否显示关闭图标，true表示显示，false表示不显示。

Panel组件的示例代码如下：

```
Column(){
  Button('展示可滑动面板',{type:ButtonType.Capsule, stateEffect:true})
    .borderRadius(8)
    .backgroundColor(0x317aff)
    .width(190)
    .onClick(()=>{
      this.hasShow = !this.hasShow
    })

  Panel(this.hasShow){
  // 展示内容
    Text('展示图片').fontSize(24)
    Image($r('app.media.02')).width('100%').height('100%')
  }
  .type(PanelType.Foldable)
  .mode(PanelMode.Half)
  .dragBar(true)
  .halfHeight(500)                    // 默认为一半
  .showCloseIcon(true)
}
```

上述示例代码的效果如图4-25所示。

图4-25 Panel组件的示例效果

4.1.14 Refresh

Refresh是可以进行页面下拉操作并显示刷新动效的容器组件。Refresh通过以下参数来设置当前组件是否正在刷新，或者在下拉时自定义刷新的样式：

- refreshing：当前组件是否正在刷新。默认值为false。
- builder：下拉时，自定义刷新样式。

Refresh的相关事件如下：

- onStateChange(callback: (state: RefreshStatus) => void)：当前刷新状态变更时，触发回调。
- state：刷新状态的属性如下：
  - Inactive：默认未下拉。值为0。
  - Drag：下拉中，下拉距离小于刷新距离。值为1。
  - OverDrag：下拉中，下拉距离超过刷新距离。值为2。
  - Refresh：下拉结束，回弹至刷新距离，进入刷新状态。值为3。
  - Done：刷新结束，返回初始状态（顶部）。值为4。
- onRefreshing(callback: () => void)：进入刷新状态时触发回调。

Refresh组件的示例代码如下：

```
import { router } from '@kit.ArkUI';
import { Navbar as MyNavbar } from '../components/navBar'
interface HistoricalFigure {
 name: string;
 era: string;
 contribution: string;
 keyWorks: string[];
}

@Entry
@Component
struct RefreshCom {
  @State desc: string = '';
  @State title: string = ''
  @State isRefreshing: boolean = false
  @State historicalFigures: HistoricalFigure[] =[
  {
    name: "孔子",
    era: "春秋时期",
    contribution: "儒家学派创始人，提出仁、礼、孝等道德观念，影响深远。",
    keyWorks: ["《论语》"]
  },
  {
    name: "秦始皇",
    era: "秦朝",
    contribution: "中国历史上第一个统一六国的皇帝，推行中央集权制度，统一度量衡。",
    keyWorks: ["兵马俑", "长城"]
  },
  {
    name: "李白",
    era: "唐朝",
    contribution: "被誉为"诗仙"，创作了大量浪漫主义诗歌，代表作有《将进酒》等。",
    keyWorks: ["《将进酒》", "《庐山谣》"]
  },
  {
    name: "王阳明",
    era: "明朝",
    contribution: "心学集大成者，提出"知行合一"学说，影响后世。",
    keyWorks: ["《传习录》"]
  },
  {
    name: "孙中山",
    era: "近现代",
    contribution: "中国民主革命的先行者，提出三民主义，推翻封建帝制。",
    keyWorks: ["《建国方略》"]
  }
];
  // 加载页面时接收传递过来的参数
  onPageShow(): void {
    // 获取传递过来的参数对象
    const params = router.getParams() as Record<string, string>;
    // 获取传递的值
    if (params) {
      this.desc = params.desc as string
      this.title = params.value as string
    }
  }
```

```
// 自定义刷新样式的组件
@Builder CustomRefreshCom(){
  Stack(){
    Row(){
      LoadingProgress().height(32)
      Text('加载数据中...').fontSize(16).margin({left:20})
    }.alignItems(VerticalAlign.Center)
  }.width('100%').align(Alignment.Center)
  // 设置最小高度约束，保证自定义组件的高度在随刷新区域高度变化时不会低于minHeight
  .constraintSize({minHeight:32})
}
build() {
    Column() {
      MyNavbar({ title: this.title })
      Divider().width('100%').strokeWidth(2).color(Color.Black)
      Row() {
        Text(`组件描述：${this.desc}`)
      }

      Column(){
         Refresh({refreshing:$$this.isRefreshing , builder:this.CustomRefreshCom()}){
            List(){
               ForEach(this.historicalFigures, (item:HistoricalFigure)=>{
                  ListItem(){
                     Column({space:5}){
                        Row(){
                           Text(item.name).fontSize(16)
                           Text(item.era).fontSize(16)
                        }
                        Row(){
                           Text(item.contribution).fontSize(16)
                        }
                        ForEach(item.keyWorks,(itemB:string)=>{
                           Text(itemB).fontSize(16)
                        })
                     }.width('70%').backgroundColor('#ffffff')
                     .borderRadius(10)
                     .margin(10)
                  }
               })
            }
            .width('100%')
            .height('100%')
            .alignListItem(ListItemAlign.Center)
            .scrollBar(BarState.Off)
         }
         .onStateChange((refershStatus:RefreshStatus)=>{
           console.log(`打印当前状态: ${refershStatus}}`)
         })
         .onRefreshing(()=>{
         // 初始化
           setTimeout(()=>{
             this.historicalFigures.push( {
               name: "武则天",
               era: "唐朝",
               contribution: "中国历史上唯一的女皇帝，推行科举制度，促进文化发展。",
               keyWorks: ["《垂拱集》"]
             })
             this.isRefreshing = false
```

```
            },2000)
          })
          .backgroundColor('#e5e5e5')
        }
      }
      .width('100%')
      .height('100%')
    }
  }
```

上述示例代码的效果如图4-26～图4-28所示。

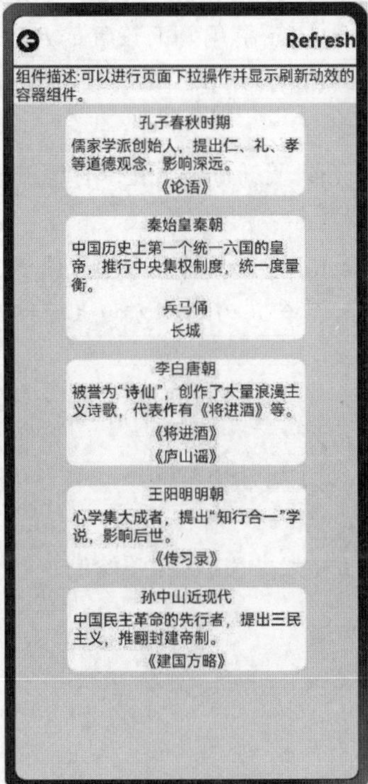

图 4-26　Refresh 组件的示例效果（刷新前）

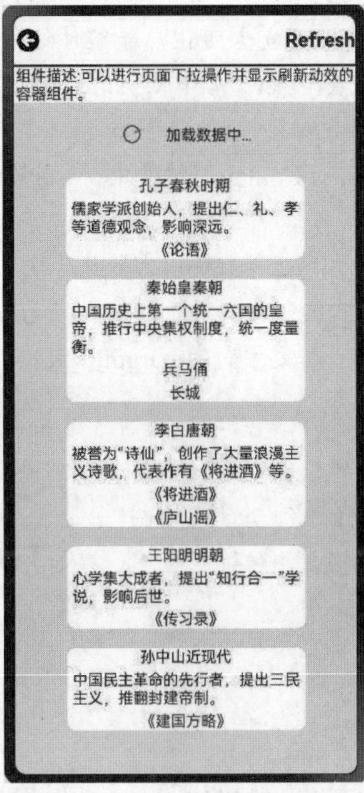

图 4-27　Refresh 组件的示例效果（刷新中）

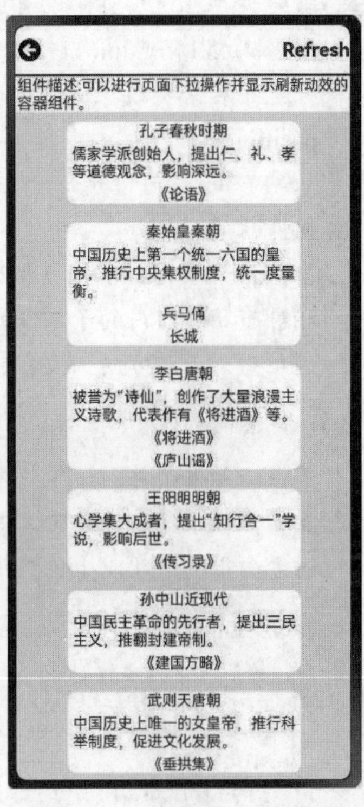

图 4-28　Refresh 组件的示例效果（刷新后）

4.1.15　RelativeContainer

RelativeContainer是相对布局组件，用于复杂场景中元素对齐的布局。

RelativeContainer组件的使用规则说明如下：

（1）容器内子组件区分水平方向和垂直方向：

- 水平方向为left、middle、right，对应容器的HorizontalAlign.Start、HorizontalAlign.Center、HorizontalAlign.End。
- 垂直方向为top、center、bottom，对应容器的VerticalAlign.Top、VerticalAlign.Center、VerticalAlign.Bottom。

（2）子组件可以将容器或者其他子组件设为锚点：

- 参与相对布局的容器内组件必须设置id，不设置id的组件不显示，容器id固定为__container__。

- 子组件某一方向上的3个位置（水平方向为left、middle、right，垂直方向为top、center、bottom）可以指定容器或其他子组件同方向的3个位置（水平方向为HorizontalAlign.Start、HorizontalAlign.Center、HorizontalAlign.End，垂直方向为VerticalAlign.Top、VerticalAlign.Center、VerticalAlign.Bottom）为锚点。若同方向上设置两个以上锚点，则水平方向上Start和Center优先，垂直方向上Top和Center优先。例如，水平方向上指定了left以容器的HorizontalAlign.Start为锚点，middle以容器的HorizontalAlign.Center为锚点，又指定right的锚点为容器的HorizontalAlign.End，当组件的width和容器的width不能同时满足3条约束规则时，优先取left和middle的约束规则。
- 当同时存在前端页面设置的子组件尺寸和相对布局规则时，子组件的绘制尺寸取决于约束规则。从API Version 11开始，该规则发生变化，子组件绘制尺寸取决于前端页面设置的尺寸。
- 若对齐后需要额外偏移，可设置offset（API Version 11上新增了bias，不建议再使用offset和position）。
- 从API Version 11开始，在RelativeContainer组件中，width、height设置为auto，表示自适应子组件。
- 当width设置为auto时，如果水平方向上子组件以容器作为锚点，则auto不生效；垂直方向上同理。
- 相对布局容器内的子组件的margin含义不同于通用属性的margin，其含义为到该方向上的锚点的距离。若该方向上没有锚点，则该方向的margin不生效。

（3）特殊情况：

- 若根据约束条件和子组件本身的size属性无法确定子组件大小，则子组件不绘制。
- 互相依赖、环形依赖时容器内子组件全部不绘制。
- 同方向上两个及以上位置设置锚点，但锚点位置逆序时，此子组件大小为0，即不绘制。

RelativeContainer组件的示例代码如下：

```
RelativeContainer() {
  Row().width(100).height(100)
    .backgroundColor("#FF3333")
    .alignRules({
      top: {anchor: "__container__", align: VerticalAlign.Top},
      left: {anchor: "__container__", align: HorizontalAlign.Start}
    })
    .id("row1")

  Row().width(100).height(100)
    .backgroundColor("#FFCC00")
    .alignRules({
      top: {anchor: "__container__", align: VerticalAlign.Top},
      right: {anchor: "__container__", align: HorizontalAlign.End}
    })
    .id("row2")

  Row().height(100)
    .backgroundColor("#FF6633")
    .alignRules({
      top: {anchor: "row1", align: VerticalAlign.Bottom},
      left: {anchor: "row1", align: HorizontalAlign.End},
      right: {anchor: "row2", align: HorizontalAlign.Start}
    })
    .id("row3")

  Row()
    .backgroundColor("#FF9966")
```

```
      .alignRules({
        top: {anchor: "row3", align: VerticalAlign.Bottom},
        bottom: {anchor: "__container__", align: VerticalAlign.Bottom},
        left: {anchor: "__container__", align: HorizontalAlign.Start},
        right: {anchor: "row1", align: HorizontalAlign.End}
      })
      .id("row4")

    Row()
      .backgroundColor("#FF66FF")
      .alignRules({
        top: {anchor: "row3", align: VerticalAlign.Bottom},
        bottom: {anchor: "__container__", align: VerticalAlign.Bottom},
        left: {anchor: "row2", align: HorizontalAlign.Start},
        right: {anchor: "__container__", align: HorizontalAlign.End}
      })
      .id("row5")
  }
  .width(300).height(300)
  .margin({left: 50})
  .border({width:2, color: "#6699FF"})
```

上述示例代码效果如图4-29所示。

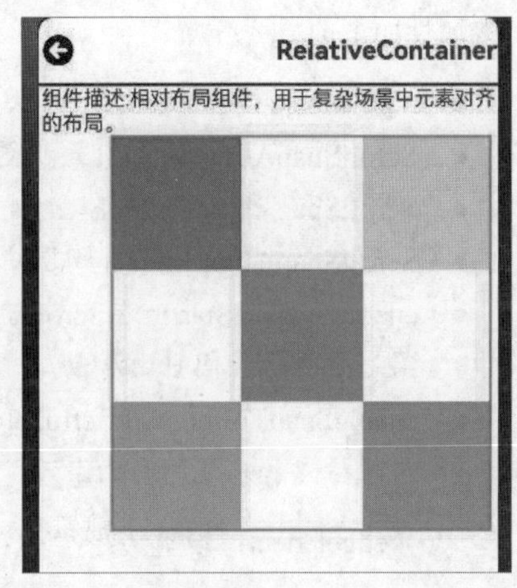

图4-29　RelativeContainer组件的示例效果

4.1.16　Scroll

Scroll是可滚动的容器组件，当子组件的布局尺寸超过父组件的尺寸时，内容可以滚动。

Scroll的属性比较丰富，并且每个属性均有自己的作用，可以通过多个属性的组合使用来实现我们想要的滚动容器。

1. Scroll的参数

Scroll的参数是一个Scroller（控制器），Scroller可以将Scroll组件绑定至容器组件，然后控制容器组件的滚动。同一个控制器不可以控制多个容器组件。目前支持将Scroll组件绑定到List、Scroll、ScrollBar、Grid、WaterFlow上。

要使用Scroller，只需导入对象即可：scroller: Scroller = new Scroller()。

Scroller有多种方法，说明如下：

- scrollTo：滑动到指定位置。
- scrollEdge：滚动到容器边缘。
- scrollPage：滚动到下一页或上一页。
- currentOffset：返回当前的滚动偏移量。
- scrollToIndex：滑动到指定Index。
- scrollBy：滑动指定距离。
- isAtEnd：查询组件是否滚动到底部。
- getItemRect：获取子组件的大小位置。

2. Scroll的属性

Scroll的属性有以下几种：

（1）scrollable：设置滚动方向。参数如下：

- ScrollDirection.Vertical：竖直方向滚动。
- ScrollDirection.Horizontal：水平方向滚动。
- ScrollDirection.None：不可滚动。

（2）scrollBar：设置滚动条状态。参数如下：

- BarState.Off：不显示。
- BarState.on：常驻显示。
- BarState.Auto：按需显示（触摸时显示，2秒后消失）。

（3）scrollBarColor：设置滚动条的颜色。

（4）scrollBarWidth：设置滚动条的宽度，不支持百分比设置。

（5）scrollSnap：设置Scroll组件的限位滚动模式。参数如下：

- snapAlign：设置Scroll组件限位滚动时的对齐方式。

属性如下：

- ScrollSnapAlign.NONE：默认无项目滚动对齐效果。
- ScrollSnapAlign.START：视图中的第一项将在列表的开头对齐。
- ScrollSnapAlign.CENTER：视图中的中间项将在列表中心对齐。
- ScrollSnapAlign.END：视图中的最后一项将在列表末尾对齐。
- enableSnapToStart：在Scroll组件限位滚动模式下，该属性设置为false后，允许Scroll在开头和第一个限位点间自由滑动。
- enableSnapToEnd：在Scroll组件限位滚动模式下，该属性设置为false后，允许Scroll在最后一个限位点和末尾间自由滑动。

（6）edgeEffect：设置边缘滑动效果。可选参数如下：

- value：设置Scroll组件的边缘滑动效果，支持弹簧效果和阴影效果。取值如下：
  - EdgeEffect.Spring：弹性物理动效，滑动到边缘后可以根据初始速度或通过触摸事件继续滑动一段距离，松手后回弹。
  - EdgeEffect.Fade：阴影效果，滑动到边缘后会有圆弧状的阴影。
  - EdgeEffect.None：滑动到边缘后无效果，是默认值。
- alwaysEnabled：组件内容大小小于组件自身时，设置是否开启滑动效果，参数类型为布尔型，默认值为true。

（7）enableScrollInteraction：设置是否支持滚动手势。当设置为false时，无法通过手指或者鼠标滚动，但不影响控制器的滚动接口。

3. Scroll的事件

通过Scroll的事件，可以设置Scroll执行的动作。其事件有以下几种：

- onScrollFrameBegin：每帧开始滚动时触发。
- onScroll：滚动事件回调。

- onScrollEdge：滚动到边缘事件回调。
- onScrollStart：滚动开始时触发。
- onScrollStop：滚动停止时触发。
- onReachStart：Scroll到达起始位置时触发。
- onReachEnd：Scroll到达末尾位置时触发。

4. Scroll组件的示例

示例代码如下：

```
import { router } from '@kit.ArkUI';
import { Navbar as MyNavbar } from '../components/navBar'
@Entry
@Component
struct ScrollCom {
  @State desc: string = '';
  @State title: string = ''
  scroller: Scroller = new Scroller;
  private arr: number[] = [0, 1, 2, 3, 4, 5, 6, 7, 8, 9, 10, 11, 12, 13, 14, 15]
  // 加载页面时接收传递过来的参数
  onPageShow(): void {
    // 获取传递过来的参数对象
    const params = router.getParams() as Record<string, string>;
    // 获取传递的值
    if (params) {
      this.desc = params.desc as string
      this.title = params.value as string
    }
  }

  build() {
      Column() {
        MyNavbar({ title: this.title })
        Divider().width('100%').strokeWidth(2).color(Color.Black)
        Row() {
          Text(`组件描述：${this.desc}`)
        }
        Scroll(this.scroller){
           Column(){
              ForEach(this.arr,(item:number)=>{
               Text(item.toString())
                 .width('90%')
                 .height(100)
                 .backgroundColor('#ffffff')
                 .borderWidth(1)
                 .borderColor('#000000')
                 .borderRadius(15)
                 .fontSize(16)
                 .textAlign(TextAlign.Center)
              })
           }.width('100%').backgroundColor('#dcdcdc')
        }
        .backgroundColor('#333333')
        .height('80%')
        .edgeEffect(EdgeEffect.Spring)
        .scrollSnap({
          snapAlign:ScrollSnapAlign.START,
```

```
        snapPagination:200,
        enableSnapToStart:true,
        enableSnapToEnd:true
      })

    }
    .width('100%')
    .height('100%')
  }
}
```

示例代码效果如图4-30所示。

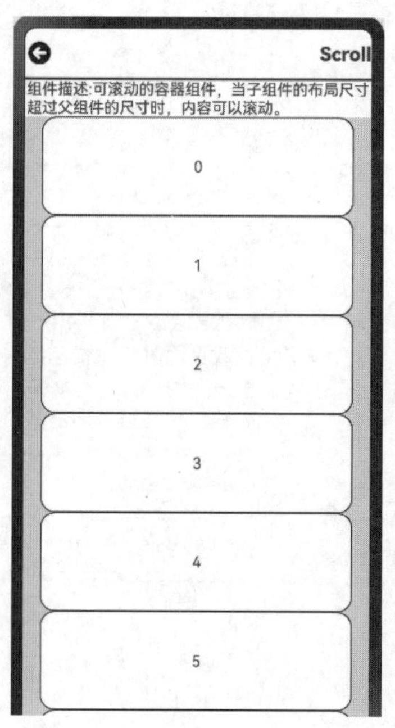

图4-30　Scroll的示例效果

4.1.17　SideBarContainer

SideBarContainer是可以显示和隐藏侧边栏的容器组件，通过两个子组件定义侧边栏和内容区，第一个子组件表示侧边栏，第二个子组件表示内容区。

SideBarContainer组件有一个type参数，用来设置侧边栏的显示类型，其默认值为SideBarContainerType.Embed。此外，还可以设置以下参数：

- SideBarContainerType.Embed:侧边栏嵌入组件内，和内容区并列显示。
- SideBarContainerType.Overlay：侧边栏浮在内容区上面。
- SideBarContainerType.AUTO:
  - 组件尺寸大于或等于minSideBarWidth+minContentWidth时，采用Embed模式显示。
  - 组件尺寸小于minSideBarWidth+minContentWidth时，采用Overlay模式显示。
  - 未设置minSideBarWidth或minContentWidth时，使用未设置接口的默认值进行计算，若计算的值小于600vp，则使用600vp作为模式切换的断点值。

> 注意　组件尺寸小于minContentWidth + minSideBarWidth，并且未设置showSideBar时，侧边栏自动隐藏。

SideBarContainer组件有以下几种属性：

（1）showSideBar：设置是否显示侧边栏。默认值为true。从API version 10开始，支持双向绑定变量。

（2）controlButton：设置侧边栏控制按钮的属性。

（3）showControlButton：设置是否显示控制按钮。默认值为true。

（4）sideBarWidth：设置侧边栏的宽度。默认值为240vp（API version 10），200vp（API version 9及以下）。

（5）minSideBarWidth：设置侧边栏最小宽度。默认值为240vp（API version 10），200vp（API version 9及以下）。

（6）maxSideBarWidth：设置侧边栏最大宽度。默认值为280vp。

（7）autoHide：设置当侧边栏拖曳到小于最小宽度后，是否自动隐藏。默认值为true。

（8）sideBarPosition：设置侧边栏显示位置。默认值为SideBarPosition.Start。

- SideBarPosition.Start：侧边栏位于容器左侧
- SideBarPosition.End：侧边栏位于容器右侧。

（9）divider：设置分割线的样式。默认值为DividerStyle，显示分割线。值为null时不显示分割线。

（10）minContentWidth：SideBarContainer组件内容区可显示的最小宽度。默认值为360vp。单位为vp。

SideBarContainer组件的示例代码如下：

```
import { router } from '@kit.ArkUI';
import { Navbar as MyNavbar } from '../components/navBar'
@Entry
@Component
struct SideBarContainerCom {
  @State desc: string = '';
  @State title: string = ''
  @State arr: number[] = [1, 2, 3]
  @State current: number = 1
  // 加载页面时接收传递过来的参数
  onPageShow(): void {
    // 获取传递过来的参数对象
    const params = router.getParams() as Record<string, string>;
    // 获取传递的值
    if (params) {
      this.desc = params.desc as string
      this.title = params.value as string
    }
  }

  build() {
    Column() {
      MyNavbar({ title: this.title })
      Divider().width('100%').strokeWidth(2).color(Color.Black)
      Row() {
        Text(`组件描述：${this.desc}`)
      }
      SideBarContainer(SideBarContainerType.Embed){
        Column(){
          ForEach(this.arr,(item:number)=>{
            Column({space:5}){
              Image($r('app.media.startIcon')).width(64).height(64)
              Text(`侧边栏第${item}项`).fontSize(25)
                .fontColor(this.current === item ? '#0A59F7' : '#999')
            }.onClick(()=>{
              this.current = item
            })
          })
        }.width('100%')
        .justifyContent(FlexAlign.SpaceEvenly)
        .backgroundColor('#19000000')

      // 内容区域
        Column(){
          Image($r('app.media.02')).width('100%').height('100%')
```

```
            }.margin(10).width('80%').height('80%')
          }.controlButton({
            icons:{
              hidden:$r('app.media.closeIcon'),     // 设置侧边栏隐藏时控制按钮的图标
              shown:$r('app.media.dragIcon') ,      // 设置侧边栏显示时控制按钮的图标
              switching:$r('app.media.openIcon')   // 设置侧边栏显示和隐藏状态切换时控制按钮的图标
            }
          })
          .sideBarWidth(150)
          .minSideBarWidth(50)
          .maxSideBarWidth(300)
          .minContentWidth(0)
          .onChange((val:boolean)=>{
            /**
             * 当侧边栏的状态在显示和隐藏之间切换时触发回调。true表示显示，false表示隐藏
             * 触发该事件的条件：
             1. showSideBar属性值变换时
             2. showSideBar属性自适应行为变化时
             3. 分割线拖曳触发autoHide时
             * */
          })
          .divider({ strokeWidth: '1vp', color: Color.Gray, startMargin: '4vp', endMargin:
'4vp' })
        }
        .width('100%')
      .height('100%')
    }
  }
```

上述示例代码效果如图4-31所示。

图4-31　SideBarContainer组件的示例效果

4.1.18　Swiper

Swiper是滑块视图容器，提供子组件滑动轮播显示的能力。

Swiper的参数是SwiperController。SwiperController是Swiper容器组件的控制器，可以将对象绑定至Swiper组件，可以通过它控制翻页。SwiperController具有以下属性：

- showNext：翻至下一页，带动效切换过程。
- showPrevious：翻至上一页，带动效切换过程。
- finishAnimation：停止播放动画。

1. Swiper组件的属性

Swiper组件具有以下属性：

- index：设置当前在容器中显示的子组件的索引值。
- autoPlay：子组件是否自动播放。
- interval：使用自动播放时播放的时间间隔，单位为毫秒。
- indicator：设置可选导航点指示器样式。
- loop：是否开启循环。
- duration：子组件切换的动画时长，单位为毫秒。
- vertical：是否为纵向滑动。

- itemSpace：设置子组件与子组件的间隙。
- displayMode：主轴方向上元素排列的模式。
- cachedCount：设置预加载子组件个数。
- disableSwipe：禁用组件滑动切换功能。
- curve：设置Swiper的动画曲线。
- displayCount：设置Swiper视窗内元素显示个数。
- effectMode：边缘滑动效果。
- displayArrow：设置导航点箭头样式。
- nextMargin：后边距，用于露出后一项的一小部分。
- prevMargin：前边距，用于露出前一项的一小部分。
- nestedScroll：设置Swiper组件和父组件的嵌套滚动模式。

1）Indicator 属性的子属性

Indicator属性还有多个属性值，可以设置导航点与Swiper组件的距离。

- left：设置导航点与Swiper组件左边的距离。
- top：设置导航点与Swiper组件顶部的距离。
- right：设置导航点与Swiper组件右边的距离。
- bottom：设置导航点与Swiper组件底部的距离。
- static dot：返回一个DotIndicator对象。
- static digit：返回一个DigitIndicator对象。

2）DotIndicator 对象

DotIndicator对象是圆点指示器，其属性及功能继承自Indicator，可以设置为如下值：

- itemWidth：设置Swiper组件圆点导航指示器的宽。
- itemHeight：设置Swiper组件圆点导航指示器的高。
- selectedItemWidth：设置选中Swiper组件圆点导航指示器的宽。
- selectedItemHeight：设置选中Swiper组件圆点导航指示器的高。
- mask：设置是否显示Swiper组件圆点导航指示器的蒙版样式。
- color：设置Swiper组件圆点导航指示器的颜色。
- selectedColor：设置选中Swiper组件圆点导航指示器的颜色。

3）DigitIndicator

DigitIndicator对象是数字指示器，其属性及功能继承自Indicator，可以设置为如下值：

- fontColor：设置Swiper组件数字导航点的字体颜色。
- selectedFontColor：设置选中Swiper组件数字导航点的字体颜色。
- digitFont：设置Swiper组件数字导航点的字体样式。
- selectedDigitFont：设置选中Swiper组件数字导航点的字体样式。

4）ArrowStyle 左右箭头属性

除了可以设置导航点箭头样式displayArrow之外，还可设置如下左右箭头的属性：

- showBackground：设置箭头底板是否显示。

- isSidebarMiddle：设置箭头显示位置。
- backgroundSize：设置底板大小。
- backgroundColor：设置底板颜色。
- arrowSize：设置箭头大小。
- arrowColor：设置箭头颜色。
- SwiperAutoFill：自适应属性。
- minSize：设置元素显示最小宽度。

2. Swiper组件的事件

Swiper组件包括以下事件：

- onChange：当前显示的子组件索引变化时触发该事件。
- onAnimationStart：切换动画开始时触发该回调。
- onAnimationEnd：切换动画结束时触发该回调。
- onGestureSwipe：在页面跟手滑动过程中，逐帧触发该回调。

3. Swiper组件的示例

Swiper组件的示例代码如下：

```
import { router } from '@kit.ArkUI';
import { Navbar as MyNavbar } from '../components/navBar'
import image from '@ohos.multimedia.image';
import effectKit from '@ohos.effectKit';
import resourceManager from '@ohos.resourceManager';

@Entry
@Component
struct SwiperCom {
  @State desc: string = '';
  @State title: string = ''
  // 获取图片资源
  @State imgData: Resource[] = [
    $r('app.media.image4'),
    $r('app.media.image5'),
    $r('app.media.image6'),
    $r('app.media.image7')
  ];
  // 初始背景色赋值
  @State bgColor: string = "#fffffff";
  // 顶部安全高度赋值
  @State topSafeHeight: number = 0;
  // 创建swiperController
  private swiperController: SwiperController = new SwiperController();
  // swiper自动播放时间间隔
  private swiperInterval: number = 3500;
  // swiper子组件切换动画时长
  private swiperDuration: number = 500;
  // swiper子组件与子组件的间隙
  private swiperItemSpace: number = 10;
 async aboutToAppear(){
   // 知识点：初始化页面获取第一幅图片的颜色
   const context = getContext(this);
   const resourceMgr: resourceManager.ResourceManager = context.resourceManager;
```

```
      const fileData: Uint8Array = await resourceMgr.getMediaContent(this.imgData[0]);
      const buffer = fileData.buffer as ArrayBuffer;
      const imageSource: image.ImageSource = image.createImageSource(buffer);
      const pixelMap: image.PixelMap = await imageSource.createPixelMap();

      // 知识点：使用智能取色器接口，初始化背景色
      effectKit.createColorPicker(pixelMap, (err, colorPicker) => {
        let color = colorPicker.getMainColorSync();
        // 将取色器选取的color示例转换为十六进制颜色代码
        this.bgColor = "#" + color.alpha.toString(16) + color.red.toString(16) +
color.green.toString(16) + color.blue.toString(16)
      })
    }
    // 加载页面时接收传递过来的参数
    onPageShow(): void {
      // 获取传递过来的参数对象
      const params = router.getParams() as Record<string, string>;
      // 获取传递的值
      if (params) {
        this.desc = params.desc as string
        this.title = params.value as string
      }
    }
    build() {
        Column() {
          MyNavbar({ title: this.title })
          Divider().width('100%').strokeWidth(2).color(Color.Black)
          Row() {
            Text(`组件描述：${this.desc}`)
          }

          Column(){
             Swiper(this.swiperController){
             // 此处为了演示场景，数量只有4个，使用ForEach。真实场景或列表数量较多的场景，推荐使用
LazyForEach+组件复用+缓存列表项实现
               ForEach(this.imgData,(item:Resource)=>{
                 Image(item).borderRadius(10)
                   .margin({ top:20})
               })
             }.width('100%')
             .height('100%')
            .padding({
               left:'10',
               right:'10'
            })
            .autoPlay(true)
            .interval(this.swiperInterval)
            .duration(this.swiperDuration)
            .loop(true)
            .itemSpace(this.swiperItemSpace)
            .indicator(false)
            // 切换动画过程获取图片平均色值
            .onAnimationStart(async(index,targetIndex)=>{
              try {
                const context = getContext(this);
                // 获取resourceManager资源管理器
                const resourceMgr: resourceManager.ResourceManager = context.resourceManager;
                const fileData: Uint8Array = await resourceMgr.getMediaContent this.imgData
[targetIndex]);
                // 获取图片的ArrayBuffer
```

```
            const buffer = fileData.buffer as ArrayBuffer;
            // 创建imageSource
            const imageSource: image.ImageSource = image.createImageSource(buffer);
            // 创建pixeMap
            const pixelMap: image.PixelMap = await imageSource.createPixelMap();

            effectKit.createColorPicker(pixelMap, (err, colorPicker) => {
              // 读取图像主色的颜色值，结果写入Color
              let color = colorPicker.getMainColorSync();
              // 开启背景颜色渲染的属性动画
              animateTo({ duration: 500, curve: Curve.Linear, iterations: 1 }, () => {
                // 将取色器选取的color示例转换为十六进制颜色代码
                this.bgColor = "#" + color.alpha.toString(16) + color.red.toString(16)
+ color.green.toString(16) + color.blue.toString(16);
              })
            })
          } catch (e) {
          }
        })
      }.width('100%')
      .height('200')
      .linearGradient({
      // 渐变方向设置
        direction:GradientDirection.Bottom,
        // 数组末尾元素占比小于1时，满足重复着色的效果
        colors: [[this.bgColor, 0.0], [Color.White, 0.9]]
      })
    }
    .width('100%')
  .height('100%')
  }
}
```

上述示例代码效果如图4-32所示。

图4-32　Swiper组件的示例效果

4.1.19　Tabs和TabContent

Tabs是可以通过页签进行内容视图切换的容器组件。

TabContent组件仅在Tabs中使用，每个页签对应一个内容视图。

1. Tabs组件

Tabs组件的参数如下：

（1）参数名称：barPosition。

默 认 值：BarPosition.Start。

描　　述：设置Tabs的页签位置。

BarPosition枚举说明：

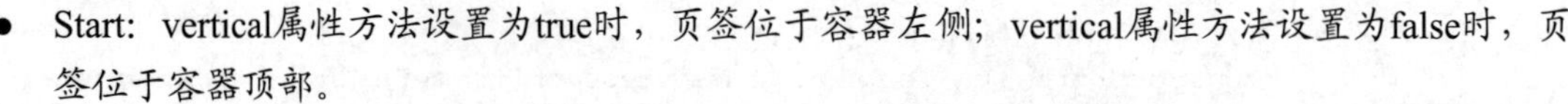

- Start：vertical属性方法设置为true时，页签位于容器左侧；vertical属性方法设置为false时，页签位于容器顶部。
- End：vertical属性方法设置为true时，页签位于容器右侧；vertical属性方法设置为false时，页签位于容器底部。

（2）参数名称：index。

类　　型：number。

默 认 值：0。

描　　述：设置当前显示页签的索引。设置为小于0的值时，按默认值显示。可选值为[0, TabContent子节点数量-1]。直接修改index跳页时，切换动效不生效。使用TabController的changeIndex时，默认生效切换动效，可以设置animationDuration为0来关闭动画。从API version 10开始，该参数支持$$双向绑定变量。

（3）参数名称：controller。

类　　型：TabsController。

描　　述：设置Tabs控制器。

TabsController是Tabs组件的控制器，用于控制Tabs组件进行页签切换。需要注意的是，一个TabsController不能控制多个Tabs组件。TabsController的使用方法如下：

```
let controller: TabsController = new TabsController()
```

可以通过changeIndex(value: number): void方法控制Tabs切换到指定页签。

2. TabContent组件

TabContent组件的属性如下：

属性名称：tabBar。

描　　述：设置TabBar上显示的内容。

属 性 值：

- SubTabBarStyle：子页签样式，参数为文字。
- BottomTabBarStyle：底部页签和侧边页签样式，参数为文字和图片。

> 说明　底部样式没有下画线效果。icon异常时显示灰色图块。

3. Tabs和TabContent组件的示例

Tabs和TabContent组件的示例代码如下：

```
import { router } from '@kit.ArkUI';
import { Navbar as MyNavbar } from '../components/navBar'
@Entry
@Component
struct TabsandTabContentCom {
  @State desc: string = '';
  @State title: string = ''
  @State fontColor: string = '#182431'
  @State selectedFontColor: string = '#007DFF'
  @State currentIndex: number = 0
  private controller: TabsController = new TabsController()

  @Builder tabBuilder(index: number) {
    Column() {
      Image(this.currentIndex === index ?
'/common/fillStar.png' : '/common/cancelStar.png')
        .width(24)
        .height(24)
        .margin({ bottom: 4 })
```

```
      .objectFit(ImageFit.Contain)
    Text(`Tab${index + 1}`)
      .fontColor(this.currentIndex === index ? this.selectedFontColor : this.fontColor)
      .fontSize(10)
      .fontWeight(500)
      .lineHeight(14)
  }.width('100%')
}
// 加载页面时接收传递过来的参数
onPageShow(): void {
  // 获取传递过来的参数对象
  const params = router.getParams() as Record<string, string>;
  // 获取传递的值
  if (params) {
    this.desc = params.desc as string
    this.title = params.value as string
  }
}
build() {
    Column() {
      MyNavbar({ title: this.title })
      Divider().width('100%').strokeWidth(2).color(Color.Black)
      Row() {
        Text(`组件描述：${this.desc}`)
      }
      Column(){
        Tabs({ barPosition: BarPosition.End, controller: this.controller }) {
          TabContent() {
            Column() {
              Text('Tab1')
                .fontSize(36)
                .fontColor('#182431')
                .fontWeight(500)
                .opacity(0.4)
                .margin({ top: 30, bottom: 56.5 })
              Divider()
                .strokeWidth(0.5)
                .color('#182431')
                .opacity(0.05)
            }.width('100%')
          }.tabBar(this.tabBuilder(0))

          TabContent() {
            Column() {
              Text('Tab2')
                .fontSize(36)
                .fontColor('#182431')
                .fontWeight(500)
                .opacity(0.4)
                .margin({ top: 30, bottom: 56.5 })
              Divider()
                .strokeWidth(0.5)
                .color('#182431')
                .opacity(0.05)
            }.width('100%')
          }.tabBar(this.tabBuilder(1))

          TabContent() {
            Column() {
```

```
            Text('Tab3')
              .fontSize(36)
              .fontColor('#182431')
              .fontWeight(500)
              .opacity(0.4)
              .margin({ top: 30, bottom: 56.5 })
            Divider()
              .strokeWidth(0.5)
              .color('#182431')
              .opacity(0.05)
          }.width('100%')
        }.tabBar(this.tabBuilder(2))

        TabContent() {
          Column() {
            Text('Tab4')
              .fontSize(36)
              .fontColor('#182431')
              .fontWeight(500)
              .opacity(0.4)
              .margin({ top: 30, bottom: 56.5 })
            Divider()
              .strokeWidth(0.5)
              .color('#182431')
              .opacity(0.05)
          }.width('100%')
        }.tabBar(this.tabBuilder(3))
      }
      .vertical(false)
      .barHeight(56)
      .onChange((index: number) => {
        this.currentIndex = index
      })
      .width(360)
      .height(190)
      .backgroundColor('#F1F3F5')
      .margin({ top: 38 })
    }.width('100%')
  }
  .width('100%')
  .height('100%')
 }
}
```

上述示例代码效果如图4-33所示。

图4-33　Tabs和TabContent组件的示例效果

4.2 绘制组件详解

通过使用绘制组件，开发者可以在界面上绘制形状、线条、文本等元素，实现丰富的视觉效果和交互体验。HarmonyOS NEXT提供的绘制组件如下：

- Circle：圆形绘制组件。
- Ellipse：椭圆绘制组件。
- Line：直线绘制组件。
- Polyline：折线绘制组件。
- Polygon：多边形绘制组件。
- Path：路径绘制组件，根据绘制路径生成封闭的自定义形状。
- Rect：矩形绘制组件。
- Shape：绘制组件的父组件，父组件中会描述所有绘制组件均支持的通用属性。

绘制组件提供的属性包括如下几种：

（1）边框端点绘制样式属性：

- LineCapStyle.Butt：线条两端为平行线，不额外扩展。
- LineCapStyle.Round：在线条两端延伸半个圆，直径等于线宽。
- LineCapStyle.Square：在线条两端延伸一个矩形，宽度等于线宽的一半，高度等于线宽。

（2）边框拐角绘制样式属性：

- LineJoinStyle.Bevel：使用斜角连接路径段。
- LineJoinStyle.Miter：使用尖角连接路径段。
- LineJoinStyle.Round：使用圆角连接路径段。

接下来介绍各个绘制组件的具体使用方法。

4.2.1 Circle

Circle组件提供了如下参数：

- width：用于设置组件的宽度。
- height：用于设置组件的高度。

Circle组件提供了如下属性：

- fill：设置填充颜色（默认为黑色），异常值按照默认值处理。
- fillOpacity：设置填充透明度（默认值为1，范围为0～1），异常值设为1。
- stroke：设置边框颜色（默认无边框），异常值不绘制。
- strokeDashArray：设置边框虚线间隔（默认无间隔）。
- strokeDashOffset：设置边框虚线偏移（默认值为0）。
- strokeLineCap：设置边框端点样式（默认值为Butt）。
- strokeLineJoin：设置边框拐角样式（默认值为Miter，Circle组件无效）。

- strokeMiterLimit：设置边框斜接限制（默认值为4，Circle组件无效）。
- strokeOpacity：设置边框透明度（默认值为1，范围为0～1），异常值设为1。
- strokeWidth：设置边框宽度（默认值为1，不支持百分比）。
- antiAlias：是否开启抗锯齿（默认开启）。

Circle组件示例代码如下：

```
Column({space:10}){
  // 绘制一个直径为150的圆
  Circle({ width: 150, height: 150 })
  // 绘制一个直径为150、线条为红色虚线的圆环（宽高设置不一致时以短边为直径）
  Circle()
    .width(150)
    .height(200)
    .fillOpacity(0)
    .strokeWidth(3)
    .stroke(Color.Red)
    .strokeDashArray([1, 2])
}.width('100%').height('100%')
```

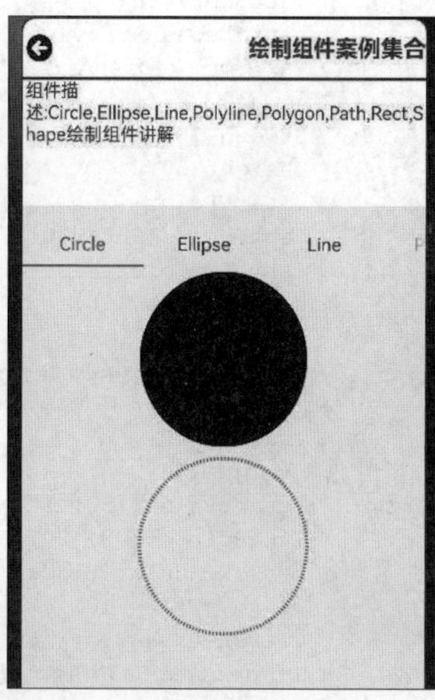

图4-34　Circle组件示例效果

上述示例代码效果如图4-34所示。

4.2.2 Ellipse

Ellipse组件的属性和参数与Circle组件相同。

示例代码如下：

```
Column({space:10}) {
    // 绘制一个 150 × 80 的椭圆
    Ellipse({ width: 150, height: 80 })
    // 绘制一个 150 × 100、线条为蓝色的椭圆环
    Ellipse()
      .width(150)
      .height(100)
      .fillOpacity(0)
      .stroke(Color.Blue)
      .strokeWidth(3)
}.width('100%').height('100%')
```

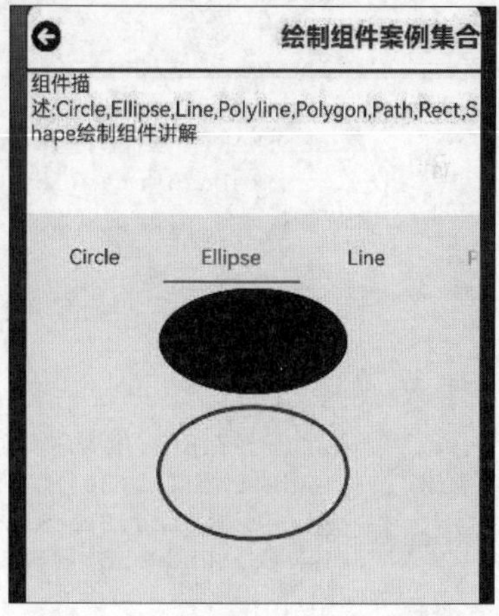

图4-35　Ellipse组件的示例效果

上述示例代码效果如图4-35所示。

4.2.3 Line

Line组件的属性和参数与Circle组件相同。

示例代码如下：

```
Column({space:10}) {
  Line()
    .width(300)
    .height(30)
    .startPoint([50, 30])
    .endPoint([300, 30])
    .stroke(Color.Black)
    .strokeWidth(10)
  // 设置strokeDashArray的数组间隔为 50
```

```
Line()
  .width(300)
  .height(30)
  .startPoint([50, 20])
  .endPoint([300, 20])
  .stroke(Color.Black)
  .strokeWidth(10)
  .strokeDashArray([50])
// 设置strokeDashArray的数组间隔为 50, 10
Line()
  .width(300)
  .height(30)
  .startPoint([50, 20])
  .endPoint([300, 20])
  .stroke(Color.Black)
  .strokeWidth(10)
  .strokeDashArray([50, 10])
// 设置strokeDashArray的数组间隔为 50, 10, 20
Line()
  .width(300)
  .height(30)
  .startPoint([50, 20])
  .endPoint([300, 20])
  .stroke(Color.Black)
  .strokeWidth(10)
  .strokeDashArray([50, 10, 20])
// 设置strokeDashArray的数组间隔为 50, 10, 20, 30
Line()
  .width(300)
  .height(30)
  .startPoint([50, 20])
  .endPoint([300, 20])
  .stroke(Color.Black)
  .strokeWidth(10)
  .strokeDashArray([50, 10, 20, 30])
Row(){

// 线条绘制的起止点坐标均是相对于Line组件本身绘制区域的坐标
Line()
  .width(100)
  .height(50)
  .startPoint([0, 0])
  .endPoint([50,50])
  .stroke(Color.Black)
  .backgroundColor('#F5F5F5')
Line()
  .width(80)
  .height(50)
  .startPoint([0, 0])
  .endPoint([30, 30])
  .stroke(Color.Black)
  .strokeWidth(3)
  .strokeDashArray([10, 3])
  .strokeDashOffset(5)
  .backgroundColor('#F5F5F5')
// 当坐标点设置的值超出Line组件的宽高范围时，线条会超出组件绘制区域
Line()
  .width(50)
  .height(50)
```

```
    .startPoint([0, 0])
    .endPoint([60, 60])
    .stroke(Color.Black)
    .strokeWidth(3)
    .strokeDashArray([10, 3])
    .backgroundColor('#F5F5F5')
  }

}.width('100%').height('100%')
```

上述示例代码效果如图4-36所示。

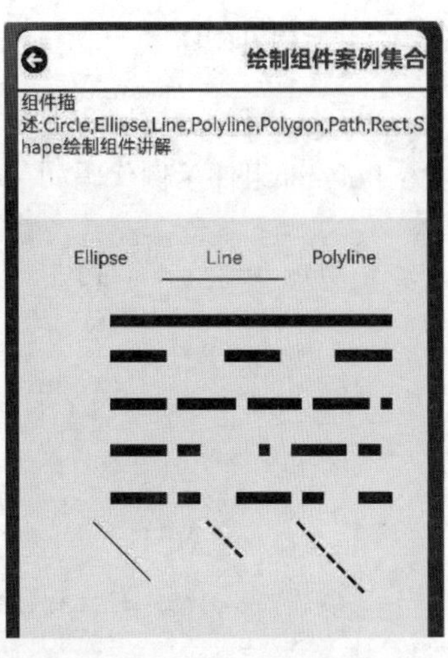

图4-36　Line组件的示例效果

4.2.4 Polyline

Polyline继承了Circle组件的属性和参数，并在此基础上增加了一个名为points的属性。该属性是一个数组类型，用于定义折线经过的坐标点列表。

Polyline组件示例代码如下：

```
//在 100 × 100 的矩形框中绘制一段折线，起点(0, 0)，经过(20,60)，到达终点(100, 100)
Polyline({ width: 100, height: 100 })
  .points([[0, 0], [20, 60], [100, 100]])
  .fillOpacity(0)
  .stroke(Color.Blue)
  .strokeWidth(3)
//在 100 × 100 的矩形框中绘制一段折线，起点(20, 0)，经过(0,100)，到达终点(100, 90)
Polyline()
  .width(100)
  .height(100)
  .fillOpacity(0)
  .stroke(Color.Red)
  .strokeWidth(8)
  .points([[20, 0], [0, 100], [100, 90]])
   // 设置折线拐角处为圆弧
  .strokeLineJoin(LineJoinStyle.Round)
   // 设置折线两端为半圆
  .strokeLineCap(LineCapStyle.Round)
```

上述示例代码效果如图4-37所示。

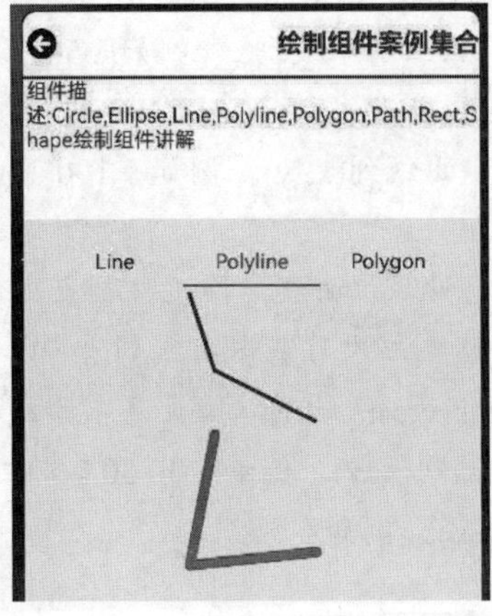

图4-37　Polyline组件的示例效果

4.2.5 Polygon

Polygon组件的属性和参数与Polyline组件相同。

Polygon组件示例代码如下：

```
Column({space:10}){
  //在 100 × 100 的矩形框中绘制一个三角形，起点(0, 0)，经过(50, 100)，终点(100, 0)
  Polygon({ width: 100, height: 100 })
    .points([[0, 0], [50, 100], [100, 0]])
    .fill(Color.Green)
  //在 100 × 100 的矩形框中绘制一个四边形，起点(0, 0)，经过(0, 100)和(100, 100)，终点(100, 0)
  Polygon().width(100).height(100)
    .points([[0, 0], [0, 100], [100, 100], [100, 0]])
    .fillOpacity(0)
    .strokeWidth(5)
    .stroke(Color.Blue)
  //在 100 × 100 的矩形框中绘制一个五边形，起点(50, 0)，依次经过(0, 50)、(20, 100)和(80, 100)，
终点(100, 50)
  Polygon().width(100).height(100)
    .points([[50, 0], [0, 50], [20, 100], [80, 100], [100, 50]])
    .fill(Color.Red)
    .fillOpacity(0.6)
}.width('100%').height('100%')
```

上述示例代码效果如图4-38所示。

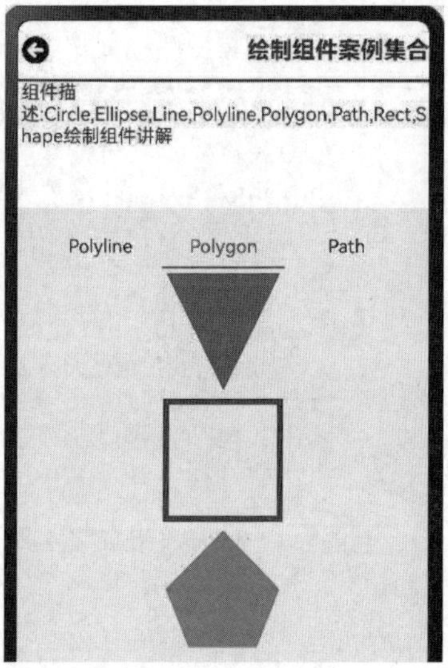

图4-38　Polygon组件的示例效果

4.2.6 Path

Path组件继承了Circle组件的参数和属性，并在此基础上新增了一个名为Commands的属性。

Commands属性是一个字符串，用于定义路径绘制的命令序列。通过在Commands属性中指定不同的命令，可以控制路径的形状、方向和样式。

Commands支持的绘制命令如下：

- M (moveto)：从(x, y)开始新子路径。例如M 0 0。
- L (lineto)：从当前点到(x, y)画线。例如L 50 50。
- H (horizontal lineto)：从当前点画水平线到x。例如H 50。
- V (vertical lineto)：从当前点画垂直线到y。例如V 50。
- C (curveto)：绘制三次贝塞尔曲线到(x, y)。例如C 100 100 250 100 250 200。
- S (smooth curveto)：绘制三次贝塞尔曲线，简化控制点。例如S 400 300 400 200。
- Q (quadratic Belzier curve)：绘制二次贝塞尔曲线到(x, y)。例如Q 400 50 600 300。
- T (smooth quadratic Belzier curveto)：绘制二次贝塞尔曲线，简化控制点。例如T 1000 300。
- A (elliptical Arc)：绘制椭圆弧到(x, y)。例如A 30 50 0 1 0 100 100。
- Z (closepath)：闭合当前子路径。例如Z。

举例如下：

使用commands('M0 20 L50 50 L50 100 Z')定义了一个三角形，起始于位置（0，20），接着绘制一

条从点（0，20）到点（50，50）的直线，再绘制一条从点（50，50）到点（50，100）的直线，最后绘制一条从点（50，100）到点（0，20）的直线关闭路径，形成封闭三角形。

Path示例代码如下：

```
Column({space:10}){
  // 绘制一条长600px，宽3vp的直线
  Path()
    .width('600px')
    .height('10px')
    .commands('M0 0 L600 0')
    .stroke(Color.Black)
    .strokeWidth(3)
  // 绘制直线图形
  Flex({ justifyContent: FlexAlign.SpaceBetween }) {
    Path()
      .width('210px')
      .height('310px')
      .commands('M100 0 L200 240 L0 240 Z')
      .fillOpacity(0)
      .stroke(Color.Black)
      .strokeWidth(3)
    Path()
      .width('210px')
      .height('310px')
      .commands('M0 0 H200 V200 H0 Z')
      .fillOpacity(0)
      .stroke(Color.Black)
      .strokeWidth(3)
    Path()
      .width('210px')
      .height('310px')
      .commands('M100 0 L0 100 L50 200 L150 200 L200 100 Z')
      .fillOpacity(0)
      .stroke(Color.Black)
      .strokeWidth(3)
  }.width('95%')
  // 绘制弧线图形
  Flex({ justifyContent: FlexAlign.SpaceBetween }) {
    Path()
      .width('250px')
      .height('310px')
      .commands("M0 300 S100 0 240 300 Z")
      .fillOpacity(0)
      .stroke(Color.Black)
      .strokeWidth(3)
    Path()
      .width('210px')
      .height('310px')
      .commands('M0 150 C0 100 140 0 200 150 L100 300 Z')
      .fillOpacity(0)
      .stroke(Color.Black)
      .strokeWidth(3)
    Path()
      .width('210px')
      .height('310px')
      .commands('M0 100 A30 20 20 0 0 200 100 Z')
```

```
      .fillOpacity(0)
      .stroke(Color.Black)
      .strokeWidth(3)
  }.width('95%')
}.width('100%').height('100%')
```

上述示例代码效果如图4-39所示。

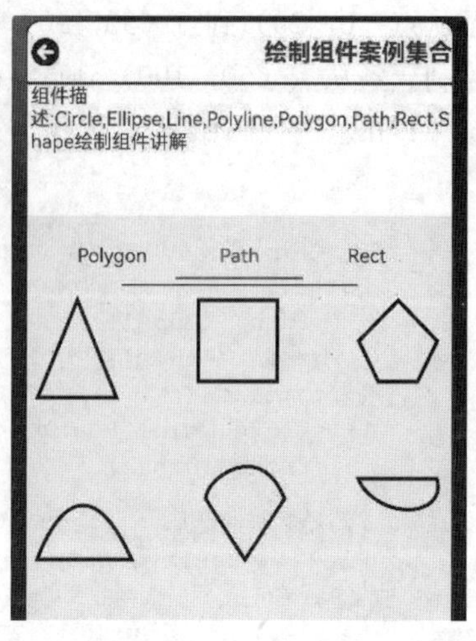

图4-39　Path示例效果

4.2.7　Rect

Rect组件的参数如下：

- width：用于设置组件的宽度。
- height：用于设置组件的高度。
- radius：圆角半径，支持分别设置四个角的圆角度数。
- radiusWidth：圆角宽度。
- radiusHeight：圆角高度。

Rect组件的属性如下：

- radiusWidth：圆角的宽度，仅设置宽时宽高一致。
- radiusHeight：圆角的高度，仅设置高时宽高一致。
- radius：圆角半径大小。
- fill：设置填充颜色（默认为黑色），异常值按照默认值处理。
- fillOpacity：设置填充透明度（默认值为1，范围为0~1），异常值设为1。
- stroke：设置边框颜色（默认无边框），异常值不绘制。
- strokeDashArray：设置边框虚线间隔（默认值为无间隔）。
- strokeDashOffset：设置边框虚线偏移（默认值为0）。
- strokeLineCap：设置边框端点样式（默认值为Butt）。
- strokeLineJoin：设置边框拐角样式（默认值为Miter，Circle组件无效）。
- strokeMiterLimit：设置边框斜接限制（默认值为4，Circle组件无效）。
- strokeOpacity：设置边框透明度（默认值为1，范围为0~1），异常值设为1。
- strokeWidth：设置边框宽度（默认值为1，不支持百分比）。
- antiAlias：是否开启抗锯齿（默认开启）。

Rect组件示例代码如下：

```
Column({space:10}){
  // 绘制90% × 50矩形
  Rect({ width: '90%', height: 50 })
    .fill(Color.Pink)
    .margin({top:10})
  // 绘制90% × 50的矩形框
  Rect()
    .width('90%')
    .height(50)
    .fillOpacity(0)
    .stroke(Color.Red)
    .strokeWidth(3)
  // 绘制90% × 80的矩形，圆角宽和高分别为40、20
```

```
    Rect({ width: '90%', height: 80 })
      .radiusHeight(20)
      .radiusWidth(40)
      .fill(Color.Pink)
    // 绘制90% × 80的矩形，圆角宽和高均为20
    Rect({ width: '90%', height: 80 })
      .radius(20)
      .fill(Color.Pink)
      .stroke(Color.Transparent)

  // 绘制90% × 80的矩形，左上圆角宽、高均为40，右上圆角宽、高均为20，右下圆角宽、高均为40，左下圆角宽、高均为20
   Rect({ width: '90%', height: 80 })
     .radius([[40, 40], [20, 20], [40, 40], [20, 20]])
     .fill(Color.Pink)

    Rect()
      .width(100)
      .height(100)
        // 设置矩形填充，如果需要显示背景的渐变色，请设置区域透明度.fillOpacity(0.0)
      .fill(Color.Pink)
        // 设置倒角为40
      .radius(40)
      .stroke(Color.Black)
        // 设置渐变色，仅100×100的矩形区域生效，渐变色的边界不包含倒角
      .linearGradient({
        direction: GradientDirection.Right,
        colors: [[0xff0000, 0.0], [0x0000ff, 0.3], [0xffff00, 1.0]]
      })
  }.width('100%').height('100%').backgroundColor('#E67C92')
```

示例代码效果如图4-40所示。

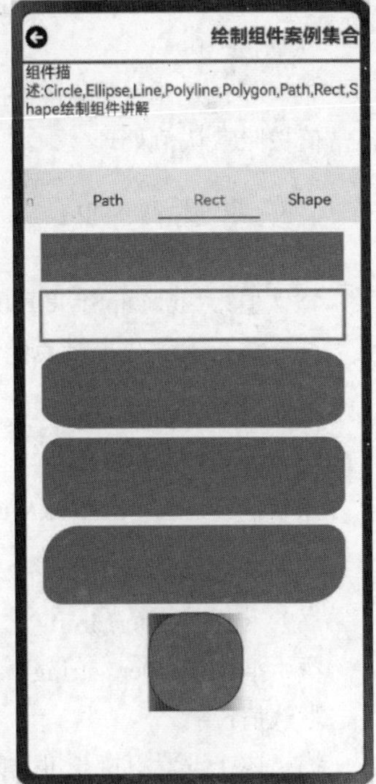

图4-40　Rect示例效果

4.2.8　Shape

Shape包含Rect、Path、Circle、Ellipse、Polyline、Polygon、Image、Text、Column、Row以及Shape子组件。

Shape组件的参数定义了绘制目标，可以将图形绘制在指定的PixelMap对象中。如果未设置PixelMap对象，则默认在当前的绘制目标中进行绘制。

Shape组件的属性如下：

（1）viewPort：

类　型：{ x?: number | string, y?: number | string, width?: number | string, height?: number | string }。

默认值：{ x: 0, y: 0, width: 0, height: 0 }。

描　述：形状的视口。从API version 9开始，该接口支持在ArkTS卡片中使用。说明：该属性若为string类型，则不支持百分比。异常值按照默认值处理。

（2）fill：

类　型：ResourceColor。

默认值：Color.Black。

描　述：设置填充区域颜色。从API version 9开始，该接口支持在ArkTS卡片中使用。说明：异常值按照默认值处理。

（3）fillOpacity：

类　型：Length。

默认值：1。

描　述：设置填充区域透明度。取值范围是[0.0, 1.0]，若给定值小于0.0，则取值为0.0；若给定值大于1.0，则取值为1.0，其余异常值按1.0处理。从API version 9开始，该接口支持在ArkTS卡片中使用。

（4）stroke：

类　型：ResourceColor。

默认值：无边框。

描　述：设置边框颜色，不设置时，默认没有边框线条。从API version 9开始，该接口支持在ArkTS卡片中使用。说明：异常值不会绘制边框线条。

（5）strokeDashArray：

类　型：Array。

默认值：[]。

描　述：设置边框间隙。从API version 9开始，该接口支持在ArkTS卡片中使用。说明：线段相交时可能会出现重叠现象。异常值按照默认值处理。

（6）strokeDashOffset：

类　型：number | string。

默认值：0。

描　述：边框绘制起点的偏移量。从API version 9开始，该接口支持在ArkTS卡片中使用。说明：异常值按照默认值处理。

（7）strokeLineCap：

类　型：LineCapStyle。

默认值：LineCapStyle.Butt。

描　述：设置边框端点绘制样式。从API version 9开始，该接口支持在ArkTS卡片中使用。

（8）strokeLineJoin：

类　型：LineJoinStyle。

默认值：LineJoinStyle.Miter。

描　述：设置边框拐角绘制样式。从API version 9开始，该接口支持在ArkTS卡片中使用。

（9）strokeMiterLimit：

类　型：number | string。

默认值：4。

描　述：设置斜接长度与边框宽度比值的极限值。斜接长度表示外边框外边交点到内边交点的距离，边框宽度即strokeWidth属性的值。从API version 9开始，该属性取值在strokeLineJoin属性取值为LineJoinStyle.Miter时生效。该属性的合法值范围应当大于或等于1.0，当取值范围在[0,1)区间时，按1.0处理，其余异常值按默认值处理。

（10）strokeOpacity：

类　型：Length。

默认值：1。

描　述：设置边框透明度。取值范围是[0.0, 1.0]，若给定值小于0.0，则取值为0.0；若给定值大于1.0，则取值为1.0，其余异常值按1.0处理。从API version 9开始，该接口支持在ArkTS卡片中使用。

Shape组件的示例代码如下：

```
Column({space:10}){
  //在Shape的(-2, -2)点处绘制一个 300 × 50的带边框的矩形。颜色为0x317AF7，边框颜色为黑色，边框宽度为4，边框间隙为20，向左偏移10，线条两端样式为半圆，拐角样式为圆角，抗锯齿（默认开启）
  //在Shape的(-2, 58)点处绘制一个 300 × 50 带边框的椭圆，颜色为0x317AF7，边框颜色为黑色，边框宽度为4，边框间隙为20，向左偏移10，线条两端样式为半圆，拐角样式为圆角，抗锯齿（默认开启）
  //在Shape的(-2, 118)点处绘制一个 300 × 10 直线路径，颜色为0x317AF7，边框颜色为黑色，边框宽度为4，边框间隙为20，向左偏移10，线条两端样式为半圆，拐角样式为圆角，抗锯齿（默认开启）
  Shape() {
    Rect().width(300).height(50)
    Ellipse().width(300).height(50).offset({ x: 0, y: 60 })
    Path().width(300).height(10).commands('M0 0 L900 0').offset({ x: 0, y: 120 })
  }
  .width(350)
  .height(140)
  .viewPort({ x: -2, y: -2, width: 304, height: 130 })
  .fill(0x317AF7)
  .stroke(Color.Black)
  .strokeWidth(4)
  .strokeDashArray([20])
  .strokeDashOffset(10)
  .strokeLineCap(LineCapStyle.Round)
  .strokeLineJoin(LineJoinStyle.Round)
  .antiAlias(true)
  // 分别在Shape的(0, 0)、(-5, -5)点处制一个 300 × 50 带边框的矩形，之所以将视口的起始位置坐标设为负值，是因为绘制的起点默认为线宽的中点位置，要让边框完全显示则需要让视口偏移半个线宽
  Shape() {
   Rect().width(300).height(50)
  }
  .width(350)
  .height(80)
  .viewPort({ x: 0, y: 0, width: 320, height: 70 })
  .fill(0x317AF7)
  .stroke(Color.Black)
  .strokeWidth(10)

  Shape() {
   Rect().width(300).height(50)
  }
  .width(350)
  .height(80)
  .viewPort({ x: -5, y: -5, width: 320, height: 70 })
  .fill(0x317AF7)
  .stroke(Color.Black)
  .strokeWidth(10)

  //在Shape的(0, -5)点处绘制一条直线路径，颜色为0xEE8443，线条宽度为10，线条间隙为20
  Shape() {
   Path().width(300).height(10).commands('M0 0 L900 0')
  }
  .width(350)
```

```
      .height(20)
      .viewPort({ x: 0, y: -5, width: 300, height: 20 })
      .stroke(0xEE8443)
      .strokeWidth(10)
      .strokeDashArray([20])
      //在Shape的(0, -5)点处绘制一条直线路径，颜色为0xEE8443，线条宽度为10，线条间隙为20，向左偏移10
      Shape() {
        Path().width(300).height(10).commands('M0 0 L900 0')
      }
      .width(350)
      .height(20)
      .viewPort({ x: 0, y: -5, width: 300, height: 20 })
      .stroke(0xEE8443)
      .strokeWidth(10)
      .strokeDashArray([20])
      .strokeDashOffset(10)
      //在Shape的(0, -5)点处绘制一条直线路径，颜色为0xEE8443，线条宽度为10，透明度为0.5
      Shape() {
        Path().width(300).height(10).commands('M0 0 L900 0')
      }
      .width(350)
      .height(20)
      .viewPort({ x: 0, y: -5, width: 300, height: 20 })
      .stroke(0xEE8443)
      .strokeWidth(10)
      .strokeOpacity(0.5)
      //在Shape的(0, -5)点处绘制一条直线路径，颜色为0xEE8443，线条宽度为10，线条间隙为20，线条两端样
式为半圆
      Shape() {
        Path().width(300).height(10).commands('M0 0 L900 0')
      }
      .width(350)
      .height(20)
      .viewPort({ x: 0, y: -5, width: 300, height: 20 })
      .stroke(0xEE8443)
      .strokeWidth(10)
      .strokeDashArray([20])
      .strokeLineCap(LineCapStyle.Round)
      //在Shape的(-20, -5)点处绘制一条封闭路径，颜色为0x317AF7，线条宽度为10，边框颜色为0xEE8443，
拐角样式为锐角（默认值）
      Shape() {
        Path().width(200).height(60).commands('M0 0 L400 0 L400 150 Z')
      }
      .width(300)
      .height(200)
      .viewPort({ x: -20, y: -5, width: 310, height: 90 })
      .fill(0x317AF7)
      .stroke(0xEE8443)
      .strokeWidth(10)
      .strokeLineJoin(LineJoinStyle.Miter)
      .strokeMiterLimit(5)
    }.width('100%').height('100%')
```

上述示例代码效果如图4-41所示。

4.3　画布组件Canvas

HarmonyOS的画布组件称为Canvas。通过Canvas组件，开发者可以创建出丰富多样的用户界面。

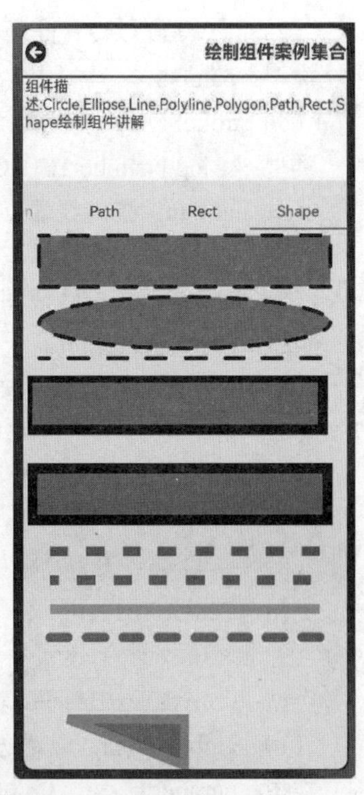

图4-41　Shape组件的示例效果

4.3.1　画布组件及对象

Canvas是一个提供画布的组件，可以在其上自定义绘制图形。与Canvas组件配合使用的还有多个对象，这些对象的含义说明如下：

- CanvasGradient：渐变对象。
- CanvasPattern：一个Object对象，使用createPattern方法创建，通过指定图像和重复方式创建图片填充的模板。
- CanvasRenderingContext2D：使用RenderingContext在Canvas组件上进行绘制，绘制对象可以是矩形、文本、图片等。
- ImageBitmap：ImageBitmap对象可以存储Canvas渲染的像素数据。
- ImageData：ImageData对象可以存储Canvas渲染的像素数据。
- Matrix2D：矩阵对象，可以对矩阵进行缩放、旋转、平移等变换。
- OffscreenCanvas：用于自定义绘制图形。使用Canvas组件或Canvas API时，渲染、动画和用户交互通常发生在应用程序的主线程上，与画布动画和渲染相关的计算可能会影响应用程序的性能。OffscreenCanvas提供了一个可以在屏幕外渲染的画布，这样可以在单独的线程中运行一些任务，从而避免影响应用程序主线程的性能。
- OffscreenCanvasRenderingContext2D：使用OffscreenCanvasRenderingContext2D在Canvas上进行离屏绘制，绘制对象可以是矩形、文本、图片等。离屏绘制是指将需要绘制的内容先绘制在缓存区，然后将其转换成图片，一次性绘制到Canvas上，加快绘制速度。
- Path2D：路径对象，支持通过对象的接口进行路径的描述，并通过Canvas的stroke接口或者fill接口进行绘制。

下面介绍Canvas组件及相关对象的属性和参数。

1. Canvas组件

参数：context。context的属性类型为CanvasRenderingContext2D对象。

> **注意**　不支持多个Canvas共用一个CanvasRenderingContext2D对象。

2. CanvasRenderingContext2D对象

该对象包含以下属性：

（1）fillStyle：指定绘制的填充色。

类型：string | number10+ | CanvasGradient | CanvasPattern。

（2）lineWidth：设置绘制线条的宽度。
类型：number。
（3）strokeStyle：设置线条的颜色。
类型：string | number10+ | CanvasGradient | CanvasPattern。
（4）lineCap：指定线端点的样式。
类型：CanvasLineCap。
（5）lineJoin：指定线段间相交点的样式。
类型：CanvasLineJoin。
（6）miterLimit：设置斜接面限制值。
类型：number。
（7）font：设置文本绘制中的字体样式。
类型：string。
（8）textAlign：设置文本绘制中的文本对齐方式。
类型：CanvasTextAlign。
（9）textBaseline：设置文本绘制中的水平对齐方式。
类型：CanvasTextBaseline。
（10）globalAlpha：设置透明度。
类型：number。
（11）lineDashOffset：设置画布的虚线偏移量。
类型：number。
（12）globalCompositeOperation：设置合成操作的方式。
类型：string。
（13）shadowBlur：设置绘制阴影时的模糊级别。
类型：number。
（14）shadowColor：设置绘制阴影时的阴影颜色。
类型：string。
（15）shadowOffsetX：设置绘制阴影时和原有对象的水平偏移值。
类型：number。
（16）shadowOffsetY：设置绘制阴影时和原有对象的垂直偏移值。
类型：number。
（17）imageSmoothingEnabled：绘制图片时是否进行图像平滑度调整。
类型：boolean。
（18）height：组件高度。
类型：number。
（19）width：组件宽度。
类型：number。
（20）imageSmoothingQuality: imageSmoothingEnabled为true时，用于设置图像平滑度。
类型：ImageSmoothingQuality。
（21）direction：用于设置绘制文字时使用的文字方向。
类型：CanvasDirection。

（22）filter：用于设置图像的滤镜。

类型：string。

3. CanvasGradient对象

该对象的参数如下：

- offset：设置渐变点距离起点的位置占总体长度的比例，范围为0～1。
- color：设置渐变的颜色。

4. CanvasPattern对象

该对象的参数如下：

- transform：转换矩阵，数据类型为Matrix2D。

5. Matrix2D对象

该对象包括的属性如下：

- scaleX：水平缩放系数。
- scaleY：垂直缩放系数。
- rotateX：水平倾斜系数。
- rotateY：垂直倾斜系数。
- translateX：水平平移距离。默认单位为vp。
- translateY：垂直平移距离。默认单位为vp。

6. ImageBitmap对象

该对象包括以下参数：

- src：图片的数据源，支持本地图片。

其相关属性如下：

- width：ImageBitmap的像素宽度。
- height：ImageBitmap的像素高度。

7. ImageData对象

该对象的属性或参数如下：

- width：矩形区域实际像素宽度。
- height：矩形区域实际像素高度。
- data：一维数组，保存了相应的颜色数据，数据值范围为0～255。

8. OffscreenCanvas对象

该对象的属性或参数如下：

- width：OffscreenCanvas组件的宽度。
- height：OffscreenCanvas组件的高度。

9. OffscreenCanvasRenderingContext2D对象

OffscreenCanvasRenderingContext2D的属性和参数与CanvasRenderingContext2D的属性和参数一致。

10. Path2D对象

Path2D对象包括的属性如下：

- addPath：将另一个路径添加到当前的路径对象中。
- closePath：将路径的当前坐标点移回到路径的起点，当前点到起点间画一条直线。如果形状已经闭合或只有一个点，则此功能不执行任何操作。
- moveTo：将路径的当前坐标点移动到目标点，移动过程中不绘制线条。
- lineTo：从当前坐标点绘制一条直线到目标点。
- bezierCurveTo：创建三次贝赛尔曲线的路径。
- quadraticCurveTo：创建二次贝赛尔曲线的路径。
- arc：绘制一个圆弧路径。
- arcTo：依据圆弧经过的点和圆弧半径创建圆弧路径。
- ellipse：在规定的矩形区域绘制一个椭圆。
- rect：创建矩形路径。

4.3.2 Canvas组件示例

下面通过一个示例来演示Canvas组件的使用。该示例主要实现思路如下：

- 利用CanvasRenderingContext2D中的drawImage将表盘和表针绘制出来。
- 利用定时器每秒刷新一次，计算好时针、分针、秒针对应的偏移量，重新绘制表盘和表针，实现表针的转动。

示例代码（CanvasCom.ets页面及时钟绘制的主要逻辑）如下：

```
import { router } from '@kit.ArkUI';
import { Navbar as MyNavbar } from '../components/navBar'

import { TimeChangeListener } from './TimeChangeListener';
import { BusinessError } from '@kit.BasicServicesKit';
import image from '@ohos.multimedia.image';

// 常量定义

// 时间格式加前导零
const TIME_PREFIX = '0';
// 用于判断是否需要加前导零
const TIME_DEMARCATION = 10;
const HOUR_12 = 12;
const HOUR_OFFSET_FACTOR = 0.5;
const MINUTE_OFFSET_FACTOR = 0.1;
const ANGLE_PRE_HOUR = 30;
const ANGLE_PRE_MINUTE = 6;
const ANGLE_PRE_SECOND = 6;
const CANVAS_SIZE = 250;
const CANVAS_ASPACTRADIO = 1;
const IMAGE_WIDTH = 10;
// 时钟图片名称
const CLOCK_BG_PATH = 'analog_clock_bg.png';
```

```
const CLOCK_HOUR_PATH = 'analog_clock_hour_hand.png';
const CLOCK_MINUTE_PATH = 'analog_clock_minute_hand.png';
const CLOCK_SECOND_PATH = 'analog_clock_second_hand.png';

@Entry
@Component
struct CanvasCom {
  @State desc: string = '';
  @State title: string = ''
  // 加载页面时接收传递过来的参数
  onPageShow(): void {
    // 获取传递过来的参数对象
    const params = router.getParams() as Record<string, string>;
    // 获取传递的值
    if (params) {
      this.desc = params.desc as string
      this.title = params.value as string
    }
  }

  // 主要代码区域
  // 当前时间
  @State time: string = '';
  private settings: RenderingContextSettings = new RenderingContextSettings(true);
  private renderContext: CanvasRenderingContext2D = new CanvasRenderingContext2D
(this.settings);
  // 画布大小
  private canvasSize: number = CANVAS_SIZE;
  private clockRadius: number = this.canvasSize / 2;
  // 资源文件路径
  private resourceDir: string = getContext(this).resourceDir;
  // 时钟图片对应的PixelMap
  private clockPixelMap: image.PixelMap | null = null;
  private hourPixelMap: image.PixelMap | null = null;
  private minutePixelMap: image.PixelMap | null = null;
  private secondPixelMap: image.PixelMap | null = null;
  private timeListener: TimeChangeListener | null = null;

  aboutToAppear(): void {
    this.init();
  }

  aboutToDisappear(): void {
    if (this.timeListener) {
      this.timeListener.clearInterval();
    }
  }

  build() {
      Column() {
        MyNavbar({ title: this.title })
        Divider().width('100%').strokeWidth(2).color(Color.Black)
        Row() {
          Text(`组件描述：${this.desc}`)
        }
        Column() {
          Text('绘制时钟')
            .fontSize(30)
            .fontWeight(FontWeight.Bold)
            .margin(50)
          Canvas(this.renderContext)
```

```
          .width(this.canvasSize)
          .aspectRatio(CANVAS_ASPACTRADIO)
          .onReady(() => {
            this.paintTask();
          })
        Text(this.time)
          .fontSize(30)
          .fontWeight(FontWeight.Bold)
          .margin(50)
      }
      .width('100%')
      .layoutWeight(1)
    }
    .width('100%')
    .height('100%')
  }

  /**
   * 初始化表盘和表针对应的变量，并首次绘制
   */
  private init() {
    const clockBgSource = image.createImageSource(this.resourceDir + '/' +
CLOCK_BG_PATH);
    const hourSource = image.createImageSource(this.resourceDir + '/' + CLOCK_HOUR_PATH);
    const minuteSource = image.createImageSource(this.resourceDir + '/' +
CLOCK_MINUTE_PATH);
    const secondSource = image.createImageSource(this.resourceDir + '/' +
CLOCK_SECOND_PATH);

    const now = new Date();
    const currentHour = now.getHours();
    const currentMinute = now.getMinutes();
    const currentSecond = now.getSeconds();
    this.time = this.getTime(currentHour, currentMinute, currentSecond);

    // 创建表盘对应的PixelMap并绘制
    let paintDial = clockBgSource.createPixelMap().then((pixelMap: image.PixelMap) => {
      this.clockPixelMap = pixelMap;
      this.paintDial();
    }).catch((err: BusinessError) => {
      console.log('打印错误信息')

    });

    // 创建时针对应的PixelMap并绘制
    hourSource.createPixelMap().then(async (pixelMap: image.PixelMap) => {
      await paintDial;
      const hourOffset = currentMinute * HOUR_OFFSET_FACTOR;
      this.paintPin(ANGLE_PRE_HOUR * currentHour + hourOffset, pixelMap);
      this.hourPixelMap = pixelMap;
    }).catch((err: BusinessError) => {
      console.log('打印错误信息')
    });

    // 创建分针对应的PixelMap并绘制
    minuteSource.createPixelMap().then(async (pixelMap: image.PixelMap) => {
      await paintDial;
      const minuteOffset = currentSecond * MINUTE_OFFSET_FACTOR;
      this.paintPin(ANGLE_PRE_MINUTE * currentMinute + minuteOffset, pixelMap);
      this.minutePixelMap = pixelMap;
    }).catch((err: BusinessError) => {
      console.log('打印错误信息')
```

```
    });

    // 创建秒针对应的PixelMap并绘制
    secondSource.createPixelMap().then(async (pixelMap: image.PixelMap) => {
      await paintDial;
      this.paintPin(ANGLE_PRE_SECOND * currentSecond, pixelMap);
      this.secondPixelMap = pixelMap;
    }).catch((err: BusinessError) => {
      console.log('打印错误信息')

    });
  }

  /**
   * 绘制模拟时钟任务
   */
  private paintTask() {
    // 1.先将绘制原点转到画布中央
    this.renderContext.translate(this.clockRadius, this.clockRadius);

    // 2.监听时间变化，每秒重新绘制一次
    this.timeListener = new TimeChangeListener(
      (hour: number, minute: number, second: number) => {
        this.renderContext.clearRect(-this.clockRadius, -this.clockRadius,
this.canvasSize, this.canvasSize);
        this.paintDial();
        this.timeChanged(hour, minute, second);
        this.time = this.getTime(hour, minute, second);
      },
    );
  }

  /**
   * 时间变化回调函数
   */
  private timeChanged(newHour: number, newMinute: number, newSecond: number) {
    const hour = newHour > HOUR_12 ? newHour - HOUR_12 : newHour;
    const hourOffset = newMinute * HOUR_OFFSET_FACTOR;
    const minuteOffset = newSecond * MINUTE_OFFSET_FACTOR;

    this.paintPin(ANGLE_PRE_HOUR * hour + hourOffset, this.hourPixelMap);
    this.paintPin(ANGLE_PRE_MINUTE * newMinute + minuteOffset, this.minutePixelMap);
    this.paintPin(ANGLE_PRE_SECOND * newSecond, this.secondPixelMap);
  }

  /**
   * 绘制表盘
   */
  private paintDial() {
    this.renderContext.beginPath();
    if (this.clockPixelMap) {
      this.renderContext.drawImage(
        this.clockPixelMap,
        -this.clockRadius,
        -this.clockRadius,
        this.canvasSize,
        this.canvasSize)
    } else {
      console.log('打印错误信息')

    }
  }
```

```
  /**
   * 绘制表针
   */
  private paintPin(degree: number, pinImgRes: image.PixelMap | null) {
    // 知识点：先保存当前绘制上下文再旋转画布，先保存旋转前的状态可以避免状态混乱
    this.renderContext.save();
    const angleToRadian = Math.PI / 180;
    let theta = degree * angleToRadian;
    this.renderContext.rotate(theta);

    this.renderContext.beginPath();
    if (pinImgRes) {
      this.renderContext.drawImage(
        pinImgRes,
        -IMAGE_WIDTH / 2,
        -this.clockRadius,
        IMAGE_WIDTH,
        this.canvasSize);
    } else {
      console.log('打印错误信息')

    }
    this.renderContext.restore();
  }

  /**
   * 获取当前时间并格式化
   */
  private getTime(hour: number, minute: number, second: number): string {
    let hourPrefix = '';
    let minutePrefix = '';
    let secondPrefix = '';
    if (hour < TIME_DEMARCATION) {
      hourPrefix = TIME_PREFIX;
    }
    if (minute < TIME_DEMARCATION) {
      minutePrefix = TIME_PREFIX;
    }
    if (second < TIME_DEMARCATION) {
      secondPrefix = TIME_PREFIX;
    }
    return `${hourPrefix}${hour}:${minutePrefix}${minute}:${secondPrefix}${second}`;
  }
}
```

时间变化监听文件TimeChangeListener.ets的代码如下：

```
// 回调声明
type TimeChangeCallback = (hour: number, minute: number, second: number,) => void;

// 时钟刷新间隔
const REFRESH_INTERVAL = 1000;

export class TimeChangeListener {
  private onTimeChange: TimeChangeCallback;
  private intervalId: number = 0;

  constructor(
    onTimeChange: TimeChangeCallback
  ) {
    // 存储回调
    this.onTimeChange = onTimeChange;
```

```
    // 启动时间检查循环
    this.intervalId = setInterval(() => this.checkTime(), REFRESH_INTERVAL); // 每秒检查一次
  }

  private checkTime(): void {
    const now = new Date();
    const currentHour = now.getHours();
    const currentMinute = now.getMinutes();
    const currentSecond = now.getSeconds();

    // 检查是否有第二次更改

    if (this.onTimeChange) {
      this.onTimeChange(currentHour, currentMinute, currentSecond);
    }
  }

  public clearInterval():void {
    clearInterval(this.intervalId);
  }
}
```

上述示例代码运行效果如图4-42所示。

注意，由于代码中用到了沙箱路径，因此最佳运行效果为手机运行。有关沙箱路径相关内容可参考第10章内容。

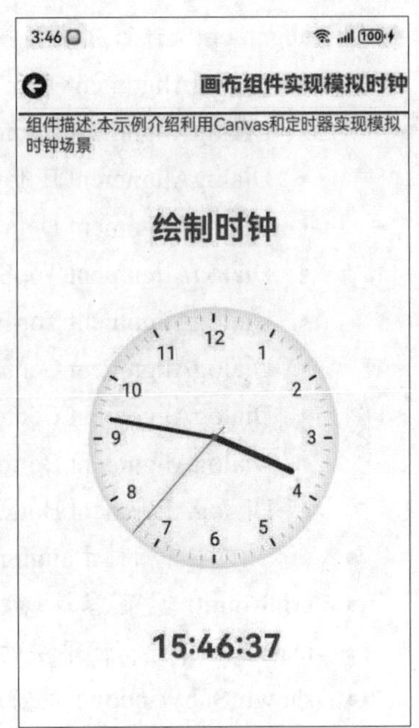

图4-42　Canvas组件的示例效果

4.4　弹窗详解

在移动应用开发中，弹窗是一种常见的交互方式，用于提示用户、收集用户输入或提供选项。本节将主要讲解以下几种弹窗类型：

- 警告弹窗（AlertDialog）。
- 列表选择弹窗（ActionSheet）。
- 自定义弹窗（CustomDialog）。
- 日历选择器弹窗（CalendarPickerDialog）。
- 日期滑动选择器弹窗（DatePickerDialog）。
- 时间滑动选择器弹窗（TimePickerDialog）。
- 文本滑动选择器弹窗（TextPickerDialog）。

弹窗背板模糊材质属性如下：

- BlurStyle.Thin：轻薄材质模糊。
- BlurStyle.Regular：普通厚度材质模糊。
- BlurStyle.Thick：厚材质模糊。
- BlurStyle.BACKGROUND_THIN：近距景深模糊。
- BlurStyle.BACKGROUND_REGULAR：中距景深模糊。
- BlurStyle.BACKGROUND_THICK：远距景深模糊。
- BlurStyle.BACKGROUND_ULTRA_THICK：超远距景深模糊。
- BlurStyle.NONE：关闭模糊。

- BlurStyle.COMPONENT_ULTRA_THIN：组件超轻薄材质模糊。
- BlurStyle.COMPONENT_THIN：组件轻薄材质模糊。
- BlurStyle.COMPONENT_REGULAR：组件普通材质模糊。
- BlurStyle.COMPONENT_THICK：组件厚材质模糊。
- BlurStyle.COMPONENT_ULTRA_THICK：组件超厚材质模糊。

4.4.1　警告弹窗（AlertDialog）

警告弹窗主要用于显示警告信息，可设置文本内容与响应回调。

警告弹窗提供以下参数：

- title：弹窗的标题。如果不设置，则弹窗不会显示标题。
- subtitle：弹窗的副标题。这是一个可选字段，用于提供额外的信息或说明。
- message：弹窗的内容，这是必须填写的字段，用于显示主要信息或警告。
- autoCancel：控制单击遮障层时是否关闭弹窗。默认值为true，表示单击遮障层会关闭弹窗。
- cancel：单击遮障层关闭弹窗时的回调函数。如果没有提供，则不会有额外的行为。
- alignment：弹窗在竖直方向上的对齐方式，包括以下几种情况：
  - DialogAlignment.Top：垂直顶部对齐。
  - DialogAlignment.Center：垂直居中对齐。
  - DialogAlignment.Bottom：垂直底部对齐。
  - DialogAlignment.Default：默认对齐。
  - DialogAlignment.TopStart：左上对齐。
  - DialogAlignment.TopEnd：右上对齐。
  - DialogAlignment.CenterStart：左中对齐。
  - DialogAlignment.CenterEnd：右中对齐。
  - DialogAlignment.BottomStart：左下对齐。
  - DialogAlignment.BottomEnd：右下对齐。
- offset：弹窗相对于alignment指定位置的偏移量。默认值为{ dx: 0, dy: 0 }，表示没有偏移。
- gridCount：弹窗容器宽度所占用的栅格数。默认值为4，这可能会影响弹窗的宽度。
- maskRect：弹窗遮蔽层的区域，定义了遮蔽层的大小和位置。默认值为全屏。
- showInSubWindow：控制弹窗是否显示在主窗口之外的子窗口中。默认值为false。
- isModal：指定弹窗是否为模态窗口。模态窗口会显示蒙层，阻止用户与背后的内容交互。默认值为true。
- backgroundColor：弹窗背板的颜色。默认值为Color.Transparent。
- backgroundBlurStyle：弹窗背板的模糊样式。默认值为BlurStyle.COMPONENT_ULTRA_THICK。

警告弹窗示例代码如下：

```
Column({ space: 10 }) {
  Button('展示警告弹窗')
    .onClick(()=>{
      AlertDialog.show({
        title:'警告弹窗',
        subtitle:'副标题',
        message:'提示内容文案',
```

```
        autoCancel:true ，// 单击遮障层时，是否关闭弹窗，true表示关闭弹窗，false表示不关闭弹窗
        cancel:()=>{
        // 单击遮障层关闭dialog时的回调
          console.log('单击遮障层关闭dialog时的回调')
        },
        alignment:DialogAlignment.Bottom,        //弹窗在竖直方向上的对齐方式
        /**
         * alignment 参数:
         * Top：垂直顶部对齐
         * Center：垂直居中对齐
         * Bottom：垂直底部对齐
         * Default：默认对齐
         * TopStart：左上对齐
         * TopEnd：右上对齐
         * CenterStart：左中对齐
         * CenterEnd：右中对齐
         * BottomStart：左下对齐
         * BottomEnd：右下对齐
         * */
        isModal:true // 弹窗是否为模态窗口，模态窗口有蒙层，非模态窗口无蒙层

      })
    })
  }.width('100%').height('100%')
```

上述示例代码效果如图4-43所示。

图4-43　警告弹窗示例

4.4.2　列表选择弹窗（ActionSheet）

列表选择弹窗主要提供列表选择，相关配置参数如下：

- title：弹窗标题。
- subtitle：弹窗副标题。
- message：弹窗内容。
- autoCancel：单击遮障层时，是否关闭弹窗。值为true时，单击遮障层关闭弹窗；值为false时，单击遮障层不关闭弹窗。默认值为true。
- confirm：确认Button的使能状态、默认焦点、按钮风格、文本内容和单击回调。
- cancel：单击遮障层关闭dialog时的回调。
- alignment：弹窗在竖直方向上的对齐方式。默认值为DialogAlignment.Bottom。
- offset：弹窗相对alignment所在位置的偏移量。默认值根据alignment设置不同而不同。
- sheets：设置选项内容，有以下3种情况可供选择：
  - title：选项的文本内容。
  - icon：选项的图标，默认无图标显示。
  - action：选项选中的回调。
- maskRect：弹窗遮蔽层区域，在遮蔽层区域内的事件不透传，在遮蔽层区域外的事件透传。默认值为全屏。

- showInSubWindow: 某弹窗需要显示在主窗口之外时，是否在子窗口显示此弹窗。默认值为false。
- isModal: 弹窗是否为模态窗口。默认值为true。
- backgroundColor: 弹窗背板颜色。默认值为Color.Transparent。
- backgroundBlurStyle: 弹窗背板模糊材质。默认值为BlurStyle.COMPONENT_ULTRA_THICK。

列表选择弹窗示例代码如下：

```
  Column(){
    Button('展示列表选择')
      .onClick(()=>{
        ActionSheet.show({
          title:"列表选择弹窗",
          subtitle:'副标题',
          message:'弹窗内容展示',
          autoCancel:true ,        // 单击遮障层时，是否关闭弹窗
          confirm:{
            defaultFocus:false,   // 设置Button是否为默认焦点，true表示Button是默认焦点，false表
示Button不是默认焦点
            enabled:true,         // 单击Button是否响应，true表示Button可以响应，false表示Button
不可以响应
            style:DialogButtonStyle.DEFAULT,
            /**
             * 设置Button的风格样式
             * DialogButtonStyle.DEFAULT : 白底蓝字（深色主题：白底=黑底）
             * DialogButtonStyle.HIGHLIGHT : 蓝底白字
             * */
            value:'确认',         // Button文本内容
            action:()=>{
              console.log('单击确认按钮事件回调')
            }
          },
          cancel:()=>{
            // 单击遮障层关闭dialog时的回调
            console.log('单击遮障层关闭dialog时的回调。')
          },
          sheets:[
            {
              title:'将进酒',
              action:()=>{
                console.log('单击了：将进酒')
              }
            },
            {
              title:'鹿柴',
              icon:$r('app.media.tornLeft'),
              action:()=>{
                console.log('单击了：鹿柴')
              }
            },
            {
              title:'水调歌头',
              icon:$r('app.media.tornLeft'),
              action:()=>{
                console.log('单击了：水调歌头')
              }
            }
          ],
          alignment:DialogAlignment.Bottom,          //弹窗在竖直方向上的对齐方式
          isModal:true
```

```
        })
      })
  }.width('100%').height('100%')
```

上述示例代码效果如图4-44所示。

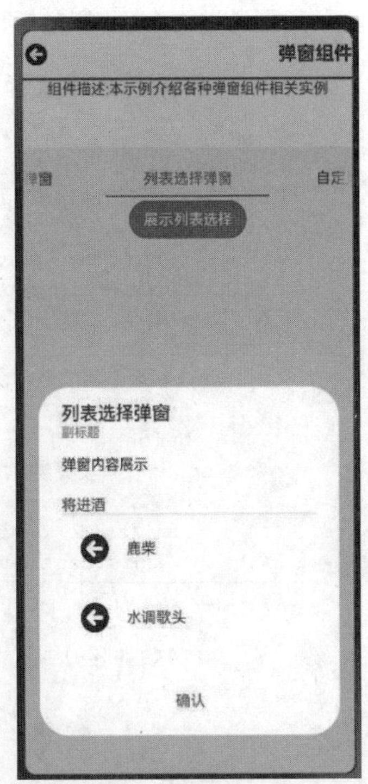

图4-44　列表选择弹窗示例

4.4.3　自定义弹窗（CustomDialog）

通过CustomDialogController类显示自定义弹窗。使用弹窗组件时，可优先考虑自定义弹窗，以便于自定义弹窗的样式与内容。

CustomDialogController对象的使用方法如下：

（1）导入CustomDialogController对象：

```
  dialogController : CustomDialogController | null = new
CustomDialogController (CustomDialogControllerOptions)
```

注意　CustomDialogController仅在作为@CustomDialog和@Component struct的成员变量，且在@Component struct内部定义时赋值才有效，具体用法可参考本小节的示例代码。

（2）open：open():void。

可使用Open()方法显示自定义弹窗内容，允许多次使用，但如果弹窗为SubWindow模式，则该弹窗不允许再弹出SubWindow弹窗。

（3）close：close():void。

可使用close()方法关闭显示的自定义弹窗，若已关闭，则不生效。

（4）自定义弹窗可配置的参数如下：

- builder：自定义弹窗内容构造器。若builder构造器使用回调函数作为入参，请注意使用this绑定的问题。若在builder构造器中监听数据变化，请使用@Link。
- cancel：返回、按Esc键和单击遮障层退出弹窗时的回调。
- autoCancel：是否允许单击遮障层退出，true表示关闭弹窗。默认值为true。
- alignment：弹窗在竖直方向上的对齐方式。默认值为DialogAlignment.Default。
- offset：弹窗相对alignment所在位置的偏移量。
- customStyle：弹窗容器样式是否自定义。默认值为false。
- gridCount：弹窗宽度占栅格宽度的个数。默认按照窗口大小自适应。
- maskColor：自定义蒙层颜色。默认值为0x33000000。
- maskRect：弹窗遮蔽层区域，在遮蔽层区域内的事件不透传，在遮蔽层区域外的事件透传。
- openAnimation：自定义弹窗弹出的动画效果相关参数。
- closeAnimation：自定义弹窗关闭的动画效果相关参数。
- showInSubWindow：某弹窗需要显示在主窗口之外时，是否在子窗口显示此弹窗。默认值为false。
- backgroundColor：设置弹窗背板填充。如果同时设置了内容构造器的背景色，则backgroundColor会被内容构造器的背景色覆盖。
- cornerRadius：设置背板的圆角半径。可分别设置4个圆角的半径。
- isModal：弹窗是否为模态窗口，模态窗口有蒙层，非模态窗口无蒙层。默认值为true。

下面通过一个示例来演示自定义弹窗的使用。

首先，定义两个自定义弹窗，代码如下：

```
// 自定义弹窗
@CustomDialog
struct CustomDialogExampleTwo {
  controllerTwo?: CustomDialogController
  @Link textValue: string
  @Link inputValue: string
  build() {
    Column() {
      Text(`我是第二个弹窗:输入框内容是:${this.textValue}`)
        .fontSize(30)
        .height(100)
      Button('点我关闭第二个弹窗')
        .onClick(() => {
          if (this.controllerTwo != undefined) {
            this.controllerTwo.close()
          }
        })
        .margin(20)
    }
  }
}

@CustomDialog
struct CustomDialogAuto{
  @Link textValue: string
  @Link inputValue: string
  dialogControllerTwo: CustomDialogController | null = new CustomDialogController({
    builder: CustomDialogExampleTwo({
      textValue: $textValue,
      inputValue: $inputValue
    }),
    alignment: DialogAlignment.Bottom,
    offset: { dx: 0, dy: -25 } })
  controller?: CustomDialogController
  // 若尝试在CustomDialog中传入多个其他的Controller，以实现在CustomDialog中打开另一个或另一些
CustomDialog，那么此处需要将指向自己的controller放在所有controller的后面
  cancel: () => void = () => {
  }
  confirm: () => void = () => {
  }
  build() {
    Column(){
      Text('修改文案').fontSize(20).margin({ top: 10, bottom: 10 })
      TextInput({ placeholder: '', text: this.textValue }).height(60).width('90%')
        .onChange((value: string) => {
          this.textValue = value
        })
      Flex({ justifyContent: FlexAlign.SpaceAround }) {
        Button('cancel')
          .onClick(() => {
            if (this.controller != undefined) {
              this.controller.close()
              this.cancel()
            }
          }).backgroundColor(0xffffff).fontColor(Color.Black)
```

```
        Button('confirm')
          .onClick(() => {
            if (this.controller != undefined) {
              this.inputValue = this.textValue
              this.controller.close()
              this.confirm()
            }
          }).backgroundColor(0xffffff).fontColor(Color.Red)
      }.margin({ bottom: 10 })

      Button('点我打开第二个弹窗')
        .onClick(() => {
          if (this.dialogControllerTwo != null) {
            this.dialogControllerTwo.open()
          }
        })
        .margin(20)
    }
  }
}
```

然后，使用自定义的弹窗，代码如下：

```
// 自定义弹窗的使用
@State inputValue: string = '自定义弹窗'
@State textValue: string = ''
dialogController:CustomDialogController | null = new CustomDialogController({
   builder:CustomDialogAuto({
     cancel: ()=> { this.onCancel() },
     confirm: ()=> { this.onAccept() },
     textValue: $textValue,
     inputValue: $inputValue
   }),
  cancel: this.exitApp,
  autoCancel: true,
  alignment: DialogAlignment.Bottom,
  offset: { dx: 0, dy: -20 },
  gridCount: 4,
  customStyle: false,
  cornerRadius: 10,
})

onCancel() {
  console.info('Callback when the first button is clicked')
}

onAccept() {
  console.info('Callback when the second button is clicked')
}
exitApp() {
  console.info('Click the callback in the blank area')
}

Column(){
  Button(this.inputValue)
    .onClick(() => {
      if (this.dialogController != null) {
        this.dialogController.open()
      }
    }).backgroundColor(0x317aff)

}.width('100%').height('100%')
```

注意　自定义弹窗涉及多个自定义内容的交互，详细内容可以参考git项目的弹窗组件中自定义弹窗相关代码。

上述示例代码效果如图4-45所示。

图4-45　两个自定义弹窗的效果

4.4.4　日历选择器弹窗（CalendarPickerDialog）

日历选择器弹窗实现的功能是单击日期弹出日历选择器弹窗，可选择弹窗内的任意日期。

日历选择器弹窗可配置的对象如下：

- onAccept：单击弹窗中的“确定”按钮时触发该回调。返回值是选中的日期值。
- onCancel：单击弹窗中的“取消”按钮时触发该回调。
- onChange：选择弹窗中的日期，使当前选中项改变时，触发该回调。返回值是选中的日期值。
- backgroundColor：弹窗背板颜色。默认值为Color.Transparent。
- backgroundBlurStyle：弹窗背板模糊材质。默认值为BlurStyle.COMPONENT_ULTRA_THICK。

日历选择器弹窗示例代码如下：

```
Column(){
  Button('日历弹窗')
    .onClick(()=>{
      CalendarPickerDialog.show({
        selected: this.selectedDate,
        onAccept: (value) => {
          console.info("单击弹窗中的"确定"按钮时触发该回调。返回值是选中的日期值。")
        },
        onCancel: () => {
          console.info("单击弹窗中的"取消"按钮时触发该回调。")
```

```
        },
        onChange: (value) => {
          console.info("选择弹窗中日期使当前选中项改变时触发该回调。返回值是选中的日期值。")
        }
      })
    })
  }.width('100%').height('100%')
```

上述示例代码效果如图4-46所示。

图4-46　日历选择器弹窗示例效果

4.4.5　日期滑动选择器弹窗（DatePickerDialog）

日期滑动选择器弹窗主要实现根据指定的日期范围创建日期滑动选择器，并展示在弹窗上。

日期滑动选择器弹窗可配置的参数如下：

- lunar：日期是否显示为农历，true表示显示农历，false表示不显示农历。默认值为false。
- showTime：是否显示时间，true表示显示时间，false表示不显示时间。默认值为false。
- useMilitaryTime：展示时间是否为24小时制，true表示是24小时制，false表示是12小时制。默认值为false。
- lunarSwitch: 是否展示切换农历的开关，true表示展示开关，false表示不展示开关。默认值为false。
- disappearTextStyle：设置所有选项中最上和最下两个选项的文本颜色、字号、字体粗细。默认值为`{ color: '#ff182431', font: { size: '14fp', weight: FontWeight.Regular } }`。
- textStyle：设置所有选项中除了最上、最下及选中项以外的文本颜色、字号、字体粗细。默认值为`{ color: '#ff182431', font: { size: '16fp', weight: FontWeight.Regular } }`。
- selectedTextStyle: 设置选中项的文本颜色、字号、字体粗细。默认值为`{ color: '#ff007dff', font: { size: '20vp', weight: FontWeight.Medium } }`。
- alignment：弹窗在竖直方向上的对齐方式。默认值为DialogAlignment.Default。
- offset：弹窗相对alignment所在位置的偏移量。默认值为`{ dx: 0 , dy: 0 }`。
- maskRect：弹窗遮蔽层区域，在遮蔽层区域内的事件不透传，在遮蔽层区域外的事件透传。默认值为`{ x: 0, y: 0, width: '100%', height: '100%' }`。
- onCancel：单击弹窗中的“取消”按钮时触发该回调。
- onDateAccept：单击弹窗中的“确定”按钮时触发该回调。当showTime设置为true时，回调接口返回值中的时和分为选择器选择的时和分；否则，返回值中的时和分为系统时间的时和分。
- onDateChange：滑动弹窗中的滑动选择器使当前选中项改变时，触发该回调。当showTime设置为true时，回调接口返回值中的时和分为选择器选择的时和分；否则，返回值中的时和分为系统时间的时和分。
- backgroundColor：弹窗背板颜色。默认值为Color.Transparent。

- backgroundBlurStyle: 弹窗背板模糊材质。默认值为BlurStyle.COMPONENT_ULTRA_THICK。

日期滑动选择器示例代码如下：

```
    Column() {
      Button("展示阳历日期")
        .onClick(() => {
          DatePickerDialog.show({
            start: new Date("2000-1-1"),
            end: new Date("2100-12-31"),
            selected: this.selectedDate,
            showTime:true,
            useMilitaryTime:false,
            disappearTextStyle: {color: Color.Pink, font: {size: '22fp', weight:
FontWeight.Bold}},
            textStyle: {color: '#ff00ff00', font: {size: '18fp', weight: FontWeight.Normal}},
            selectedTextStyle: {color: '#ff182431', font: {size: '14fp', weight:
FontWeight.Regular}},
            onDateAccept: (value: Date) => {
              // 通过Date的setFullYear方法设置单击“确定”按钮时的日期，这样当弹窗再次弹出时，显示的是
上一次确定的日期
              this.selectedDate = value
            },
            onCancel: () => {
            },
            onDateChange: (value: Date) => {
            }
          })
        })

      Button("展示农历日期")
        .onClick(() => {
          DatePickerDialog.show({
            start: new Date("2000-1-1"),
            end: new Date("2100-12-31"),
            selected: this.selectedDate,
            lunar: true,
            disappearTextStyle: {color: Color.Pink, font: {size: '22fp', weight:
FontWeight.Bold}},
            textStyle: {color: '#ff00ff00', font: {size: '18fp', weight: FontWeight.Normal}},
            selectedTextStyle: {color: '#ff182431', font: {size: '14fp', weight:
FontWeight.Regular}},
            onDateAccept: (value: Date) => {
              this.selectedDate = value
            },
            onCancel: () => {
            },
            onDateChange: (value: Date) => {
            }
          })
        })
    }.width('100%').height('100%')
```

示例代码的效果如图4-47和图4-48所示。

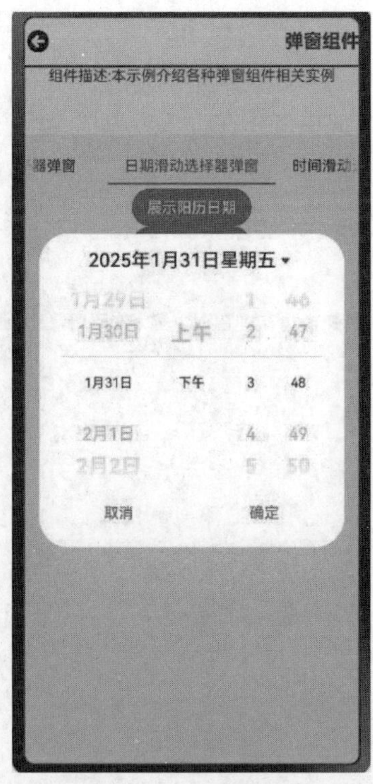

图4-47　阳历日期

图4-48　农历日期

4.4.6 时间滑动选择器弹窗（TimePickerDialog）

时间滑动选择器弹窗的主要功能为以24小时的时间区间创建时间滑动选择器，并展示在弹窗上。时间滑动选择器可配置的参数如下：

- useMilitaryTime：展示时间是否为24小时制，默认为12小时制。当展示时间为12小时制时，上午和下午与小时无联动关系。
- disappearTextStyle：设置所有选项中最上和最下两个选项的文本颜色、字号、字体粗细。
- textStyle：设置所有选项中除了最上、最下及选中项以外的文本颜色、字号、字体粗细。
- selectedTextStyle：设置选中项的文本颜色、字号、字体粗细。
- alignment：弹窗在竖直方向上的对齐方式。
- offset：弹窗相对alignment所在位置的偏移量。
- maskRect：弹窗遮蔽层区域，在遮蔽层区域内的事件不透传，在遮蔽层区域外的事件透传。
- onAccept：单击弹窗中的“确定”按钮时触发该回调。
- onCancel：单击弹窗中的“取消”按钮时触发该回调。
- onChange：滑动弹窗中的选择器使当前选中时间改变时，触发该回调。
- backgroundColor：弹窗背板颜色。
- backgroundBlurStyle：弹窗背板模糊材质。

时间滑动选择器示例代码如下：

```
private selectTime: Date = new Date('2020-12-25T08:30:00')

Column(){
```

```
      Button('12小时制展示')
        .onClick(()=>{
          TimePickerDialog.show({
            selected:this.selectTime,
            disappearTextStyle: { color: Color.Red, font: { size: 15, weight:
FontWeight.Lighter } },
            textStyle: { color: Color.Black, font: { size: 20, weight: FontWeight.Normal } },
            selectedTextStyle: { color: Color.Blue, font: { size: 30, weight:
FontWeight.Bolder } },
            onAccept: (value: TimePickerResult) => {
            // 设置selectTime为单击“确定”按钮时的时间，这样当弹窗再次弹出时，显示的为上一次确定的时间
              if (value.hour != undefined && value.minute != undefined) {
               // 单击弹窗中的“确定”按钮时触发该回调
                this.selectTime.setHours(value.hour, value.minute)
              }
            },
            onCancel: () => {
              console.info("单击弹窗中的“取消”按钮时触发该回调")
            },
            onChange: (value: TimePickerResult) => {
              console.info("滑动弹窗中的选择器使当前选中时间改变时触发该回调")
            }
          })
        })

      Button('24小时制展示')
        .onClick(() => {
          TimePickerDialog.show({
            selected: this.selectTime,
            useMilitaryTime: true,
            disappearTextStyle: { color: Color.Red, font: { size: 15, weight:
FontWeight.Lighter } },
            textStyle: { color: Color.Black, font: { size: 20, weight: FontWeight.Normal } },
            selectedTextStyle: { color: Color.Blue, font: { size: 30, weight:
FontWeight.Bolder } },
            onAccept: (value: TimePickerResult) => {
              if (value.hour != undefined && value.minute != undefined) {
                this.selectTime.setHours(value.hour, value.minute)

              }
            },
            onCancel: () => {
            },
            onChange: (value: TimePickerResult) => {
            }
          })
        })

    }.width('100%').height('100%')
```

上述示例代码效果如图4-49所示。

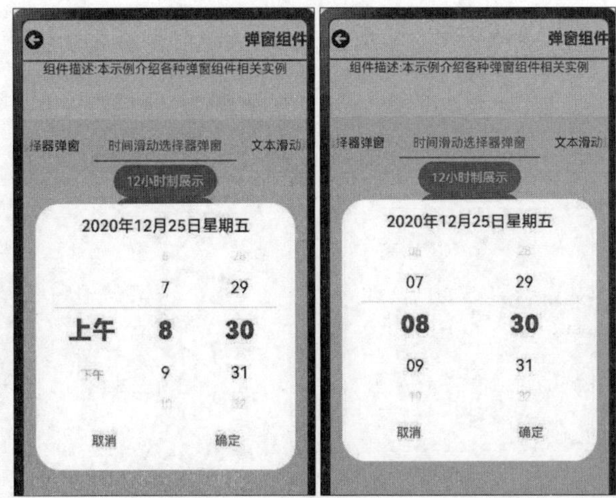

图4-49　时间滑动选择器示例效果

4.4.7　文本滑动选择器弹窗（TextPickerDialog）

文本滑动选择器弹窗的功能是根据指定的选择范围创建文本选择器，并展示在弹窗上。文本滑动选择器弹窗可配置的参数如下：

- defaultPickerItemHeight：设置选择器中选项的高度。默认选中项为56vp，非选中项为36vp。设置该参数后，选中项与非选中项的高度均为所设置的值。
- disappearTextStyle：设置所有选项中最上和最下两个选项的文本颜色、字号、字体粗细。
- textStyle：设置所有选项中除了最上、最下及选中项以外的文本颜色、字号、字体粗细。
- selectedTextStyle：设置选中项的文本颜色、字号、字体粗细。
- canLoop：设置是否可循环滚动，true表示可循环，false表示不可循环，默认值为true。
- alignment：弹窗在竖直方向上的对齐方式。默认值为DialogAlignment.Default。
- offset：弹窗相对alignment所在位置的偏移量。默认值为{ dx: 0 , dy: 0 }。
- maskRect：弹窗遮蔽层区域，在遮蔽层区域内的事件不透传，在遮蔽层区域外的事件透传。默认值为{ x: 0, y: 0, width: '100%', height: '100%' }。
- onAccept：单击弹窗中的“确定”按钮时触发该回调。
- onCancel：单击弹窗中的“取消”按钮时触发该回调。
- onChange：滑动弹窗中的选择器使当前选中项改变时触发该回调。
- backgroundColor：弹窗背板颜色。默认值为Color.Transparent。
- backgroundBlurStyle：弹窗背板模糊材质。默认值为BlurStyle.COMPONENT_ULTRA_THICK。

> 说明　onAccept和onChange的返回值为TextPickerResult对象。

TextPickerResult对象提供以下两个参数：

- value：选中项的文本内容。当显示文本或图片加文本列表时，value值为选中项中的文本值。当显示图片列表时，value值为空。value值不支持包含转义字符。（文本选择器显示多列时，value为数组类型。）
- index：选中项在选择范围数组中的索引值。（文本选择器显示多列时，index为数组类型。）

文本滑动选择器弹窗示例代码如下：

```
    private select: number | number[] = 0
    private fruits: string[] = ['李白', '杜甫', '白居易', '纳兰', '高适']
    @State seleItem:string = ""

    Column(){
      Text(`当前选中的内容:${this.seleItem}`)
      Button("文本滑动")
        .onClick(() => {
          TextPickerDialog.show({
            range: this.fruits,
            selected: this.select,
            disappearTextStyle: {color: Color.Red, font: {size: 15, weight:
FontWeight.Lighter}},
            textStyle: {color: Color.Black, font: {size: 20, weight: FontWeight.Normal}},
            selectedTextStyle: {color: Color.Blue, font: {size: 30, weight:
FontWeight.Bolder}},
            onAccept: (value: TextPickerResult) => {
              // 设置select为单击“确定”按钮时的选中项index，这样当弹窗再次弹出时，显示的是上一次确定的
选项
              this.select = value.index
              console.log(this.select + '')
              // 单击“确定”按钮后，被选中的文本数据展示到页面
              this.seleItem = value.value as string
            },
            onCancel: () => {
            },
            onChange: (value: TextPickerResult) => {
            }
          })
        })
    }.width('100%').height('100%')
```

上述示例代码效果如图4-50所示。

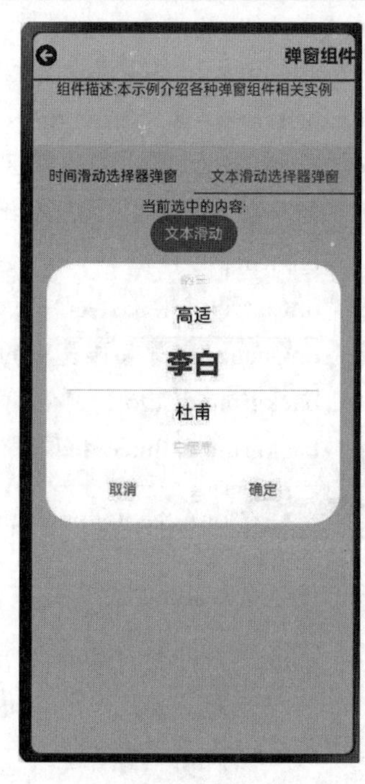

图4-50 文本滑动选择器弹窗示例效果

4.5 自定义组件生命周期

自定义组件的生命周期是指组件从创建到销毁过程中所经历的一系列状态和事件。这些状态和事件通过回调函数通知用户，以便在特定时刻执行相应的逻辑操作。本节将介绍自定义组件生命周期的概念及相关函数。

4.5.1 自定义组件生命周期概述

自定义组件使用回调函数通知用户该自定义组件的生命周期，这些回调函数是私有的，在运行时由开发框架在特定的时间进行调用，不能从应用程序中手动调用。

1. 自定义组件

@Component装饰的UI单元可以组合多个系统组件实现UI的复用，可以调用组件的生命周期。

2. 页面

页面即应用的UI页面。可以由一个或者多个自定义组件组成，@Entry装饰的自定义组件为页面的入口组件，即页面的根节点，一个页面有且仅能有一个@Entry。只有被@Entry装饰的组件才可以调用页面的生命周期。

页面生命周期，即被@Entry装饰的组件生命周期，提供以下生命周期接口：

- onPageShow：页面每次显示时触发一次，包括路由过程、应用进入前台等场景。
- onPageHide：页面每次隐藏时触发一次，包括路由过程、应用进入后台等场景。
- onBackPress：当用户单击"返回"按钮时触发。

组件生命周期，即一般用@Component装饰的自定义组件的生命周期，提供以下生命周期接口：

- aboutToAppear：组件即将出现时回调该接口，具体执行时机为在创建自定义组件的新实例之后，在执行其build()函数之前。
- aboutToDisappear：aboutToDisappear函数在自定义组件析构销毁之前执行。不允许在aboutToDisappear函数中改变状态变量，特别是@Link变量的修改可能会导致应用程序行为不稳定。

被@Entry装饰的组件（页面）生命周期流程如图4-51所示。

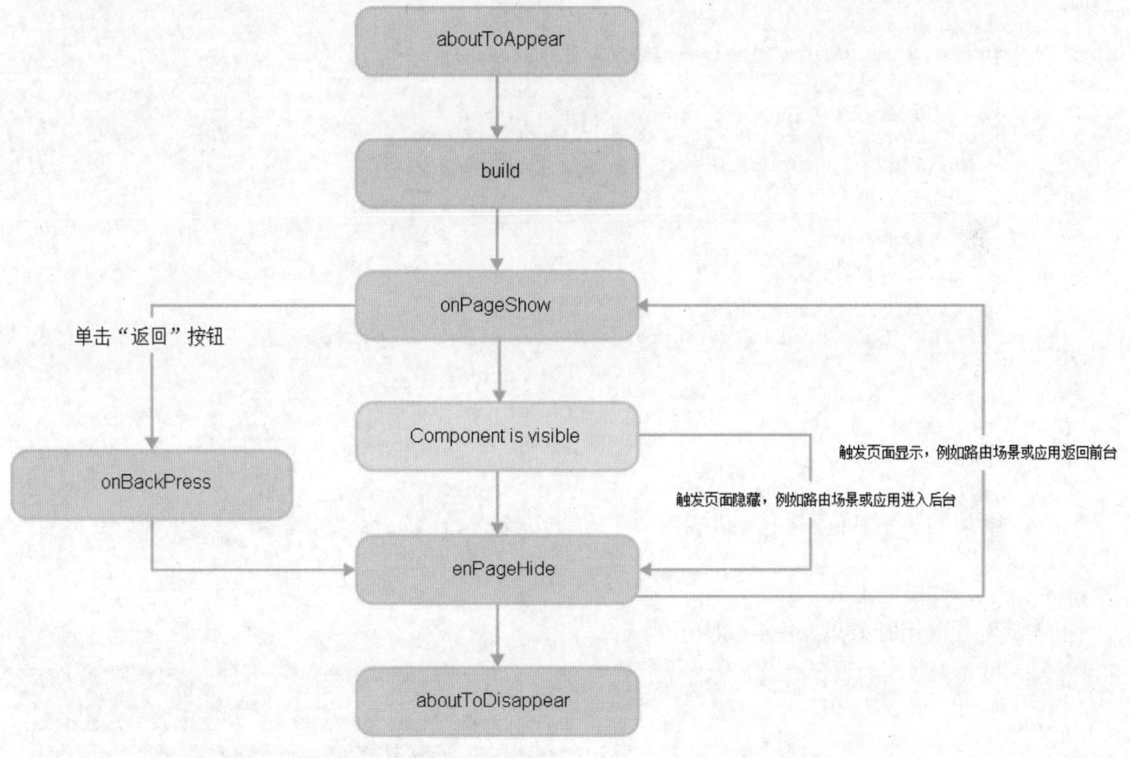

图4-51　组件（页面）生命周期流程

4.5.2　自定义组件生命周期示例

自定义组件的生命周期函数示例代码如下：

```
import { router } from '@kit.ArkUI';
import { Navbar as MyNavbar } from '../components/navBar'
@Entry
@Component
struct LifecycleCom {
  @State desc: string = '';
  @State title: string = ''
  // 加载页面时接收传递过来的参数
  onPageShow(): void {
    console.log("onPageShow: 页面每次显示时触发一次，包括路由过程、应用进入前台等场景")
    // 获取传递过来的参数对象
    const params = router.getParams() as Record<string, string>;
    // 获取传递的值
    if (params) {
      this.desc = params.desc as string
      this.title = params.value as string
    }
  }
  onPageHide(): void {
    console.log("onPageHide :页面每次隐藏时触发一次，包括路由过程、应用进入后台等场景")

  }
  onBackPress(): boolean | void {
    console.log("onBackPress :当用户单击"返回"按钮时触发")

  }
  // aboutToAppear
  aboutToAppear(){
    console.log('aboutToAppear 创建自定义组件的新实例后，在执行其build()函数之前执行')
  }
  // aboutToDisappear
  aboutToDisappear(): void {
    console.log('aboutToDisappear: 自定义组件析构销毁之前执行')

  }

  build() {
     Column() {
       MyNavbar({ title: this.title })
       Divider().width('100%').strokeWidth(2).color(Color.Black)
       Row() {
         Text(`组件描述：${this.desc}`)
       }

     }
     .width('100%')
    .height('100%')
  }
}
```

上述示例代码运行效果如图4-52所示。

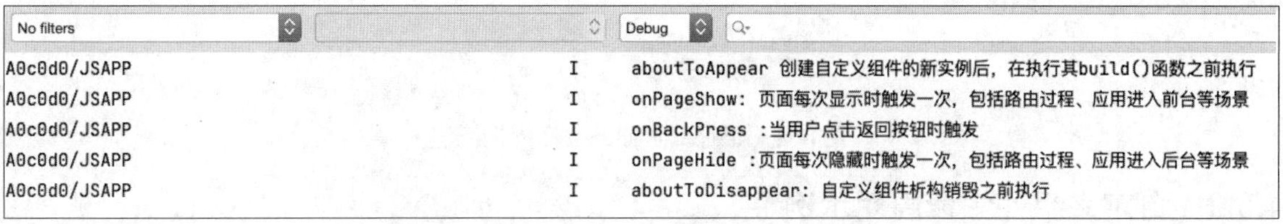

No filters		Debug	
A0c0d0/JSAPP		I	aboutToAppear 创建自定义组件的新实例后，在执行其build()函数之前执行
A0c0d0/JSAPP		I	onPageShow: 页面每次显示时触发一次，包括路由过程、应用进入前台等场景
A0c0d0/JSAPP		I	onBackPress :当用户点击返回按钮时触发
A0c0d0/JSAPP		I	onPageHide :页面每次隐藏时触发一次，包括路由过程、应用进入后台等场景
A0c0d0/JSAPP		I	aboutToDisappear: 自定义组件析构销毁之前执行

图4-52　自定义组件生命周期函数示例效果

4.6 实战：待办列表案例

待办列表案例是一个很好的入门实践，它可以帮助开发者理解如何在HarmonyOS上构建用户界面，管理数据以及响应用户交互。同时待办列表案例也是一个比较经典的案例。本节将介绍待办列表案例的实现过程。

待办列表案例的目录结构如下：

```
|—— ets
|   |—— entryability
|   |   └── EntryAbility.ets
|   |—— model
|   |   |—— ConstData.ets
|   |   └── ToDo.ets
|   └── pages
|       |—— Index.ets
|       └── ToDoListItem.ets
|—— module.json5
└── resources
    |—— base
    |   |—— element
    |   |   |—— color.json
    |   |   └── string.json
    |   |—— media
    |   |   |—— background.png
    |   |   |—— foreground.png
    |   |   |—— layered_image.json
    |   |   |—— pendingitems_ic_public_add_filled.svg
    |   |   |—— pendingitems_ic_public_delete.svg
    |   |   |—— pendingitems_ic_public_delete_filled.svg
    |   |   |—— pendingitems_ic_public_detail_filled.svg
    |   |   |—— pendingitems_ic_public_edit.svg
    |   |   |—— pendingitems_ic_public_more.svg
    |   |   |—— pendingitems_ic_public_move.svg
    |   |   |—— pendingitems_ic_public_ok_filled.svg
    |   |   |—— pendingitems_ic_public_select_all.svg
    |   |   |—— pendingitems_ic_public_settings_filled.svg
    |   |   |—— pendingitems_ic_public_share.svg
    |   |   └── startIcon.png
    |   └── profile
    |       └── main_pages.json
    |—— en_US
    |   └── element
    |       └── string.json
    |—— rawfile
    └── zh_CN
        └── element
            └── string.json
```

4.6.1 TODO类定义

在ets目录下创建一个model文件夹，用于存放待办事项类型和公共变量等内容。

ToDo.ets（待办事项类型）的代码如下：

```
import util from '@ohos.util';
```

```
/**
 * 表示待办事项类型
 * @class
 */
@Observed
export class ToDo {
  key: string = util.generateRandomUUID(true);       // 生成随机uuid
  name: string;
  isFinished: boolean = false;

  /**
   * 创建一个新的待办事项实例
   * @param {string} name - 待办事项名称
   */
  constructor(name: string) {
    this.name = name;
  }
}
```

4.6.2 常量数据

ConstData.ets（公共变量声明）的代码如下：

```
export const STYLE_CONFIG: Record<string, number> = {
  'IMAGE_MARGIN': 4,
  'ICON_GUTTER': 4,
  'OPERATION_BUTTON_PADDING': 4,
  'MENU_IMAGE_SIZE': 24,
  'MENU_HEIGHT': 56,
  'TEXT_MARGIN_LEFT': 40,
  'IMAGE_MARGIN_RIGHT': 30,
  'LIST_ITEM_GUTTER': 12,
  'BORDER_WIDTH': 3,
  'TODO_ITEM_HEIGHT': 80,
  'TODO_ITEM_PADDING_VERTICAL': 4,
  'IMAGE_ICON_OK_SIZE': 15,
  'ANIMATION_DURATION': 600,
  'CUSTOM_CHECKBOX_SIZE': 20,
  'IMAGE_SIZE': 32,
  'FONT_SIZE_MAX': 18,
  'FONT_SIZE_MIN': 14
}
```

4.6.3 列表项页面

在pages文件夹中创建ToDoListItem.ets，表示每一个待办事项的内容。

ToDoListItem.ets的代码如下：

```
import { STYLE_CONFIG } from '../model/ConstData';
import { ToDo } from '../model/ToDo';

@Component
export struct ToDoListItem {
  @Link achieveData: ToDo[];                    // 已完成列表项
  @Link toDoData: ToDo[];                       // 未完成列表项
  @ObjectLink toDoItem: ToDo;                   // item数据项
  @State isEdited: boolean = false;             // 编辑状态

  build() {
```

```
      Flex({ justifyContent: FlexAlign.SpaceBetween, alignItems: ItemAlign.Center }) {
        Row({ space: STYLE_CONFIG.ICON_GUTTER }) {
          if (!this.isEdited) {
            Row() {
              if (this.toDoItem.isFinished) {
                Image($r('app.media.pendingitems_ic_public_ok_filled'))
                  .width(STYLE_CONFIG.IMAGE_ICON_OK_SIZE)
                  .aspectRatio(1)
                  .borderRadius(STYLE_CONFIG.IMAGE_ICON_OK_SIZE)
                  .fillColor(Color.White)
                  .transition(TransitionEffect.IDENTITY)
              }
            }
            .width(STYLE_CONFIG.CUSTOM_CHECKBOX_SIZE)
            .justifyContent(FlexAlign.Center)
            .aspectRatio(1)
            .borderRadius(STYLE_CONFIG.CUSTOM_CHECKBOX_SIZE)
            .backgroundColor(this.toDoItem.isFinished ?
$r('sys.color.ohos_id_color_floating_button_bg_normal') : Color.Transparent)
            .borderWidth(1)
            .borderColor($r('sys.color.ohos_id_color_focused_content_tertiary'))
            .onClick(() => {
              this.addAchieveData();
            })

            Text(`${this.toDoItem.name}`)
              .fontSize($r('sys.float.ohos_id_text_size_headline9'))
              .maxFontSize(STYLE_CONFIG.FONT_SIZE_MAX)
              .minFontSize(STYLE_CONFIG.FONT_SIZE_MIN)
              .layoutWeight(1)
              .maxLines(3)
              .textAlign(TextAlign.JUSTIFY)
              .textOverflow({overflow: TextOverflow.Ellipsis})
              .decoration({ type: this.toDoItem.isFinished ?
TextDecorationType.LineThrough : TextDecorationType.None })
          }
          else {
            TextInput({ text: `${this.toDoItem.name}` })
              .maxLines(1)
              .fontSize($r('sys.float.ohos_id_text_size_headline9'))
              .layoutWeight(1)
              .backgroundColor(Color.Transparent)
              .id('textEdit')
              .onChange((value: string) => {
                this.toDoItem.name = value;                // 更新待办事项数据
              })
              .onAppear(() => {
                focusControl.requestFocus('textEdit');     // 请求输入框获取焦点
              })
          }
          Blank()
          if (this.isEdited) {
            Image($r('app.media.pendingitems_ic_public_ok_filled'))
              .width(STYLE_CONFIG.MENU_IMAGE_SIZE)
              .aspectRatio(1)
              .onClick(() => {
                this.isEdited = false;
              })
          } else {
            Text($r('app.string.pendingitems_edit'))
```

```
          .fontColor($r('sys.color.ohos_id_color_text_secondary'))
          .onClick(() => {
            this.isEdited = true;
          })
      }
    }
    .width($r('app.string.pendingitems_max_size'))
  }
  .width($r('app.string.pendingitems_max_size'))
  .height(STYLE_CONFIG.TODO_ITEM_HEIGHT)
  .padding({
    left: $r('sys.float.ohos_id_default_padding_start'),
    right: $r('sys.float.ohos_id_default_padding_end'),
    top: STYLE_CONFIG.TODO_ITEM_PADDING_VERTICAL,
    bottom: STYLE_CONFIG.TODO_ITEM_PADDING_VERTICAL
  })
  .borderRadius($r('sys.float.ohos_id_corner_radius_default_m'))
  .backgroundColor(Color.White)
}

/**
 * 添加已完成数据项
 */
addAchieveData() {
  this.toDoItem.isFinished = true;
  if (this.toDoItem.isFinished) {
    animateTo({ duration: STYLE_CONFIG.ANIMATION_DURATION }, () => {
      const tempData = this.toDoData.filter(item => item.key !== this.toDoItem.key);
      this.toDoData = tempData;
      this.achieveData.push(this.toDoItem);
    })
  }
}
}
```

上述示例代码讲解如下：

（1）导入模块：

```
import { STYLE_CONFIG } from '../model/ConstData';
import { ToDo } from '../model/ToDo';
```

（2）组件声明：

```
@Component
export struct ToDoListItem {
```

（3）定义成员变量：

```
@Link achieveData: ToDo[];              // 已完成列表项
@Link toDoData: ToDo[];                 // 未完成列表项
@ObjectLink toDoItem: ToDo;             // item数据项
@State isEdited: boolean = false;       // 编辑状态
```

（4）构建UI：

```
build() {
 // UI布局代码
}
```

build方法用于构建组件的UI。

（5）Flex容器：

```
Flex({ justifyContent: FlexAlign.SpaceBetween, alignItems: ItemAlign.Center }) {
  // 子组件
}
```

这里创建了一个Flex容器，内容水平分布在两端，垂直居中对齐。

（6）行组件：

```
Row({ space: STYLE_CONFIG.ICON_GUTTER }) {
  // 行内容
}
```

创建一个水平行组件，并设置子组件之间的间距。

（7）条件渲染：

```
if (!this.isEdited) {
  // 非编辑状态UI
} else {
  // 编辑状态UI
}
```

根据isEdited状态渲染不同的UI。

（8）创建图像和文本：

```
Image($r('app.media.pendingitems_ic_public_ok_filled'))
  .width(STYLE_CONFIG.IMAGE_ICON_OK_SIZE)
// 其他样式
Text(`${this.toDoItem.name}`)
  .fontSize($r('sys.float.ohos_id_text_size_headline9'))
// 其他样式
```

这里创建图像和文本组件，并应用样式。

（9）输入组件：

```
TextInput({ text: `${this.toDoItem.name}` })
  .maxLines(1)
    // 其他样式
  .onChange((value: string) => {
    this.toDoItem.name = value; // 更新待办事项数据
  })
```

如果处于编辑状态，则显示一个文本输入框，并允许用户更改待办事项的名称。

（10）添加已完成数据项：

```
addAchieveData() {
  // 逻辑代码
}
```

这个方法将当前的toDoItem标记为已完成，并从toDoData数组中移除，然后将其添加到achieveData数组中。

（11）动画和状态更新：

```
animateTo({ duration: STYLE_CONFIG.ANIMATION_DURATION }, () => {
  // 动画逻辑
})
```

使用animateTo函数来执行动画，并在动画完成后更新数据状态。

4.6.4 列表项增删功能页面

Index.ets（入口文件）的代码如下：

```
import { ToDo } from '../model/ToDo';
import { ToDoListItem } from './ToDoListItem';
import promptAction from '@ohos.promptAction';
import { STYLE_CONFIG } from '../model/ConstData';

/*
 * 实现步骤：
 * 1. List组件绑定用@State修饰的数组变量toDoData
 * 2. ListItem组件设置左滑动效swipeAction属性
 * 3. 触发单击事件新增/删除列表项，更新数组变量toDoData，并同时更新List组件UI(MVVM)
 */
@Extend(Image)
function imageStyle() {
  .aspectRatio(1)
  .width(STYLE_CONFIG.IMAGE_SIZE)
  .margin(STYLE_CONFIG.IMAGE_MARGIN)
}
@Entry
@Component
struct Index {
  @State toDoData: ToDo[] = [];                // 待办事项
  @State achieveData: ToDo[] = [];             // 已完成事项
  private availableThings: string[] = ['读书', '运动', '旅游', '听音乐', '看电影', '唱歌'];
// 待办可选事项

  build() {
    Column() {
      Row({ space: STYLE_CONFIG.LIST_ITEM_GUTTER }) {
        Text($r('app.string.pendingitems_todo'))
          .fontSize(18)
        Blank()
        Image($r('app.media.pendingitems_ic_public_add_filled'))
          .width(STYLE_CONFIG.MENU_IMAGE_SIZE)
          .aspectRatio(1)
          .onClick(() => {
            // 知识点1：根据文本选择的结果，向待办事项数组中添加数据
            TextPickerDialog.show({
              range: this.availableThings,
              onAccept: (value: TextPickerResult) => {
                this.toDoData.unshift(new ToDo(this.availableThings[Number(value.index)]));
              },
            })
          })
      }
      .height($r('app.string.pendingitems_title_height'))
      .width($r('app.string.pendingitems_max_size'))
      .padding({
        left: $r('sys.float.ohos_id_max_padding_start'),
        right: $r('sys.float.ohos_id_max_padding_end'),
      })
      .backgroundColor(Color.White)

      // 知识点2：待办数据显示列表组件绑定数据变量toDoData
      List({ initialIndex: 0, space: STYLE_CONFIG.LIST_ITEM_GUTTER }) {
        // 未完成列表项
```

```
      if (this.toDoData.length !== 0) {
        ListItem() {
          Text($r('app.string.pendingitems_undo'))
            .fontSize($r('sys.float.ohos_id_text_size_headline8'))
        }
      }
      // 性能知识点：ForEach主要用于循环数据量小的数据，数据量大则建议使用LazyForEach
      ForEach(this.toDoData, (toDoItem: ToDo, index: number) => {
        ListItem() {
          ToDoListItem({
            toDoItem: toDoItem,
            achieveData: $achieveData,
            toDoData: $toDoData
          })
        }
        // 知识点3：设置ListItem的swipeAction属性，左滑时，显示自定义UI视图
        .swipeAction({ end: this.itemEnd(toDoItem), edgeEffect: SwipeEdgeEffect.Spring })
      }, (toDoItem: ToDo, index: number) => toDoItem.key)

      // 已完成列表项
      if (this.achieveData.length !== 0) {
        ListItem() {
          Text($r('app.string.pendingitems_done'))
            .fontSize($r('sys.float.ohos_id_text_size_headline8'))
        }
      }
      ForEach(this.achieveData, (toDoItem: ToDo, index: number) => {
        ListItem() {
          ToDoListItem({
            toDoItem: toDoItem,
            achieveData: $achieveData,
            toDoData: $toDoData
          })
        }
        .swipeAction({ end: this.itemEnd(toDoItem), edgeEffect: SwipeEdgeEffect.Spring })
      }, (toDoItem: ToDo, index: number) => toDoItem.key)
    }
    .layoutWeight(1)
    .listDirection(Axis.Vertical)
    .edgeEffect(EdgeEffect.Spring)
    .padding({
      top: $r('sys.float.ohos_id_default_padding_top'),
      left: $r('sys.float.ohos_id_default_padding_start'),
      right: $r('sys.float.ohos_id_default_padding_end'),
    })
  }
  .backgroundColor($r('app.color.pendingitems_pageBcColor'))
  .width($r('app.string.pendingitems_max_size'))
  .height($r('app.string.pendingitems_max_size'))
}

// item左滑显示工具栏
@Builder
itemEnd(item: ToDo) {
  Row({ space: STYLE_CONFIG.ICON_GUTTER }) {
    Image($r('app.media.pendingitems_ic_public_settings_filled')).imageStyle()
      .onClick(() => {
        promptAction.showToast({ message: $r('app.string.pendingitems_incomplete') });
      })
```

```
        Image($r('app.media.pendingitems_ic_public_detail_filled')).imageStyle()
          .onClick(() => {
            promptAction.showToast({ message: $r('app.string.pendingitems_incomplete') });
          })
        Image($r('app.media.pendingitems_ic_public_delete_filled')).imageStyle()
          .onClick(() => {
            this.deleteTodoItem(item);
          })
      }
      .padding(STYLE_CONFIG.OPERATION_BUTTON_PADDING)
      .justifyContent(FlexAlign.SpaceEvenly)
    }

    /**
     * 删除待办/已完成事项
     */
    deleteTodoItem(item: ToDo) {
      if (item.isFinished) {
        this.achieveData = this.achieveData.filter(todoItem => item.key !== todoItem.key);
      } else {
        this.toDoData = this.toDoData.filter(todoItem => item.key !== todoItem.key);
      }
      promptAction.showToast({ message: $r('app.string.pendingitems_deleted') });
    }
  }
```

上述示例代码讲解如下：

（1）导入模块：

```
import { ToDo } from '../model/ToDo';
import { ToDoListItem } from './ToDoListItem';
import promptAction from '@ohos.promptAction';
import { STYLE_CONFIG } from '../model/ConstData';
```

这里导入了必要的模块和组件，包括ToDo模型、ToDoListItem组件，promptAction用于显示提示信息以及STYLE_CONFIG样式配置。

（2）扩展Image组件：

```
@Extend(Image)
function imageStyle() {
  .aspectRatio(1)
  .width(STYLE_CONFIG.IMAGE_SIZE)
  .margin(STYLE_CONFIG.IMAGE_MARGIN)
}
```

使用@Extend装饰器来扩展Image组件，定义了一个名为imageStyle的函数，用于设置图片的宽高比、宽度和外边距。

（3）页面组件：

```
@Entry
@Component
struct Index {
  // 组件代码
}
```

@Entry装饰器表示这是一个入口组件，@Component装饰器定义了一个结构体组件Index。

（4）定义成员变量：

```
@State toDoData: ToDo[] = [];          // 待办事项
@State achieveData: ToDo[] = [];       // 已完成事项
private availableThings: string[] = ['读书', '运动', '旅游', '听音乐', '看电影', '唱歌']; //
待办可选事项
```

定义了3个成员变量，toDoData和achieveData分别用于存储待办事项和已完成事项，availableThings是一个私有变量，包含可选择的待办事项。

（5）构建UI：

```
build() {
 // UI布局代码
}
```

build方法用于构建组件的UI。

（6）列和行组件：

```
Column() {
  Row({ space: STYLE_CONFIG.LIST_ITEM_GUTTER }) {
    // 行内容
  }
  // 列内容
}
```

使用Column和Row创建垂直和水平布局。

（7）创建文本和图像：

```
Text($r('app.string.pendingitems_todo'))
  .fontSize(18)
Image($r('app.media.pendingitems_ic_public_add_filled'))
  .width(STYLE_CONFIG.MENU_IMAGE_SIZE)
  .aspectRatio(1)
  .onClick(() => {
    // 图像单击事件
  })
```

创建文本和图像组件，并设置样式和单击事件。

（8）创建列表组件：

```
List({ initialIndex: 0, space: STYLE_CONFIG.LIST_ITEM_GUTTER }) {
  // 列表项
}
```

创建一个列表组件，并设置初始索引和间距。

（9）循环渲染列表项：

```
ForEach(this.toDoData, (toDoItem: ToDo, index: number) => {
  ListItem() {
    ToDoListItem({
      toDoItem: toDoItem,
      achieveData: $achieveData,
      toDoData: $toDoData
    })
  }
  // 列表项滑动操作
})
```

使用ForEach循环渲染toDoData数组中的每个待办事项，并为每个事项创建一个ToDoListItem组件。

（10）列表项滑动操作：

```
.itemEnd(item: ToDo) {
  // 滑动操作内容
}
```

定义了一个Builder函数itemEnd，用于设置列表项左滑时显示的工具栏。

（11）删除待办/已完成事项：

```
deleteTodoItem(item: ToDo) {
  // 删除逻辑
}
```

这个方法用于从toDoData或achieveData数组中删除指定的待办事项，并显示删除成功的提示信息。

在待办事项列表的页面中，用户可以左滑列表项来显示操作工具栏，进行删除等操作。同时，用户可以单击“添加”按钮来添加新的待办事项。

主要功能如下，可以在此基础上进行完善：

- 单击隐藏按钮组中除“删除”以外的按钮时，展示提示框。
- 单击“编辑”按钮时，事项可以编辑当前的待办事项。
- 未完成和已完成内容最多只能创建一个。
- 单击待办事项时，为当前的待办事项添加删除线。

案例效果如图4-53所示。

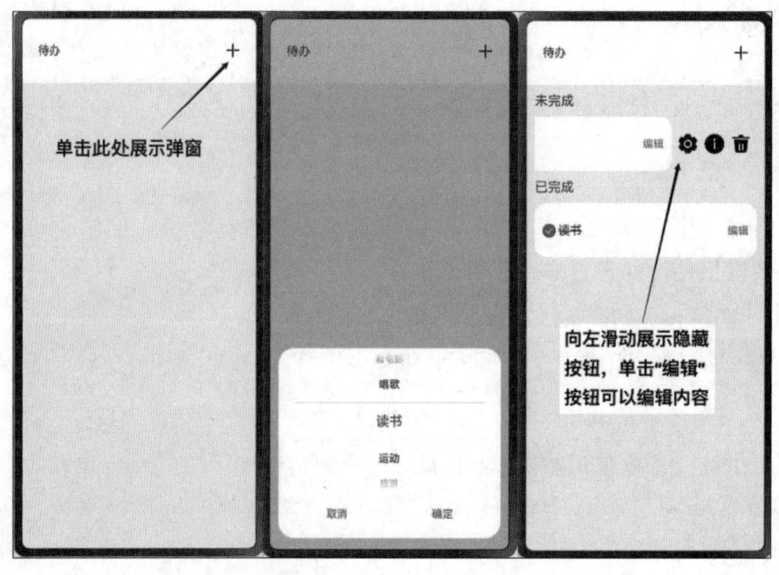

图4-53　案例效果

4.7　本章小结

本章重点介绍了在ArkUI框架中使用容器组件的方法，并详细阐述了绘制组件、画布组件的操作，探讨了弹窗和自定义组件的生命周期管理。为了深化对本章知识点的理解，还通过编写一个具体的待办列表案例，来进一步巩固所学内容，并提升实践能力。

第 5 章

一次开发多端部署

HarmonyOS NEXT的“一多”开发，即“一套代码工程，一次开发上架，多端按需部署”，旨在帮助开发者高效地开发出能够适配多种终端设备的应用。这种设计不仅确保了应用在不同设备上的兼容性，还提供了跨设备间的流转、迁移和协同功能，从而能够打造出无缝衔接的分布式用户体验。

本章将从创建“一多”工程开始，介绍“一多”开发的具体流程和方法，并演示如何编写一个通用的标签页，以实现跨设备的一致性体验。

5.1 “一多”开发工程目录管理

本节将介绍如何创建“一多”工程，读者可从中了解其项目结构。

5.1.1 创建工程

“一多”工程的创建和正常项目的创建方式一样，具体可参考第1章的DevEco Studio基本工程目录，如图5-1所示。

```
> .hvigor
> .idea
> AppScope
> entry
> hvigor
> oh_modules
  .gitignore
  build-profile.json5
  hvigorfile.ts
  LICENSE
  local.properties
  oh-package.json5
  oh-package-lock.json5
```

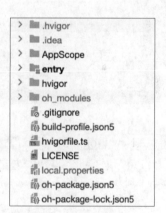

图5-1 DevEco Studio基本工程目录

5.1.2 新建Module

接下来开始创建“一多”开发所需要的模块包。目标是新建3个ohpm模块，并分别命名为common、feature1、feature2。

“一多”推荐在应用开发过程中使用如下的“三层工程结构”：

- common（公共能力层）：用于存放公共基础能力集合（如工具库、公共配置等）。common层可编译成一个或多个HAR包或HSP包（HAR中的代码和资源跟随使用方编译，如果有多个使用方，它们的编译产物中会存在多份相同副本；而HSP中的代码和资源可以独立编译，运行时在一个进程中代码只会存在一份），它只可以被products和features依赖，不可以反向依赖。
- features（基础特性层）：用于存放基础特性集合（如应用中相对独立的各个功能的UI及业务逻辑实现等）。各个feature高内聚、低耦合、可定制，供产品灵活部署。不需要单独部署的feature通常编译为HAR包或HSP包，供products或其他feature使用，但是不能反向依赖products层。需要单独部署的feature通常编译为Feature类型的HAP包，和products下Entry类型的HAP包组合部署。features层可以横向调用及依赖common层。

- products（产品定制层）：用于针对不同设备形态进行功能和特性集成。products层各个子目录各自编译为一个Entry类型的HAP包，作为应用主入口。products层不可以横向调用。

代码工程结构抽象后一般如下所示。

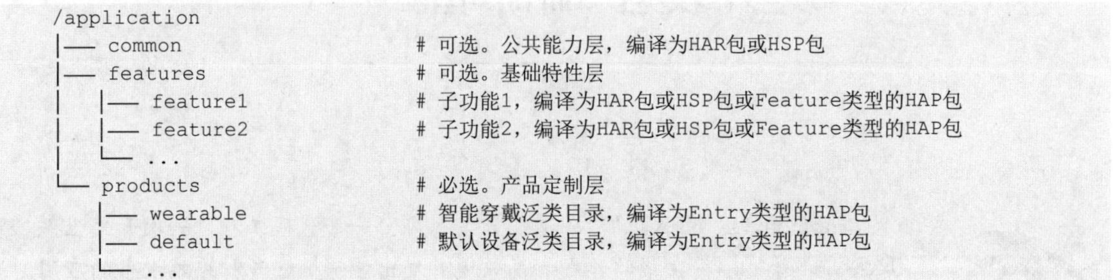

```
/application
├── common                  # 可选。公共能力层，编译为HAR包或HSP包
├── features                # 可选。基础特性层
│   ├── feature1            # 子功能1，编译为HAR包或HSP包或Feature类型的HAP包
│   ├── feature2            # 子功能2，编译为HAR包或HSP包或Feature类型的HAP包
│   └── ...
└── products                # 必选。产品定制层
    ├── wearable            # 智能穿戴泛类目录，编译为Entry类型的HAP包
    ├── default             # 默认设备泛类目录，编译为Entry类型的HAP包
    └── ...
```

具体的创建步骤如下：

01 在根目录上右击，在弹出的快捷菜单中选择“新建”→“模块”命令，如图5-2所示。

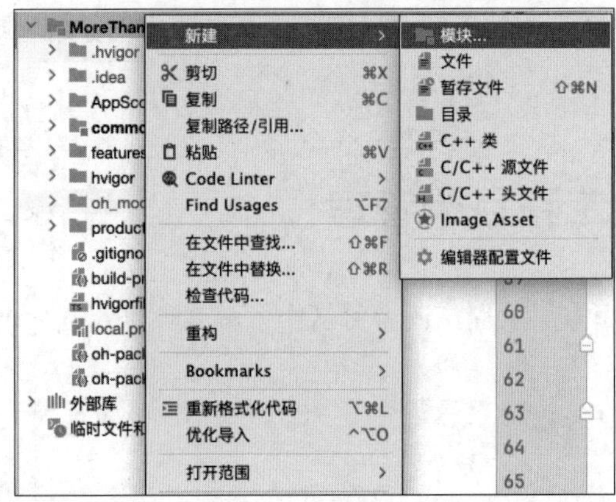

图5-2　新建模块

02 在New Project Module对话框中选择Static Library模块，如图5-3所示。

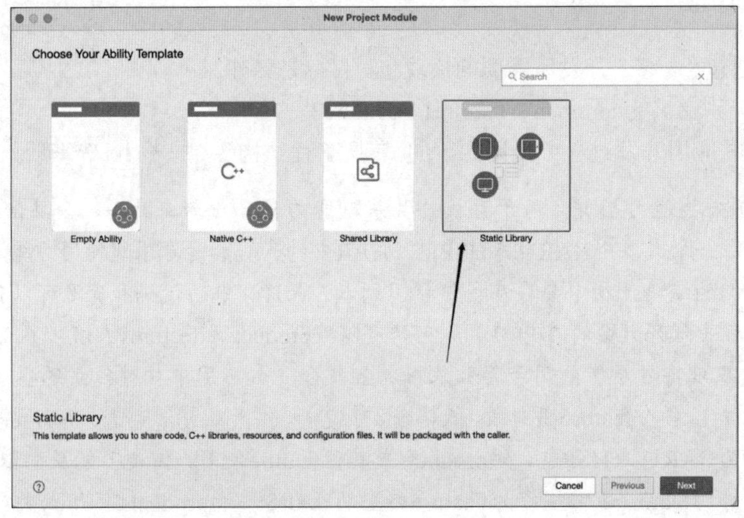

图5-3　选择Static Library模块

03 重新定义模块名称，这里设置为“Common”，如图5-4所示。

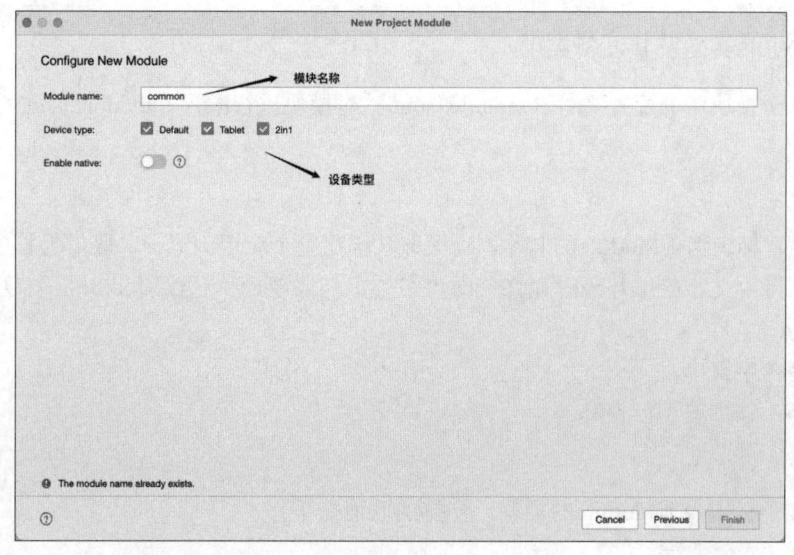

图5-4　重新定义Module name

04 参考01到03，再创建feature1、feature2两个模块，创建完成后的项目结构如图5-5所示。

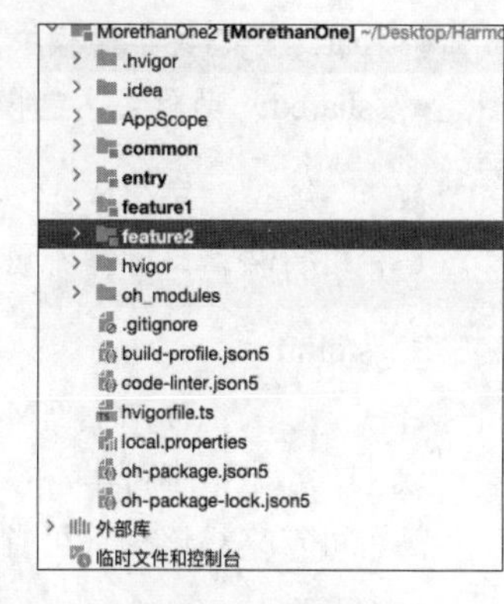

图5-5　项目结构

5.1.3　修改Module配置

为了完善项目结构，一般在创建完模块后会对整个项目进行相应的修改，具体修改如下。

1. 修改Module名称

修改创建工程时默认的entry模块名称。在该模块上右击，在弹出的快捷菜单上依次选择“重构”→“重命名”命令，将模块名称修改为default，如图5-6所示。

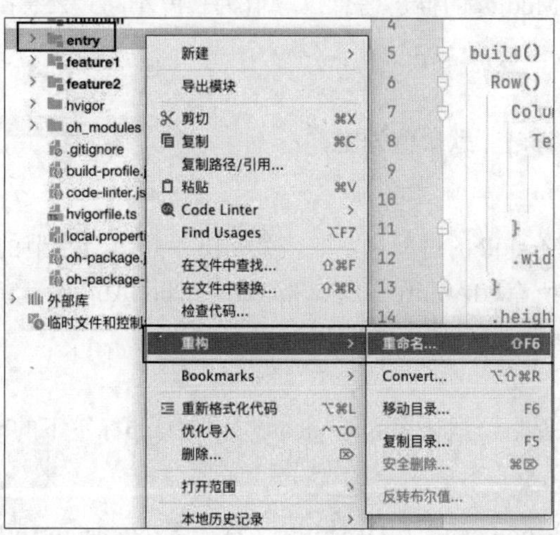

图5-6　重命名模块

注意 重命名的是模块名而不是目录名。

2. 修改Module类型及其设备类型

通过修改每个模块中的配置文件（module.json5）对模块进行配置。module.json5配置文件包含以下标签：

1）name

含　　义：标识当前Module的名称，确保该名称在整个应用中唯一。取值为长度不超过31字节的字符串，不支持中文。应用升级时允许修改该名称，但需要应用适配Module相关数据目录的迁移，详见文件管理接口。

数 据 类 型：字符串。

是否可省略：该标签不可省略。

2）type

含　　义：标识当前Module的类型。支持的取值如下：

- entry：应用的主模块。
- feature：应用的动态特性模块。
- har：静态共享包模块。
- shared：动态共享包模块。

数 据 类 型：字符串。

是否可省略：该标签不可省略。

3）srcEntry

含　　义：标识当前Module所对应的代码路径，取值为长度不超过127字节的字符串。

数 据 类 型：字符串。

是否可省略：该标签可省略，默认值为空。

4）description

含　　义：标识当前Module的描述信息，取值为长度不超过255字节的字符串，可以采用字符串资源索引格式。

数 据 类 型：字符串。

是否可省略：该标签可省略，默认值为空。

5）process

含　　义：标识当前Module的进程名，取值为长度不超过31字节的字符串。如果在HAP标签下配置了process，则该应用的所有UIAbility、DataShareExtensionAbility、ServiceExtensionAbility都运行在该进程中。仅支持系统应用配置，第三方应用配置不生效。

数 据 类 型：字符串。

是否可省略：该标签可省略，默认值为app.json5文件中app标签下的bundleName。

6）mainElement

含　　义：标识当前Module的入口UIAbility名称或者ExtensionAbility名称，取值为长度不超过255字节的字符串。

数 据 类 型：字符串。
是否可省略：该标签可省略，默认值为空。

7）deviceTypes

含　　义：标识当前Module可以运行在哪类设备上。
数 据 类 型：字符串数组。
是否可省略：该标签不可省略。

deviceTypes标签参数类别如下：

- 手机：phone。
- 平板：tablet。
- 2in1设备：2in1。
- 智慧屏：tv。
- 智能手表：wearable。
- 车机：car。

8）deliveryWithInstall

含　　义：标识当前Module是否在用户主动安装时安装，即该Module对应的HAP是否跟随应用一起安装。支持的取值如下：

- true：主动安装时安装。
- false：主动安装时不安装。

数 据 类 型：布尔值。
是否可省略：该标签不可省略。

9）installationFree

含　　义：标识当前Module是否支持免安装特性。支持的取值如下：

- true：表示支持免安装特性，且符合免安装约束。
- false：表示不支持免安装特性。

> 说明　当bundleType为元服务时，该字段需要配置为true。反之，该字段需要配置为false。

数 据 类 型：布尔值。
是否可省略：该标签不可省略。

10）virtualMachine

含　　义：标识当前Module运行的目标虚拟机类型，供云端分发使用，如应用市场和分发中心。如果目标虚拟机类型为ArkTS引擎，则其值为“ark+版本号”。
数 据 类 型：字符串。
是否可省略：该标签由IDE构建HAP的时候自动插入。

11）pages

含　　义：标识当前Module的profile资源，用于列举每个页面信息，取值为长度不超过255字节的字符串。

数 据 类 型：字符串。

是否可省略：在有UIAbility的场景下，该标签不可省略。

12）metadata

含　　义：标识当前Module的自定义元信息，可通过资源引用的方式配置distributionFilter、shortcuts等信息。只对当前Module、UIAbility、ExtensionAbility生效。

数 据 类 型：对象数组。

是否可省略：该标签可省略，默认值为空。

13）abilities

含　　义：标识当前Module中UIAbility的配置信息，只对当前UIAbility生效。

数 据 类 型：对象数组。

是否可省略：该标签可省略，默认值为空。

14）extensionAbilities

含　　义：标识当前Module中ExtensionAbility的配置信息，只对当前ExtensionAbility生效。

数 据 类 型：对象数组。

是否可省略：该标签可省略，默认值为空。

15）definePermissions

含　　义：标识系统资源hap定义的权限，不支持应用自定义权限。

数 据 类 型：对象数组。

是否可省略：该标签可省略，默认值为空。

16）requestPermissions

含　　义：标识当前应用运行时需向系统申请的权限集合。

数 据 类 型：对象数组。

是否可省略：该标签可省略，默认值为空。

17）testRunner

含　　义：标识用于测试当前Module的测试框架的配置。

数 据 类 型：对象。

是否可省略：该标签可省略，默认值为空。

18）atomicService

含　　义：标识当前应用是元服务时，有关元服务的相关配置。

数 据 类 型：对象。

是否可省略：该标签可省略，默认值为空。

19）dependencies

含　　义：标识当前模块运行时依赖的共享库列表。

数 据 类 型：对象数组。

是否可省略：该标签可省略，默认值为空。

20）targetModuleName

含　　义：标识当前包所指定的目标Module，确保该名称在整个应用中唯一。取值为长度不超过31字节的字符串，不支持中文。配置该字段的Module具有overlay特性。仅在动态共享包（HSP）中适用。

数 据 类 型：字符串。

是否可省略：该标签可省略，默认值为空。

21）targetPriority

含　　义：标识当前Module的优先级，取值范围为1~100。配置targetModuleName字段之后，才需要配置该字段。仅在动态共享包（HSP）中适用。

数 据 类 型：整型数值。

是否可省略：该标签可省略，默认值为1。

22）proxyData

含　　义：标识当前Module提供的数据代理列表。

数 据 类 型：对象数组。

是否可省略：该标签可省略，默认值为空。

23）isolationMode

含　　义：标识当前Module的多进程配置项。支持的取值如下：

- nonisolationFirst：优先在非独立进程中运行。
- isolationFirst：优先在独立进程中运行。
- isolationOnly：只在独立进程中运行。
- nonisolationOnly：只在非独立进程中运行。

数 据 类 型：字符串。

是否可省略：该标签可省略，默认值为nonisolationFirst。

24）generateBuildHash

含　　义：标识当前HAP/HSP是否由打包工具生成哈希值。当配置为true时，如果系统OTA（Over-The-Air，空中升级）时应用versionCode（版本代码）保持不变，可根据哈希值判断应用是否需要升级。该字段仅在app.json5文件中的generateBuildHash字段为false时使能。说明：该字段仅对预置应用生效。

数 据 类 型：布尔值。

是否可省略：该标签可省略，默认值为false。

25）compressNativeLibs

含　　义：标识libs库是否以压缩存储的方式打包到HAP。取值如下：

- true：libs库以压缩方式存储。
- false：libs库以不压缩方式存储。

数 据 类 型：布尔值。

是否可省略：该标签可省略，默认值为false。

26）libIsolation

含　　义：用于区分同应用不同HAP下的.so文件，以防止.so冲突。取值如下：

- true：当前HAP的.so文件会存储在libs目录中以模块名命名的路径下。
- false：当前HAP的.so文件会直接存储在libs目录中。

数 据 类 型：布尔值。

是否可省略：该标签可省略，默认值为false。

27）fileContextMenu

含　　义：标识当前HAP的快捷菜单配置项。取值为长度不超过255字节的字符串。

数 据 类 型：字符串。

是否可省略：该标签可省略，默认值为空。

28）querySchemes

含　　义：标识允许当前应用进行跳转查询的URL schemes。只允许entry类型模块配置，最多50个，每个字符串取值不超过128字节。

数 据 类 型：字符串数组。

是否可省略：该标签可省略，默认值为空。

将default模块的deviceTypes配置为["phone", "tablet"]，同时将其type字段配置为entry，如图5-7所示，default模块编译出的HAP即可在手机和平板上安装和运行。

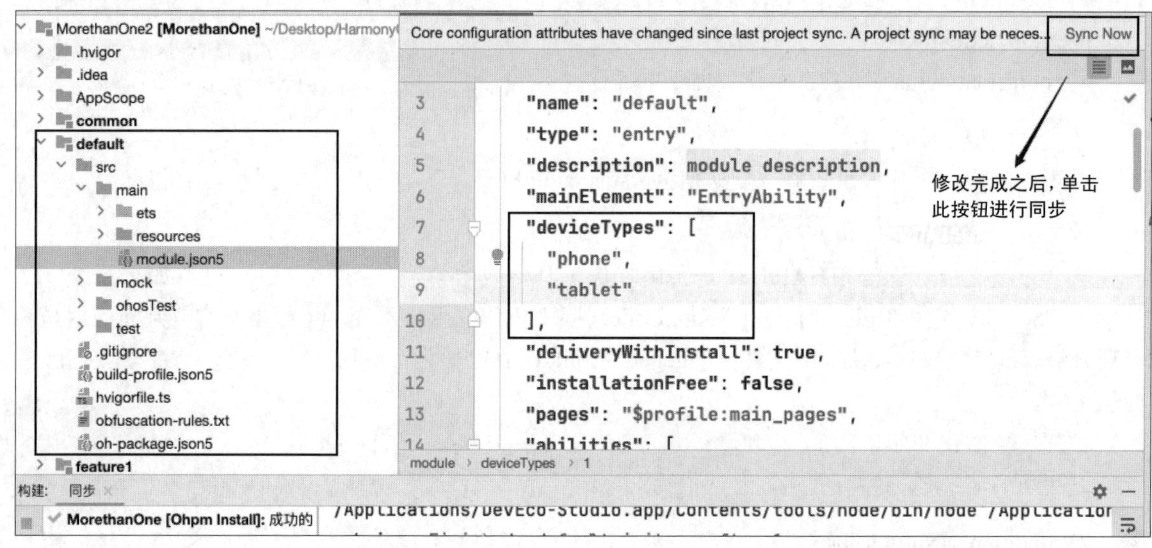

图5-7　修改module.json5

5.1.4　调整目录结构，修改依赖关系

在工程根目录（MyApplication）上右击，在弹出的快捷菜单上依次选择“New→Directory”新建子目录。创建product和features两个子目录。其中product中存放的主要是不同的设备入口文件，features中存放的是各个独立功能的UI及业务逻辑实现的模块，如图5-8所示。

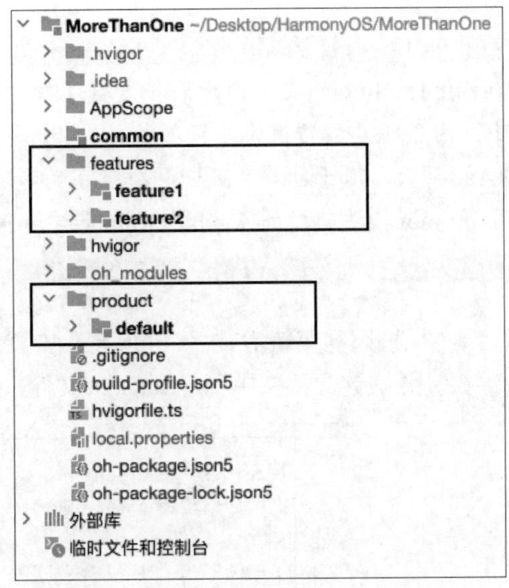

图5-8　创建product和features两个子目录

调整完目录结构后，我们需要进一步修改依赖关系，这样才可以将各个模块的关键进行关联。官方推荐在common目录中存放基础公共代码，在features目录中存放相对独立的功能模块代码，在product目录中存放完全独立的产品代码。这样在product目录中依赖features和common中的公共代码来实现功能，可以最大程度实现代码复用。

配置依赖关系可以通过修改模块中的oh-package.json文件实现。如图5-9所示，修改default模块中的oh-package.json文件，使其可以使用common、feature1和feature2模块中的代码。

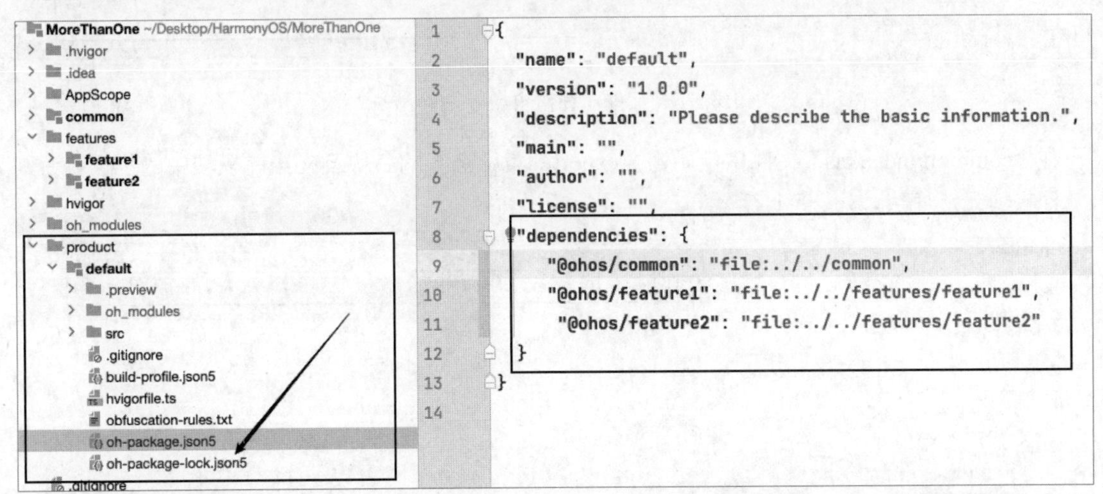

图5-9　配置依赖关系

注意　修改oh-package.json文件后，要单击右上角的“Sync Now”按钮，否则更改不会生效。

5.1.5　引用ohpm包中的代码

通过上面4个小节的内容，我们已经创建好了“一多”的基础开发的项目结构，接下来将通过示例来进行简单的使用，以确保项目可以正常运行。

示例要求如下：

- 在common模块中新增ComplexNumber类，用于表征复数（数学概念，由实部和虚部组成），该类包含toString()方法，用于将复数转换为字符形式。
- 在common模块中新增Add函数，用于计算并返回两个数字的和。
- 在default模块中，使用common模块新增的ComplexNumber类和Add函数。

具体的操作步骤如下：

01 在“common/src/main/ets”目录中，按照需要新增文件、自定义类和函数。在“common/src/main/ets”目录上右击，新建utils文件夹，并在该文件夹中创建Math.ets文件，如图5-10所示。

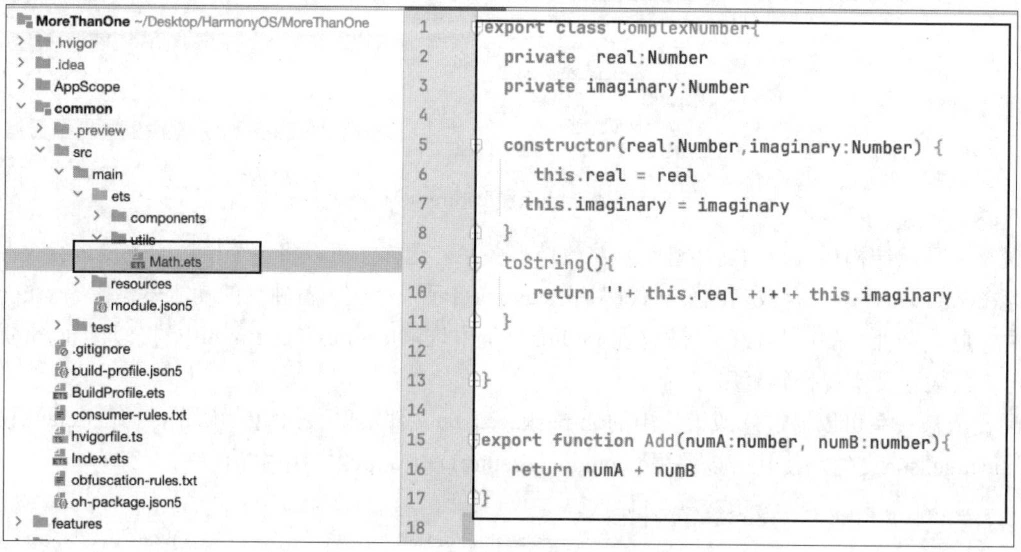

```
export class ComplexNumber{
  private  real:Number
  private imaginary:Number

  constructor(real:Number,imaginary:Number) {
    this.real = real
    this.imaginary = imaginary
  }
  toString(){
    return ''+ this.real +'+'+ this.imaginary
  }

}

export function Add(numA:number, numB:number){
  return numA + numB
}
```

图5-10 新增文件、自定义类和函数

02 在“common/index.ets”文件中申明需要export的类、函数的名称及在当前模块中的位置，否则其他模块无法使用，如图5-11所示。

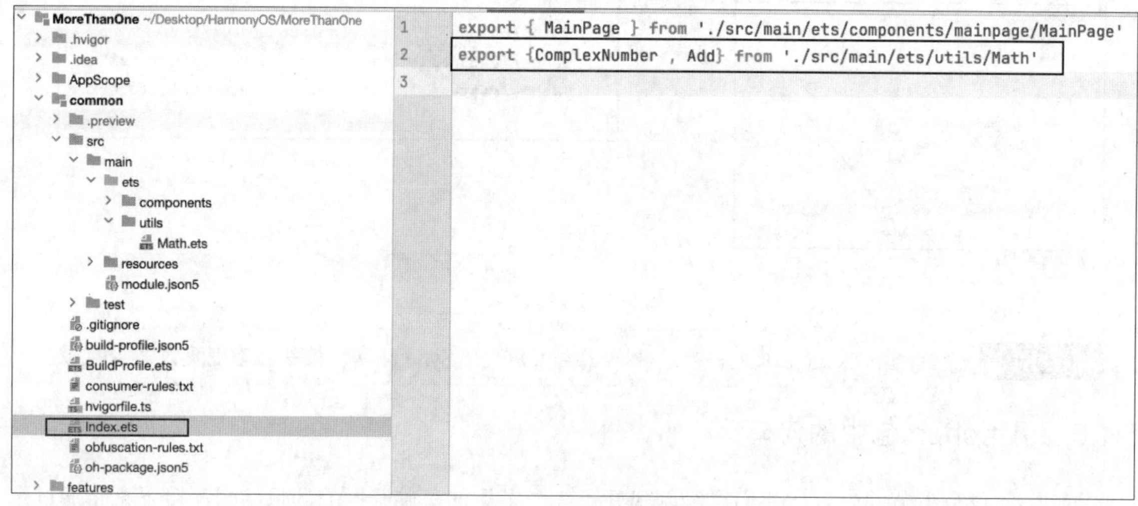

图5-11 申明需要export的类、函数的名称及在当前模块中的位置

03 在default模块中导出和使用这些类和函数。注意提前在default模块的oh-package.json文件中配置对common模块的依赖关系。详细使用如图5-12所示。

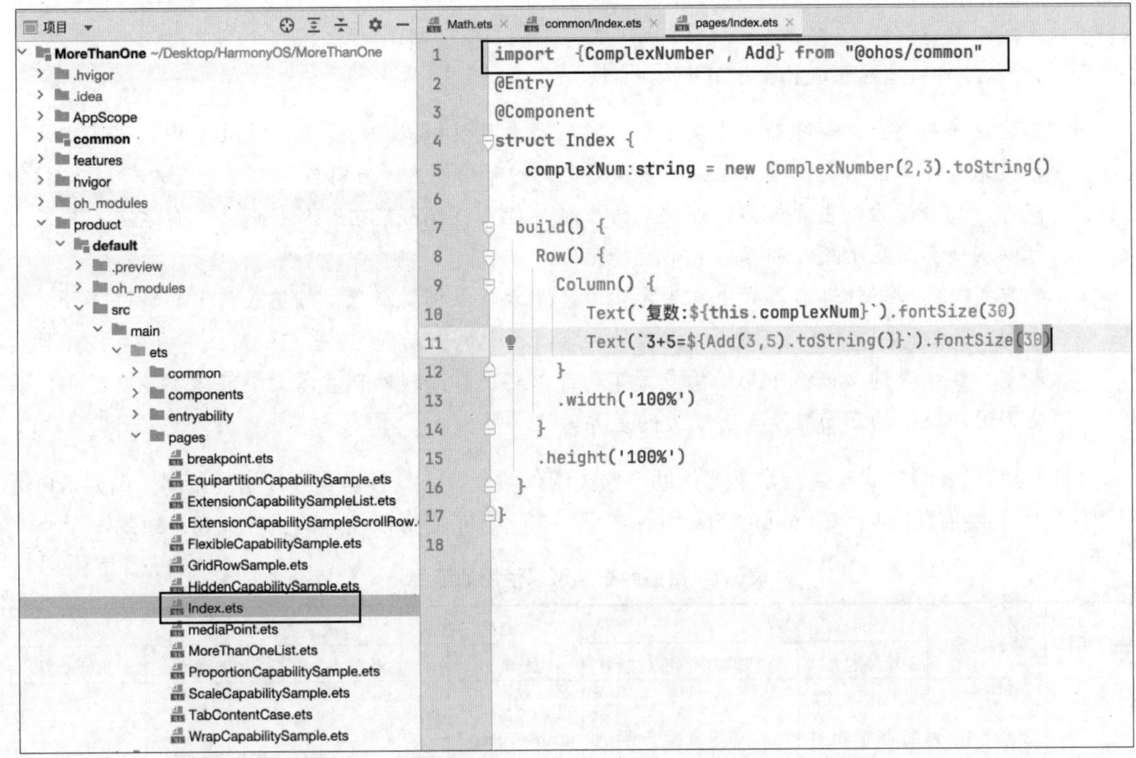

图5-12　导出和使用类和函数

效果如图5-13所示。

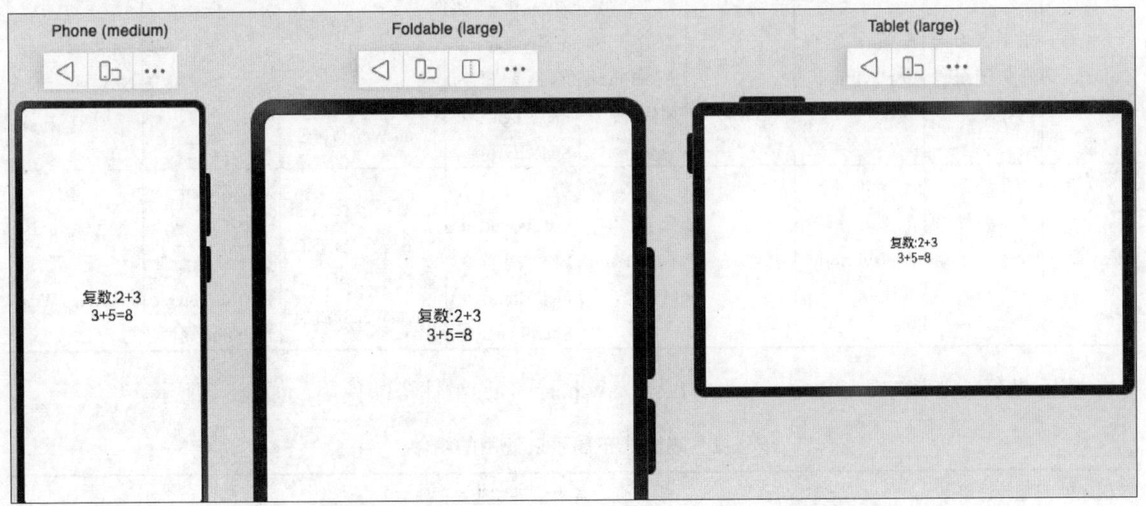

图5-13　效果

至此，我们已经完整地创建了一个“一多”项目。下一节将继续学习“一多”项目中常用的一些组件及布局的相关知识点。

5.2 自适应布局

布局可以分为自适应布局和响应式布局两种：

- 自适应布局：当外部容器大小发生变化时，元素可以根据相对关系（占比、固定宽高比、显示优先级等）自动变化，以适应外部容器变化的布局能力。当前自适应布局能力有7种：拉伸能力、均分能力、占比能力、缩放能力、延伸能力、隐藏能力、折行能力。自适应布局能力可以实现界面显示随外部容器大小连续变化。
- 响应式布局：当外部容器大小发生变化时，元素可以根据断点、栅格或特定的特征（如屏幕方向、窗口宽高等）自动变化，以适应外部容器变化的布局能力。当前响应式布局能力有3种：断点、媒体查询、栅格布局。响应式布局可以实现界面随外部容器大小有级不连续变化，通常不同特征下的界面显示会有较大的差异。

自适应布局和响应式布局常常需要借助容器类组件实现，或与容器类组件搭配使用。例如，自适应布局常常需要借助Row、Column或Flex组件实现。自适合布局可以使用的组件如表5-1所示。

表5-1　自适合布局可以使用的组件

容器组件	组件说明	自适应布局						
		隐藏能力	延伸能力	缩放能力	均分能力	占比能力	拉伸能力	折行能力
Row	沿水平方向布局子组件的容器	配置子组件displayPriority属性	增加Scroll父组件	配置组件aspectRatio属性	将组件justifyContent属性配置为FlexAlign.SpaceEvenly	通过百分比设置子组件宽高，或配置子组件layoutWeight属性	增加Blank子组件	N/A
Column	沿垂直方向布局子组件的容器	配置子组件displayPriority属性	增加Scroll父组件	配置组件aspectRatio属性	将组件justifyContent属性配置为FlexAlign.SpaceEvenly	通过百分比设置子组件宽高，或配置子组件layoutWeight属性	增加Blank子组件	N/A
Flex	使用弹性方式布局子组件的容器	配置子组件displayPriority属性	N/A	配置组件aspectRatio属性	将组件justifyContent属性配置为FlexAlign.SpaceEvenly	通过百分比设置子组件宽高，或配置子组件layoutWeight属性	增加Blank子组件的宽高，或配置子组件的flexGrow及flexShink属性	将组件warp属性配置为FlexWrap.Wrap

响应式布局常常与GridRow、Grid、List、Swiper或Tabs组件搭配使用，如表5-2所示。

表5-2　响应式布局可以使用的组件

容器组件	组件说明	响应式布局
GridRow	使用断点和栅格方式布局子组件的容器。 需配合GridCol子组件使用	栅格组件自身具有响应式布局能力
Grid	使用“行”和“列”分割的单元格方式布局子组件的网格容器。 需配合GridItem子组件使用	需配合断点使用，通过改变不同断点下的rowsTemplate和columnsTemplate等属性，实现不同的布局效果

（续表）

容器组件	组件说明	响应式布局
List	包含一系列相同宽度列表项的容器。需配合ListItem子组件使用	需配合断点使用，通过改变不同断点下的lanes等属性，实现不同的布局效果
Swiper	轮播展示子组件的容器	需配合断点使用，通过改变不同断点下的displayCount及indicator等属性，实现不同的布局效果
Tabs	使用页签控制内容切换的容器，每个页签对应一个内容视图。需配合TabContent子组件使用	需配合断点使用，通过改变不同断点下的vertical、barPosition等属性，实现不同的布局效果

接下来，我们在项目中创建一个MoreThanOneList页面，用于存放“一多”布局案例的列表，通过单击列表来查看相关案例。项目案例可访问https://gitee.com/ruochengflag/harmonyos-directory进行查看。

5.2.1　拉伸能力

拉伸能力是指当容器组件尺寸发生变化时，增加或减小的空间全部分配给容器组件内的指定区域。拉伸能力通常通过Flex布局中的flexGrow和flexShrink属性实现。flexGrow和flexShink属性常与flexBasis属性搭配使用。

1）flexGrow

类　型：number。

默认值：0。

描　述：仅当父容器宽度大于所有子组件宽度的总和时，该属性生效。配置了此属性的子组件，按照比例拉伸，分配父容器的多余空间。

2）flexShrink

类　型：number。

默认值：1。

描　述：仅当父容器宽度小于所有子组件宽度的总和时，该属性生效。配置了此属性的子组件，按照比例收缩，分配父容器的不足空间。

3）flexBasis

类　型：'auto' | Length。

默认值：'auto'。

描　述：设置组件在Flex容器中主轴方向上的基准尺寸。'auto'意味着使用组件原始的尺寸，不做修改。

注意　flexBasis属性不是必需的，通过width或height也可以达到同样的效果。当flexBasis属性与width或height发生冲突时，以flexBasis属性为准。

拉伸能力示例代码如下：

```
import { router } from '@kit.ArkUI';
import { Navbar as MyNavbar } from '../components/navBar'
@Entry
@Component
struct FlexibleCapabilitySample {
  @State desc: string = '';
  @State title: string = ''
```

```
  @State rate: number = 0.8
  // 加载页面时接收传递过来的参数
  onPageShow(): void {
    // 获取传递过来的参数对象
    const params = router.getParams() as Record<string, string>;
    // 获取传递的值
    if (params) {
      this.desc = params.desc as string
      this.title = params.value as string
    }
  }
  // 底部滑块，可以通过拖曳滑块来改变容器尺寸
  @Builder slider() {
    Slider({ value: this.rate * 100, min: 30, max: 80, style: SliderStyle.OutSet })
      .blockColor(Color.White)
      .width('60%')
      .onChange((value: number) => {
        this.rate = value / 100;
      })
      .position({ x: '20%', y: '80%' })
  }

  build() {
    Column() {
      MyNavbar({ title: this.title })
      Divider().width('100%').strokeWidth(2).color(Color.Black)
      Row() {
        Text(`案例描述：${this.desc}`)
      }

      Column() {
        Row() {
          Text('飞行模式')
            .fontSize(16)
            .width(135)
            .height(22)
            .fontWeight(FontWeight.Medium)
            .lineHeight(22)
          Blank()      // 通过Blank组件实现拉伸能力
          Toggle({ type: ToggleType.Switch })
            .width(36)
            .height(20)
        }
        .height(55)
        .borderRadius(12)
        .padding({ left: 13, right: 13 })
        .backgroundColor('#FFFFFF')
        .width(this.rate * 100 + '%')
      }

      this.slider()
    }
    .width('100%')
    .height('100%')
    .backgroundColor('#F1F3F5')
  }
}
```

上述示例代码在不同尺寸的屏幕中的效果如图5-14所示。

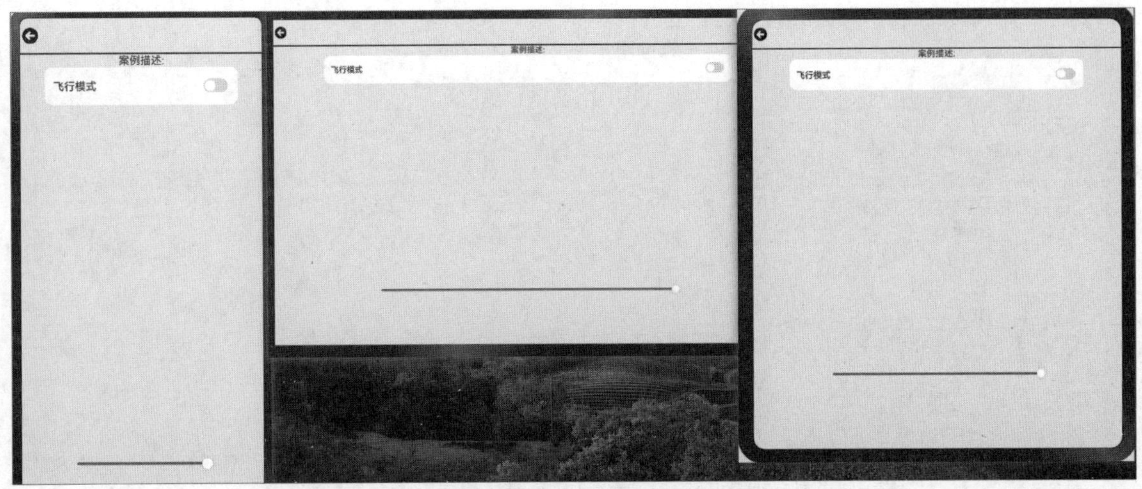

图5-14　拉伸效果

5.2.2　均分能力

均分能力是指当容器组件尺寸发生变化时，增加或减小的空间均匀分配给容器组件内所有空白区域。它常用于内容数量固定、均分显示的场景，比如工具栏、底部菜单栏等。

均分能力可以通过将Row、Column或Flex组件的justifyContent属性设置为FlexAlign.SpaceEvenly实现，即子元素在父容器主轴方向上等间距布局，相邻元素的间距、第一个元素与行首的间距、最后一个元素与行尾的间距都完全一样。

均分能力示例代码如下：

```
import { router } from '@kit.ArkUI';
import { Navbar as MyNavbar } from '../components/navBar'

@Entry
@Component
struct EquipartitionCapabilitySample {
  @State desc: string = '';
  @State title: string = ''
  readonly list: number [] = [0, 1, 2, 3]
  @State rate: number = 0.6

  // 底部滑块，可以通过拖曳滑块来改变容器尺寸
  @Builder slider() {
    Slider({ value: this.rate * 100, min: 30, max: 60, style: SliderStyle.OutSet })
      .blockColor(Color.White)
      .width('60%')
      .onChange((value: number) => {
        this.rate = value / 100
      })
      .position({ x: '20%', y: '80%' })
  }
  // 加载页面时接收传递过来的参数
  onPageShow(): void {
    // 获取传递过来的参数对象
    const params = router.getParams() as Record<string, string>;
    // 获取传递的值
    if (params) {
      this.desc = params.desc as string
```

```
    this.title = params.value as string
  }
}

build() {
  Column() {
    MyNavbar({ title: this.title })
    Divider().width('100%').strokeWidth(2).color(Color.Black)
    Row() {
      Text(`案例描述：${this.desc}`)
    }
    Column() {
      // 均匀分配父容器主轴方向的剩余空间
      Row() {
        ForEach(this.list, (item:number) => {
          Column() {
            Image($r("app.media.startIcon")).width(48).height(48).margin({ top: 8 })
            Text('App name')
              .width(64)
              .height(30)
              .lineHeight(15)
              .fontSize(12)
              .textAlign(TextAlign.Center)
              .margin({ top: 8 })
              .padding({ bottom: 15 })
          }
          .width(80)
          .height(102)
          .flexShrink(1)
        })
      }
      .width('100%')
      .justifyContent(FlexAlign.SpaceEvenly)
      // 均匀分配父容器主轴方向的剩余空间
      Row() {
        ForEach(this.list, (item:number) => {
          Column() {
            Image($r("app.media.startIcon")).width(48).height(48).margin({ top: 8 })
            Text('App name')
              .width(64)
              .height(30)
              .lineHeight(15)
              .fontSize(12)
              .textAlign(TextAlign.Center)
              .margin({ top: 8 })
              .padding({ bottom: 15 })
          }
          .width(80)
          .height(102)
          .flexShrink(1)
        })
      }
      .width('100%')
      .justifyContent(FlexAlign.SpaceEvenly)
    }
    .width(this.rate * 100 + '%')
    .height(222)
    .padding({ top: 16 })
    .backgroundColor('#FFFFFF')
    .borderRadius(16)
```

```
          this.slider()
        }
        .width('100%')
      .height('100%')
    }
  }
```

上述示例代码在不同尺寸的屏幕中的效果如图5-15所示。

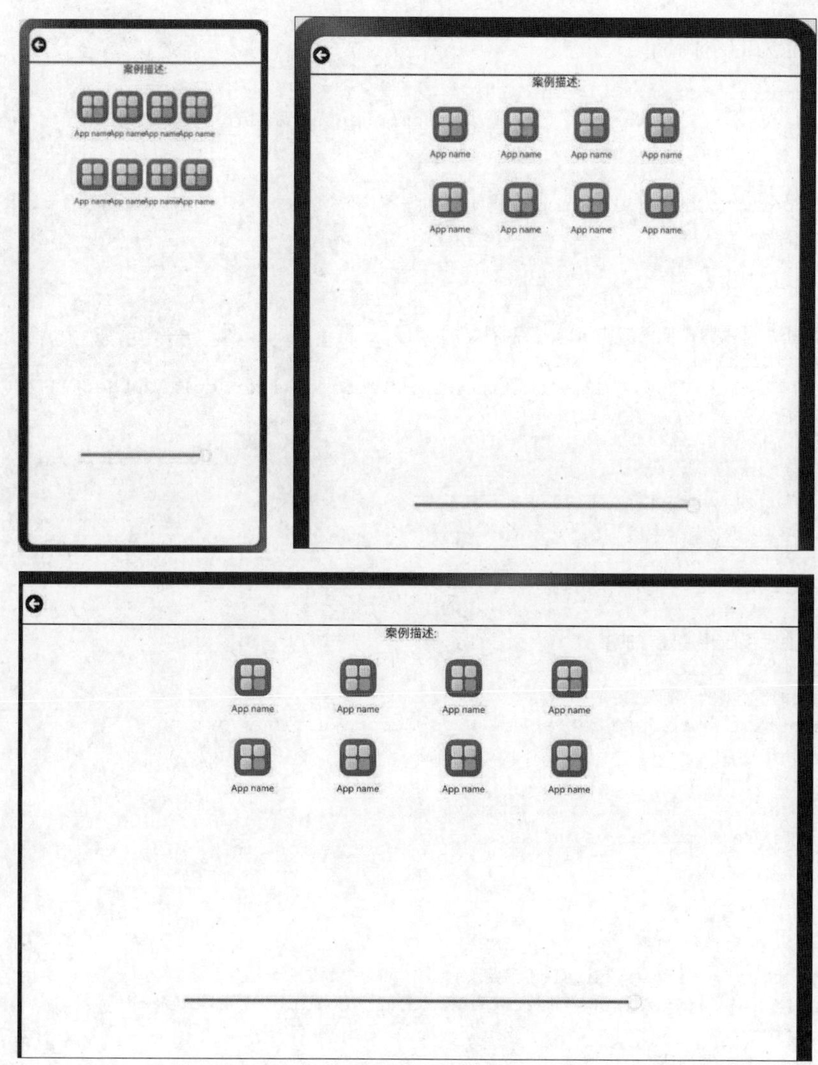

图5-15　均分效果

5.2.3　占比能力

占比能力是指子组件的宽高按照预设的比例随父容器组件发生变化。占比能力通常有以下两种实现方式：

- 将子组件的宽高设置为父组件宽高的百分比。
- 通过layoutWeight属性配置互为兄弟关系的组件在父容器主轴方向的布局权重：

- 当父容器尺寸确定时，其子组件按照开发者配置的权重比例分配父容器中主轴方向的空间。
- 仅当父容器是Row、Column或者Flex时，layoutWeight属性才会生效。
- 设置layoutWeight属性后，组件本身的尺寸会失效。比如同时设置了.width('40%')和.layoutWeight(1)，那么只有.layoutWeight(1)生效。

layoutWeight存在使用限制，所以实际使用过程中大多通过将子组件宽高设置为父组件的百分比来实现占比能力。

以下是占比能力的示例代码：

```
import { router } from '@kit.ArkUI';
import { Navbar as MyNavbar } from '../components/navBar'
@Entry
@Component
struct ProportionCapabilitySample {
  @State desc: string = '';
  @State title: string = ''
  @State rate: number = 0.5

  // 底部滑块，可以通过拖曳滑块来改变容器尺寸
  @Builder slider() {
    Slider({ value: 100, min: 25, max: 50, style: SliderStyle.OutSet })
      .blockColor(Color.White)
      .width('60%')
      .height(50)
      .onChange((value: number) => {
        this.rate = value / 100
      })
      .position({ x: '20%', y: '80%' })
  }
  // 加载页面时接收传递过来的参数
  onPageShow(): void {
    // 获取传递过来的参数对象
    const params = router.getParams() as Record<string, string>;
    // 获取传递的值
    if (params) {
      this.desc = params.desc as string
      this.title = params.value as string
    }
  }
  build() {
      Column() {
        MyNavbar({ title: this.title })
        Divider().width('100%').strokeWidth(2).color(Color.Black)
        Row() {
          Text(`案例描述：${this.desc}`)
        }
        Column() {
          Row() {
            Column() {
              Image($r("app.media.next"))
                .width(48)
                  .height(48)
            }
            .height(96)
            .layoutWeight(1)  // 设置子组件在父容器主轴方向的布局权重
            .justifyContent(FlexAlign.Center)
            .alignItems(HorizontalAlign.Center)
```

```
        Column() {
          Image($r("app.media.pause"))
            .width(48)
            .height(48)
        }
        .height(96)
        .layoutWeight(1)  // 设置子组件在父容器主轴方向的布局权重
        .backgroundColor('#66F1CCB8')
        .justifyContent(FlexAlign.Center)
        .alignItems(HorizontalAlign.Center)

        Column() {
          Image($r("app.media.down"))
            .width(48)
            .height(48)
        }
        .height(96)
        .layoutWeight(1)  // 设置子组件在父容器主轴方向的布局权重
        .justifyContent(FlexAlign.Center)
        .alignItems(HorizontalAlign.Center)
      }
      .width(this.rate * 100 + '%')
      .height(96)
      .borderRadius(16)
      .backgroundColor('#FFFFFF')
    }

    this.slider()
  }
  .width('100%')
  .height('100%')
 }
}
```

上述示例代码在不同尺寸的屏幕中的效果如图5-16所示。

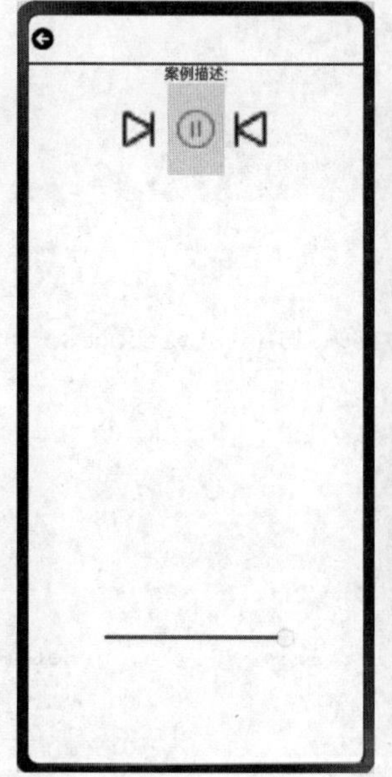

图5-16　占比效果

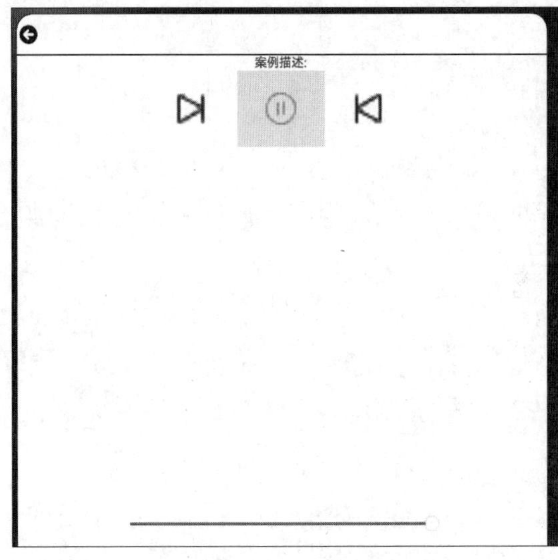

图5-16　占比效果（续）

5.2.4 缩放能力

缩放能力是指子组件的宽高按照预设的比例随容器组件发生变化，且变化过程中子组件的宽高比不变。

缩放能力通过使用百分比布局配合固定宽高比（aspectRatio属性）实现当容器尺寸发生变化时，内容自适应调整。

以下是缩放能力的示例代码：

```
import { router } from '@kit.ArkUI';
import { Navbar as MyNavbar } from '../components/navBar'
@Entry
@Component
struct ScaleCapabilitySample {
  @State desc: string = '';
  @State title: string = ''
  @State sliderWidth: number = 400
  @State sliderHeight: number = 400

  // 底部滑块，可以通过拖曳滑块来改变容器尺寸
  @Builder slider() {

    Slider({ value: this.sliderHeight, min: 100, max: 400, style: SliderStyle.OutSet })
      .blockColor(Color.White)
      .width('60%')
      .height(50)
      .onChange((value: number) => {
        this.sliderHeight = value
      })
      .position({ x: '20%', y: '80%' })

    Slider({ value: this.sliderWidth, min: 100, max: 400, style: SliderStyle.OutSet })
      .blockColor(Color.White)
      .width('60%')
      .height(50)
      .onChange((value: number) => {
        this.sliderWidth = value;
      })
```

```
      .position({ x: '20%', y: '87%' })
  }
  // 加载页面时接收传递过来的参数
  onPageShow(): void {
    // 获取传递过来的参数对象
    const params = router.getParams() as Record<string, string>;
    // 获取传递的值
    if (params) {
      this.desc = params.desc as string
      this.title = params.value as string
    }
  }
  build() {
      Column() {
        Column() {
          Column() {
            Image($r("app.media.02")).width('100%').height('100%')
          }
          .aspectRatio(1)                                    // 固定宽高比
          .border({ width: 2, color: "#66F1CCB8"})           // 边框，仅用于展示效果
        }
        .backgroundColor("#FFFFFF")
        .height(this.sliderHeight)
        .width(this.sliderWidth)
        .justifyContent(FlexAlign.Center)
        .alignItems(HorizontalAlign.Center)

        this.slider()
      }
      .width('100%')
    .height('100%')
  }
}
```

上述示例代码在不同尺寸的屏幕中的效果如图5-17所示。

图5-17　缩放效果

图5-17　缩放效果（续）

5.2.5　延伸能力

延伸能力是指容器组件内的子组件按照其在列表中的先后顺序，随容器组件尺寸的变化而显示或隐藏。它可以根据显示区域的尺寸来显示不同数量的元素。

延伸能力通常有以下两种实现方式：

- 通过List组件实现。
- 通过Scroll组件配合Row或Column组件实现。

通过List组件实现延伸能力的示例代码如下：

```
import { router } from '@kit.ArkUI';
import { Navbar as MyNavbar } from '../components/navBar'
@Entry
@Component
struct ExtensionCapabilitySampleList {
  @State desc: string = '';
  @State title: string = ''
  @State rate: number = 0.60
  readonly appList: number [] = [0, 1, 2, 3, 4, 5, 6, 7]

  // 底部滑块，可以通过拖曳滑块来改变容器尺寸
  @Builder slider() {
    Slider({ value: this.rate * 100, min: 8, max: 60, style: SliderStyle.OutSet })
      .blockColor(Color.White)
      .width('60%')
      .height(50)
      .onChange((value: number) => {
        this.rate = value / 100
      })
      .position({ x: '20%', y: '80%' })
  }
  // 加载页面时接收传递过来的参数
```

```
  onPageShow(): void {
    // 获取传递过来的参数对象
    const params = router.getParams() as Record<string, string>;
    // 获取传递的值
    if (params) {
      this.desc = params.desc as string
      this.title = params.value as string
    }
  }
  build() {
      Column() {
        MyNavbar({ title: this.title })
        Divider().width('100%').strokeWidth(2).color(Color.Black)
        Row() {
          Text(`案例描述：${this.desc}`)
        }
        Row({ space: 10 }) {
          // 通过List组件实现隐藏能力
          List({ space: 10 }) {
            ForEach(this.appList, (item:number) => {
              ListItem() {
                Column() {
                  Image($r("app.media.startIcon")).width(48).height(48).margin({ top: 8 })
                  Text('App name')
                    .width(64)
                    .height(30)
                    .lineHeight(15)
                    .fontSize(12)
                    .textAlign(TextAlign.Center)
                    .margin({ top: 8 })
                    .padding({ bottom: 15 })
                }.width(80).height(102)
              }.width(80).height(102)
            })
          }
          .padding({ top: 16, left: 10 })
          .listDirection(Axis.Horizontal)
          .width('100%')
          .height(118)
          .borderRadius(16)
          .backgroundColor(Color.White)
        }
        .width(this.rate * 100 + '%')

        this.slider()
      }
      .width('100%')
    .height('100%')
  }
}
```

上述示例代码在不同尺寸的屏幕中的效果如图5-18所示。

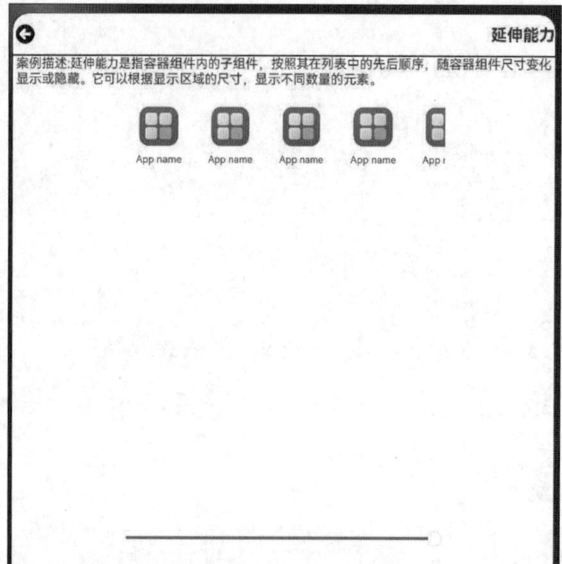

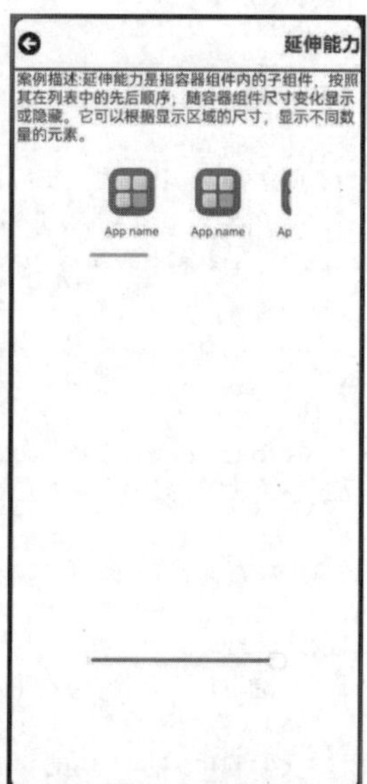

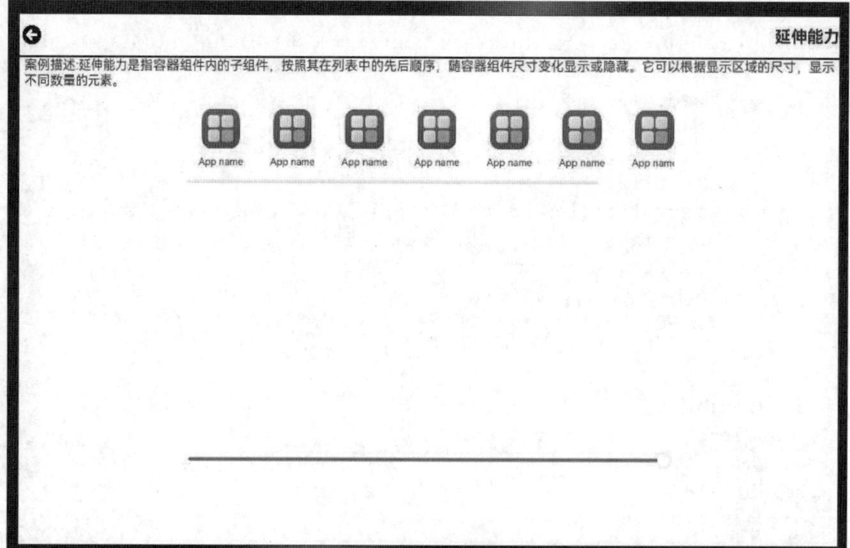

图5-18　List组件实现延伸能力的示例效果

通过Scroll组件配合Row组件实现延伸能力的示例代码如下：

```
import { router } from '@kit.ArkUI';
import { Navbar as MyNavbar } from '../components/navBar'
@Entry
@Component
struct ExtensionCapabilitySampleScrollRow {
  @State desc: string = '';
  @State title: string = ''
  private scroller: Scroller = new Scroller()
  @State rate: number = 0.60
  @State appList: number [] = [0, 1, 2, 3, 4, 5, 6, 7]
  // 底部滑块，可以通过拖曳滑块来改变容器尺寸
  @Builder slider() {
    Slider({ value: this.rate * 100, min: 8, max: 60, style: SliderStyle.OutSet })
```

```
    .blockColor(Color.White)
    .width('60%')
    .height(50)
    .onChange((value: number) => {
      this.rate = value / 100;
    })
    .position({ x: '20%', y: '80%' })
  }
  // 加载页面时接收传递过来的参数
  onPageShow(): void {
    // 获取传递过来的参数对象
    const params = router.getParams() as Record<string, string>;
    // 获取传递的值
    if (params) {
      this.desc = params.desc as string
      this.title = params.value as string
    }
  }
  build() {
    Column() {
      MyNavbar({ title: this.title })
      Divider().width('100%').strokeWidth(2).color(Color.Black)
      Row() {
        Text(`案例描述：${this.desc}`)
      }
      // 通过Scroll和Row组件实现隐藏能力
      Scroll(this.scroller) {
        Row({ space: 10 }) {
          ForEach(this.appList, () => {
            Column() {
              Image($r("app.media.startIcon")).width(48).height(48).margin({ top: 8 })
              Text('App name')
                .width(64)
                .height(30)
                .lineHeight(15)
                .fontSize(12)
                .textAlign(TextAlign.Center)
                .margin({ top: 8 })
                .padding({ bottom: 15 })
            }.width(80).height(102)
          })
        }
        .padding({ top: 16, left: 10 })
        .height(118)
        .backgroundColor(Color.White)
      }
      .scrollable(ScrollDirection.Horizontal)
      .borderRadius(16)
      .width(this.rate * 100 + '%')

      this.slider()
    }
    .width('100%')
    .height('100%')
  }
}
```

上述示例代码在不同尺寸屏幕中的效果如图5-19所示。

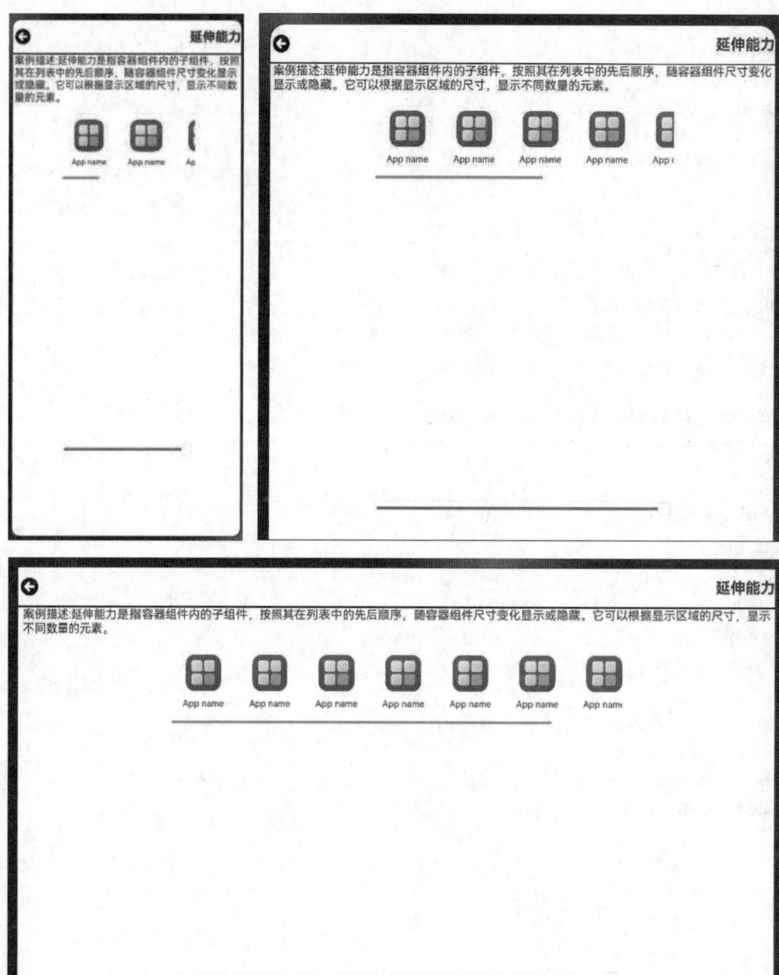

图5-19　Scroll组件配合Row组件实现延伸能力的示例效果

5.2.6　隐藏能力

隐藏能力是指容器组件内的子组件按照其预设的显示优先级，随容器组件尺寸的变化而显示或隐藏，其中相同显示优先级的子组件同时显示或隐藏。它是一种比较高级的布局方式，常用于分辨率变化较大，且不同分辨率下显示内容有所差异的场景。其主要思想是通过增加或减少显示内容，来保持最佳的显示效果。

隐藏能力通过设置布局优先级（displayPriority属性）来控制显隐，当布局主轴方向剩余尺寸不足以满足全部元素时，按照布局优先级大小，从小到大依次隐藏，直到容器能够完整显示剩余元素。

隐藏能力示例代码如下：

```
import { router } from '@kit.ArkUI';
import { Navbar as MyNavbar } from '../components/navBar'
@Entry
@Component
struct HiddenCapabilitySample {
```

```
@State desc: string = '';
@State title: string = ''
@State rate: number = 0.45

// 底部滑块，可以通过拖曳滑块来改变容器尺寸
@Builder slider() {
  Slider({ value: this.rate * 100, min: 10, max: 45, style: SliderStyle.OutSet })
    .blockColor(Color.White)
    .width('60%')
    .height(50)
    .onChange((value: number) => {
      this.rate = value / 100
    })
    .position({ x: '20%', y: '80%' })
}
// 加载页面时接收传递过来的参数
onPageShow(): void {
  // 获取传递过来的参数对象
  const params = router.getParams() as Record<string, string>;
  // 获取传递的值
  if (params) {
    this.desc = params.desc as string
    this.title = params.value as string
  }
}
build() {
    Column() {
      MyNavbar({ title: this.title })
      Divider().width('100%').strokeWidth(2).color(Color.Black)
      Row() {
        Text(`案例描述：${this.desc}`)
      }

      Row({ space:24 }) {
        Image($r("app.media.favorite"))
          .width(48)
          .height(48)
          .objectFit(ImageFit.Contain)
          .displayPriority(1)  // 布局优先级

        Image($r("app.media.down"))
          .width(48)
          .height(48)
          .objectFit(ImageFit.Contain)
          .displayPriority(2)  // 布局优先级

        Image($r("app.media.pause"))
          .width(48)
          .height(48)
          .objectFit(ImageFit.Contain)
          .displayPriority(3)  // 布局优先级

        Image($r("app.media.next"))
          .width(48)
          .height(48)
          .objectFit(ImageFit.Contain)
          .displayPriority(2)  // 布局优先级

        Image($r("app.media.list"))
          .width(48)
          .height(48)
          .objectFit(ImageFit.Contain)
```

```
          .displayPriority(1)  // 布局优先级
      }
      .width(this.rate * 100 + '%')
      .height(96)
      .borderRadius(16)
      .backgroundColor('#FFFFFF')
      .justifyContent(FlexAlign.Center)
      .alignItems(VerticalAlign.Center)

      this.slider()
    }
    .width('100%')
    .height('100%')
  }
}
```

上述示例代码在不同尺寸的屏幕中的效果如图5-20所示。

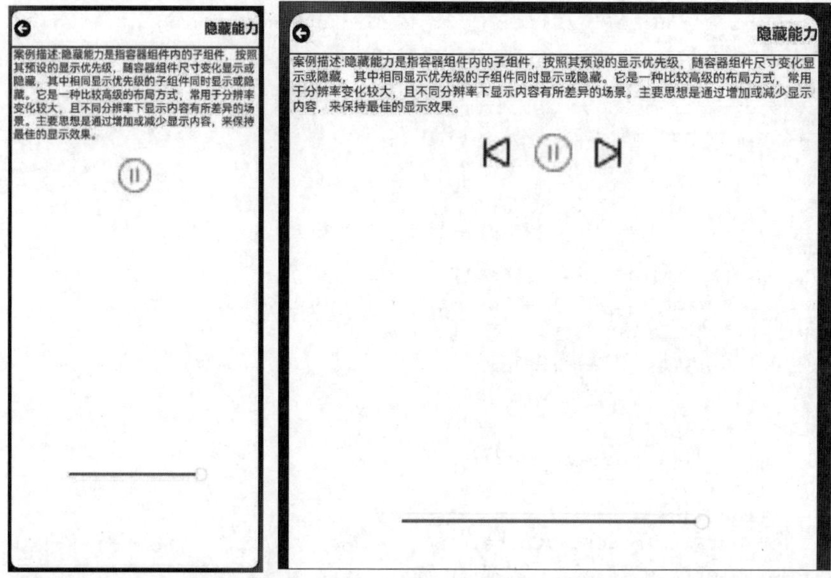

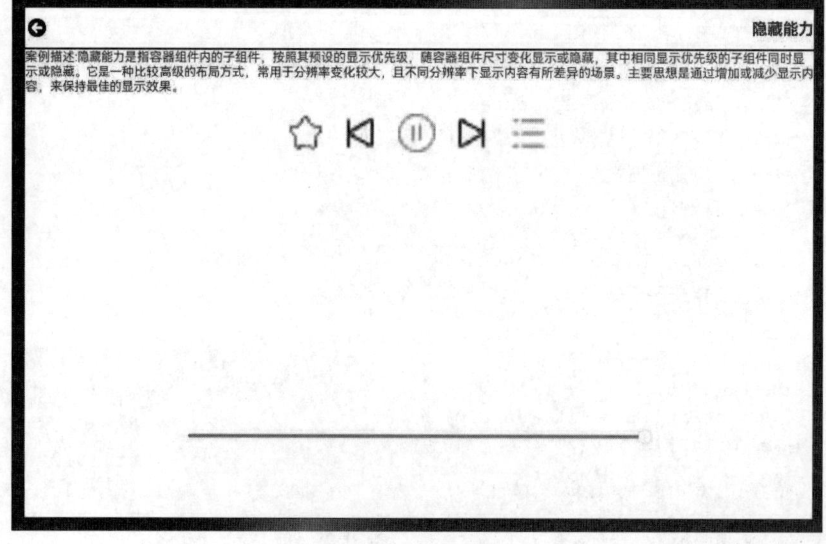

图5-20 隐藏效果

5.2.7　折行能力

折行能力是指当容器组件尺寸发生变化，布局方向尺寸不足以显示完整内容时自动换行。它常用于横竖屏适配或默认设备向平板切换的场景。

折行能力通过使用 Flex折行布局（将wrap属性设置为FlexWrap.Wrap）实现，当横向布局尺寸不足以完整显示内容元素时，通过折行的方式将元素显示在下方。

折行能力示例代码如下：

```
import { router } from '@kit.ArkUI';
import { Navbar as MyNavbar } from '../components/navBar'
@Entry
@Component
struct WrapCapabilitySample {
  @State desc: string = '';
  @State title: string = ''
  readonly imageList: Resource [] = [
    $r('app.media.01'),
    $r('app.media.02'),
    $r('app.media.03'),
    $r('app.media.04'),
    $r('app.media.05'),
    $r('app.media.06')
  ]
  // 加载页面时接收传递过来的参数
  onPageShow(): void {
    // 获取传递过来的参数对象
    const params = router.getParams() as Record<string, string>;
    // 获取传递的值
    if (params) {
      this.desc = params.desc as string
      this.title = params.value as string
    }
  }
  build() {
      Column() {
        MyNavbar({ title: this.title })
        Divider().width('100%').strokeWidth(2).color(Color.Black)
        Row() {
          Text(`案例描述: ${this.desc}`)
        }

        Flex({ justifyContent: FlexAlign.Start, direction: FlexDirection.Column }) {
          Column() {
            // 通过Flex组件的warp参数实现自适应折行
            Flex({
              direction: FlexDirection.Row,
              alignItems: ItemAlign.Center,
              justifyContent: FlexAlign.Center,
              wrap: FlexWrap.Wrap
            }) {
              ForEach(this.imageList, (item: Resource) => {
                Image(item).width(100).height(100).padding(10)
              })
            }
            .backgroundColor('#FFFFFF')
            .padding(10)
```

```
          .width('100%')
          .borderRadius(16)
        }
        .width('100%')
        .height('60%')

      } .width('100%')
      .height('100%')
    }

  }
}
```

上述示例代码在不同尺寸的屏幕中的效果如图5-21所示。

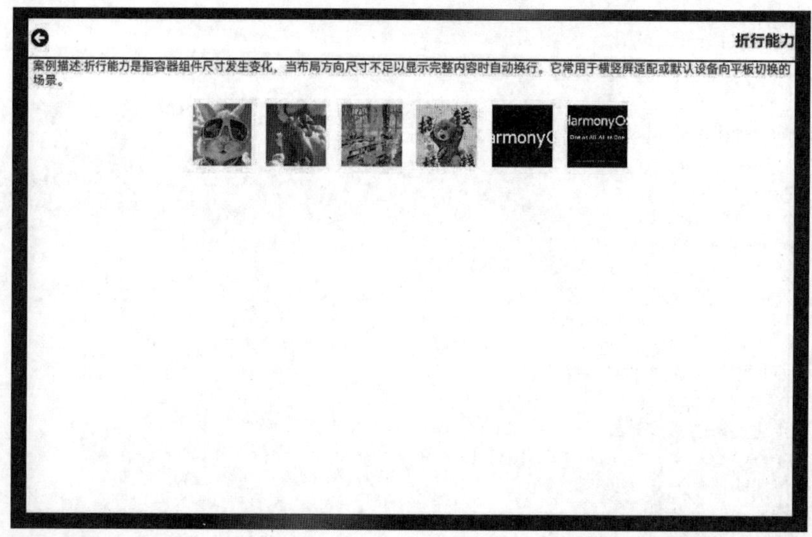

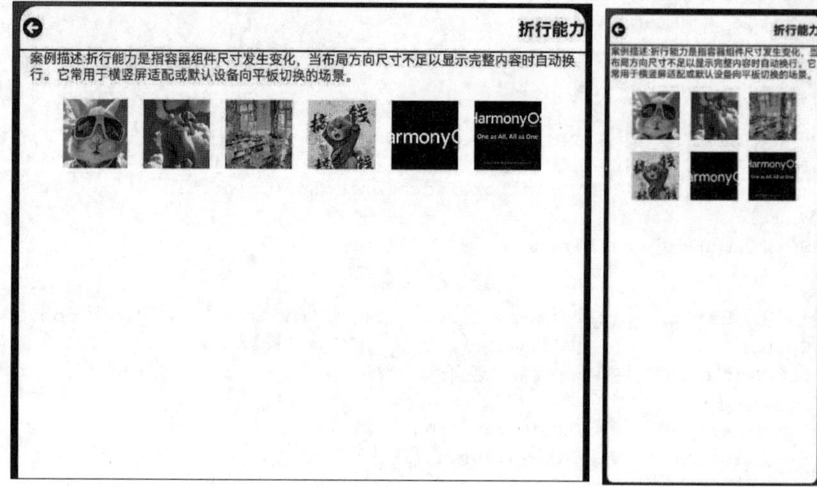

图5-21　折行效果

5.3 响应式布局

自适应布局可以保证窗口尺寸在一定范围内变化时，页面的显示是正常的。然而，当窗口尺寸变化较大时（如窗口宽度从400vp变化为1000vp），仅仅依靠自适应布局可能出现图片异常放大或页面内容稀疏、留白过多等问题。此时就需要借助响应式布局能力来调整页面结构。响应式布局中最常使用的特征是窗口宽度，可以将窗口宽度划分为不同的范围（下文中称为断点），当窗口宽度从一个断点变化到另一个断点时，改变页面布局（如将页面内容从单列排布调整为双列排布甚至三列排布等）以获得更好的显示效果。

5.3.1 断点

断点以应用窗口宽度为切入点，将应用窗口在宽度维度上分成了4个不同的区间，即不同的断点：

（1）断点名称：xs。
（2）取值范围（vp）：[0, 320）。
（3）断点名称：sm。
（4）取值范围（vp）：[320, 600)。
（5）断点名称：md。
（6）取值范围（vp）：[600, 840)。
（7）断点名称：lg。
（8）取值范围（vp）：[840, +∞)。

在不同的区间下，开发者可根据需要实现不同的页面布局效果。

断点的常用方法：在UIAbility的onWindowStageCreate生命周期回调中，通过窗口对象获取启动时的应用窗口宽度，并注册回调函数来监听窗口尺寸变化。将窗口尺寸的长度单位由px换算为vp后，即可基于上面介绍的划分规则得到当前断点值，此时可以使用状态变量记录当前断点值，以方便后续使用。

上面断点的示例代码如下：

（1）EntryAbility.ets文件：

```
import { AbilityConstant, UIAbility, Want } from '@kit.AbilityKit';
import { hilog } from '@kit.PerformanceAnalysisKit';
import window from '@ohos.window'
import display from '@ohos.display'

export default class EntryAbility extends UIAbility {
  private windowObj?: window.Window
  private curBp: string = ''
  // 根据当前窗口尺寸更新断点
  private updateBreakpoint(windowWidth: number) :void{
    // 将长度的单位由px换算为vp
    let windowWidthVp = windowWidth / display.getDefaultDisplaySync().densityPixels
    console.log('windowWidthVp',windowWidthVp)
    let newBp: string = ''
    if (windowWidthVp < 320) {
      newBp = 'xs'
    } else if (windowWidthVp < 600) {
      newBp = 'sm'
    } else if (windowWidthVp < 840) {
      newBp = 'md'
    } else {
      newBp = 'lg'
    }
    if (this.curBp !== newBp) {
```

```
      this.curBp = newBp
      // 使用状态变量记录当前断点值
      AppStorage.setOrCreate('currentBreakpoint', this.curBp)
    }
  }

  onCreate(want: Want, launchParam: AbilityConstant.LaunchParam): void {
    hilog.info(0x0000, 'testTag', '%{public}s', 'Ability onCreate');
  }

  onDestroy(): void {
    hilog.info(0x0000, 'testTag', '%{public}s', 'Ability onDestroy');
  }

  onWindowStageCreate(windowStage: window.WindowStage): void {
    // Main window is created, set main page for this ability
    hilog.info(0x0000, 'testTag', '%{public}s', 'Ability onWindowStageCreate');

    windowStage.loadContent('pages/MoreThanOneList', (err) => {
      if (err.code) {
        hilog.error(0x0000, 'testTag', 'Failed to load the content. Cause: %{public}s',
JSON.stringify(err) ?? '');
        return;
      }

    });

    windowStage.getMainWindow().then((windowObj) => {
      console.log('windowObj',windowObj)
      this.windowObj = windowObj
      // 获取应用启动时的窗口尺寸
      this.updateBreakpoint(windowObj.getWindowProperties().windowRect.width)
      // 注册回调函数，监听窗口尺寸的变化
      windowObj.on('windowSizeChange', (windowSize)=>{
        this.updateBreakpoint(windowSize.width)
      })
    });
  }

  onWindowStageDestroy(): void {
    // 主窗口被销毁，释放UI相关资源
    hilog.info(0x0000, 'testTag', '%{public}s', 'Ability onWindowStageDestroy');
  }

  onForeground(): void {
    // Ability 移动前景中
    hilog.info(0x0000, 'testTag', '%{public}s', 'Ability onForeground');
  }

  onBackground(): void {
    // Ability 退到背景中
    hilog.info(0x0000, 'testTag', '%{public}s', 'Ability onBackground');
  }
}
```

（2）Breakpoint.ets文件：

```
import { router } from '@kit.ArkUI';
import { Navbar as MyNavbar } from '../components/navBar'
@Entry
@Component
struct Breakpoint {
  @State desc: string = '';
```

```
  @State title: string = ''
  @StorageProp('currentBreakpoint') curBp: string = 'lg'
  // 加载页面时接收传递过来的参数
  onPageShow(): void {
    // 获取传递过来的参数对象
    const params = router.getParams() as Record<string, string>;
    // 获取传递的值
    if (params) {
      this.desc = params.desc as string
      this.title = params.value as string
    }
  }
  build() {
      Column() {
        MyNavbar({ title: this.title })
        Divider().width('100%').strokeWidth(2).color(Color.Black)
        Row() {
          Text(`案例描述：${this.desc}`)
        }
        Text(this.curBp).fontSize(50).fontWeight(FontWeight.Medium)
      }
      .width('100%')
    .height('100%')
  }
}
```

注意，此代码在手机中调试可生效。

5.3.2 媒体查询

在实际应用开发过程中，开发者常常需要针对不同类型设备或同一类型设备的不同状态来修改应用的样式。媒体查询提供了丰富的媒体特征监听能力，可以监听应用显示区域变化、横竖屏、深浅色、设备类型等，因此在应用开发过程中得以广泛使用。

下面的案例是通过媒体查询监听应用窗口宽度变化，获取当前应用所处的断点值。

01 对通过媒体查询监听断点的功能进行简单的封装。创建common目录文件，在此上右击，新建ArkTS文件并重命名为breakpointsystem，文件中的代码如下：

```
import mediaQuery from '@ohos.mediaquery'
declare interface BreakPointTypeOption<T> {
  xs?: T
  sm?: T
  md?: T
  lg?: T
  xl?: T
  xxl?: T
}
export class BreakPointType<T> {
  options: BreakPointTypeOption<T>
  constructor(option: BreakPointTypeOption<T>) {
    this.options = option
  }
  getValue(currentBreakPoint: string) {
    if (currentBreakPoint === 'xs') {
      return this.options.xs
    } else if (currentBreakPoint === 'sm') {
      return this.options.sm
    } else if (currentBreakPoint === 'md') {
```

```
      return this.options.md
    } else if (currentBreakPoint === 'lg') {
      return this.options.lg
    } else if (currentBreakPoint === 'xl') {
      return this.options.xl
    } else if (currentBreakPoint === 'xxl') {
      return this.options.xxl
    } else {
      return undefined
    }
  }
}

interface Breakpoint {
  name: string
  size: number
  mediaQueryListener?: mediaQuery.MediaQueryListener
}

export class BreakpointSystem {
  private currentBreakpoint: string = 'md'
  private breakpoints: Breakpoint[] = [
    { name: 'xs', size: 0 }, { name: 'sm', size: 320 },
    { name: 'md', size: 600 }, { name: 'lg', size: 840 }
  ]

  private updateCurrentBreakpoint(breakpoint: string) {
    if (this.currentBreakpoint !== breakpoint) {
      this.currentBreakpoint = breakpoint
      AppStorage.Set<string>('currentBreakpoint', this.currentBreakpoint)
      console.log('on current breakpoint: ' + this.currentBreakpoint)
    }
  }

  public register() {
    this.breakpoints.forEach((breakpoint: Breakpoint, index) => {
      let condition:string
      if (index === this.breakpoints.length - 1) {
        condition = '(' + breakpoint.size + 'vp<=width' + ')'
      } else {
        condition = '(' + breakpoint.size + 'vp<=width<' + this.breakpoints[index + 1].size
+ 'vp)'
      }
      console.log(condition)
      breakpoint.mediaQueryListener = mediaQuery.matchMediaSync(condition)
      breakpoint.mediaQueryListener.on('change', (mediaQueryResult) => {
        if (mediaQueryResult.matches) {
          this.updateCurrentBreakpoint(breakpoint.name)
        }
      })
    })
  }

  public unregister() {
    this.breakpoints.forEach((breakpoint: Breakpoint) => {
      if(breakpoint.mediaQueryListener){
        breakpoint.mediaQueryListener.off('change')
      }
    })
  }
}
```

02 新建页面breakpoint.ets，在页面中通过媒体查询监听应用窗口宽度变化，获取当前应用所处的断点值。示例代码如下：

```
import { router } from '@kit.ArkUI';
import { Navbar as MyNavbar } from '../components/navBar'
import { BreakpointSystem, BreakPointType } from '../common/breakpointsystem'
@Entry
@Component
struct breakpoint {
  @State desc: string = '';
  @State title: string = ''
  @StorageLink('currentBreakpoint') private currentBreakpoint: string = "md";
  private breakpointSystem: BreakpointSystem = new BreakpointSystem()
  aboutToAppear() {
    this.breakpointSystem.register()
  }

  aboutToDisappear() {
    this.breakpointSystem.unregister()
  }

  // 加载页面时接收传递过来的参数
  onPageShow(): void {
    // 获取传递过来的参数对象
    const params = router.getParams() as Record<string, string>;
    // 获取传递的值
    if (params) {
      this.desc = params.desc as string
      this.title = params.value as string
    }
  }
  build() {
     Column() {
       MyNavbar({ title: this.title })
       Divider().width('100%').strokeWidth(2).color(Color.Black)
       Row() {
         Text(`案例描述：${this.desc}`)
       }
       Column(){
         Text(this.currentBreakpoint)
           .fontSize(24)
       }.width('100%')
       .layoutWeight(1)
       .justifyContent(FlexAlign.Center)
       .alignItems(HorizontalAlign.Center)

     }
     .width('100%')
    .height('100%')
  }
}
```

上述示例代码在不同尺寸的屏幕中的效果如图5-22所示。

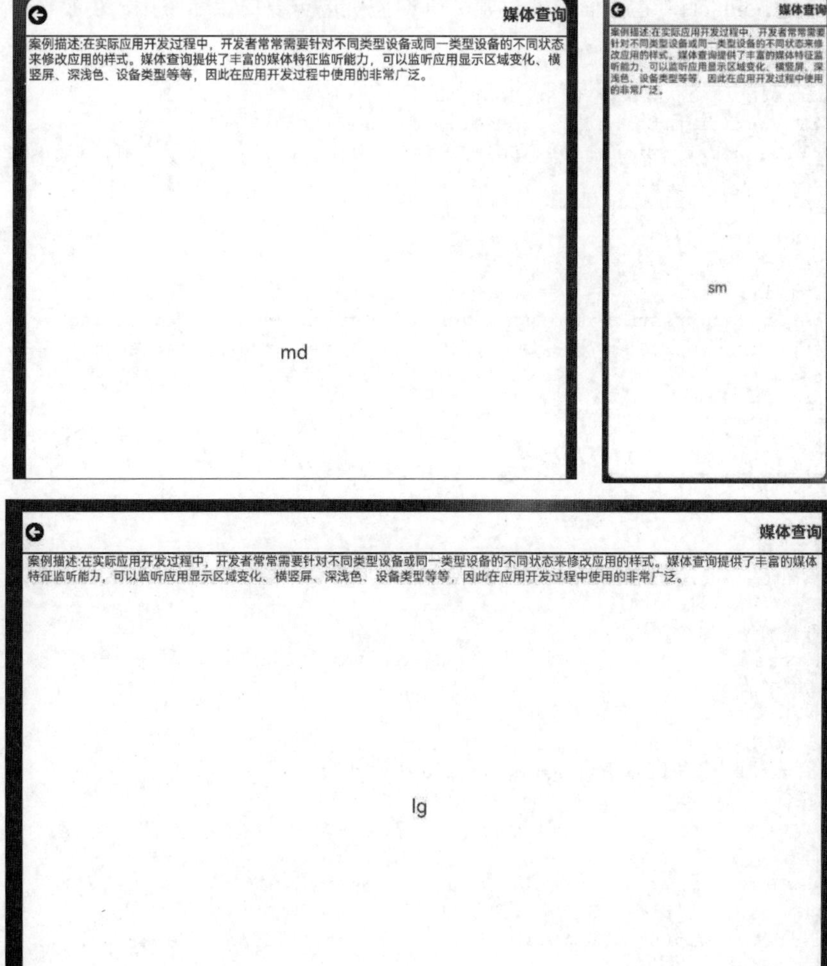

图5-22　媒体查询示例效果

5.3.3　栅格布局

栅格是多设备场景下通用的辅助定位工具，可以将空间分割为有规律的栅格。栅格可以显著降低适配不同屏幕尺寸的设计及开发成本，使得整体设计和开发流程更有秩序和节奏感，同时也保证了多设备上应用显示的协调性和一致性，提升了用户体验。

栅格的样式由Margin、Gutter、Columns三个属性决定。

- Margin是相对应用窗口、父容器的左右边缘的距离，决定了内容可展示的整体宽度。
- Gutter是相邻的两个Column之间的距离，决定了内容间的紧密程度。
- Columns是栅格中的列数，其数值决定了内容的布局复杂度。

单个Column的宽度是系统结合Margin、Gutter和Columns自动计算的，不需要也不允许开发者手动配置。

栅格的样式示例如图5-23所示。

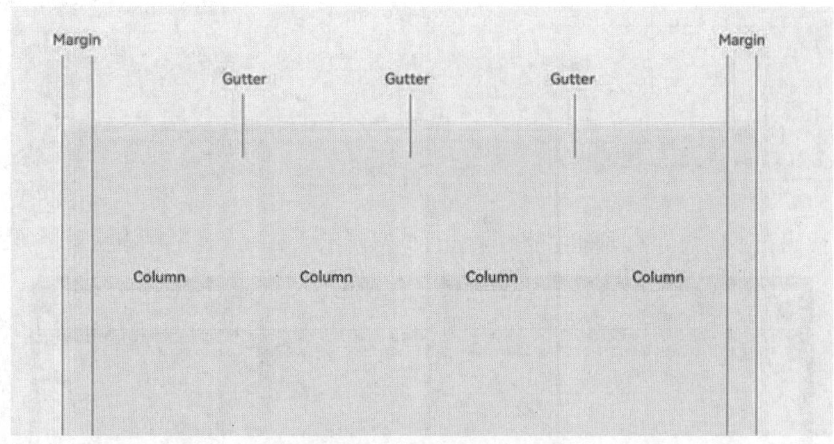

图5-23　栅格的样式示例

栅格布局就是栅格结合断点的布局，实现了栅格布局能力的组件叫作栅格组件。在实际使用场景中，可以根据需要配置不同断点下栅格组件中元素占据的列数，同时也可以调整Margin、Gutter、Columns的取值，从而实现不同的布局效果。

栅格布局示例代码如下：

```
import { router } from '@kit.ArkUI';
import { Navbar as MyNavbar } from '../components/navBar'
@Entry
@Component
struct GridRowSample {
  @State desc: string = '';
  @State title: string = ''
  @State private currentBreakpoint: string = 'unknown'
  // 加载页面时接收传递过来的参数
  onPageShow(): void {
    // 获取传递过来的参数对象
    const params = router.getParams() as Record<string, string>;
    // 获取传递的值
    if (params) {
      this.desc = params.desc as string
      this.title = params.value as string
    }
  }
  build() {
      Column() {
        MyNavbar({ title: this.title })
        Divider().width('100%').strokeWidth(2).color(Color.Black)
        Row() {
          Text(`案例描述：${this.desc}`)
        }
        // 修改断点的取值范围，同时启用更多断点。注意，修改的断点值后面必须加上单位vp
        GridRow({breakpoints: {value: ['600vp', '700vp', '800vp', '900vp', '1000vp'],
          reference: BreakpointsReference.WindowSize}}) {
          GridCol({span:{xs: 12, sm: 12, md: 12, lg:12, xl: 12, xxl:12}}) {
            Flex({ direction: FlexDirection.Column, alignItems: ItemAlign.Center,
justifyContent: FlexAlign.Center }) {
              Text(this.currentBreakpoint).fontSize(50).fontWeight(FontWeight.Medium)
            }
          }
        }.onBreakpointChange((currentBreakpoint: string) => {
```

```
            this.currentBreakpoint = currentBreakpoint
          })
        }
        .width('100%')
      .height('100%')
    }
  }
```

上述示例代码在不同尺寸的屏幕中的效果如图5-24所示。

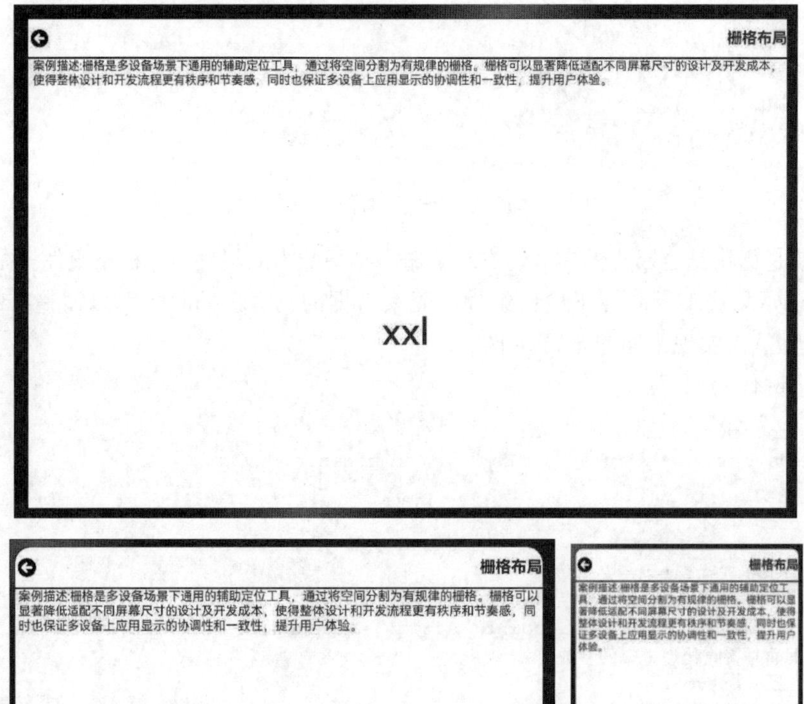

栅格布局
案例描述:栅格是多设备场景下通用的辅助定位工具，通过将空间分割为有规律的栅格。栅格可以显著降低适配不同屏幕尺寸的设计及开发成本，使得整体设计和开发流程更有秩序和节奏感，同时也保证多设备上应用显示的协调性和一致性，提升用户体验。
xxl

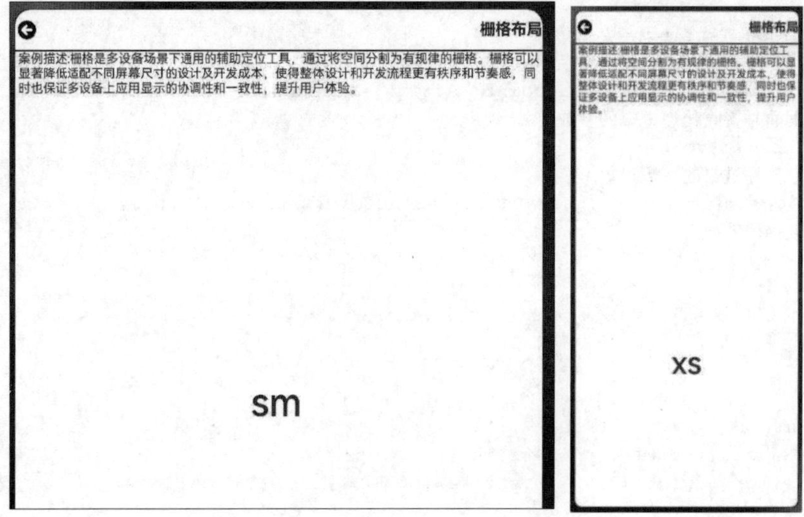

图5-24　栅格布局示例效果

5.4　实战：页签栏布局

页签栏是一个常见且重要的功能组件。由于移动设备屏幕尺寸多样，因此要求页签栏在不同设备上展示时需要具备良好的适应性。如何在HarmonyOS NEXT系统中使用一套代码实现响应式页签栏设计，以确保其在各种设备上均能展现出最佳效果呢？本节将详细阐述实现这一功能的方法和步骤。

5.4.1 案例准备

读者可以在配书源码包中下载项目所需的图标，如图5-25所示。

图5-25　项目所需的图标

5.4.2 案例实现

在目录common中创建媒体查询文件breakpointsystem.ets，用于检测不同尺寸下的屏幕。breakpointsystem.ets的代码如下：

```
import mediaQuery from '@ohos.mediaquery'

declare interface BreakPointTypeOption<T> {
  xs?: T
  sm?: T
  md?: T
  lg?: T
  xl?: T
  xxl?: T
}

export class BreakPointType<T> {
  options: BreakPointTypeOption<T>

  constructor(option: BreakPointTypeOption<T>) {
    this.options = option
  }

  getValue(currentBreakPoint: string) {
    if (currentBreakPoint === 'xs') {
      return this.options.xs
    } else if (currentBreakPoint === 'sm') {
      return this.options.sm
    } else if (currentBreakPoint === 'md') {
      return this.options.md
    } else if (currentBreakPoint === 'lg') {
      return this.options.lg
    } else if (currentBreakPoint === 'xl') {
      return this.options.xl
    } else if (currentBreakPoint === 'xxl') {
      return this.options.xxl
    } else {
      return undefined
    }
  }
}

interface Breakpoint {
  name: string
  size: number
  mediaQueryListener?: mediaQuery.MediaQueryListener
}

export class BreakpointSystem {
  private currentBreakpoint: string = 'md'
  private breakpoints: Breakpoint[] = [
    { name: 'xs', size: 0 }, { name: 'sm', size: 320 },
    { name: 'md', size: 600 }, { name: 'lg', size: 840 }
  ]
```

```
  private updateCurrentBreakpoint(breakpoint: string) {
    if (this.currentBreakpoint !== breakpoint) {
      this.currentBreakpoint = breakpoint
      AppStorage.Set<string>('currentBreakpoint', this.currentBreakpoint)
      console.log('on current breakpoint: ' + this.currentBreakpoint)
    }
  }

  public register() {
    this.breakpoints.forEach((breakpoint: Breakpoint, index) => {
      let condition:string
      if (index === this.breakpoints.length - 1) {
        condition = '(' + breakpoint.size + 'vp<=width' + ')'
      } else {
        condition = '(' + breakpoint.size + 'vp<=width<' + this.breakpoints[index + 1].size
+ 'vp)'
      }
      console.log(condition)
      breakpoint.mediaQueryListener = mediaQuery.matchMediaSync(condition)
      breakpoint.mediaQueryListener.on('change', (mediaQueryResult) => {
        if (mediaQueryResult.matches) {
          this.updateCurrentBreakpoint(breakpoint.name)
        }
      })
    })
  }

  public unregister() {
    this.breakpoints.forEach((breakpoint: Breakpoint) => {
      if(breakpoint.mediaQueryListener){
        breakpoint.mediaQueryListener.off('change')
      }
    })
  }
}
```

创建入口页面TabContentCase.ets，其代码如下：

```
import { BreakpointSystem, BreakPointType } from '../common/breakpointsystem'
interface TabBar  {
  name: string
  icon: Resource
  selectIcon: Resource
}
@Entry
@Component
struct TabContentCase {
  @State currentIndex: number = 0
  @StorageLink('currentBreakpoint') currentBreakpoint: string = 'md'
  private breakpointSystem: BreakpointSystem = new BreakpointSystem()

  @State tabs: Array<TabBar> = [{
    name: '聊天',
    icon: $r('app.media.im'),
    selectIcon: $r('app.media.imSele')
  }, {
    name: '通讯录',
    icon: $r('app.media.maillist'),
    selectIcon: $r('app.media.maillistSele')
  }, {
    name: '发现',
```

```
    icon: $r('app.media.find'),
    selectIcon: $r('app.media.findSele')
  }, {
    name: '我的',
    icon: $r('app.media.mine'),
    selectIcon: $r('app.media.mineSele')
  }]

  aboutToAppear() {
    this.breakpointSystem.register()
  }

  aboutToDisappear() {
    this.breakpointSystem.unregister()
  }

  @Builder TabBarBuilder(index: number, tabBar: TabBar) {
    Flex({
      direction: new BreakPointType({
        sm: FlexDirection.Column,
        md: FlexDirection.Row,
        lg: FlexDirection.Column
      }).getValue(this.currentBreakpoint),
      justifyContent: FlexAlign.Center,
      alignItems: ItemAlign.Center
    }) {
      Image(this.currentIndex === index ? tabBar.selectIcon : tabBar.icon)
        .size({ width: 15, height: 15 })
      Text(tabBar.name)
        .fontColor(this.currentIndex === index ? '#FF1948' : '#999')
        .margin(new BreakPointType<(Length|Padding)>({
          sm: { top: 4 },
          md: { left: 8 },
          lg: { top: 4 } }).getValue(this.currentBreakpoint)!)
        .fontSize(16)
    }
    .width('100%')
    .height('100%')
  }

  build() {
    Tabs({
      barPosition: new BreakPointType({
        sm: BarPosition.End,
        md: BarPosition.End,
        lg: BarPosition.Start
      }).getValue(this.currentBreakpoint)
    }) {
      ForEach(this.tabs, (item:TabBar, index) => {
        TabContent() {
          Stack() {
            Text(item.name).fontSize(30)
          }.width('100%').height('100%')
        }.tabBar(this.TabBarBuilder(index!, item))
      })
    }
    .vertical(new BreakPointType({ sm: false, md: false, lg:
true }).getValue(this.currentBreakpoint)!)
    .barWidth(new BreakPointType({ sm: '100%', md: '100%', lg:
'96vp' }).getValue(this.currentBreakpoint)!)
```

```
        .barHeight(new BreakPointType({ sm: '72vp', md: '56vp', lg:
'60%' }).getValue(this.currentBreakpoint)!)
        .animationDuration(0)
        .onChange((index: number) => {
          this.currentIndex = index
        })
      }
    }
```

上述示例代码在不同尺寸的屏幕中的效果如图5-26所示。

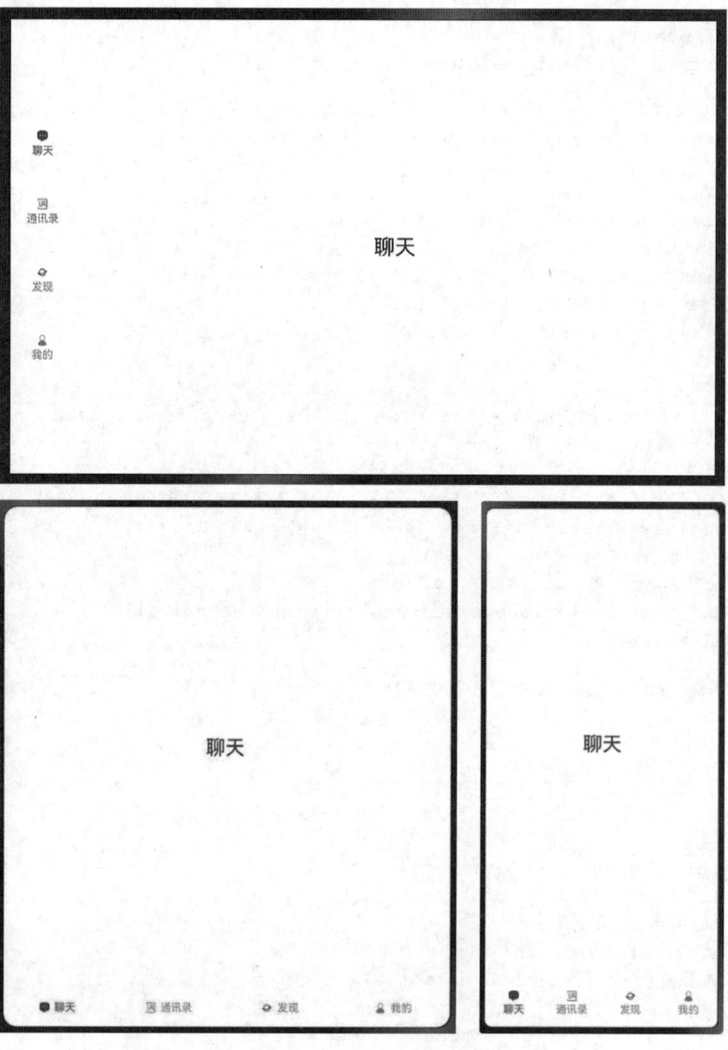

图5-26　页签栏在不同屏幕中的展示效果

5.5　本章小结

本章深入探讨了HarmonyOS的核心特性之一——“一次开发，多端部署”，并详细介绍了自适应布局与响应式布局的策略。此外，还通过媒体查询技术编写了一个通用的标签页，实现了跨设备的一致性体验。通过对本章内容的学习，读者将能够实现HarmonyOS NEXT的“一多”开发。

第 6 章

多媒体应用开发

Media Kit（媒体服务）提供了AVPlayer和AVRecorder用于播放、录制音频和视频，本章将介绍各种涉及音频、视频播放或录制功能的开发方式，指导读者使用系统提供的音视频API实现对应功能。

6.1 音频开发

本节将介绍HarmonyOS NEXT的音频开发技术。

6.1.1 音频开发概述

音频和视频的播放或录制，由media模块提供相关能力，不涉及UI界面、图形处理、媒体存储等功能。

在开发音频和视频的播放功能之前，建议先了解流媒体播放的相关概念，包括但不限于以下几种：

- 播放过程：网络协议→容器格式→音视频编解码→图形/音频渲染。
- 网络协议：比如HLS、HTTP/HTTPS。
- 容器格式：比如MP4、MKV、MPEG-TS。
- 编码格式：比如h264/h265。

下面介绍与音频和视频的播放功能相关的AVPlayer。

1. AVPlayer

AVPlayer的主要工作是将音频/视频媒体资源（比如MP4/MP3/MKV/MPEG-TS等）转码为可供渲染的图像和可听见的音频模拟信号，并通过输出设备进行播放。

AVPlayer提供了功能完善的一体化播放能力，应用只需要提供流媒体来源，不需要进行数据解析和解码，就可达成播放效果。

当使用AVPlayer开发音乐应用播放音频时，其交互关系如图6-1所示。

播放的全流程包含创建AVPlayer，设置播放资源，设置播放参数（音量/倍速/焦点模式），播放控制（播放/暂停/跳转/停止），重置和销毁资源。

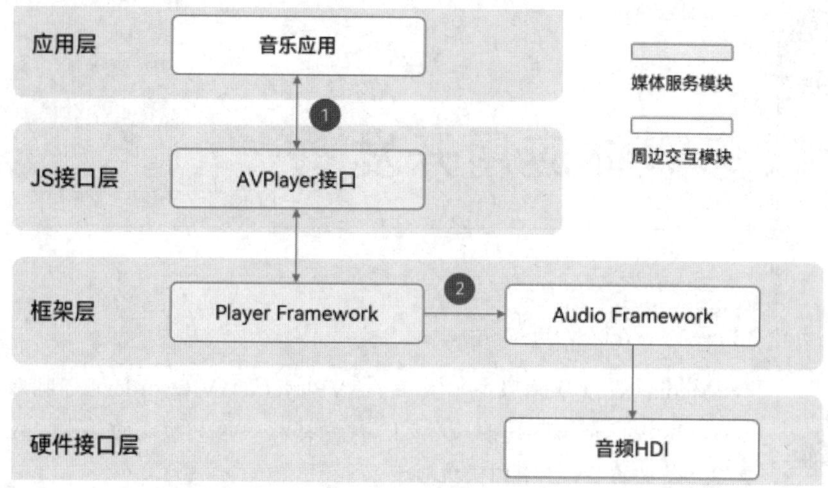

图6-1　AVPlayer的原理

在应用开发过程中，开发者可以通过AVPlayer的state属性主动获取当前状态或使用on('stateChange')方法监听状态变化。如果应用在音频播放器处于错误状态时执行操作，那么系统可能会抛出异常或生成其他未定义的行为。

AVPlayer播放状态变化示意图如图6-2所示。

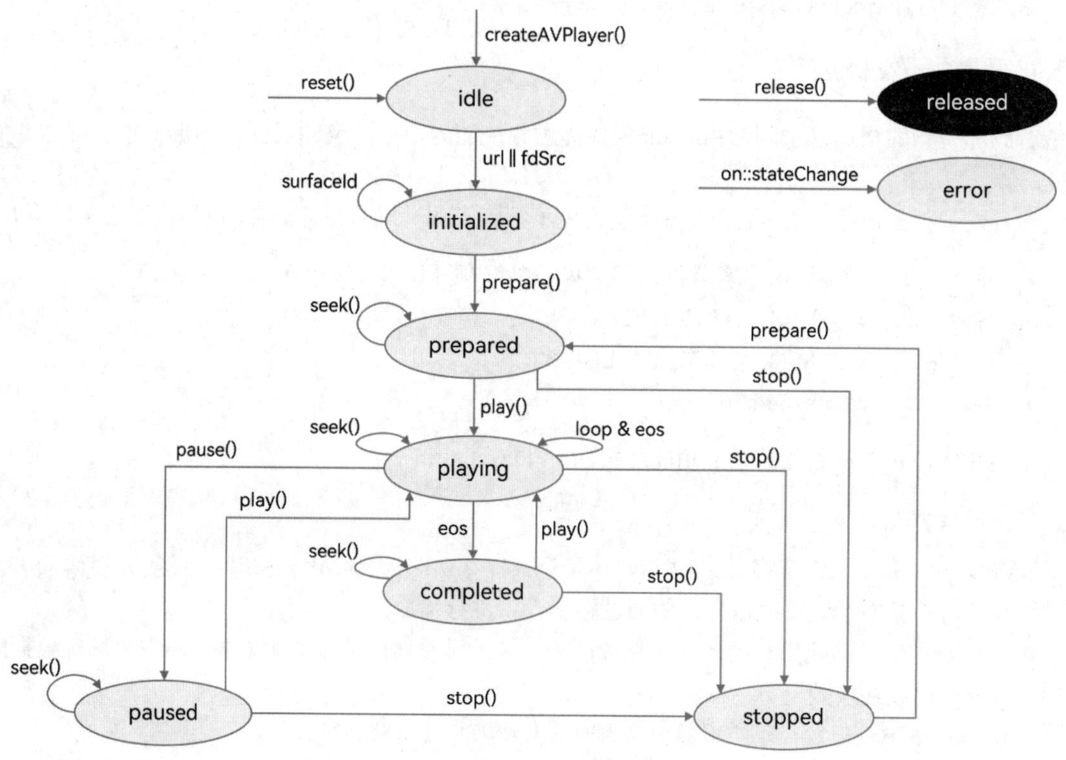

图6-2　AVPlayer播放状态变化

2. AVPlayer API

AVPlayer提供了多个API供开发者使用，这些API可用来管理和播放媒体资源。具体说明如下：

1）url

类　　型：string。

说　　明：媒体URL，只允许在idle状态下设置。支持的视频格式有MP4、MPEG-TS、MKV。支持的音频格式有M4A、AAC、MP3、OGG、WAV、FLAC。支持的路径包括FD类型播放、HTTP/HTTPS网络播放、HLS网络播放路径。从API version 11开始不支持WebM。

2）fdSrc

类　　型：AVFileDescriptor。

说　　明：媒体文件描述，只允许在idle状态下设置。

使用场景：应用中的媒体资源被连续存储在同一个文件中。支持的格式同url。

3）dataSrc

类　　型：AVDataSrcDescriptor。

说　　明：流式媒体资源描述，只允许在idle状态下设置。

使用场景：应用播放从远端下载到本地的文件。支持的格式同url。

4）surfaceId

类　　型：string。

说　　明：视频窗口ID，默认无窗口，只允许在initialized状态下设置。

使用场景：视频播放的窗口渲染。

5）loop

类　　型：boolean。

说　　明：视频循环播放属性，默认值为'false'，动态属性。只允许在特定状态下设置。直播场景不支持loop设置。

6）videoScaleType

类　　型：VideoScaleType。

说　　明：视频缩放模式，默认值为VIDEO_SCALE_TYPE_FIT，动态属性。只允许在特定状态下设置。

7）audioInterruptMode

类　　型：audio.InterruptMode。

说　　明：音频焦点模型，默认值为SHARE_MODE，动态属性。在第一次调用play()之前设置。

8）audioRendererInfo

类　　型：audio.AudioRendererInfo。

说　　明：设置音频渲染信息，只允许在initialized状态下第一次调用prepare()之前设置。

9）audioEffectMode

类型：audio.AudioEffectMode。

说明：设置音频音效模式，默认值为EFFECT_DEFAULT，动态属性。只允许在特定状态下设置。

10）state

类　　型：AVPlayerState。

说　　明：音视频播放的状态，全状态有效，可查询参数。

11）currentTime

类　　型：number。

说　　明：视频的当前播放位置，单位为毫秒（ms），prepared/playing/paused/completed状态下有效。

12）duration

类　　型：number。

说　　明：视频时长，单位为毫秒（ms），prepared/playing/paused/completed状态下有效。

13）width

类　　型：number。

说　　明：视频宽，单位为像素（px），prepared/playing/paused/completed状态下有效。

14）height

类　　型：number。

说　　明：视频高，单位为像素（px），prepared/playing/paused/completed状态下有效。

3. AVRecorder API

AVRecorder是音视频录制管理类，用于音视频媒体录制。在调用AVRecorder的方法前，需要先通过createAVRecorder()构建一个AVRecorder实例。

AVRecorder API与AVPlayer API是一致的，参考6.1.1节中的AVPlayer API即可。

6.1.2 音频播放示例

下面介绍音频播放功能的开发步骤。

01 在调用AVPlayer的方法前，先通过createAVPlayer()构建一个AVPlayer实例，然后将AVPlayer初始化为idle状态。

02 设置业务需要的监听事件，搭配全流程场景使用。

支持的监听事件如下：

- stateChange：必要事件，监听播放器的state属性的改变。
- error：必要事件，监听播放器的错误信息。
- durationUpdate：监听进度条长度，刷新资源时长。
- timeUpdate：监听进度条当前位置，刷新当前时间。
- seekDone：响应API调用，监听seek()请求完成情况。当使用seek()跳转到指定播放位置后，如果seek()操作成功，就上报该事件。
- speedDone：响应API调用，监听setSpeed()请求完成情况。当使用setSpeed()设置播放倍速后，如果setSpeed()操作成功，就上报该事件。
- volumeChange：响应API调用，监听setVolume()请求完成情况。当使用setVolume()调节播放音量后，如果setVolume()操作成功，就上报该事件。
- bufferingUpdate：监听网络播放缓冲信息，上报缓冲百分比以及缓存播放进度。

- audioInterrupt：监听音频焦点切换信息，搭配属性audioInterruptMode使用。如果当前设备有多个音频正在播放，那么当音频焦点被切换时将上报该事件，以便应用可以及时处理。

03 设置资源：设置属性url，AVPlayer进入initialized状态。

04 准备播放：调用prepare()，AVPlayer进入prepared状态，此时可以获取duration，设置音量。

05 音频播控：进行播放play()、暂停pause()、跳转seek()、停止stop() 等操作。

06 更换资源（可选）：调用reset()重置资源，AVPlayer重新进入idle状态，允许更换资源URL。

07 退出播放：调用release()销毁实例，AVPlayer进入released状态，退出播放。

示例代码如下：

```
import media from '@ohos.multimedia.media';
import fs from '@ohos.file.fs';
import common from '@ohos.app.ability.common';
import { BusinessError } from '@ohos.base';

export class AVPlayerDemo {
  private count: number = 0;
  private isSeek: boolean = true;      // 用于区分模式是否支持seek操作
  private fileSize: number = -1;
  private fd: number = 0;
  // 注册avplayer回调函数
  setAVPlayerCallback(avPlayer: media.AVPlayer) {
    // seek操作结果回调函数
    avPlayer.on('seekDone', (seekDoneTime: number) => {
      console.info(`AVPlayer seek succeeded, seek time is ${seekDoneTime}`);
    })
    // error回调监听函数，当avPlayer在操作过程中出现错误时，调用reset接口触发重置流程
    avPlayer.on('error', (err: BusinessError) => {
      console.error(`Invoke avPlayer failed, code is ${err.code}, message is
${err.message}`);
      avPlayer.reset();                  // 调用reset重置资源，触发idle状态
    })
    // 状态机变化回调函数
    avPlayer.on('stateChange', async (state: string, reason: media.StateChangeReason) => {
      switch (state) {
        case 'idle':                     // 成功调用reset接口后触发该状态机上报
          console.info('AVPlayer state idle called.');
          avPlayer.release();            // 调用release接口销毁实例对象
          break;
        case 'initialized':              // AVPlayer设置播放源后触发该状态上报
          console.info('AVPlayer state initialized called.');
          avPlayer.prepare();
          break;
        case 'prepared':                 // prepare调用成功后上报该状态机
          console.info('AVPlayer state prepared called.');
          avPlayer.play();               // 调用播放接口开始播放
          break;
        case 'playing':                  // play成功调用后触发该状态机上报
          console.info('AVPlayer state playing called.');
          if (this.count !== 0) {
            if (this.isSeek) {
              console.info('AVPlayer start to seek.');
              avPlayer.seek(avPlayer.duration);          // 跳转到音频末尾
            } else {
              // 当播放模式不支持seek操作时，继续播放到结尾
              console.info('AVPlayer wait to play end.');
```

```
        }
      } else {
        avPlayer.pause();                                    // 调用暂停接口暂停播放
      }
        this.count++;
        break;
      case 'paused':                              // pause成功调用后触发该状态机上报
        console.info('AVPlayer state paused called.');
        avPlayer.play();                          // 再次调用播放接口开始播放
        break;
      case 'completed':                           // 播放结束后触发该状态机上报
        console.info('AVPlayer state completed called.');
        avPlayer.stop();                          //调用播放结束接口
        break;
      case 'stopped':                             // stop接口成功调用后触发该状态机上报
        console.info('AVPlayer state stopped called.');
        avPlayer.reset();                         // 调用reset接口初始化AVPlayer状态
        break;
      case 'released':
        console.info('AVPlayer state released called.');
        break;
      default:
        console.info('AVPlayer state unknown called.');
        break;
    }
  })
}

// 以下示例为使用fs文件系统打开沙箱地址来获取媒体文件地址，并通过url属性进行播放
async avPlayerUrlDemo() {
  // 创建avPlayer实例对象
  let avPlayer: media.AVPlayer = await media.createAVPlayer();
  // 创建状态机变化回调函数
  this.setAVPlayerCallback(avPlayer);
  let fdPath = 'fd://';
  // 通过UIAbilityContext获取沙箱地址filesDir，以Stage模型为例
  let context = getContext(this) as common.UIAbilityContext;
  let pathDir = context.filesDir;
  let path = pathDir + '/01.mp3';
  // 打开相应的资源文件地址获取fd，并为url赋值，触发initialized状态机上报
  let file = await fs.open(path);
  fdPath = fdPath + '' + file.fd;
  this.isSeek = true; // 支持seek操作
  avPlayer.url = fdPath;
}

// 以下示例为使用资源管理接口获取打包在HAP内的媒体资源文件，并通过fdSrc属性进行播放
async avPlayerFdSrcDemo() {
  // 创建avPlayer实例对象
  let avPlayer: media.AVPlayer = await media.createAVPlayer();
  // 创建状态机变化回调函数
  this.setAVPlayerCallback(avPlayer);
  // 通过UIAbilityContext的resourceManager成员的getRawFd接口获取媒体资源播放地址
  // 返回类型为{fd,offset,length}，fd为HAP包fd地址，offset为媒体资源偏移量，length为播放长度
  let context = getContext(this) as common.UIAbilityContext;
  let fileDescriptor = await context.resourceManager.getRawFd('01.mp3');
  let avFileDescriptor: media.AVFileDescriptor =
    { fd: fileDescriptor.fd, offset: fileDescriptor.offset, length: fileDescriptor.length };
  this.isSeek = true;                             // 支持seek操作
```

```
    // 为fdSrc赋值，触发initialized状态机上报
    avPlayer.fdSrc = avFileDescriptor;
  }

  // 以下示例为使用fs文件系统打开沙箱地址获取媒体文件地址，并通过dataSrc属性进行播放(seek模式)
  async avPlayerDataSrcSeekDemo() {
    // 创建avPlayer实例对象
    let avPlayer: media.AVPlayer = await media.createAVPlayer();
    // 创建状态机变化回调函数
    this.setAVPlayerCallback(avPlayer);
    // dataSrc播放模式的播放源地址，当播放为Seek模式时，fileSize为播放文件的具体大小，下面会为
fileSize赋值
    let src: media.AVDataSrcDescriptor = {
      fileSize: -1,
      callback: (buf: ArrayBuffer, length: number, pos: number | undefined) => {
        let num = 0;
        if (buf == undefined || length == undefined || pos == undefined) {
          return -1;
        }
        num = fs.readSync(this.fd, buf, { offset: pos, length: length });
        if (num > 0 && (this.fileSize >= pos)) {
          return num;
        }
        return -1;
      }
    }
    let context = getContext(this) as common.UIAbilityContext;
    // 通过UIAbilityContext获取沙箱地址filesDir，以Stage模型为例
    let pathDir = context.filesDir;
    let path = pathDir  + '/01.mp3';
    await fs.open(path).then((file: fs.File) => {
      this.fd = file.fd;
    })
    // 获取播放文件的大小
    this.fileSize = fs.statSync(path).size;
    src.fileSize = this.fileSize;
    this.isSeek = true; // 支持seek操作
    avPlayer.dataSrc = src;
  }

  // 以下示例为使用fs文件系统打开沙箱地址获取媒体文件地址，并通过dataSrc属性进行播放(No seek模式)
  async avPlayerDataSrcNoSeekDemo() {
    // 创建avPlayer实例对象
    let avPlayer: media.AVPlayer = await media.createAVPlayer();
    // 创建状态机变化回调函数
    this.setAVPlayerCallback(avPlayer);
    let context = getContext(this) as common.UIAbilityContext;
    let src: media.AVDataSrcDescriptor = {
      fileSize: -1,
      callback: (buf: ArrayBuffer, length: number) => {
        let num = 0;
        if (buf == undefined || length == undefined) {
          return -1;
        }
        num = fs.readSync(this.fd, buf);
        if (num > 0) {
          return num;
        }
        return -1;
```

```
        }
      }
      // 通过UIAbilityContext获取沙箱地址filesDir，以Stage模型为例
      let pathDir = context.filesDir;
      let path = pathDir  + '/01.mp3';
      await fs.open(path).then((file: fs.File) => {
        this.fd = file.fd;
      })
      this.isSeek = false;                          // 不支持seek操作
      avPlayer.dataSrc = src;
    }

    // 以下示例为通过url设置网络地址，实现播放直播码流
    async avPlayerLiveDemo() {
      // 创建avPlayer实例对象
      let avPlayer: media.AVPlayer = await media.createAVPlayer();
      // 创建状态机变化回调函数
      this.setAVPlayerCallback(avPlayer);
      this.isSeek = false;                    // 不支持seek操作
      avPlayer.url = 'http:                   // xxx.xxx.xxx.xxx:xx/xx/index.m3u8';
    }
  }
```

6.1.3　音频录制示例

示例代码如下：

```
  import media from '@ohos.multimedia.media';
  import { BusinessError } from '@ohos.base';

  export class AudioRecorderDemo {
    private avRecorder: media.AVRecorder | undefined = undefined;
    private avProfile: media.AVRecorderProfile = {
      audioBitrate: 100000,                                    // 音频比特率
      audioChannels: 2,                                        // 音频声道数
      audioCodec: media.CodecMimeType.AUDIO_AAC,               // 音频编码格式，当前只支持AAC
      audioSampleRate: 48000,                                  // 音频采样率
      fileFormat: media.ContainerFormatType.CFT_MPEG_4A,   // 封装格式，当前只支持M4A
    };
    private avConfig: media.AVRecorderConfig = {
      audioSourceType: media.AudioSourceType.AUDIO_SOURCE_TYPE_MIC, // 音频输入源，这里设置
为麦克风
      profile: this.avProfile,
      url: 'fd://35',                                          // 新建并读写一个文件
    };

    // 注册audioRecorder回调函数
    setAudioRecorderCallback() {
      if (this.avRecorder != undefined) {
        // 状态机变化回调函数
        this.avRecorder.on('stateChange', (state: media.AVRecorderState, reason:
media.StateChangeReason) => {
          console.log(`AudioRecorder current state is ${state}`);
        })
        // 错误上报回调函数
        this.avRecorder.on('error', (err: BusinessError) => {
          console.error(`AudioRecorder failed, code is ${err.code}, message is
${err.message}`);
        })
```

```
    }
  }

  // 开始录制对应的流程
  async startRecordingProcess() {
    if (this.avRecorder != undefined) {
      await this.avRecorder.release();
      this.avRecorder = undefined;
    }
    // 1.创建录制实例
    this.avRecorder = await media.createAVRecorder();
    this.setAudioRecorderCallback();
    // 2.获取录制文件fd，赋予avConfig里的url
    // 3.配置录制参数，完成准备工作
    await this.avRecorder.prepare(this.avConfig);
    // 4.开始录制
    await this.avRecorder.start();
  }

  // 暂停录制对应的流程
  async pauseRecordingProcess() {
    if (this.avRecorder != undefined && this.avRecorder.state === 'started') { // 仅在
started状态下调用pause为合理状态切换
      await this.avRecorder.pause();
    }
  }

  // 恢复录制对应的流程
  async resumeRecordingProcess() {
    if (this.avRecorder != undefined && this.avRecorder.state === 'paused') { // 仅在paused
状态下调用resume为合理状态切换
      await this.avRecorder.resume();
    }
  }

  // 停止录制对应的流程
  async stopRecordingProcess() {
    if (this.avRecorder != undefined) {
      // 1. 停止录制
      if (this.avRecorder.state === 'started'
        || this.avRecorder.state === 'paused') { // 仅在started或者paused状态下调用stop为
合理状态切换
        await this.avRecorder.stop();
      }
      // 2.重置
      await this.avRecorder.reset();
      // 3.释放录制实例
      await this.avRecorder.release();
      this.avRecorder = undefined;
      // 4.关闭录制文件fd
    }
  }

  // 一个完整的【开始录制-暂停录制-恢复录制-停止录制】示例
  async audioRecorderDemo() {
    await this.startRecordingProcess();                    // 开始录制
    // 此处可以自行设置录制时长，例如通过设置休眠来阻止代码执行
    await this.pauseRecordingProcess();                    // 暂停录制
    await this.resumeRecordingProcess();                   // 恢复录制
```

```
    await this.stopRecordingProcess();                       // 停止录制
  }
}
```

6.2 视频开发

本节将介绍HarmonyOS NEXT的视频开发技术。

HarmonyOS NEXT目前提供两种视频播放的开发方案：

- AVPlayer：是功能较完善的音视频播放ArkTS/JS API，集成了流媒体和本地资源解析、媒体资源解封装、视频解码和渲染功能，适用于对媒体资源进行端到端播放的场景，可直接播放MP4、MKV等格式的视频文件。
- Video组件：封装了视频播放的基础能力，只需设置数据源以及基础信息即可播放视频，但扩展能力相对较弱。

具体的视频开发步骤如下：

01 调用createAVPlayer()创建AVPlayer实例，初始化进入idle状态。

02 设置业务需要的监听事件，搭配全流程场景使用。此处与音频开发支持的监听事件相同。

03 设置资源：设置属性url，AVPlayer进入initialized状态。

04 设置窗口：获取并设置属性surfaceID，用于设置显示画面。应用需要从XComponent组件获取surfaceID。

05 准备播放：调用prepare()，AVPlayer进入prepared状态，此时可以获取duration，设置缩放模式、音量等。

06 视频播控：进行播放play()、暂停pause()、跳转seek()、停止stop()等操作。

07 更换资源（可选）：调用reset()重置资源，AVPlayer重新进入idle状态，允许更换资源URL。

08 退出播放：调用release()销毁实例，AVPlayer进入released状态，退出播放。

完整示例代码如下：

```
import media from '@ohos.multimedia.media';
import fs from '@ohos.file.fs';
import common from '@ohos.app.ability.common';
import { BusinessError } from '@ohos.base';

export class AVPlayerDemo {
  private count: number = 0;
  private surfaceID: string = ''; // surfaceID用于显示播放画面，具体的值需要通过Xcomponent
接口获取
  private isSeek: boolean = true; // 用于区分模式是否支持seek操作
  private fileSize: number = -1;
  private fd: number = 0;
  // 注册avplayer回调函数
  setAVPlayerCallback(avPlayer: media.AVPlayer) {
    // startRenderFrame首帧渲染回调函数
    avPlayer.on('startRenderFrame', () => {
      console.info(`AVPlayer start render frame`);
    })
    // seek操作结果回调函数
    avPlayer.on('seekDone', (seekDoneTime: number) => {
```

```
      console.info(`AVPlayer seek succeeded, seek time is ${seekDoneTime}`);
    })
    // error回调监听函数，当avPlayer在操作过程中出现错误时，调用reset接口触发重置流程
    avPlayer.on('error', (err: BusinessError) => {
      console.error(`Invoke avPlayer failed, code is ${err.code}, message is
${err.message}`);
      avPlayer.reset(); // 调用reset重置资源，触发idle状态
    })
    // 状态机变化回调函数
    avPlayer.on('stateChange', async (state: string, reason: media.StateChangeReason) => {
      switch (state) {
        case 'idle':                  // 成功调用reset接口后触发该状态机上报
          console.info('AVPlayer state idle called.');
          avPlayer.release();         // 调用release接口销毁实例对象
          break;
        case 'initialized':           // avplayer 设置播放源后触发该状态上报
          console.info('AVPlayer state initialized called.');
          avPlayer.surfaceId = this.surfaceID; // 设置显示画面，当播放的资源为纯音频时无须设置
          avPlayer.prepare();
          break;
        case 'prepared':              // prepare调用成功后上报该状态机
          console.info('AVPlayer state prepared called.');
          avPlayer.play();            // 调用播放接口开始播放
          break;
        case 'playing':               // play成功调用后触发该状态机上报
          console.info('AVPlayer state playing called.');
          if (this.count !== 0) {
            if (this.isSeek) {
              console.info('AVPlayer start to seek.');
              avPlayer.seek(avPlayer.duration);      //seek到视频末尾
            } else {
              // 当播放模式不支持seek操作时，继续播放到结尾
              console.info('AVPlayer wait to play end.');
            }
          } else {
            avPlayer.pause();                          // 调用暂停接口暂停播放
          }
          this.count++;
          break;
        case 'paused':                                 // pause成功调用后触发该状态机上报
          console.info('AVPlayer state paused called.');
          avPlayer.play();                             // 再次调用播放接口开始播放
          break;
        case 'completed':                              // 播放结束后触发该状态机上报
          console.info('AVPlayer state completed called.');
          avPlayer.stop();                             // 调用播放结束接口
          break;
        case 'stopped':                                // stop接口成功调用后触发该状态机上报
          console.info('AVPlayer state stopped called.');
          avPlayer.reset();                            // 调用reset接口初始化avplayer状态
          break;
        case 'released':
          console.info('AVPlayer state released called.');
          break;
        default:
          console.info('AVPlayer state unknown called.');
          break;
      }
    })
```

```
  }

  // 以下示例为使用fs文件系统打开沙箱地址获取媒体文件地址，并通过url属性进行播放
  async avPlayerUrlDemo() {
    // 创建avPlayer实例对象
    let avPlayer: media.AVPlayer = await media.createAVPlayer();
    // 创建状态机变化回调函数
    this.setAVPlayerCallback(avPlayer);
    let fdPath = 'fd://';
    let context = getContext(this) as common.UIAbilityContext;
    // 通过UIAbilityContext获取沙箱地址filesDir，以Stage模型为例
    let pathDir = context.filesDir;
    let path = pathDir + '/H264_AAC.mp4';
    // 打开相应的资源文件地址获取fd，并为url赋值，触发initialized状态机上报
    let file = await fs.open(path);
    fdPath = fdPath + '' + file.fd;
    this.isSeek = true; // 支持seek操作
    avPlayer.url = fdPath;
  }

  // 以下示例为使用资源管理接口获取打包在HAP内的媒体资源文件，并通过fdSrc属性进行播放
  async avPlayerFdSrcDemo() {
    // 创建avPlayer实例对象
    let avPlayer: media.AVPlayer = await media.createAVPlayer();
    // 创建状态机变化回调函数
    this.setAVPlayerCallback(avPlayer);
    // 通过UIAbilityContext的resourceManager成员的getRawFd接口获取媒体资源播放地址
    // 返回类型为{fd,offset,length}，fd为HAP包fd地址，offset为媒体资源偏移量，length为播放长度
    let context = getContext(this) as common.UIAbilityContext;
    let fileDescriptor = await context.resourceManager.getRawFd('H264_AAC.mp4');
    let avFileDescriptor: media.AVFileDescriptor =
      { fd: fileDescriptor.fd, offset: fileDescriptor.offset, length:
fileDescriptor.length };
    this.isSeek = true; // 支持seek操作
    // 为fdSrc赋值，触发initialized状态机上报
    avPlayer.fdSrc = avFileDescriptor;
  }

  // 以下示例为使用fs文件系统打开沙箱地址获取媒体文件地址，并通过dataSrc属性进行播放(seek模式)
  async avPlayerDataSrcSeekDemo() {
    // 创建avPlayer实例对象
    let avPlayer: media.AVPlayer = await media.createAVPlayer();
    // 创建状态机变化回调函数
    this.setAVPlayerCallback(avPlayer);
    // dataSrc播放模式的播放源地址，当播放为Seek模式时，fileSize为播放文件的具体大小，下面会对
fileSize赋值
    let src: media.AVDataSrcDescriptor = {
      fileSize: -1,
      callback: (buf: ArrayBuffer, length: number, pos: number | undefined) => {
        let num = 0;
        if (buf == undefined || length == undefined || pos == undefined) {
          return -1;
        }
        num = fs.readSync(this.fd, buf, { offset: pos, length: length });
        if (num > 0 && (this.fileSize >= pos)) {
          return num;
        }
        return -1;
      }
```

```
    }
    let context = getContext(this) as common.UIAbilityContext;
    // 通过UIAbilityContext获取沙箱地址filesDir，以Stage模型为例
    let pathDir = context.filesDir;
    let path = pathDir + '/H264_AAC.mp4';
    await fs.open(path).then((file: fs.File) => {
      this.fd = file.fd;
    })
    // 获取播放文件的大小
    this.fileSize = fs.statSync(path).size;
    src.fileSize = this.fileSize;
    this.isSeek = true; // 支持seek操作
    avPlayer.dataSrc = src;
  }

  // 以下示例为使用fs文件系统打开沙箱地址获取媒体文件地址，并通过dataSrc属性进行播放(No seek模式)
  async avPlayerDataSrcNoSeekDemo() {
    // 创建avPlayer实例对象
    let avPlayer: media.AVPlayer = await media.createAVPlayer();
    // 创建状态机变化回调函数
    this.setAVPlayerCallback(avPlayer);
    let context = getContext(this) as common.UIAbilityContext;
    let src: media.AVDataSrcDescriptor = {
      fileSize: -1,
      callback: (buf: ArrayBuffer, length: number) => {
        let num = 0;
        if (buf == undefined || length == undefined) {
          return -1;
        }
        num = fs.readSync(this.fd, buf);
        if (num > 0) {
          return num;
        }
        return -1;
      }
    }
    // 通过UIAbilityContext获取沙箱地址filesDir，以Stage模型为例
    let pathDir = context.filesDir;
    let path = pathDir + '/H264_AAC.mp4';
    await fs.open(path).then((file: fs.File) => {
      this.fd = file.fd;
    })
    this.isSeek = false; // 不支持seek操作
    avPlayer.dataSrc = src;
  }

  // 以下示例为通过url设置网络地址来实现播放直播码流
  async avPlayerLiveDemo() {
    // 创建avPlayer实例对象
    let avPlayer: media.AVPlayer = await media.createAVPlayer();
    // 创建状态机变化回调函数
    this.setAVPlayerCallback(avPlayer);
    this.isSeek = false; // 不支持seek操作
    avPlayer.url = 'http://xxx.xxx.xxx.xxx:xx/xx/index.m3u8'; // 播放hls网络直播码流
  }
}
```

6.3 实战：语音录制和声音动效的实现

本节将通过一个案例来演示HarmonyOS音视频开发的流程和方法。

6.3.1 案例要求与工程结构

本案例实现的功能如下：

（1）利用组合手势来实现录制音频与取消录制。

（2）在录制音频的时候通过getAudioCapturerMaxAmplitude获取声音振幅使UI变化。对振幅做占比运算，随机取最大值与最小值之间的值（Math.floor(Math.random()）来使column的高度随机变化。

（3）使用AVplayer播放已录制的音频。

构建如下项目工程目录和模块类型：

```
|—— main
|   |—— ets
|   |   |—— common
|   |   |   |—— CommonConstants.ets     // 常量定义
|   |   |   └── VerifyModeEnum.ets      // 识别类型枚举
|   |   |—— components
|   |   |   |—— AVPlayerDemo.ets        //【在本案例中无实际意义】音频播放相关方法见6.1.2节
|   |   |   └── AudioRecorder.ets       //【在本案例中无实际意义】视频播放相关方法见6.1.3节
|   |   |—— entryability
|   |   |   └── EntryAbility.ets
|   |   └── pages
|   |       └── Index.ets               // 主页面
|   |—— module.json5                    // 配置相关权限
```

6.3.2 案例实现

1. 利用组合手势来实现录制音频与取消录制

示例代码如下：

```
build() {
  Column() {
    Button($r('app.string.voice_record_dynamic_effect_button'))
      .gesture(
        GestureGroup(GestureMode.Sequence,
          LongPressGesture()
            .onAction( () => {
              this.AVrecord.startRecordingProcess();
            })
            .onActionEnd( () => {
              this.AVrecord.stopRecordingProcess();
            }),
          PanGesture()
            .onActionStart( () => {
              clearInterval(this.count);
            })
            .onActionEnd( () => {
              this.AVrecord.stopRecordingProcess();
            })
```

```
      )
        .onCancel( () => {
          this.AVrecord.startRecordingProcess();
        })
      )
    }
}
```

2. 在录制音频的时候通过getAudioCapturerMaxAmplitude获取声音振幅使UI变化

示例代码如下：

```
async
startRecordingProcess()
{
  if (this.avRecorder !== undefined) {
    await this.avRecorder.release();
    this.avRecorder = undefined;
  }
  // 1.创建录制实例
  this.avRecorder = await media.createAVRecorder();
  this.setAudioRecorderCallback();
  // 2.获取录制文件fd，赋予avConfig里的url；参考FilePicker文档
  const context = getContext(this);
  const path = context.filesDir;
  const filepath = path + '01.mp3';
  const file = fs.openSync(filepath, fs.OpenMode.READ_WRITE | fs.OpenMode.CREATE);
  const fdNumber = file.fd;
  this.avConfig.url = 'fd://' + fdNumber;
  // 3.配置录制参数，完成准备工作
  await this.avRecorder.prepare(this.avConfig);
  // 4.开始录制
  await this.avRecorder.start();
  // 获取最大振幅
  this.time = setInterval(() => {
    this.avRecorder!.getAudioCapturerMaxAmplitude((_: BusinessError, amplitude: number) => {
      this.maxAmplitude = amplitude;
    });
  }, Const.COLUMN_HEIGHT);
}

Row() {
  Image($r("app.media.voice_record_dynamic_effect_icon"))
    .width($r("app.integer.voice_record_dynamic_effect_width_image"))
    .height($r("app.integer.voice_record_dynamic_effect_height_image"))
  Button($r("app.string.voice_record_dynamic_effect_button"))
    .type(ButtonType.Normal)
    .borderRadius(5)
    .backgroundColor(Color.White)
    .width($r("app.integer.voice_record_dynamic_effect_width_button"))
    .height($r("app.integer.voice_record_dynamic_effect_height_button"))
    .fontColor(Color.Black)
    .gesture(
      GestureGroup(GestureMode.Sequence,
        LongPressGesture()
          .onAction(() => {
            this.mode = 0;
            // 获取时间戳
            this.timeStart = Math.floor(new Date().getTime() / Const.ANIMATION_DURATION);
            this.flagInfoOpacity = Const.OPACITY_FALSE;
```

```
                this.isListening = !this.isListening;
                this.flagUpOpacity = Const.OPACITY_TRUE;
                this.AVrecord.startRecordingProcess();
                // 每隔100ms获取一次振幅
                this.count = setInterval(() => {
                  if (this.AVrecord.maxAmplitude > Const.MIN_AMPLITUDE) {
                    this.maxNumber = (this.AVrecord.maxAmplitude) / Const.MAX_AMPLITUDE *
Const.COLUMN_HEIGHT;
                    this.maxNumber = this.maxNumber >= 60 ? 60 : this.maxNumber;
                    this.minNumber = this.maxNumber - Const.HEIGHT_MIN;
                  } else {
                    this.maxNumber = Const.OPACITY_FALSE;
                    this.minNumber = Const.OPACITY_FALSE;
                  }
                  if (this.isListening) {
                    animateTo({ duration: Const.ANIMATION_DURATION, curve: Curve.EaseInOut },
() => {
                      this.yMax = Math.round(Math.random()*60);
                      this.yMin = Math.round(Math.random()*20);
                    })
                  }
                }, Const.SET_INTERVAL_TIME);
              })
              .onActionEnd(() => {
                clearInterval(this.count);
                this.flagInfoOpacity = Const.OPACITY_TRUE;
                this.yMax = Const.OPACITY_FALSE;
                this.yMin = Const.OPACITY_FALSE;
                this.AVrecord.stopRecordingProcess();
              }),
            // 上画左边取消，右边转文字
            PanGesture({ direction: PanDirection.Left | PanDirection.Right | PanDirection.Up,
distance: 50 })
              .onActionStart((event: GestureEvent) => {
                let offsetX = event.offsetX;
                let offsetY = event.offsetY;
                //0=语音录制，1=转文字，2=取消
                this.mode = getMode(offsetX, offsetY);
                this.updateStateByMode();
              })
              .onActionUpdate((event: GestureEvent) => {
                let offsetX = event.offsetX;
                let offsetY = event.offsetY;
                //0=语音录制，1=转文字，2=取消
                this.mode = getMode(offsetX, offsetY);
                this.updateStateByMode();
              })
              .onActionEnd(() => {
                this.resetState();
                //发送语音，计算时间
                if(this.mode == 0){
                  this.timeEnd = Math.floor(new Date().getTime() / Const.ANIMATION_DURATION);
                  this.timeAv = this.timeEnd - this.timeStart;
                }
                clearInterval(this.count);
                this.isListening = false;
                animateTo({ duration: Const.OPACITY_FALSE }, () => {
                  this.yMax = Const.OPACITY_FALSE;
                  this.yMin = Const.OPACITY_FALSE;
```

```
          })
          this.flagUpOpacity = Const.OPACITY_FALSE;
          if(this.mode == 0){
            this.flagInfoOpacity = Const.OPACITY_TRUE;
          }
          this.AVrecord.stopRecordingProcess();
        })
      )
        .onCancel(() => {
          //重置状态
          this.resetState();
          // 获取结束时间戳并计算出手势持续时间
          this.timeEnd = Math.floor(new Date().getTime() / Const.ANIMATION_DURATION);
          this.timeAv = this.timeEnd - this.timeStart;
          clearInterval(this.count);
          this.isListening = false;
          // 知识点：当不需要动画时，设置duration为0，打断动画
          animateTo({ duration: Const.OPACITY_FALSE }, () => {
            this.yMax = Const.OPACITY_FALSE;
            this.yMin = Const.OPACITY_FALSE;
          });
          this.flagUpOpacity = Const.OPACITY_FALSE;
          if(this.mode == 0){
            this.flagInfoOpacity = Const.OPACITY_TRUE;
          }
          this.AVrecord.stopRecordingProcess();
        })
      )
    Image($r("app.media.voice_record_dynamic_effect_emoji")).width
($r("app.integer.voice_record_dynamic_effect_width_image")).height($r("app.integer.voice_r
ecord_dynamic_effect_height_image"))
    Image($r("app.media.voice_record_dynamic_effect_add")).width
($r("app.integer.voice_record_dynamic_effect_width_image")).height($r("app.integer.voice_r
ecord_dynamic_effect_height_image"))
  }
  .justifyContent(FlexAlign.SpaceAround)
  .width($r('app.string.voice_record_dynamic_effect_width_full'))
  .height($r("app.integer.voice_record_dynamic_effect_height_row"))
  .backgroundColor($r("app.color.voice_record_dynamic_effect_color_row"))
  ...
  }
```

3. 使用AVplayer播放已录制的音频

示例代码如下：

```
Image($r('app.media.voice_record_dynamic_effect_icon'))
  .width($r('app.integer.voice_record_dynamic_effect_width_image'))
  .height($r('app.integer.voice_record_dynamic_effect_height_image'))
  .onClick( () => {
    this.AVplaer.avPlayerUrlDemo();
  } )
```

4. 案例效果

案例效果如图6-3所示。

图6-3　案例效果

6.4　本章小结

本章主要介绍了多媒体开发，主要包括音频的录制和播放，以及视频相关的开发内容，最后通过一个实战案例介绍了在单框架鸿蒙HarmonyOS NEXT下实现音频的录制与播放功能的全流程。通过学习本章内容，读者可以上手进行音视频的开发，使得HarmonyOS NEXT的开发又向前迈进一步。

第 7 章 进程通信

本章主要介绍HarmonyOS NEXT应用开发中的进程通信，包括ExtensionAbility组件、进程间通信、线程间通信、任务管理的相关概念，以及Stage模型应用配置文件的使用方法等内容。

7.1 ExtensionAbility 组件

作为单框架鸿蒙生态中的创新元素，ExtensionAbility组件扮演着至关重要的角色。本节将揭开ExtensionAbility组件的神秘面纱，从基本概念到具体实现，逐步解析这一关键组件如何促进不同进程间的高效、安全交互。

7.1.1 ExtensionAbility 组件概述

ExtensionAbility组件是HarmonyOS NEXT中用于扩展系统功能和满足特定场景需求的应用组件。这些组件基于特定的场景，如服务卡片、输入法等，提供了更多的应用支持。

每个具体场景对应一个ExtensionAbilityType（ExtensionAbility类型），开发者只能使用系统已定义的类型来创建和管理ExtensionAbility组件。这些组件由相应的系统服务进行统一管理，例如，InputMethodExtensionAbility组件由输入法管理服务负责管理。

HarmonyOS NEXT支持的ExtensionAbility类型有以下几种：

- FormExtensionAbility：FORM类型的ExtensionAbility组件，用于提供服务卡片的相关功能。
- WorkSchedulerExtensionAbility：WORK_SCHEDULER类型的ExtensionAbility组件，用于提供延迟任务的相关功能。
- InputMethodExtensionAbility：INPUT_METHOD类型的ExtensionAbility组件，用于实现输入法应用的开发。
- AccessibilityExtensionAbility：ACCESSIBILITY类型的ExtensionAbility组件，用于实现无障碍扩展服务的开发。
- BackupExtensionAbility：BACKUP类型的ExtensionAbility组件，用于提供备份及恢复应用数据的功能。
- DriverExtensionAbility：DRIVER类型的ExtensionAbility组件，用于提供驱动相关扩展框架。

注意　所有类型的ExtensionAbility组件均不能被应用直接启动，而是由相应的系统管理服务拉起，以确保其生命周期受系统管控，使用时拉起，使用完销毁。ExtensionAbility组件的调用方无须关心目标ExtensionAbility组件的生命周期。

实现指定类型需要使用ExtensionAbility组件。下面以实现卡片FormExtensionAbility为例进行说明。卡片框架提供了FormExtensionAbility基类，开发者通过派生此基类（如MyFormExtensionAbility）、实现回调（如创建卡片的onCreate()回调、更新卡片的onUpdateForm()回调等）来实现具体卡片功能。

卡片FormExtensionAbility实现方不用关心使用方何时去请求添加、删除卡片，FormExtensionAbility实例及其所在的ExtensionAbility进程的整个生命周期，都由卡片管理系统服务FormManagerService进行调度管理。相关流程图如图7-1所示。

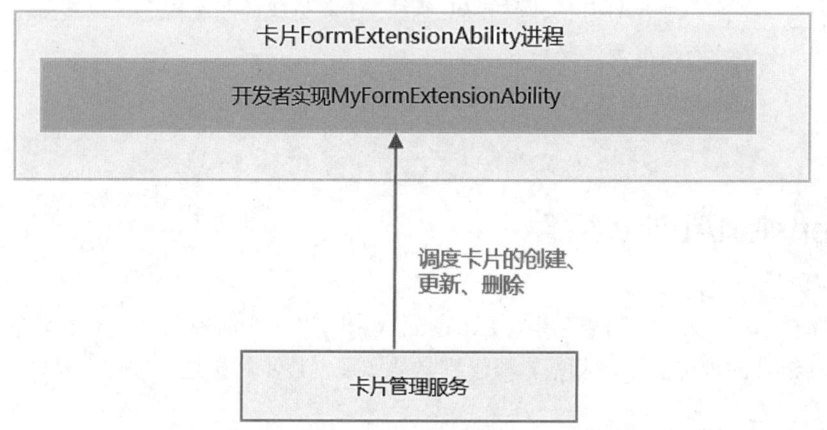

图7-1　使用ExtensionAbility组件实现指定类型的流程

7.1.2　FormExtensionAbility组件

FormExtensionAbility组件是一种卡片扩展模块，提供了卡片的创建、销毁和刷新等生命周期回调功能。使用前需先导入该模块：

```
import FormExtensionAbility from '@ohos.app.form.FormExtensionAbility';
```

FormExtensionAbility的属性如下：

- FormExtensionContext: 该属性是FormExtensionAbility的上下文环境，继承自ExtensionContext。其中的FormExtensionContext模块为FormExtensionAbility提供接口，该模块通过import common from '@ohos.app.ability.common'; 导入。
- onAddForm(want: Want): formBindingData.FormBindingData: 当需要创建一个新的卡片时，卡片提供方会通过这个接口接收通知。参数want包含了创建卡片所需的详细信息。该函数应返回一个FormBindingData对象，该对象包含了卡片的数据绑定信息。
- onCastToNormalForm(formId: string): void: 当一个临时卡片需要转换为常态卡片时，提供方通过这个接口接收通知。参数formId是卡片的唯一标识符。
- onUpdateForm(formId: string): void: 当卡片数据需要更新时，提供方通过这个接口接收通知。参数formId指示了需要更新的卡片。在获取最新数据后，卡片提供方需要调用formProvider的updateForm接口来刷新卡片数据。

- onChangeFormVisibility(newStatus: Record<string, number>): void: 卡片提供方通过这个接口接收卡片可见性更改的通知。这个接口仅对系统应用有效，并且需要将formVisibleNotify配置为true。参数newStatus是一个记录，包含卡片的ID和新的可见性状态。
- onFormEvent(formId: string, message: string): void: 当卡片上有事件发生时，提供方通过这个接口接收通知。参数formId是事件的卡片ID，message是事件的详细信息。
- onRemoveForm(formId: string): void: 当卡片需要被销毁时，提供方通过这个接口接收通知。参数formId是要销毁的卡片的唯一标识符。
- onConfigurationUpdate(newConfig: Configuration): void: 当系统配置更新时，这个接口会被调用。只有当formExtensionAbility处于存活状态时，配置更新才会触发这个生命周期事件。
- onAcquireFormState?(want: Want): formInfo.FormState: 这是一个可选的生命周期方法，用于接收查询卡片状态的通知。默认情况下，它返回卡片的初始状态。如果需要，可以重写这个方法，以提供更详细的状态信息。

7.2 进程间通信

本节将介绍进程间通信的核心概念与技术，从进程模型的基础理解到公共事件的订阅与发布，逐步揭示如何高效、安全地实现进程间的信息传递与事件响应。

7.2.1 进程模型

HarmonyOS系统的进程模型如图7-2所示。

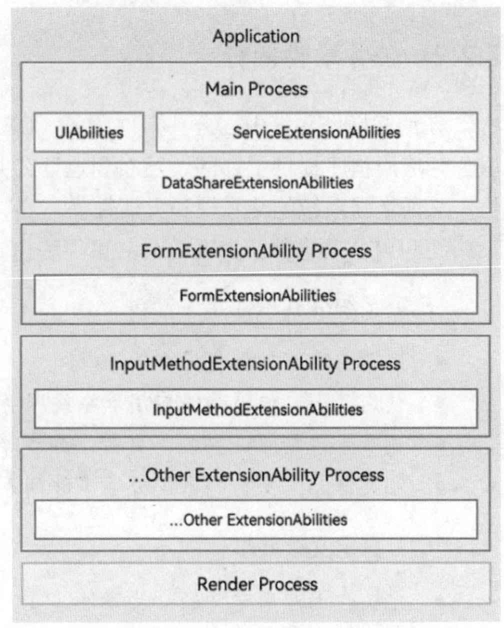

图7-2 HarmonyOS系统的进程模型

图7-2中各部分的含义说明如下：

- 主进程（Main Process）：
  - 运行在同一Bundle名称下的所有UIAbility。
  - 运行在同一Bundle名称下的所有ServiceExtensionAbility。
  - 运行在同一Bundle名称下的所有DataShareExtensionAbility。
- 独立进程（ExtensionAbility Processes）：
  - 运行在同一Bundle名称下的所有FormExtensionAbility，它们位于FormExtensionAbility Process中。
  - 运行在同一Bundle名称下的所有InputMethodExtensionAbility，它们位于InputMethodExtensionAbility Process中。
  - 运行在同一Bundle名称下的其他类型的ExtensionAbility（不包括ServiceExtensionAbility和DataShareExtensionAbility），它们各自运行在独立的Other ExtensionAbility Process中。
- 渲染进程（Render Process）：
  - WebView组件拥有独立的渲染进程，用于处理Web内容的渲染。

为了实现系统应用的多进程功能，可以申请多进程权限。如图7-3所示，为指定的HAP配置一个自定义进程名后，该HAP中的UIAbility、DataShareExtensionAbility和ServiceExtensionAbility将会运行在这个自定义进程中。通过为不同的HAP配置不同的进程名，可以确保它们在不同的进程中运行，从而实现进程间的隔离与独立。

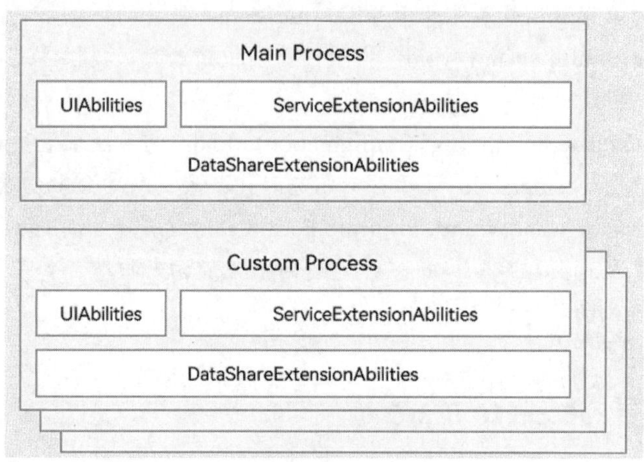

图7-3　系统应用的多进程功能实现

7.2.2　公共事件简介

在鸿蒙操作系统中，公共事件服务（CES）是实现应用间高效通信和协作的重要机制。公共事件服务为应用程序提供了订阅、发布和退订公共事件的能力。通过CES，应用能够实现跨进程的事件通信，从而增强系统的交互性和灵活性。

可以将公共事件分为系统公共事件和自定义公共事件两类：

（1）系统公共事件：

- 定义：CES内部定义的公共事件。
- 使用范围：仅限系统应用和系统服务发布。
- 例子：包括HAP安装、更新、卸载等事件。
- 相关信息：支持的系统公共事件列表可以在系统文档中查看。

（2）自定义公共事件：

- 定义：由应用定义的公共事件。
- 用途：用于实现跨进程的事件通信。

公共事件按照以下3种式进行发送：

（1）无序公共事件：

- 特点：CES转发时不考虑订阅者接收情况，也不保证事件接收顺序与订阅顺序一致。

（2）有序公共事件：

- 特点：CES根据订阅者设置的优先级转发事件，优先级高的订阅者优先接收事件。相同优先级的订阅者随机接收事件。

（3）黏性公共事件：

- 特点：允许订阅者在订阅前接收已发送的公共事件。
- 注意事项：黏性事件可以先发送后订阅，或先订阅后发送。仅系统应用或系统服务可发送黏性事件，且需申请ohos.permission.COMMONEVENT_STICKY权限。

订阅公共事件的规则如下：

- 每个应用都可以按需订阅公共事件。
- 订阅成功后，当公共事件发布时，系统会将其发送给订阅的应用。
- 公共事件的来源可能包括系统、其他应用以及应用自身。

公共事件示意图如图7-4所示。

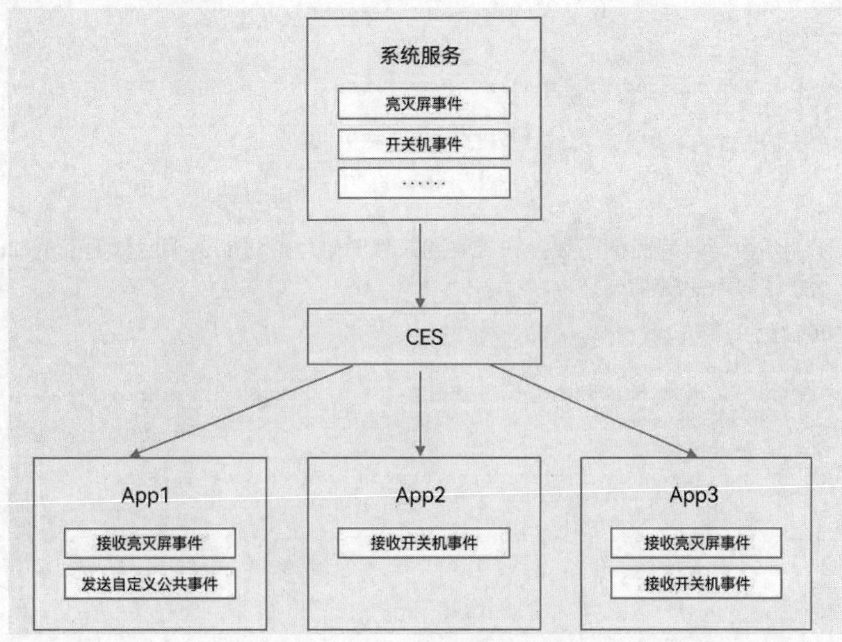

图 7-4　公共事件示意图

7.2.3　订阅公共事件

订阅公共事件分为动态订阅和静态订阅，本小节主要讲解的是动态订阅公共事件。

动态订阅是指应用在运行状态时对某个公共事件进行订阅，在运行期间，如果有订阅的事件发布，那么订阅了这个事件的应用将会接收到该事件及其传递的参数。例如，某应用希望在其运行期间收到电量过低的事件，并根据该事件降低其运行功耗，那么该应用便可动态订阅电量过低事件，并在收到该事件后关闭一些非必要的任务来降低功耗。

公共事件订阅的开发流程如下：

01 导入模块：

```
import Base from '@ohos.base';
import commonEventManager from '@ohos.commonEventManager';
import promptAction from '@ohos.promptAction';
const TAG: string = 'ProcessModel';
```

02 创建订阅者信息：

```
// 用于保存创建成功的订阅者对象，后续使用它来完成订阅及退订的动作
let subscriber: commonEventManager.CommonEventSubscriber | null = null;
// 订阅者信息，其中的event字段需要替换为实际的事件名称
let subscribeInfo: commonEventManager.CommonEventSubscribeInfo = {
  events: ['event'], // 订阅灭屏公共事件
};
```

03 创建订阅者，保存返回的订阅者对象subscriber，用于执行后续的订阅、退订等操作：

```
// 创建订阅者回调
commonEventManager.createSubscriber(subscribeInfo, (err: Base.BusinessError, data:
commonEventManager.CommonEventSubscriber) => {
  if (err) {
    console.error(`Failed to create subscriber. Code is ${err.code}, message is
${err.message}`);
    return;
  }
  console.info('Succeeded in creating subscriber.');
  subscriber = data;
  // 订阅公共事件回调
  ...
})
```

04 创建订阅回调函数，订阅回调函数会在接收到事件时触发。订阅回调函数返回的data内包含了公共事件的名称、发布者携带的数据等信息。

```
// 订阅公共事件回调
if (this.subscriber !== null) {
  commonEventManager.subscribe(subscriber, (err: Base.BusinessError, data:
commonEventManager.CommonEventData) => {
    if (err) {
      console.error(`Failed to subscribe common event. Code is ${err.code}, message is
${err.message}`);
      return;
    }
  })
} else {
  console.error(`Need create subscriber`);
}
```

05 调用CommonEvent中的unsubscribe()方法取消订阅某事件：

```
// subscriber为订阅事件时创建的订阅者对象
if (this.subscriber !== null) {
  commonEventManager.unsubscribe(this.subscriber, (err: Base.BusinessError) => {
    if (err) {
      console.error(TAG, `UnsubscribeCallBack err = ${JSON.stringify(err)}`);
    } else {
      promptAction.showToast({
        message: $r('app.string.unsubscribe_success_toast')
      });
      console.info(TAG, `Unsubscribe success`);
      this.subscriber = null;
    }
  })
} else {
  promptAction.showToast({
```

```
    message: $r('app.string.unsubscribe_failed_toast')
  });
}
```

7.2.4 发布公共事件

当需要发布某个自定义公共事件时，可以使用publish()方法。发布的公共事件可以携带数据，供订阅者解析并进行下一步处理。

接口说明：

- 发布公共事件：publish(event: string, callback: AsyncCallback)。
- 指定发布信息并发布公共事件：publish(event: string, options: CommonEventPublishData, callback: AsyncCallback)。

1. 发布不携带信息的公共事件

如果要发布不携带信息的公共事件，可执行以下操作：

01 导入模块：

```
import Base from '@ohos.base';
import commonEventManager from '@ohos.commonEventManager';
const TAG: string = 'ProcessModel';
```

02 传入需要发布的事件名称和回调函数，发布事件：

```
// 发布公共事件，其中的event字段需要替换为实际的事件名称
commonEventManager.publish('event', (err: Base.BusinessError) => {
  if (err) {
    console.info(`PublishCallBack err = ${JSON.stringify(err)}`);
  } else {
    ...
    console.info(`Publish success`);
  }
});
```

注意 不携带信息的公共事件，只能发布为无序公共事件。

2. 发布携带信息的公共事件

如果要发布携带信息的公共事件，可执行以下操作：

01 导入模块：

```
import Base from '@ohos.base';
import commonEventManager from '@ohos.commonEventManager';
const TAG: string = 'ProcessModel';
```

02 构建需要发布的公共事件信息：

```
// 公共事件相关信息
let options: commonEventManager.CommonEventPublishData = {
  code: 1, // 公共事件的初始代码
  data: 'initial data', // 公共事件的初始数据
};
```

03 传入需要发布的事件名称以及需要发布的指定信息和回调函数，发布事件：

```
// 发布公共事件，其中的event字段需要替换为实际的事件名称
commonEventManager.publish('event', options, (err: Base.BusinessError) => {
  if (err) {
    console.error('PublishCallBack err = ' + JSON.stringify(err));
  } else {
    ...
    console.info('Publish success');
  }
});
```

注意 携带信息的公共事件，可以发布为无序公共事件、有序公共事件和黏性事件，可以通过参数CommonEventPublishData的isOrdered、isSticky的字段进行设置。

7.3 线程间通信

本节将介绍线程模型的基本概念，以及如何使用Emitter进行线程间的通信。

7.3.1 线程模型

线程模型涵盖以下关键概念：

（1）主线程：

- 负责执行UI绘制。
- 管理主线程上的ArkTS引擎实例，确保多个UIAbility组件可以在其上运行。
- 控制其他线程的ArkTS引擎实例，例如通过TaskPool（任务池）来创建或取消任务，启动或终止Worker线程。
- 负责分发交互事件。
- 处理应用代码的回调，包括事件处理和生命周期管理。
- 接收来自TaskPool和Worker线程的消息。

（2）TaskPool Worker线程：

- 用于执行耗时操作。
- 提供设置调度优先级和负载均衡等功能。
- 是执行耗时操作的首选方式。

（3）Worker线程：

- 用于执行耗时操作。
- 支持线程间的通信。

7.3.2 使用 Emitter 进行线程间通信

Emitter主要提供线程间发送和处理事件的能力，包括对持续订阅事件或单次订阅事件的处理，取消订阅事件，发送事件到事件队列等。

Emitter的开发步骤如下：

01 订阅事件：

```
import emitter from '@ohos.events.emitter';
import promptAction from '@ohos.promptAction';
import Logger from '../utils/Logger';

const TAG: string = 'ThreadModel';
// 定义一个eventId为1的事件
let event: emitter.InnerEvent = {
  eventId: 1
};

// 收到eventId为1的事件后执行该回调
let callback = (eventData: emitter.EventData): void => {
  promptAction.showToast({
    message: JSON.stringify(eventData.data?.content)
  });
  Logger.info(TAG, 'event callback:' + JSON.stringify(eventData.data?.content));
};

// 订阅eventId为1的事件
emitter.on(event, callback);
promptAction.showToast({
  message: $r('app.string.emitter_subscribe_success_toast')
});
```

02 发送事件：

```
import emitter from '@ohos.events.emitter';
// 定义一个eventId为1的事件，事件优先级为Low
let event: emitter.InnerEvent = {
  eventId: 1,
  priority: emitter.EventPriority.LOW
};

let eventData: emitter.EventData = {
  data: {
    content: 'c',
    id: 1,
    isEmpty: false
  }
};

// 发送eventId为1的事件，事件内容为eventData
emitter.emit(event, eventData);
```

7.4 任务管理

在现代应用程序开发中，有效地管理任务是确保应用性能和用户体验的关键。本节将介绍任务管理的各个方面，包括Background Tasks Kit、短时任务、长时任务以及延迟任务的实现方法。

7.4.1 Background Tasks Kit 简介

Background Tasks Kit是鸿蒙操作系统中用于管理后台任务的工具包。它提供了一套API和机制，允许开发者在应用退至后台时继续执行一些任务，如状态保存、后台播放音乐或导航等。

例如，当设备返回主界面，进行锁屏、应用切换等操作使应用退至后台时，如果应用在后台继续活动，可能会造成设备耗电快、用户界面卡顿等现象。为了降低设备耗电、保障用户使用流畅度，系统会对退至后台的应用进行管控，包括进程挂起（即系统不再为应用进程分配CPU资源，同时对应的公共事件等不再发给应用进程）和进程终止。

后台任务有以下几种类型：

- 短时任务：适用于实时性高、耗时短的任务，如状态保存。
- 长时任务：适用于长时间运行且用户可感知的任务，如后台播放音乐、导航、设备连接。
- 延迟任务：适用于实时性要求不高、可延迟执行的任务，系统会根据内存、功耗等因素统一调度。
- 代理提醒：适用于定时提醒类业务，如倒计时、日历和闹钟提醒，系统会在应用退至后台或进程终止后代理应用执行提醒。

7.4.2 短时任务的开发

应用退至后台一小段时间后，应用进程会被挂起，无法执行对应的任务。如果应用在后台仍需要执行耗时不长的任务，如状态保存等，可以申请短时任务，扩展应用在后台的运行时间。

适时任务的开发步骤如下：

01 导入模块：

```
import backgroundTaskManager from '@ohos.resourceschedule.backgroundTaskManager';
import { BusinessError } from '@ohos.base';
```

02 申请短时任务并实现回调：

```
let id: number;                                          // 申请短时任务ID
let delayTime: number;                                   // 本次申请短时任务的剩余时间
// 申请短时任务
function requestSuspendDelay() {
  let myReason = 'test requestSuspendDelay';    // 申请原因
  let delayInfo = backgroundTaskManager.requestSuspendDelay(myReason, () => {
    // 回调函数。应用申请的短时任务即将超时，通过此函数回调应用，执行一些清理和标注工作，并取消短时任务
    console.info('suspend delay task will timeout');
    backgroundTaskManager.cancelSuspendDelay(id);
  })
  id = delayInfo.requestId;
  delayTime = delayInfo.actualDelayTime;
}
```

03 获取短时任务剩余时间。查询本次短时任务的剩余时间，用以判断是否继续运行其他业务。例如，应用有两个小任务，在执行完第一个小任务后，可以判断本次短时任务是否还有剩余时间，从而决定是否执行第二个小任务。

```
let id: number; // 申请短时任务ID
async function getRemainingDelayTime() {
  backgroundTaskManager.getRemainingDelayTime(id).then((res: number) => {
    console.info('Succeeded in getting remaining delay time.');
  }).catch((err: BusinessError) => {
    console.error(`Failed to get remaining delay time. Code: ${err.code}, message:
${err.message}`);
  })
}
```

04 取消短时任务：

```
let id: number; // 申请短时任务ID
function cancelSuspendDelay() {
  backgroundTaskManager.cancelSuspendDelay(id);
}
```

7.4.3　长时任务的开发

应用退至后台后，需要长时间运行用户可感知的任务，如播放音乐、导航等。为防止应用进程被挂起，导致对应功能异常，可以申请长时任务，使应用在后台长时间运行。

申请长时任务后，系统会做相应的校验，确保应用在执行相应的长时任务。同时，系统有与长时任务相关联的通知栏消息，当用户删除通知栏消息时，系统会自动停止长时任务。

要开发长时任务，首先要做好以下准备：

- 申请ohos.permission.KEEP_BACKGROUND_RUNNING权限。
- 声明后台模式类型。在module.json5配置文件中为需要使用长时任务的UIAbility声明相应的长时任务类型（在配置文件中填写长时任务类型的配置项）。

```
"module": {
    "abilities": [
        {
            "backgroundModes": [
             // 长时任务类型的配置项
            "audioRecording"
            ],
        }
    ],
    ...
}
```

长时任务类型如表7-1所示。

表7-1　长时任务类型

参 数 名	描　述	配 置 项	场景举例
DATA_TRANSFER	数据传输	dataTransfer	后台下载大文件，如浏览器后台下载等
AUDIO_PLAYBACK	音视频播放	audioPlayback	音乐类应用在后台播放音乐
AUDIO_RECORDING	录音	audioRecording	录音机在后台录音
LOCATION	定位导航	location	导航类应用在后台导航
BLUETOOTH_INTERACTION	蓝牙相关	bluetoothInteraction	通过蓝牙传输分享的文件
MULTI_DEVICE_CONNECTION	多设备互联	multiDeviceConnection	分布式业务连接
TASK_KEEPING	计算任务（仅对2in1开放）	taskKeeping	杀毒软件

下面介绍具体的开发步骤。

01 导入模块。

长时任务相关的模块为@ohos.resourceschedule.backgroundTaskManager和@ohos.app.ability.wantAgent，其余模块按实际需要导入。

```
import backgroundTaskManager from '@ohos.resourceschedule.backgroundTaskManager';
import UIAbility from '@ohos.app.ability.UIAbility';
import window from '@ohos.window';
import AbilityConstant from '@ohos.app.ability.AbilityConstant';
import Want from '@ohos.app.ability.Want';
import rpc from '@ohos.rpc';
import { BusinessError } from '@ohos.base';
import wantAgent, { WantAgent } from '@ohos.app.ability.wantAgent';
```

02 申请和取消长时任务。

在Stage模型中，长时任务支持设备本应用的申请，跨设备或跨应用的申请仅对系统应用开放。设备本应用申请长时任务示例代码如下：

```
@Entry
@Component
struct Index {
  @State message: string = 'ContinuousTask';
 // 通过getContext方法来获取page所在的UIAbility上下文
  private context: Context = getContext(this);

  startContinuousTask() {
    let wantAgentInfo: wantAgent.WantAgentInfo = {
      // 单击通知后，将要执行的动作列表
      // 添加需要被拉起的应用的bundleName和abilityName
      wants: [
        {
          bundleName: "com.example.myapplication",
          abilityName: "com.example.myapplication.MainAbility"
        }
      ],
      // 指定单击通知栏消息后的动作是拉起Ability
      actionType: wantAgent.OperationType.START_ABILITY,
      // 使用者自定义的一个私有值
      requestCode: 0,
      // 单击通知后，动作执行属性
      wantAgentFlags: [wantAgent.WantAgentFlags.UPDATE_PRESENT_FLAG]
    };

    // 通过wantAgent模块下的getWantAgent方法获取WantAgent对象
    wantAgent.getWantAgent(wantAgentInfo).then((wantAgentObj: WantAgent) => {
       backgroundTaskManager.startBackgroundRunning(this.context,
         backgroundTaskManager.BackgroundMode.AUDIO_RECORDING, wantAgentObj).then(() => {
         console.info(`Succeeded in operationing startBackgroundRunning.`);
       }).catch((err: BusinessError) => {
         console.error(`Failed to operation startBackgroundRunning. Code is ${err.code},
message is ${err.message}`);
       });
    });
  }

  stopContinuousTask() {
     backgroundTaskManager.stopBackgroundRunning(this.context).then(() => {
       console.info(`Succeeded in operationing stopBackgroundRunning.`);
     }).catch((err: BusinessError) => {
       console.error(`Failed to operation stopBackgroundRunning. Code is ${err.code},
message is ${err.message}`);
     });
  }
```

```
    build() {
      Row() {
        Column() {
          Text("Index")
            .fontSize(50)
            .fontWeight(FontWeight.Bold)

         Button() {
            Text('申请长时任务').fontSize(25).fontWeight(FontWeight.Bold)
          }
          .type(ButtonType.Capsule)
          .margin({ top: 10 })
          .backgroundColor('#0D9FFB')
          .width(250)
          .height(40)
          .onClick(() => {
            // 通过按钮申请长时任务
            this.startContinuousTask();

            // 此处执行具体的长时任务逻辑，如播放音乐等
          })

          Button() {
            Text('取消长时任务').fontSize(25).fontWeight(FontWeight.Bold)
          }
          .type(ButtonType.Capsule)
          .margin({ top: 10 })
          .backgroundColor('#0D9FFB')
          .width(250)
          .height(40)
          .onClick(() => {
            // 此处结束具体的长时任务的执行

            // 通过按钮取消长时任务
            this.stopContinuousTask();
          })
        }
        .width('100%')
      }
      .height('100%')
    }
  }
```

7.4.4　延迟任务的开发

应用退至后台后，需要执行实时性要求不高的任务，例如有网络时不定期主动获取邮件等，可以使用延迟任务。当应用满足设定条件（包括网络类型、充电类型、存储状态、电池状态、定时状态等）时，将任务添加到执行队列，系统会根据内存、功耗、设备温度、用户使用习惯等统一调度应用。

延迟任务实现原理如图7-5所示。

延迟任务调度开发分为以下两步：

- 延迟任务调度扩展能力：实现WorkSchedulerExtensionAbility开始和结束的回调接口。
- 延迟任务调度：调用延迟任务接口，实现延迟任务申请、取消等功能。

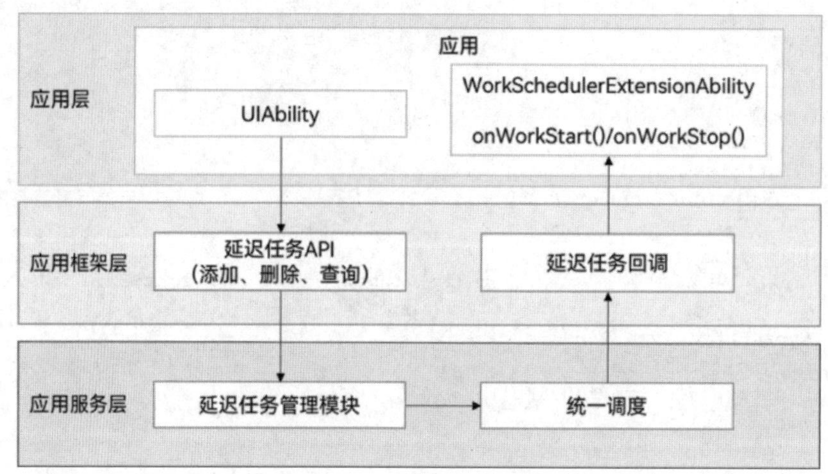

图7-5　延迟任务实现原理

1. 实现延迟任务回调拓展能力

具体操作步骤如下：

01 新建工程目录。

首先在工程entry Module对应的ets目录(./entry/src/main/ets)下新建目录，例如新建一个目录并命名为WorkSchedulerExtension。然后在WorkSchedulerExtension目录下新建一个ArkTS文件，并命名为WorkSchedulerExtension.ets，用于实现延迟任务回调接口。

02 导入模块：

```
import WorkSchedulerExtensionAbility from '@ohos.WorkSchedulerExtensionAbility';
import workScheduler from '@ohos.resourceschedule.workScheduler';
```

03 实现WorkSchedulerExtension生命周期接口：

```
export default class MyWorkSchedulerExtensionAbility extends
WorkSchedulerExtensionAbility {
  // 延迟任务开始回调
  onWorkStart(workInfo: workScheduler.WorkInfo) {
    console.info(`onWorkStart, workInfo = ${JSON.stringify(workInfo)}`);
  }
  // 延迟任务结束回调
  onWorkStop(workInfo: workScheduler.WorkInfo) {
    console.info(`onWorkStop, workInfo is ${JSON.stringify(workInfo)}`);
    // 打印 parameters中的参数，如参数key1
    // console.info(`work info parameters:
${JSON.parse(workInfo.parameters?.toString()).key1}`)
  }
}
```

04 在module.json5配置文件中注册WorkSchedulerExtensionAbility，并将type标签设置为“workScheduler”，srcEntry标签设置为当前ExtensionAbility组件所对应的代码路径。

```
{
  "module": {
    "extensionAbilities": [
      {
        "name": "MyWorkSchedulerExtensionAbility",
```

```
        "srcEntry": "./ets/WorkSchedulerExtension/WorkSchedulerExtension.ets",
        "label": "$string:WorkSchedulerExtensionAbility_label",
        "description": "$string:WorkSchedulerExtensionAbility_desc",
        "type": "workScheduler"
      }
    ]
  }
}
```

2. 实现延迟任务调度

具体操作步骤如下：

01 导入模块：

```
import workScheduler from '@ohos.resourceschedule.workScheduler';
import { BusinessError } from '@ohos.base';
```

02 申请延迟任务：

```
// 创建workinfo
const workInfo: workScheduler.WorkInfo = {
  workId: 1,
  networkType: workScheduler.NetworkType.NETWORK_TYPE_WIFI,
  bundleName: 'com.example.application',
  abilityName: 'MyWorkSchedulerExtensionAbility'
}

try {
  workScheduler.startWork(workInfo);
  console.info(`startWork success`);
} catch (error) {
  console.error(`startWork failed. code is ${(error as BusinessError).code} message is
${(error as BusinessError).message}`);
}
```

03 取消延迟任务：

```
// 创建workinfo
const workInfo: workScheduler.WorkInfo = {
  workId: 1,
  networkType: workScheduler.NetworkType.NETWORK_TYPE_WIFI,
  bundleName: 'com.example.application',
  abilityName: 'MyWorkSchedulerExtensionAbility'
}

try {
  workScheduler.stopWork(workInfo);
  console.info(`stopWork success`);
} catch (error) {
  console.error(`stopWork failed. code is ${(error as BusinessError).code} message is
${(error as BusinessError).message}`);
}
```

7.5 Stage 模型的应用配置文件

Stage模型的应用配置文件中包含应用配置信息、应用组件信息、权限信息、开发者自定义信息等，这些信息在编译构建、分发和运行时提供给编译工具、应用市场和操作系统使用。

在基于Stage模型开发的应用项目代码下，都存在app.json5（一个）及module.json5（一个或多个）两种配置文件。其中，app.json5配置文件如表7-2所示。

表7-2 app.json5配置文件

属性名称	含 义	数据类型
bundleName	标识应用的Bundle名称，用于标识应用的唯一性	字符串
bundleType	标识应用的Bundle类型	字符串
Debug	标识应用是否可调试	布尔值
icon	标识应用的图标	字符串
label	标识应用的名称	字符串
description	标识应用的描述信息	字符串
vendor	标识对应用开发厂商的描述	字符串
versionCode	标识应用的版本号	数值
versionName	标识向用户展示的应用版本号	字符串
minCompatibleVersionCode	标识应用能够兼容的最低历史版本号	数值
minAPIVersion	标识应用运行需要的SDK的API最小版本	数值
targetAPIVersion	标识应用运行需要的API目标版本	数值
apiReleaseType	标识应用运行需要的API目标版本的类型	字符串
accessible	标识应用是否能访问应用的安装目录	布尔值
multiProjects	标识当前工程是否支持多个工程的联合开发	布尔值
asanEnabled	标识应用程序是否开启asan检测	布尔值
tablet	标识对tablet设备做的特殊配置	对象
tv	标识对tv设备做的特殊配置	对象
wearable	标识对wearable设备做的特殊配置	对象
car	标识对car设备做的特殊配置	对象
default	标识对default设备做的特殊配置	对象
targetBundleName	标识当前包所指定的目标应用	字符串
targetPriority	标识当前应用的优先级	数值
generateBuildHash	标识当前应用的所有HAP和HSP是否由打包工具生成哈希值	布尔值
GWPAsanEnabled	标识应用程序是否开启GWP-asan堆内存检测工具	布尔值

module.json5配置文件如表7-3所示。

表7-3 module.json5配置文件

属性名称	含 义	数据类型	是否可默认
name	标识当前Module的名称，确保该名称在整个应用中唯一	字符串	不可默认
type	标识当前Module的类型	字符串	不可默认
srcEntry	标识当前Module所对应的代码路径	字符串	可默认
description	标识当前Module的描述信息	字符串	可默认
process	标识当前Module的进程名	字符串	可默认
mainElement	标识当前Module的入口UIAbility名称或者ExtensionAbility名称	字符串	可默认

（续表）

属性名称	含　义	数据类型	是否可默认
deviceTypes	标识当前Module可以运行在哪类设备上	字符串数组	不可默认
deliveryWithInstall	标识当前Module是否在用户主动安装的时候安装	布尔值	不可默认
installationFree	标识当前Module是否支持免安装特性	布尔值	不可默认
virtualMachine	标识当前Module运行的目标虚拟机类型	字符串	自动生成
pages	标识当前Module的profile资源	字符串	可默认
metadata	标识当前Module的自定义元信息	对象数组	可默认
abilities	标识当前Module中UIAbility的配置信息	对象数组	可默认
extensionAbilities	标识当前Module中ExtensionAbility的配置信息	对象数组	可默认
definePermissions	标识系统资源HAP定义的权限	对象数组	可默认
requestPermissions	标识当前应用运行时需向系统申请的权限集合	对象数组	可默认
testRunner	标识用于测试当前Module的测试框架的配置	对象	可默认
atomicService	标识当前应用是元服务时，有关元服务的相关配置	对象	可默认
dependencies	标识当前模块运行时依赖的共享库列表	对象数组	可默认
targetModuleName	标识当前包所指定的目标Module	字符串	可默认
targetPriority	标识当前Module的优先级	整型数值	可默认
proxyData	标识当前Module提供的数据代理列表	对象数组	可默认
isolationMode	标识当前Module的多进程配置项	字符串	可默认
generateBuildHash	标识当前HAP/HSP是否由打包工具生成哈希值	布尔值	可默认
compressNativeLibs	标识libs库是否以压缩存储的方式打包到HAP	布尔值	可默认
libIsolation	用于区分同应用不同HAP下的.so文件，以防止.so冲突	布尔值	可默认
fileContextMenu	标识当前HAP的快捷菜单配置项	字符串	可默认
querySchemes	标识允许当前应用进行跳转查询的URL schemes，只允许entry类型的模块配置，最多50个，每个字符串取值不超过128字节	字符串数组	可默认，默认值为空

7.6 实战：在 Worker 子线程中解压文件

本节将通过一个实战案例，详细介绍如何在Worker子线程中实现文件解压功能。我们将从项目概述开始，逐步讲解如何创建线程文件、设计场景列表页面、构建列表数据模型，最终展示案例效果。

7.6.1 工程结构和模块类型

本项目在Worker子线程中使用@ohos.zlib提供的zlib.decompressfile接口对沙箱目录中的压缩文件进行解压操作，解压成功后将解压路径返回主线程，获取解压文件列表。

项目工程结构和模块文件如下：

```
|—— entryability
|   └── EntryAbility.ets
|— model
|   |— FileItemModel.ets                // 数据模型层：列表项数据
|   └── FileListDataSource.ets          // 数据模型层：列表数据模型
|— pages
|   └── Index.ets                       // 视图层：场景列表页面
└── workers
    └── Worker.ets                      // Worker子线程
```

7.6.2 实现思路

1. 创建Worker子线程文件

在/src/main/ets/workers目录下创建Worker.ets线程文件。

在Worker.ets中绑定Worker对象。

```
// Worker.ets
const workerPort: ThreadWorkerGlobalScope = worker.workerPort;
```

2. 配置Worker子线程文件路径

在build-profile.json5中配置Worker子线程文件路径：

```
// build-profile.json5
"buildOption": {
  "sourceOption": {
    "workers": [
    "./src/main/ets/workers/Worker.ets"
    ]
  }
}
```

3. 创建Worker实例

在主线程（如index.ets）中创建Worker实例：

```
// MainPage.ets
let workerInstance: worker.ThreadWorker = new
worker.ThreadWorker('@decompressFile/ets/workers/Worker.ets');
```

4. 向Worker子线程发送消息

使用postMessage()向Worker子线程发送应用沙箱路径和压缩文件名称：

```
// MainPage.ets
workerInstance.postMessage({ pathDir: this.pathDir, rawfileZipName: rawfileZipName });
```

5. 接收主线程发送的消息

在Worker.ets文件中通过调用onmessage()方法接收主线程发送的数据：

```
// Worker.ets
workerPort.onmessage = (e: MessageEvents): void => {
  logger.info(TAG, `Worker onmessage: ${JSON.stringify(e.data)}`);
  let pathDir: string = e.data.pathDir; // 沙箱目录
  let rawfileZipName: string = e.data.rawfileZipName; // 带.zip后缀的压缩文件名称
}
```

6. 解压文件

使用fs.access判断输出目录是否存在，若不存在则创建，然后使用zlib.decompressFile接口解压文件：

```
// Worker.ets
fs.access(outFileDir).then((res: boolean) => {
  if (!res) {
    fs.mkdirSync(outFileDir);
    }
```

```
    zlib.decompressFile(`${pathDir}/${rawfileZipName}`, outFileDir, (errData: 
BusinessError) => {
        if (errData !== null) {

        } else {
            workerPort.postMessage(outFileDir);
        }
    })
  }).catch((err: BusinessError) => {
  });
```

7.6.3 效果演示

本项目的运行效果如图7-6所示（项目源码参见配书资源）。

图 7-6　实例效果

7.7　本章小结

本章探讨了鸿蒙操作系统中的进程间通信技术。从ExtensionAbility组件的基本概念出发，详细介绍了FormExtensionAbility组件的使用，并逐步讲解了进程模型、公共事件的订阅与发布机制。同时，也对线程间通信进行了阐述，特别是通过Emitter实现了子线程间消息的传递。此外，任务管理的相关内容也被纳入讨论范围，包括Background Tasks Kit的介绍以及短时任务、长时任务、延迟任务和代理提醒的应用场景和实现方式。最后，通过在Worker子线程中解压文件的实战案例，展示了这些理论知识在实际开发中的应用。

第 8 章

窗 口 管 理

在现代应用开发中，窗口管理是确保用户体验流畅和界面交互高效的重要环节。本章将全面介绍单框架鸿蒙系统中的窗口管理技术，包括设置应用的主窗口和子窗口、窗口的沉浸式能力和悬浮窗口的设置。此外，还将介绍通知系统，包括通知的概述、通知消息样式以及撤回通知消息的方法。

8.1 窗口开发概述

HarmonyOS的窗口模块将窗口界面分为系统窗口、应用窗口两种基本类型。其中，系统窗口是由操作系统管理的窗口，用于显示系统级的信息和交互界面，如设置、通知等。这些窗口通常具有固定的显示方式和行为，不由应用开发者直接控制。本节主要介绍应用窗口的相关概念及开发方法。

所谓应用窗口，是指与应用显示相关的窗口。根据显示内容的不同，应用窗口又分为应用主窗口、应用子窗口两种类型。

- 应用主窗口：用于显示应用界面，会在“任务管理界面”显示。
- 应用子窗口：用于显示应用的弹窗、悬浮窗等辅助窗口，不会在“任务管理界面”显示。应用子窗口的生命周期跟随应用主窗口。

应用窗口模式指应用主窗口启动时的显示方式。HarmonyOS目前支持全屏、分屏、自由窗口3种应用窗口模式。这种对多种应用窗口模式的支持能力，也被称为操作系统的“多窗口能力”。

- 全屏：应用主窗口启动时铺满整个屏幕。
- 分屏：应用主窗口启动时占据屏幕的某个部分，当前支持二分屏。两个分屏窗口之间具有分界线，可以通过拖曳分界线来调整分屏窗口的尺寸。
- 自由窗口：自由窗口的大小和位置可自由改变。同一个屏幕上可同时显示多个自由窗口，这些自由窗口按照打开或者获取焦点的顺序在Z轴排布。当自由窗口被单击或触摸时，将使其Z轴高度提升，并获取焦点。

关于3种应用窗口模式的具体展现形式如图8-1所示。

图8-1 3种应用窗口模式

8.2 管理应用窗口

窗口管理是确保用户体验流畅和界面交互高效的重要环节。本节将详细介绍如何有效管理和配置应用窗口，包括设置应用主窗口和子窗口，实现窗口的沉浸式能力，设置悬浮窗口以及监听窗口不可交互与可交互事件。

8.2.1 设置应用主窗口

在Stage模型中，应用主窗口由UIAbility创建并管理其生命周期。通过在UIAbility的onWindowStageCreate回调函数中使用WindowStage对象，可以获取应用主窗口并进行属性设置等操作。此外，也可以在应用的配置文件中设定应用主窗口的属性，例如最大窗口宽度maxWindowWidth等。具体的配置方法可以参考配书资源中的module.json5文件。

以下是设置应用主窗口的具体步骤：

01 通过getMainWindow接口获取应用主窗口。

02 设置主窗口属性。可设置主窗口的背景色、亮度值、是否可触等多个属性，开发者可根据需要选择对应的接口。本示例以设置“是否可触”属性为例。

03 通过loadContent接口加载主窗口的目标页面。

示例代码如下：

```
import { AbilityConstant, UIAbility, Want } from '@kit.AbilityKit';
import { hilog } from '@kit.PerformanceAnalysisKit';
import { window } from '@kit.ArkUI';
import { BusinessError } from '@kit.BasicServicesKit';

onWindowStageCreate(windowStage: window.WindowStage): void {
  // Main window is created, set main page for this ability
  // 1.获取应用主窗口
  let windowClass: window.Window | null = null;
  windowStage.getMainWindow((err: BusinessError, data) => {
    let errCode: number = err.code;
    if (errCode) {
      console.error('Failed to obtain the main window. Cause: ' + JSON.stringify(err));
      return;
    }
    windowClass = data;
    console.info('Succeeded in obtaining the main window. Data: ' + JSON.stringify(data));
    // 2.设置主窗口属性。以设置“是否可触”属性为例
    let isTouchable: boolean = true;
```

```
        windowClass.setWindowTouchable(isTouchable, (err: BusinessError) => {
          let errCode: number = err.code;
          if (errCode) {
            console.error('Failed to set the window to be touchable. Cause:' +
JSON.stringify(err));
            return;
          }
          console.info('Succeeded in setting the window to be touchable.');
        })
      })
      // 3.为主窗口加载对应的目标页面
      windowStage.loadContent('pages/Index', (err) => {
        let errCode: number = err.code;
        if (errCode) {
          console.error('Failed to load the content. Cause:' + JSON.stringify(err));
          return;
        }
        console.info('Succeeded in loading the content.');
      });
    }
```

8.2.2 设置应用子窗口

开发者可以按需创建应用子窗口，如弹窗等，并对它进行属性设置等操作。具体步骤如下：

01 通过createSubWindow接口创建应用子窗口。

02 设置子窗口属性。子窗口创建成功后，可以改变其大小、位置等，还可以根据应用需要设置窗口背景色、亮度等属性。

03 通过setUIContent和showWindow接口加载显示子窗口的具体内容。

04 当不再需要某些子窗口时，可根据具体实现逻辑，使用destroyWindow接口销毁子窗口。

示例代码如下：

```
import { AbilityConstant, UIAbility, Want } from '@kit.AbilityKit';
import { hilog } from '@kit.PerformanceAnalysisKit';
import { window } from '@kit.ArkUI';
import { BusinessError } from '@kit.BasicServicesKit';
let windowStage_: window.WindowStage | null = null;
let sub_windowClass: window.Window | null = null;
  showSubWindow() {
    // 1.创建应用子窗口
    if (windowStage_ == null) {
      console.error('Failed to create the subwindow. Cause: windowStage_ is null');
    }
    else {
      windowStage_.createSubWindow("mySubWindow", (err: BusinessError, data) => {
        let errCode: number = err.code;
        if (errCode) {
          console.error('Failed to create the subwindow. Cause: ' + JSON.stringify(err));
          return;
        }
        sub_windowClass = data;
        console.info('Succeeded in creating the subwindow. Data: ' +
JSON.stringify(data));
        // 2.子窗口创建成功后，设置子窗口的位置、大小及相关属性等
        sub_windowClass.moveWindowTo(300, 300, (err: BusinessError) => {
```

```
        let errCode: number = err.code;
        if (errCode) {
          console.error('Failed to move the window. Cause:' + JSON.stringify(err));
          return;
        }
        console.info('Succeeded in moving the window.');
      });
      sub_windowClass.resize(500, 500, (err: BusinessError) => {
        let errCode: number = err.code;
        if (errCode) {
          console.error('Failed to change the window size. Cause:' +
JSON.stringify(err));
          return;
        }
        console.info('Succeeded in changing the window size.');
      });
      // 3.加载显示子窗口的具体内容
      sub_windowClass.setUIContent("pages/page3", (err: BusinessError) => {
        let errCode: number = err.code;
        if (errCode) {
          console.error('Failed to load the content. Cause:' + JSON.stringify(err));
          return;
        }
        console.info('Succeeded in loading the content.');
        // 显示子窗口
        (sub_windowClass as window.Window).showWindow((err: BusinessError) => {
          let errCode: number = err.code;
          if (errCode) {
            console.error('Failed to show the window. Cause: ' + JSON.stringify(err));
            return;
          }
          console.info('Succeeded in showing the window.');
        });
      });
    })
  }
}

destroySubWindow() {
  // 4.当不再需要子窗口时，可根据具体实现逻辑，使用destroy对销毁子窗口
  (sub_windowClass as window.Window).destroyWindow((err: BusinessError) => {
    let errCode: number = err.code;
    if (errCode) {
      console.error('Failed to destroy the window. Cause: ' + JSON.stringify(err));
      return;
    }
    console.info('Succeeded in destroying the window.');
  });
}

onWindowStageCreate(windowStage: window.WindowStage) {
  windowStage_ = windowStage;
  // 开发者可以在适当的时机（如主窗口上的按钮被单击时）创建子窗口，并不一定需要在
onWindowStageCreate里调用，这里仅作展示
  this.showSubWindow();
}

onWindowStageDestroy() {
  // 开发者可以在适当的时机（如在子窗口上单击关闭按钮时）销毁子窗口，并不一定需要在
onWindowStageDestroy里调用，这里仅作展示
```

```
      this.destroySubWindow();
    }
  };
```

8.2.3 窗口的沉浸式能力

在看视频、玩游戏等场景下，用户往往希望隐藏状态栏、导航栏等不必要的系统窗口，从而获得更佳的沉浸式体验。此时可以借助窗口沉浸式能力（窗口沉浸式能力都是针对应用主窗口而言的），达到预期效果。从API version 10开始，沉浸式窗口默认配置为全屏大小并由组件模块控制布局，状态栏、导航栏的背景颜色为透明，文字颜色为黑色；应用窗口调用setWindowLayoutFullScreen接口，设置为true表示由组件模块控制忽略状态栏、导航栏的沉浸式全屏布局，设置为false表示由组件模块控制避让状态栏、导航栏的非沉浸式全屏布局。

以下是实现窗口的沉浸式效果的具体步骤：

01 使用getMainWindow接口来获取应用的主窗口。

02 实现沉浸式效果。

方式一：全屏窗口

当应用主窗口为全屏窗口时，调用setWindowSystemBarEnable接口，设置导航栏和状态栏不显示，达到沉浸式效果。

方式二：全屏布局与系统栏属性设置

首先，调用setWindowLayoutFullScreen接口，设置应用主窗口为全屏布局。

然后，调用setWindowSystemBarProperties接口，设置导航栏和状态栏的透明度、背景/文字颜色以及高亮图标等属性，使系统栏与主窗口显示保持协调，达到沉浸式效果。

03 通过loadContent接口加载沉浸式窗口的具体内容。

示例代码如下：

```
import UIAbility from '@ohos.app.ability.UIAbility';
import window from '@ohos.window';
import { BusinessError } from '@ohos.base';

export default class EntryAbility extends UIAbility {
  onWindowStageCreate(windowStage: window.WindowStage) {
    // 1.获取应用主窗口
    let windowClass: window.Window | null = null;
    windowStage.getMainWindow((err: BusinessError, data) => {
      let errCode: number = err.code;
      if (errCode) {
        console.error('Failed to obtain the main window. Cause: ' + JSON.stringify(err));
        return;
      }
      windowClass = data;
      console.info('Succeeded in obtaining the main window. Data: ' +
JSON.stringify(data));

      // 2.实现沉浸式效果。方式一：设置导航栏、状态栏不显示
      let names: Array<'status' | 'navigation'> = [];
      windowClass.setWindowSystemBarEnable(names, (err: BusinessError) => {
        let errCode: number = err.code;
        if (errCode) {
```

```
        console.error('Failed to set the system bar to be visible. Cause:' +
JSON.stringify(err));
          return;
        }
        console.info('Succeeded in setting the system bar to be visible.');
      });
      // 2.实现沉浸式效果。方式二：设置主窗口为全屏布局，配合设置导航栏、状态栏的透明度、背景/文字颜
色及高亮图标等属性，与主窗口显示保持协调
      let isLayoutFullScreen = true;
      windowClass.setWindowLayoutFullScreen(isLayoutFullScreen, (err: BusinessError) => {
        let errCode: number = err.code;
        if (errCode) {
          console.error('Failed to set the window layout to full-screen mode. Cause:' +
JSON.stringify(err));
          return;
        }
        console.info('Succeeded in setting the window layout to full-screen mode.');
      });
      let sysBarProps: window.SystemBarProperties = {
        statusBarColor: '#ff00ff',
        navigationBarColor: '#00ff00',
        // 以下两个属性从API Version 8开始支持
        statusBarContentColor: '#ffffff',
        navigationBarContentColor: '#ffffff'
      };
      windowClass.setWindowSystemBarProperties(sysBarProps, (err: BusinessError) => {
        let errCode: number = err.code;
        if (errCode) {
          console.error('Failed to set the system bar properties. Cause: ' +
JSON.stringify(err));
          return;
        }
        console.info('Succeeded in setting the system bar properties.');
      });
    })
    // 3.为沉浸式窗口加载具体内容
    windowStage.loadContent("pages/page2", (err: BusinessError) => {
      let errCode: number = err.code;
      if (errCode) {
        console.error('Failed to load the content. Cause:' + JSON.stringify(err));
        return;
      }
      console.info('Succeeded in loading the content.');
    });
  }
};
```

8.2.4 设置悬浮窗口

可以在已有任务的基础上，创建一个始终在前台显示的窗口，即悬浮窗口。即使创建悬浮窗口的任务退至后台，悬浮窗口也仍然可以在前台显示，通常悬浮窗口位于所有应用窗口之上。开发者可以创建悬浮窗口，并对它进行属性设置等操作。

以下是设置悬浮窗口的具体开发步骤：

01 在开发之前，首先创建WindowType.TYPE_FLOAT，即悬浮窗类型的窗口，并申请ohos.permission.SYSTEM_FLOAT_WINDOW权限，该权限为受控开放权限，仅2in1设备可申请该权限。

02 使用window.createWindow接口来创建悬浮窗类型的窗口。

03 对悬浮窗口进行属性设置。可设置属性如下：

- 大小。
- 位置。
- 背景色。
- 亮度。

说明 可以根据应用的需求对悬浮窗口进行个性化的属性设置。

04 加载显示悬浮窗的具体内容：

（1）使用setUIContent接口加载悬浮窗口的UI内容。

（2）使用showWindow接口将悬浮窗口显示出来。

05 当不再需要悬浮窗口时，使用destroyWindow接口来销毁悬浮窗口，销毁操作应基于具体的实现逻辑进行。

示例代码如下：

```
import UIAbility from '@ohos.app.ability.UIAbility';
import window from '@ohos.window';
import { BusinessError } from '@ohos.base';

export default class EntryAbility extends UIAbility {
  onWindowStageCreate(windowStage: window.WindowStage) {
    // 1.创建悬浮窗
    let windowClass: window.Window | null = null;
    let config: window.Configuration = {
      name: "floatWindow", windowType: window.WindowType.TYPE_FLOAT, ctx: this.context
    };
    window.createWindow(config, (err: BusinessError, data) => {
      let errCode: number = err.code;
      if (errCode) {
        console.error('Failed to create the floatWindow. Cause: ' + JSON.stringify(err));
        return;
      }
      console.info('Succeeded in creating the floatWindow. Data: ' +
JSON.stringify(data));
      windowClass = data;
      // 2.悬浮窗口创建成功后，设置悬浮窗的位置、大小及相关属性
      windowClass.moveWindowTo(300, 300, (err: BusinessError) => {
        let errCode: number = err.code;
        if (errCode) {
          console.error('Failed to move the window. Cause:' + JSON.stringify(err));
          return;
        }
        console.info('Succeeded in moving the window.');
      });
      windowClass.resize(500, 500, (err: BusinessError) => {
        let errCode: number = err.code;
        if (errCode) {
          console.error('Failed to change the window size. Cause:' + JSON.stringify(err));
          return;
        }
```

```
      console.info('Succeeded in changing the window size.');
    });
    // 3.为悬浮窗口加载对应的目标页面
    windowClass.setUIContent("pages/page4", (err: BusinessError) => {
      let errCode: number = err.code;
      if (errCode) {
        console.error('Failed to load the content. Cause:' + JSON.stringify(err));
        return;
      }
      console.info('Succeeded in loading the content.');
      // 显示悬浮窗口
      (windowClass as window.Window).showWindow((err: BusinessError) => {
        let errCode: number = err.code;
        if (errCode) {
          console.error('Failed to show the window. Cause: ' + JSON.stringify(err));
          return;
        }
        console.info('Succeeded in showing the window.');
      });
    });
    // 4.当不再需要悬浮窗口时，可根据具体实现逻辑，使用destroy对它进行销毁
    windowClass.destroyWindow((err: BusinessError) => {
      let errCode: number = err.code;
      if (errCode) {
        console.error('Failed to destroy the window. Cause: ' + JSON.stringify(err));
        return;
      }
      console.info('Succeeded in destroying the window.');
    });
  });
 }
};
```

8.2.5 监听窗口不可交互与可交互事件

应用在前台显示的过程中，可能会进入某些不可交互的场景，比较典型的是进入多任务界面。此时，对于一些应用可能需要选择暂停某个与用户正在交互的业务，如视频类应用暂停正在播放的视频或者相机暂停预览流等。当该应用从多任务切回前台时，又变成了可交互的状态，此时需要恢复被暂停的业务，如恢复视频的播放或相机的预览流等。

监听窗口事件包括：

- 对象：在创建 WindowStage对象后。
- 事件类型：监听 'windowStageEvent' 事件类型。

可监听的事件包括以下情形：窗口进入前台，窗口进入后台，窗口与前台可交互，窗口与前台不可交互。

应用可以根据上报的事件状态进行相应的业务处理。例如，当窗口进入前台时，可能需要重新加载数据或更新界面；当窗口进入后台时，可能需要暂停某些操作或保存当前状态。

以下是一些具体的实现代码：

```
import UIAbility from '@ohos.app.ability.UIAbility';
import window from '@ohos.window';

export default class EntryAbility extends UIAbility {
```

```
    onWindowStageCreate(windowStage: window.WindowStage) {
      try {
        windowStage.on('windowStageEvent', (data) => {
          console.info('Succeeded in enabling the listener for window stage event changes.
Data: ' +
          JSON.stringify(data));

          // 根据事件状态类型进行相应的处理
          if (data == window.WindowStageEventType.SHOWN) {
            console.info('current window stage event is SHOWN');
            // 应用进入前台，默认为可交互状态
            // ...
          } else if (data == window.WindowStageEventType.HIDDEN) {
            console.info('current window stage event is HIDDEN');
            // 应用进入后台，默认为不可交互状态
            // ...
          } else if (data == window.WindowStageEventType.PAUSED) {
            console.info('current window stage event is PAUSED');
            // 前台应用进入多任务界面，转为不可交互状态
            // ...
          } else if (data == window.WindowStageEventType.RESUMED) {
            console.info('current window stage event is RESUMED');
            // 应用进入多任务界面后又继续返回前台，恢复为可交互状态
            // ...
          }

          // ...
        });
      } catch (exception) {
        console.error('Failed to enable the listener for window stage event changes. Cause:' +
        JSON.stringify(exception));
      }
    }
  }
```

8.3 通知

本节将全面探讨鸿蒙系统中的通知功能，包括通知的基本概念、通知消息的样式设计以及如何撤回已发送的通知消息。

8.3.1 通知概述

通知消息通过Push Kit（推送服务，华为为开发者提供的消息推送平台，建立了从云端到终端的消息推送通道）直接下发，可在终端设备的通知中心、锁屏、横幅上展示，用户单击后通知消息拉起应用。开发者可以通过设置通知消息样式来吸引用户。

1. 发送和接收消息

具体实现步骤如下：

01 获取Push Token（详见下文中的“3. 获取Push Token”）。

02 要确保应用可以正常收到通知消息，建议应用首次打开时调用requestEnableNotification()方法弹出提醒，告知用户需要允许接收通知消息。

03 应用服务端调用REST API推送通知消息（详见下文中的“5. 场景化消息API接口”）。

示例代码如下：

```
// URL请求
POST https://push-api.cloud.huawei.com/v3/[projectId]/messages:send
  // 请求头
  Content-Type: application/json
Authorization: Bearer eyJr*****OiIx---****.eyJh*****iJodHR--***.QRod*****4Gp---****
  push-type: 0

// 请求体
{
  "payload": {
  "notification": {
    "category": "MARKETING",
    "title": "普通通知标题",
    "body": "普通通知内容",
    "clickAction": {
      "actionType": 0
    },
    "notifyId": 12345
  }
},
  "target": {
  "token": ["IQAAAA**********4Tw"]
},
  "pushOptions": {
  "testMessage": true
}
}
```

代码说明：

- [projectId]：项目ID。登录AppGallery Connect网站，选择“我的项目”，在项目列表中选择对应的项目，在左侧导航栏选择“项目设置”，在该页面获取projectId。
- Authorization：JWT格式字符串。
- push-type：0表示通知消息场景。
- actionType：0表示单击消息打开应用首页。
- token：Push Token，可参见下文“4. 获取Push Token”。
- testMessage：测试消息标识，值为true表示测试消息。每个项目每天限制发送1000条测试消息，单次推送可发送的Token数不超过10个。
- notifyId：（选填）自定义消息标识字段，仅支持数字，范围为[0, 2147483647]，若要用于消息撤回则必填。

2. 单击消息

单击消息用来进入应用首页并传递数据。具体的开发步骤如下：

01 发送消息时，clickAction中携带data字段并设置actionType字段为0：

```
// URL请求
POST https://push-api.cloud.huawei.com/v3/[projectId]/messages:send

  // 请求头
```

```
  Content-Type: application/json
 Authorization: Bearer eyJr*****OiIx---****.eyJh*****iJodHR--***.QRod*****4Gp---****
  push-type: 0

 // 请求体
 {
  "payload": {
  "notification": {
   "category": "MARKETING",
   "title": "普通通知标题",
   "body": "普通通知内容",
   "clickAction": {
    "actionType": 0,
    "data": {"testKey": "testValue"}
   }
  }
 },
  "target": {
  "token": ["IQAAAA**********4Tw"]
 },
  "pushOptions": {
  "testMessage": true
 }
 }
```

代码说明：

- actionType：单击消息的动作，0表示单击消息后进入首页。
- data：单击消息时携带的JSON格式的数据。

02 在应用首页（通常为项目模块级别下的src/main/module.json5中mainElement的值）的onCreate()方法中覆写如下代码：

```
import { UIAbility, Want } from '@kit.AbilityKit';
import { hilog } from '@kit.PerformanceAnalysisKit';

export default class MainAbility extends UIAbility {
  onCreate(want: Want): void {
    // 获取消息中传递的data数据
    hilog.info(0x0000, 'testTag', 'Get message data successfully: %{public}s',
JSON.stringify(want.parameters));
  }
}
```

在onNewWant()方法中覆写如下代码：

```
import { UIAbility, Want } from '@kit.AbilityKit';
import { hilog } from '@kit.PerformanceAnalysisKit';

export default class MainAbility extends UIAbility {
  onNewWant(want: Want): void {
    // 获取消息中传递的data数据
    hilog.info(0x0000, 'testTag', 'Get message data successfully: %{public}s',
JSON.stringify(want.parameters));
  }
}
```

当单击消息首次进入应用首页时，会在onCreate()方法中获取消息中传递的data数据；若当前应用进程存在，再次单击消息会在onNewWant()方法中获取消息中传递的data数据。

3. 单击消息进入应用内页并传递数据

具体开发步骤如下：

01 在项目模块级别下的src/main/module.json5 中设置待跳转Ability的skills标签中的actions或uris值。其中，设置actions参数实现单击消息进入应用内页（若skills中添加了uris参数，则uris内容需为空）的示例代码如下：

```
{
  "name": "TestAbility",
  "srcEntry": "./ets/abilities/TestAbility.ets",
  "exported": false,
  "startWindowIcon": "$media:icon",
  "startWindowBackground": "$color:start_window_background",
  "skills": [
    {
      "actions": [
        "com.test.action"
      ]
    }
  ]
}
```

设置uris参数实现单击消息进入应用内页（skills中必须同时设置actions参数，actions参数为空）的示例代码如下：

```
{
  "name": "TestAbility",
  "srcEntry": "./ets/abilities/TestAbility.ets",
  "skills": [
    {
      "actions": [""],
      "uris": [
        {
          "scheme": "https",
          "host": "www.test.com",
          "port": "8080",
          "path": "push/test"
        }
      ]
    }
  ]
}
```

02 发送消息时，clickAction中携带data字段并设置actionType字段为1：

```
// URL请求
POST https://push-api.cloud.huawei.com/v3/[projectId]/messages:send

  // 请求头
  Content-Type: application/json
Authorization: Bearer eyJr*****OiIx---****.eyJh*****iJodHR--***.QRod*****4Gp---****
  push-type: 0

// 请求体
{
  "payload": {
  "notification": {
```

```
      "category": "MARKETING",
      "title": "普通通知标题",
      "body": "普通通知内容",
      "clickAction": {
        "actionType": 1,
        "action": "com.test.action",
        "uri": "https://www.test.com:8080/push/test",
        "data": {"testKey": "testValue"}
      }
    }
  },
    "target": {
    "token": ["IQAAAA**********4Tw"]
  },
    "pushOptions": {
    "testMessage": true
  }
  }
```

代码说明：

- actionType：单击消息动作，值为1表示单击消息后进入应用内页。当本字段的值设置为1时，uri和action至少填写一个，若都填写，则优先寻找与action匹配的应用页面。
- action：表示能够接收Want的action值的集合，取值可以自定义。
- uri：表示与Want中uris相匹配的集合。
- data：单击消息时携带的JSON格式的数据。

03 在待跳转页面（以TestAbility为例）中的onCreate()方法中覆写如下代码：

```
import { UIAbility, Want } from '@kit.AbilityKit';
import { hilog } from '@kit.PerformanceAnalysisKit';

export default class TestAbility extends UIAbility {
  onCreate(want: Want): void {
    // 获取消息中传递的data数据
    hilog.info(0x0000, 'testTag', 'Get message data successfully: %{public}s',
JSON.stringify(want.parameters));
  }
}
```

在onNewWant()方法中覆写如下代码：

```
import { UIAbility, Want } from '@kit.AbilityKit';
import { hilog } from '@kit.PerformanceAnalysisKit';

export default class TestAbility extends UIAbility {
  onNewWant(want: Want): void {
    // 获取消息中传递的data数据
    hilog.info(0x0000, 'testTag', 'Get message data successfully: %{public}s',
JSON.stringify(want.parameters));
  }
}
```

当单击消息首次进入应用内页面时，会在onCreate()方法中获取消息中传递的data数据；若当前应用进程存在，再次单击消息会在onNewWant()方法中获取消息中传递的data数据。

4. 获取Push Token

01 导入pushService模块：

```
import { pushService } from '@kit.PushKit';
```

02 在UIAbility（例如EntryAbility）的onCreate()方法中调用getToken()接口获取Push Token，并上报到服务端，方便服务端向终端推送消息，代码如下：

```
import { pushService } from '@kit.PushKit';
import { hilog } from '@kit.PerformanceAnalysisKit';
import { BusinessError } from '@kit.BasicServicesKit';
import { UIAbility, AbilityConstant, Want } from '@kit.AbilityKit';

export default class EntryAbility extends UIAbility {
  // 入参 want 与 launchParam 并未使用，为初始化项目时自带参数
  async onCreate(want: Want, launchParam: AbilityConstant.LaunchParam): Promise<void> {
    // 获取Push Token
    try {
      const pushToken: string = await pushService.getToken();
      hilog.info(0x0000, 'testTag', 'Get push token successfully: %{public}s',
pushToken);
    } catch (err) {
      let e: BusinessError = err as BusinessError;
      hilog.error(0x0000, 'testTag', 'Get push token catch error: %{public}d %{public}s',
e.code, e.message);
    }
    // 上报Push Token
  }
}
```

5. 删除Push Token

01 导入pushService模块：

```
import { pushService } from '@kit.PushKit';
```

02 调用PushService.deleteToken()接口删除Push Token：

```
import { pushService } from '@kit.PushKit';
import { hilog } from '@kit.PerformanceAnalysisKit';
import { BusinessError } from '@kit.BasicServicesKit';
import { UIAbility } from '@kit.AbilityKit';

export default class EntryAbility extends UIAbility {
  async myDeletePushToken() {
    try {
      pushService.deleteToken().then(() => {
        hilog.info(0x0000, 'testTag', 'Delete push token successfully.');
      }).catch((err: BusinessError) => {
        hilog.error(0x0000, 'testTag', 'Delete push token failed: %{public}d %{public}s',
err.code, err.message);
      });
    } catch (err) {
      let e: BusinessError = err as BusinessError;
      hilog.error(0x0000, 'testTag', 'Delete push token catch
error: %{public}d %{public}s', e.code, e.message);
    }
  }
}
```

6. 场景化消息API接口

V3场景化接口将典型的推送场景按照类型拆分为多种场景，不同的场景定义为不同的push-type，并提供基于场景的消息发送、治理和差异化能力，以实现更好的消息触达和用户使用体验。

场景的push-type类型如表8-1所示。

表8-1 场景的push-type类型

push-type	名 称	场景介绍	备 注
0	通知消息	通知消息	-
1	卡片刷新	卡片刷新	-
2	通知扩展消息	Push Kit拉起通知扩展子进程，开发者可以在通知扩展子进程中处理语音播报业务	需申请场景化消息特殊权益
6	后台消息	Push Kit检测应用是否启动，如果应用启动，则消息将被传递到目标应用；如果应用未启动，则消息将被缓存	-
7	实况窗刷新	实况窗刷新	-
10	VoIP呼叫消息	VoIP呼叫消息	需申请场景化消息特殊权益

8.3.2 通知消息样式

Push Kit提供了多种通知消息样式，开发者可以自定义其中的内容来吸引用户，从而提高日活跃用户数量。

1. 普通通知

在发送通知消息时，必须携带title与body字段，来分别设置应用收到通知消息后展示在通知中心的标题与内容。文本内容最多显示3行，超出3行以“...”折断。效果如图8-2所示。

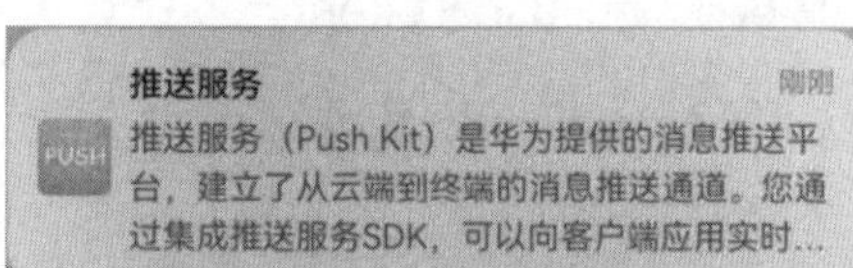

图 8-2 普通通知

消息体示例代码如下：

```
{
  "payload": {
    "notification": {
      "category": "MARKETING",
      "title": "推送服务",
      "body": "推送服务（Push Kit）是华为提供的消息推送平台，建立了从云端到终端的消息推送通道。您通过集成推送服务SDK，可以向客户端应用实时推送消息，构筑良好的客户关系，提升用户的感知度和活跃度。",
      "clickAction": {
        "actionType": 0
      }
    }
  },
  "target": {
    "token": ["IQAAAACy0tE************MXzvN7iIKSBYontV2cWj-HFTY_8lSh04w"]
  },
  "pushOptions": {
    "testMessage": true
  }
}
```

2. 通知角标

可以通过在发送通知消息时携带badge字段来设置应用收到通知消息后以数字的形式展示角标，提醒用户查看消息。效果如图8-3所示。

图 8-3　通知角标

消息体示例代码如下：

```
{
  "payload": {
    "notification": {
      "category": "MARKETING",
      "title": "通知标题",
      "body": "通知内容",
      "badge":{
        "addNum": 1
      },
      "clickAction": {
        "actionType": 0
      }
    }
  },
  "target": {
    "token": ["IQAAAACy0tE*************MXzvN7iIKSBYontV2cWj-HFTY_8lSh04w"]
  },
  "pushOptions": {
    "testMessage": true
  }
}
```

8.3.3　撤回通知消息

当推送的通知消息内容有误或者存在违规情况时，可能会引起用户投诉或监管部门处罚等不良后果。对此Push Kit提供了消息撤回功能，从降低此类推送可能造成的影响。

具体实现步骤如下：

01 确保应用可以正常收到通知消息。

02 应用服务端调用REST API撤回通知消息，代码如下：

```
// URL请求
POST https://push-api.cloud.huawei.com/v1/[clientid]/messages:revoke

// 请求头
Content-Type:application/json
Authorization:Bearer eyJr*****OiIx---****.eyJh*****iJodHR--***.QRod*****4Gp---****
push-type: 0

// 请求体
{
  "notifyId": 1234567,
  "token": [
    "pushToken1",
    "pushToken2",
    "pushToken3"
  ]
}
```

代码说明：

- [clientid]：可替换为读者自己应用的Client ID。
- Authorization：JWT格式字符串。
- push-type：值为0表示通知消息场景。
- notifyId：消息ID，消息的唯一标识 。
- token：Push Token。

8.4 实战：窗口管理应用

本节将开发一个窗口管理应用，该应用将展示多种窗口管理技术，包括主窗口的设置、子窗口的创建、悬浮窗口的实现、通知消息的处理以及窗口事件的监听。

8.4.1 窗口管理应用功能说明

该应用包括以下功能：

（1）主窗口的设置：设置应用的主窗口属性，如标题、图标和尺寸。

（2）子窗口的创建：在应用中创建多个子窗口，并设置它们的位置和大小。

（3）悬浮窗口的实现：创建一个悬浮窗口，使其能够在主界面上自由移动。

（4）通知消息的处理：实现通知消息的发送、撤回以及样式定制。

（5）窗口事件的监听：监听窗口的不可交互与可交互事件，并在控制台输出相应的信息。

8.4.2 窗口管理应用的实现

实现步骤如下：

01 初始化窗口管理器。

获取默认窗口管理器实例，代码如下：

```
// main.ts
import { Component } from '@ohos/application';

export default class Main extends Component {
   windowManager: WindowManager;                              // 窗口管理器实例
   mainWindow: Window;                                        // 主窗口实例
   subWindow: Window;                                         // 子窗口实例
   floatingWindow: Window;                                    // 悬浮窗口实例

   onInit() {
      this.windowManager = this.$getWindowManager();          // 获取窗口管理器实例
      this.mainWindow = this.windowManager.getDefaultWindow(); // 获取默认窗口实例
      this.setupMainWindow();                                 // 设置主窗口属性
      this.createSubWindow();                                 // 创建子窗口
      this.createFloatingWindow();                            // 创建悬浮窗口
      this.sendNotification();                                // 发送通知消息
      this.listenWindowEvents();                              // 监听窗口事件
   }
```

02 设置主窗口属性。

配置主窗口的标题、宽度和高度，代码如下：

```
// 设置主窗口属性
    setupMainWindow() {
        let config = new WindowManager.LayoutConfig();
        config.title = "My Main Window";                              // 设置窗口标题
        config.width = WindowManager.LayoutConfig.MATCH_PARENT; // 设置窗口宽度为匹配父容器
        config.height = WindowManager.LayoutConfig.WRAP_CONTENT;  // 设置窗口高度自适应内容
        this.mainWindow.setLayoutConfig(config);                      // 应用配置到主窗口
    }
```

03 创建子窗口。

配置子窗口的位置、宽度和高度，并显示，代码如下：

```
// 创建子窗口
    createSubWindow() {
        let config = new WindowManager.LayoutConfig();
        config.position = [100, 100];         // 设置子窗口的位置
        config.width = 300;                   // 设置子窗口的宽度
        config.height = 200;                  // 设置子窗口的高度
        this.subWindow = this.windowManager.createWindow(config); // 创建子窗口并保存实例
        this.subWindow.show();                // 显示子窗口
    }
```

04 实现悬浮窗口。

配置悬浮窗口的位置、宽度和高度，并显示，代码如下：

```
// 创建悬浮窗口
    createFloatingWindow() {
        let config = new WindowManager.LayoutConfig();
        config.position = [500, 500];         // 设置悬浮窗口的位置
        config.width = 200;                   // 设置悬浮窗口的宽度
        config.height = 100;                  // 设置悬浮窗口的高度
        this.floatingWindow = this.windowManager.createFloatingWindow(config); // 创建悬
浮窗口并保存实例
        this.floatingWindow.show();           // 显示悬浮窗口
    }
```

05 发送通知。

请求通知权限，并发送一条通知消息，代码如下：

```
// 发送通知消息
    sendNotification() {
        let notificationManager = this.$getSystemService(NotificationManager); // 获取通
知管理器实例
        if (!notificationManager.areNotificationsEnabled()) { // 检查是否已授权通知权限

notificationManager.requestPermissions([Manifest.permission.POST_NOTIFICATIONS],
PERMISSION_REQUEST_CODE); // 请求通知权限
            return;
        }

        let builder = new NotificationCompat.Builder(this)          // 创建通知构建器
            .setSmallIcon("ic_notification")                         // 设置通知图标
            .setContentTitle("New Message")                          // 设置通知标题
            .setContentText("You've received a new message.")        // 设置通知内容
            .setPriority(NotificationCompat.PRIORITY_HIGH)           // 设置通知优先级
```

```
            .setSound(RingtoneManager.getDefaultUri(RingtoneManager.TYPE_NOTIFICATION))
// 设置通知声音
            .setAutoCancel(true);                                    // 设置通知自动取消

        notificationManager.notify(NOTIFICATION_ID, builder.build()); // 发送通知消息
    }
```

06 监听窗口事件。

监听窗口的不可交互和可交互事件，并输出相应信息，代码如下：

```
  // 监听窗口事件
    listenWindowEvents() {
        this.mainWindow.addFlags(WindowManager.LayoutConfig.WINDOW_FLAG_NOT_FOCUSABLE);
// 设置主窗口不可交互标志
        this.mainWindow.addFlags(WindowManager.LayoutConfig.
WINDOW_FLAG_KEEP_SCREEN_ON);                      // 设置主窗口保持屏幕常亮标志
        this.mainWindow.setOnTouchListener((event: TouchEvent) => { // 设置触摸事件监听器
            console.log("Window is now interactive!");             // 输出交互信息到控制台
            return true;                      // 返回true表示事件已被处理，不再向下传递
        });
    }
  }
```

8.5 本章小结

本章全面介绍了单框架鸿蒙系统中的窗口管理技术，包括应用窗口的分类、窗口模块的用途以及如何管理应用主窗口和应用子窗口。通过学习设置应用主窗口和子窗口，实现窗口的沉浸式能力，设置悬浮窗口以及监听窗口的不可交互与可交互事件，读者将掌握如何在鸿蒙系统中优化窗口行为，提升应用的整体表现和用户体验。此外，本章还介绍了通知系统，包括通知的基本概念、通知消息的样式设计以及撤回通知消息的方法。通过这些内容，读者将能够实现高效且用户友好的通知机制，从而进一步提升应用的互动性和用户体验。

第 9 章

网络编程

网络编程是应用程序中实现数据交互和内容加载的关键。本章将介绍HarmonyOS NEXT系统中的网络编程技术，包括HTTP数据请求，以及如何加载网络页面、本地页面和HTML格式的文本数据等内容。

9.1 HTTP 数据请求

HTTP数据请求是客户端向服务端发送请求以获取或操作资源的过程。例如，一个Web应用程序需要从远程服务器获取用户的天气信息，该应用程序可通过HTTP发起一个数据请求。HTTP定义了多种请求方法，常见的是GET和POST，其他还有PUT、DELETE、TRACE、CONNECT等方法。

在HarmonyOS中，request接口和requestInStream接口都是用于HTTP数据请求的，需要注意的是，它们在处理数据流方面有所不同：

- request接口适用于需要一次性获取完整响应数据的场景。它会将整个HTTP响应体加载到内存中，然后应用程序可以对这部分内存中的数据进行处理。这种方式适用于较小的响应体或不需要流式处理的场景。
- requestInStream接口适用于需要处理较大的响应体或流式处理的场景。它允许应用程序以流的形式逐步读取响应体，而不是一次性加载整个响应体到内存中。这对于处理大文件或实时数据流非常有用，因为它可以减少内存消耗并提高性能。

本章调用的接口为公开接口，在使用的过程中可以直接调用。注意，该接口属于网上开放的接口，频繁的访问会导致该接口暂时关闭。

接口文档如下：

- 接口地址：https://api.thecatapi.com/v1/images/search。
- 返回格式：JSON。
- 请求方式：GET。

请求参数说明如表9-1所示。

返回参数说明如表9-2所示。

表9-1 请求参数

名 称	类 型	必 填	说 明
limit	int	选填	要返回的图片数
page	int	选填	页码
order	int	选填	按照上传日期排序
has_breeds	int	选填	是否包含猫品种信息
breed_ids	string	选填	品种的ID
category_ids	string	选填	筛选breed_ids的ID，例如?breed_ids=1,5,14
sub_id	int	选填	过滤具有上传时使用的值的图像

表9-2 返回参数

名 称	类 型	说 明
url	string	图片链接
width	int	宽度
height	int	图片高度

下面将通过示例详细介绍如何通过request接口和requestInStream接口实现HTTP数据请求。

9.1.1 request 接口开发

request接口的开发步骤如下：

01 从@ohos.net.http.d.ts中导入HTTP命名空间。

02 调用createHttp()方法，创建一个HttpRequest对象。

03 调用该对象的on()方法，订阅HTTP响应头事件，此接口会比request请求先返回。可以根据业务需要订阅此消息。

04 调用该对象的request()方法，传入HTTP请求的URL地址和可选参数，发起网络请求。

05 按照实际业务需要，解析返回结果。

06 调用该对象的off()方法，取消订阅HTTP响应头事件。

07 当该请求使用完毕时，调用destroy()方法主动销毁。

示例代码如下：

```
// 引入包名
import http from '@ohos.net.http';
import { BusinessError } from '@ohos.base';

// 每一个httpRequest对应一个HTTP请求任务，不可复用
let httpRequest = http.createHttp();
// 用于订阅HTTP响应头，此接口会比request请求先返回。可以根据业务需要订阅此消息
// 从API 8开始，使用on('headersReceive', Callback)替代on('headerReceive', AsyncCallback)
httpRequest.on('headersReceive', (header) => {
  console.info('header: ' + JSON.stringify(header));
});
httpRequest.request(
  // 填写HTTP请求的URL地址，可以带参数也可以不带参数。URL地址需要开发者自定义。请求的参数可以在
extraData中指定
```

```
    "EXAMPLE_URL",
    {
      method: http.RequestMethod.POST, // 可选，默认为http.RequestMethod.GET
      // 开发者根据自身业务需要添加header字段
      header: {
        'Content-Type': 'application/json'
      },
      // 当使用POST请求时，此字段用于传递请求体内容，具体格式与服务端协商确定
      extraData: "data to send",
      expectDataType: http.HttpDataType.STRING,        // 可选，指定返回数据的类型
      usingCache: true,                                // 可选，默认值为true
      priority: 1,                                     // 可选，默认值为1
      connectTimeout: 60000,                           // 可选，默认值为60000ms
      readTimeout: 60000,                              // 可选，默认值为60000ms
      usingProtocol: http.HttpProtocol.HTTP1_1,        // 可选，协议类型默认值由系统自动指定
      usingProxy: false,                      // 可选，默认不使用网络代理，自API 10开始支持该属性
      caPath:'/path/to/cacert.pem',           // 可选，默认使用系统预制证书，自API 10开始支持该属性
      clientCert: {                           // 可选，默认不使用客户端证书，自API 11开始支持该属性
        certPath: '/path/to/client.pem', // 默认不使用客户端证书，自API 11开始支持该属性
        keyPath: '/path/to/client.key',  // 若证书包含Key信息，则传入空字符串，自API 11开始支持
该属性
        certType: http.CertType.PEM,      // 可选，默认使用PEM，自API 11开始支持该属性
        keyPassword: "passwordToKey"      // 可选，输入key文件的密码，自API 11开始支持该属性
      },
      multiFormDataList: [ // 可选，仅当Header中'content-Type'为'multipart/form-data'时生效，
自API 11开始支持该属性
        {
          name: "Part1",                      // 数据名，自API 11开始支持该属性
          contentType: 'text/plain',          // 数据类型，自API 11开始支持该属性
          data: 'Example data',               // 可选，数据内容，自API 11开始支持该属性
          remoteFileName: 'example.txt'       // 可选，自API 11开始支持该属性
        }, {
        name: "Part2",                        // 数据名，自API 11开始支持该属性
        contentType: 'text/plain',            // 数据类型，自API 11开始支持该属性
        // data/app/el2/100/base/com.example.myapplication/haps/entry/files/fileName.txt
        filePath: `${getContext(this).filesDir}/fileName.txt`, // 可选，传入文件路径，自API 11
开始支持该属性
        remoteFileName: 'fileName.txt'    // 可选，自API 11开始支持该属性
      }
      ]
    }, (err: BusinessError, data: http.HttpResponse) => {
    if (!err) {
      // data.result为HTTP响应内容，可根据业务需要进行解析
      console.info('Result:' + JSON.stringify(data.result));
      console.info('code:' + JSON.stringify(data.responseCode));
      // data.header为HTTP响应头，可根据业务需要进行解析
      console.info('header:' + JSON.stringify(data.header));
      console.info('cookies:' + JSON.stringify(data.cookies)); // 8+
      // 当该请求使用完毕时，调用destroy方法主动销毁
      httpRequest.destroy();
    } else {
      console.error('error:' + JSON.stringify(err));
      // 取消订阅HTTP响应头事件
      httpRequest.off('headersReceive');
      // 当该请求使用完毕时，调用destroy方法主动销毁
      httpRequest.destroy();
    }
  }
  );
```

08 对request接口进行封装，如图9-1所示，创建一个utils文件夹，用于存放接口调用的方法，在该文件夹中创建requestApi.ets。requestApi.ets代码如下：

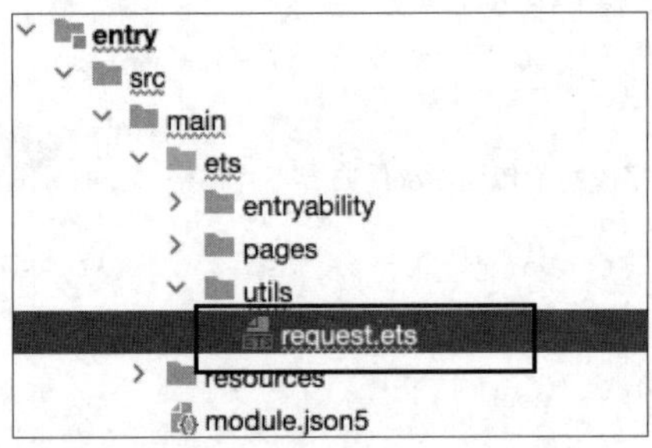

图9-1　创建一个utils文件夹

```
// 引入包名
import http from '@ohos.net.http';
import { BusinessError } from '@ohos.base';
// 定义单个图片项的接口
interface ImageItem {
  id: string;
  url: string;
  width: number;
  height: number;
}
//
// 定义一个类型，表示 ImageItem 对象的数组
// type ImageItemList = ImageItem[];
class NewViweList{
   getData() :Promise<string>{
       return new Promise((resolve,reject)=>{
         let request = http.createHttp()
           let url =  "https://api.thecatapi.com/v1/images/search?limit=1"
           let options ={
              methods:http.RequestMethod.GET,
              header:{'Content-Type':'application/json'}
           } as http.HttpRequestOptions
           let result = request.request(url,options)
           result.then((res)=>{
              if (res.responseCode == 200){
                console.log('查询成功')
                resolve (JSON.parse(JSON.stringify(res.result)))
              }else{
                console.log('查询失败')
                reject('查询失败')
              }
           }).catch(()=>{
             console.log('异常')
             reject('异常')

           })
})

}
}

export default new NewViweList()
```

09 接口调用。在pages目录下创建requestApi.ets的页面文件，代码如下：

```
import { router } from '@kit.ArkUI';
import { Navbar as MyNavbar } from '../components/navBar'
import  NewViweList from '../utils/requestApi'

// 定义单个图片项的接口
interface ImageItem {
  id: string;
  url: string;
  width: number;
  height: number;
}
//
// 定义一个类型，表示 ImageItem 对象的数组
type ImageItemList = ImageItem[];
@Entry
@Component
struct RequestApi {
  @State desc: string = '';
  @State title: string = ''
  @State paramsData: ImageItem[] =[]
  // 加载页面时接收传递过来的参数
  onPageShow(): void {
    // 获取传递过来的参数对象
    const params = router.getParams() as Record<string, string>;
    // 获取传递的值
    if (params) {
      this.desc = params.desc as string
      this.title = params.value as string
    }

  }
  build() {
      Column() {
        MyNavbar({ title: this.title })
        Divider().width('100%').strokeWidth(2).color(Color.Black)
        Row() {
          Text(`组件描述：${this.desc}`)
        }
        Button('获取数据').onClick(()=>{
          NewViweList.getData().then(res =>{
            console.log('打印', res)
            this.paramsData = JSON.parse(res)
          })
        })

        ForEach(this.paramsData,(item:ImageItem)=>{
          Image(item.url).width(item.width/3).height(item.height/3)
        })
      }
      .width('100%')
      .height('100%')
  }
}
```

在上述代码中，单击“获取数据”按钮时，将获取接口信息并通过ForEach方法对接口返回的数据进行渲染。注意，此时的效果演示需要在手机上进行，效果如图9-2所示。

图 9-2　request 接口请求示例效果

9.1.2　requestInStream 接口开发

requestInStream接口的开发步骤如下：

01 从@ohos.net.http.d.ts中导入HTTP命名空间。

02 调用createHttp()方法，创建一个HttpRequest对象。

03 调用该对象的on()方法，可以根据业务需要订阅HTTP响应头事件、HTTP流式响应数据接收事件、HTTP流式响应数据接收进度事件和HTTP流式响应数据接收完毕事件。

04 调用该对象的requestInStream()方法，传入HTTP请求的URL地址和可选参数，发起网络请求。

05 按照实际业务需要，解析返回的响应码。

06 调用该对象的off()方法，取消订阅响应事件。

07 当该请求使用完毕时，调用destroy()方法主动销毁。

示例代码如下：

```
// 引入包名
import http from '@ohos.net.http';
import { BusinessError } from '@ohos.base';

// 每一个httpRequest对应一个HTTP请求任务，不可复用
let httpRequest = http.createHttp();
// 用于订阅HTTP响应头事件
httpRequest.on('headersReceive', (header: Object) => {
  console.info('header: ' + JSON.stringify(header));
});
// 用于订阅HTTP流式响应数据接收事件
let res = new ArrayBuffer(0);
httpRequest.on('dataReceive', (data: ArrayBuffer) => {
  const newRes = new ArrayBuffer(res.byteLength + data.byteLength);
  const resView = new Uint8Array(newRes);
  resView.set(new Uint8Array(res));
  resView.set(new Uint8Array(data), res.byteLength);
  res = newRes;
  console.info('res length: ' + res.byteLength);
});
// 用于订阅HTTP流式响应数据接收完毕事件
httpRequest.on('dataEnd', () => {
  console.info('No more data in response, data receive end');
});
// 用于订阅HTTP流式响应数据接收进度事件
```

```
class Data {
  receiveSize: number = 0;
  totalSize: number = 0;
}
httpRequest.on('dataReceiveProgress', (data: Data) => {
  console.log("dataReceiveProgress receiveSize:" + data.receiveSize + ", totalSize:" + data.totalSize);
});

let streamInfo: http.HttpRequestOptions = {
  method: http.RequestMethod.POST,                    // 可选，默认值为http.RequestMethod.GET
  // 开发者根据自身业务需要添加header字段
  header: {
    'Content-Type': 'application/json'
  },
  // 当使用POST请求时，此字段用于传递请求体内容，具体格式与服务端协商确定
  extraData: "data to send",
  expectDataType:  http.HttpDataType.STRING,          // 可选，指定返回数据的类型
  usingCache: true,                                   // 可选，默认值为true
  priority: 1,                                        // 可选，默认值为1
  connectTimeout: 60000,                              // 可选，默认值为60000ms
  readTimeout: 60000, // 可选，默认值为60000ms。若传输的数据较大，需要较长的时间，建议增大该参数以保证数据传输能正常终止
  usingProtocol: http.HttpProtocol.HTTP1_1            // 可选，协议类型默认值由系统自动指定
}

httpRequest.requestInStream(
  // 填写HTTP请求的URL地址，可以带参数也可以不带参数。URL地址需要开发者自定义。请求的参数可以在extraData中指定
  "EXAMPLE_URL",
  streamInfo, (err: BusinessError, data: number) => {
  console.error('error:' + JSON.stringify(err));
  console.info('ResponseCode :' + JSON.stringify(data));
  // 取消订阅HTTP响应头事件
  httpRequest.off('headersReceive');
  // 取消订阅HTTP流式响应数据接收事件
  httpRequest.off('dataReceive');
  // 取消订阅HTTP流式响应数据接收进度事件
  httpRequest.off('dataReceiveProgress');
  // 取消订阅HTTP流式响应数据接收完毕事件
  httpRequest.off('dataEnd');
  // 当该请求使用完毕时，调用destroy方法主动销毁
  httpRequest.destroy();
}
);
```

9.1.3　引入第三方库 ohos_axios

HarmonyOS提供了一系列的第三方库，便于开发者进行项目开发。这些第三方库的地址如下：

```
https://gitee.com/openharmony-tpc/tpc_resource
```

本小节将采用该地址中的网络模块中的ohos_axios来实现网络数据的请求。

ohos_axios是一个基于promise的网络请求库，可以运行在Node.js和浏览器中。ohos_axios基于Axios原库进行适配，使其可以运行在OpenHarmony中，并沿用其现有的用法和特性。

在使用ohos_axios之前，需要下载和安装它：

首先，在终端输入指令ohpm install @ohos/axios来下载ohos_axios，如图9-3所示。

```
For more details, please visit https://support.apple.com/kb/HT208050.
[chengruo@MacBook-Pro ~/Desktop/HarmonyOS/webComponent]$ohpm install @ohos/axios
ohpm INFO: fetch meta info of package '@ohos/axios' success https://repo.harmonyos.com/ohpm/@ohos/axios
ohpm INFO: fetch meta info of package '@ohos/hamock' success https://repo.harmonyos.com/ohpm/@ohos/hamock
ohpm INFO: fetch meta info of package '@ohos/hypium' success https://repo.harmonyos.com/ohpm/@ohos/hypium
install completed in 0s 659ms
[chengruo@MacBook-Pro ~/Desktop/HarmonyOS/webComponent]$
```

图 9-3　下载 ohos_axios

然后，在src/main/module.json5文件的module属性中加入下面的权限代码，进行权限配置。

```
"requestPermissions": [
  {
    "name": "ohos.permission.INTERNET"
  }
]
```

ohos_axios库的接口和属性分别如表9-3和表9-4所示。

表9-3　ohos_axios库的接口

接　口	参　数	功　能
axios(config)	config：请求配置	发送请求
axios.create(config)	config：请求配置	创建实例
axios.request(config)	config：请求配置	发送请求
axios.get(url[, config])	url：请求地址 config：请求配置	发送GET请求
axios.delete(url[, config])	url：请求地址 config：请求配置	发送DELETE请求
axios.post(url[, data[, config]])	url：请求地址 data：发送请求体数据 config：请求配置	发送POST请求
axios.put(url[, data[, config]])	url：请求地址 data：发送请求体数据 config：请求配置	发送PUT请求

表9-4　ohos_axios库的属性

属　性	描　述
axios.defaults['xxx']	默认设置。值为请求配置config中的配置项 例如axios.defaults.headers获取头部信息
axios.interceptors	拦截器。参考拦截器的使用

以下是一个发起GET请求的示例，代码如下：

```
import { router } from '@kit.ArkUI';
import { Navbar as MyNavbar } from '../components/navBar'
import axios, { AxiosRequestConfig, AxiosResponse, AxiosError,
InternalAxiosRequestConfig } from '@ohos/axios';
// 定义数据项的接口
interface Message {
  currentTime: string;
  greeting: string;
```

```
  tip: string;
}
@Entry
@Component
struct AxiosApi {

@State message: string = 'Hello World';
  @State desc: string = '';
  @State title: string = ''
  @State dataList:Message ={
   currentTime: '',
   greeting: '',
   tip: ''
  }
  // 加载页面时接收传递过来的参数
  onPageShow(): void {
    // 获取传递过来的参数对象
    const params = router.getParams() as Record<string, string>;
    // 获取传递的值
    if (params) {
      this.desc = params.desc as string
      this.title = params.value as string
    }
  }
  build() {

      Column() {
        MyNavbar({ title: this.title })
        Divider().width('100%').strokeWidth(2).color(Color.Black)
        Row() {
          Text(`组件描述：${this.desc}`)
        }
   Button('单击获取').onClick(async()=>{
     axios<string, AxiosResponse<string>, null>({
       url: "https://api.kuleu.com/api/getGreetingMessage?type=json",
       method: 'get',
     }).then((res: AxiosResponse) => {
       console.log('打印', res.data )
       console.log('打印', typeof  res.data.data)
       console.log('打印', res.data.data)

       // 处理请求成功的逻辑
       this.dataList = res.data.data
     })
   })
   Text(this.dataList.tip)
      }
      .width('100%')
    .height('100%')
  }
}
```

更多详细的使用示例可参考网址https://gitee.com/openharmony-sig/ohos_axios。

9.2　Web 组件的页面加载

Web组件是实现丰富交互界面和动态内容展示的重要工具。本节将介绍Web组件的页面加载技术，包括加载网络页面、本地页面和HTML格式的文本数据。

9.2.1　加载网络页面

页面加载是Web组件的基本功能。根据页面加载数据来源可以分为3种常用场景，即加载网络页面，加载本地页面和加载HTML格式的富文本数据。

页面加载过程中，若涉及网络资源的获取，则需要配置ohos.permission.INTERNET网络访问权限。

开发者可以在创建Web组件时设定一个默认加载的网页，当该默认页面加载完毕后，若需更改Web组件显示的内容，可以通过调用loadUrl()方法来加载新的网页。需要注意的是，Web组件的src属性不应通过状态变量（如@State）动态修改。若需更新src属性，请使用loadUrl()方法重新加载页面。

加载网络页面的示例代码如下：

```
import { router } from '@kit.ArkUI';
import { Navbar as MyNavbar } from '../components/navBar'
import web_webview from '@ohos.web.webview';
import business_error from '@ohos.base';

@Entry
@Component
struct NewWorkWeb {
  @State desc: string = '';
  @State title: string = ''
  controller: web_webview.WebviewController = new web_webview.WebviewController();
  // 加载页面时接收传递过来的参数
  onPageShow(): void {
    // 获取传递过来的参数对象
    const params = router.getParams() as Record<string, string>;
    // 获取传递的值
    if (params) {
      this.desc = params.desc as string
      this.title = params.value as string
    }
  }
  build() {
     Column() {
       MyNavbar({ title: this.title })
       Divider().width('100%').strokeWidth(2).color(Color.Black)
       Row() {
         Text(`组件描述：${this.desc}`)
       }
       Button('加载新的页面')
         .onClick(() => {
           try {
             this.controller.loadUrl('https://developer.huawei.com/consumer/cn/forum/
block/zonghe');
           } catch (error) {
             let e: business_error.BusinessError = error as business_error.BusinessError;
             console.error(`ErrorCode: ${e.code},  Message: ${e.message}`);
           }
         })
       Web({ src: 'https://www.huawei.com/cn/', controller: this.controller})
     }
     .width('100%')
    .height('100%')
  }
}
```

单击“加载网络页面”按钮，默认加载华为官网，如图9-4所示，单击页面中的“加载新的页面”按钮，将会加载华为开发者论坛网页，如图9-5所示。

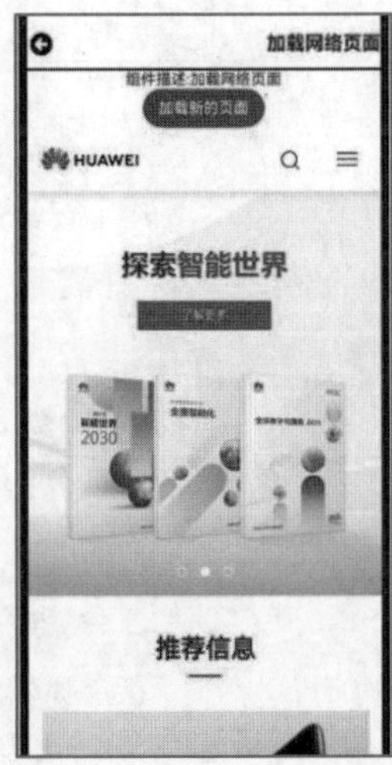

图9-4　加载的华为官网

图9-5　加载的华为开发者论坛

9.2.2　加载本地页面

将本地页面文件放在应用的rawfile目录下，便可以在创建Web组件的时候指定默认加载的本地页面，并且加载完成后可以通过调用loadUrl()接口来变更当前Web组件的页面。

如图9-6所示，将本地的HTML页面存放至rawfile目录下。

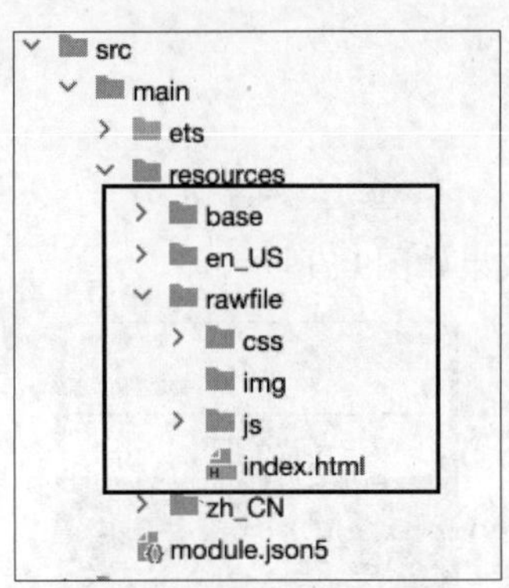

图 9-6　将本地的 HTML 页面存放至 rawfile 目录下

加载本地页面示例代码如下：

```
import { router } from '@kit.ArkUI';
import { Navbar as MyNavbar } from '../components/navBar'
import web_webview from '@ohos.web.webview';
import business_error from '@ohos.base';

@Entry
@Component
struct LocalWeb {
  @State desc: string = '';
  @State title: string = ''
  controller: web_webview.WebviewController = new web_webview.WebviewController();
```

```
  // 加载页面时接收传递过来的参数
  onPageShow(): void {
    // 获取传递过来的参数对象
    const params = router.getParams() as Record<string, string>;
    // 获取传递的值
    if (params) {
      this.desc = params.desc as string
      this.title = params.value as string
    }

  }
  build() {
      Column() {
        MyNavbar({ title: this.title })
        Divider().width('100%').strokeWidth(2).color(Color.Black)
        Row() {
          Text(`组件描述：${this.desc}`)
        }
        Button('加载本地页面')
          .onClick(() => {
            try {
              // 单击按钮时，通过loadUrl跳转到index.html
              this.controller.loadUrl($rawfile('index.html'));
            } catch (error) {
              let e: business_error.BusinessError = error as business_error.BusinessError;
              console.error(`ErrorCode: ${e.code},  Message: ${e.message}`);
            }
          })
        // 创建组件时，通过$rawfile加载本地文件index.html
        Web({ src: $rawfile("index.html"), controller: this.controller })

      }
      .width('100%')
      .height('100%')
  }
}
```

上述示例代码在手机上的运行效果如图9-7所示。

图9-7　加载本地页面的示例效果

9.2.3　加载 HTML 格式的文本数据

Web组件可以通过loadData()接口实现加载HTML格式的文本数据。当开发者不需要加载整个页面，只需要显示一些页面片段时，可通过此功能来快速加载页面。

加载HTML格式的文本数据的示例代码如下：

```
import { router } from '@kit.ArkUI';
import { Navbar as MyNavbar } from '../components/navBar'
import web_webview from '@ohos.web.webview';
import business_error from '@ohos.base';
@Entry
@Component
struct LocalHtml {
  @State desc: string = '';
  @State title: string = ''
  controller: web_webview.WebviewController = new web_webview.WebviewController();
  // 加载页面时接收传递过来的参数
  onPageShow(): void {
    // 获取传递过来的参数对象
    const params = router.getParams() as Record<string, string>;
    // 获取传递的值
    if (params) {
      this.desc = params.desc as string
      this.title = params.value as string
    }

  }
  build() {
      Column() {
        MyNavbar({ title: this.title })
        Divider().width('100%').strokeWidth(2).color(Color.Black)
        Row() {
          Text(`组件描述：${this.desc}`)
        }
        Button('loadData')
          .onClick(() => {
            try {
              // 单击按钮时，通过loadData加载HTML格式的文本数据
              this.controller.loadData(
                "<html><body><p style='color:red, fontSize:20px'>单击按钮时，通过loadData，
加载HTML格式的文本数据</p></body></html>",
                "text/html",
                "UTF-8"
              );
            } catch (error) {
              let e: business_error.BusinessError = error as business_error.BusinessError;
              console.error(`ErrorCode: ${e.code},  Message: ${e.message}`);
            }
          })

        // 创建组件时，通过$rawfile加载本地文件index.html
        Web({ src: $rawfile("index.html"), controller: this.controller })
      }
      .width('100%')
    .height('100%')
  }
}
```

单击loadData按钮的效果如图9-8所示。

图 9-8　单击 loadData 按钮的效果

9.3　实战：通过 HTTP 请求数据

本节将通过实战演练，详细介绍如何在鸿蒙系统中使用ArkTS语言进行HTTP请求，从准备HTTP服务接口、使用List组件进行卡片布局，到通过生命周期发起HTTP请求和使用第三方库进行数据请求，再到利用Web组件加载详情页面，全方位地展示网络请求的完整流程和细节。

9.3.1　准备一个 HTTP 服务接口

为了实现数据的获取，需要先准备一个HTTP服务接口。这个接口将提供所需的数据。例如，我们可以使用一个公开的API来获取一些示例数据，不过要确保该接口能够返回JSON格式的数据，以便在应用中进行处理。

9.3.2　使用 List 组件进行卡片布局

在鸿蒙系统中，可以使用List组件来展示从服务器获取的数据。首先，在页面的XML布局文件中添加List组件：

```
<List
   id="list"
   bindData="@{data}"
   selector="card_item">
</List>
```

然后，创建一个名为card_item.hml的文件，用于定义列表项的布局：

```
<div class="card-container">
   <text class="title">{{ title }}</text>
   <text class="description">{{ description }}</text>
</div>
```

接下来，在CSS文件中定义样式：

```
.card-container {
   padding: 16px;
   border-radius: 8px;
   background-color: #f0f0f0;
}
```

```
.title {
    font-size: 20px;
    font-weight: bold;
}

.description {
    font-size: 14px;
    color: #666;
}
```

9.3.3 通过生命周期发起 HTTP 请求

在鸿蒙系统中，可以利用生命周期方法来发起HTTP请求。例如，当页面被加载时，可以调用onAppear()方法来发起HTTP请求。首先，在JavaScript文件中导入所需的库：

```
import { fetch } from 'fetch';
```

然后，在onAppear()方法中发起请求：

```
export default {
    data() {
        return {
            data: [], // 用于存储从服务器获取的数据
        };
    },
    onAppear() {
        fetch('https://api.example.com/data')
            .then((response) => response.json())
            .then((data) => {
                this.data = data;
            })
            .catch((error) => {
                console.error('Error fetching data:', error);
            });
    },
};
```

9.3.4 通过生命周期使用第三方库发起 HTTP 请求

除了使用原生的fetch方法外，还可以使用第三方库来发起HTTP请求。以Axios为例，首先需要在项目中安装Axios库：

```
npm install axios
```

然后，在代码中引入Axios并使用它来发起请求：

```
import axios from 'axios';

export default {
    data() {
        return {
            data: [], // 用于存储从服务器获取的数据
        };
    },
    onAppear() {
        axios.get('https://api.example.com/data')
            .then((response) => {
```

```
                this.data = response.data;
            })
            .catch((error) => {
                console.error('Error fetching data:', error);
            });
    },
};
```

9.3.5　Web 组件加载详情页面

当用户单击列表项时，可以使用Web组件来加载详情页面。首先，在XML布局文件中为List组件添加单击事件处理函数：

```
<List
    id="list"
    bindData="@{data}"
    selector="card_item"
    onItemClick="handleItemClick">
</List>
```

然后，在JavaScript文件中实现handleItemClick()方法：

```
methods: {
    handleItemClick(item) {
        // 使用Web组件加载详情页面
        const webComponent = new WebComponent({
            url: 'details.html',            // 详情页面的URL
            data: item,                     // 传递给详情页面的数据
        });
        webComponent.load();
    },
},
```

这样，当用户单击列表项时，就会加载详情页面并显示相应的数据。

9.4　本章小结

本章重点介绍了鸿蒙系统中的网络编程技术，包括HTTP数据请求和Web组件的使用，并通过一个实战案例来进行演示。通过学习本章内容，读者将掌握在鸿蒙系统中进行高效网络请求的方法。

第 10 章

安全管理

在现代应用开发中，安全管理是确保用户隐私和系统安全的重要环节。本章将介绍鸿蒙系统中的安全管理技术，包括访问控制概述和访问控制开发流程等内容。

10.1 访问控制概述

默认情况下，应用只能访问有限的系统资源，但在某些情况下，应用存在扩展功能的诉求，需要访问额外的系统数据（包括用户个人数据）和功能。系统也必须以明确的方式对外提供接口来共享其数据或功能。

系统通过访问控制机制可以避免数据或功能被不当或恶意使用。访问控制的机制涉及多方面，包括应用沙箱、应用权限、系统控件等方案。

10.1.1 应用沙箱

系统中的应用程序均在受保护的沙箱环境中运行，这种安全隔离机制有效限制了应用的不当行为，例如防止应用间非法数据访问或对设备的篡改。每个应用程序都分配了唯一的标识（TokenID），系统依据此标识来识别和控制应用的访问权限。

沙箱机制确保只有目标用户能访问应用数据，并明确了应用可访问的数据范围。

10.1.2 应用权限等级和授权方法

1. 什么是应用权限

系统提供了一种允许应用访问系统资源（如通讯录等）和系统能力（如摄像头、麦克风等）的通用权限访问方式，来保护系统数据（包括用户个人数据）或功能，避免它们被不当或恶意使用。

应用权限保护的对象可以分为数据和功能：

- 数据包括个人数据（如照片、通讯录、日历、位置等）、设备数据（如设备标识、相机、麦克风等）。
- 功能包括设备功能（如访问摄像头/麦克风、打电话、联网等）、应用功能（如弹出悬浮窗、创建快捷方式等）。

2. 什么是TokenID

系统采用TokenID（Token identity）作为应用的唯一标识。权限管理服务通过应用的TokenID来管理应用的AT（Access Token）信息，包括应用身份标识（App ID）、子用户ID、应用分身索引信息、应用APL、应用权限授权状态等。在使用资源时，系统将通过TokenID来获取对应应用的授权状态信息，并依此进行鉴权，从而管控应用的资源访问行为。

值得注意的是，系统支持多用户特性和应用分身特性，同一个应用在不同的子用户下和不同的应用分身下会有各自的AT，这些AT的TokenID也是不同的。

3. 什么是APL

系统基于应用的APL（Ability Privilege Level，无能力权限等级）来设置进程和数据域的标签，并通过访问控制策略来限制应用的数据访问范围，以减少数据泄露的风险。

不同APL的应用可申请的权限不同，系统资源和能力（如通讯录、摄像头、麦克风等）根据应用权限进行保护。这种分层的权限管理策略可以有效地防止恶意攻击，保障系统的安全性和可靠性。

为了防止应用过度索取和滥用权限，系统基于APL配置了不同的权限开放范围。

1）应用的APL

应用的APL可以分为3个等级，如表10-1所示，等级依次提高。

表10-1　应用的APL级别

APL级别	说　明
normal	默认情况下，应用的APL都为normal等级
system_basic	该等级的应用服务提供系统基础服务
system_core	该等级的应用服务提供操作系统核心能力，应用APL不允许配置为system_core

2）权限APL

根据权限，不同等级的应用有不同的开放范围。权限APL可以分为如表10-2所示的3个等级，等级依次提高。

表10-2　权限的APL级别

APL级别	说　明	开放范围
normal	允许应用访问超出默认规则外的普通系统资源，如配置Wi-Fi信息、调用相机拍摄等。这些系统资源的开放为用户隐私以及其他应用带来的风险较低	APL为normal及以上的应用
system_basic	允许应用访问操作系统基础服务相关的资源，如系统设置、身份认证等。这些系统资源的开放为用户隐私以及其他应用带来的风险较高	APL为system_basic及以上的应用
system_core	涉及开放操作系统核心资源的访问操作。这部分系统资源是系统最核心的底层服务，如果遭受破坏，操作系统将无法正常运行	APL为system_core的应用。仅对系统应用开放

4. 授权方式

根据授权方式的不同，权限类型可分为system_grant（系统授权）和user_grant（用户授权）。

（1）system_grant（系统授权）：

- 定义：应用在安装时自动获得，允许访问不涉及用户或设备敏感信息的数据。

- 影响：应用执行的操作对系统或其他应用的影响可控。

（2）user_grant（用户授权）：

- 定义：应用在运行时通过弹窗请求用户手动授权，涉及敏感信息的数据访问。
- 影响：操作可能对系统或其他应用产生严重影响。
- 流程：应用需在安装包中声明并在运行时请求，用户同意后权限才生效。
- 示例：麦克风和摄像头权限需要用户授权，并在应用商店展示权限列表和使用理由。

在授权时，还可分为权限组和子权限。构建权限组的目的是减少权限弹窗，优化用户体验。由逻辑相关的user_grant权限组成权限组，统一在一个弹窗中进行请求。子权限是指权限组内的单个权限。权限与权限组的关系可以随时间变化。

10.1.3 系统控件

系统提供Picker和安全控件等机制，以实现临时授权，从而在特定场景下允许应用无须申请权限即可访问受限资源，实现精准的权限管理并更好地保护用户隐私。

1）系统 Picker

系统Picker由独立进程实现，允许应用通过Picker获取用户选择的资源或结果，而无须授予相应权限。例如，应用可以使用照片Picker让用户选择图片，然后直接获取该图片资源。

当前支持的Picker类型包括音频Picker、照片Picker、文件Picker、联系人Picker、相机Picker。

2）安全控件

安全控件是系统提供的UI组件，应用集成后，用户通过交互即可获得临时授权以执行特定操作。例如，使用位置控件时，用户单击后，应用在前台期间将获得精准定位权限。

当前提供的安全控件有粘贴控件、保存控件、位置控件。临时授权在灭屏、应用切至后台或退出时终止。

10.2 访问控制开发流程

访问控制是确保用户隐私和系统安全的重要环节，本节将详细介绍鸿蒙系统中访问控制开发的完整流程，包括权限列表的生成、权限申请和权限授权的步骤。

10.2.1 权限列表

权限列表分为System-Granted Permissions（系统授权权限）和User-Granted Permissions（用户授权权限）。

1. System-Granted Permissions（系统授权权限）

System-Granted Permissions包括如下权限：

- ohos.permission.USE_BLUETOOTH：允许应用查看蓝牙的配置。
- ohos.permission.GET_BUNDLE_INFO：允许查询应用的基本信息。
- ohos.permission.PREPARE_APP_TERMINATE：允许应用在关闭前执行自定义的预关闭动作。

- ohos.permission.PRINT：允许应用获取打印框架的能力。
- ohos.permission.DISCOVER_BLUETOOTH：允许应用在配置本地蓝牙，查找远端设备且与之配对连接。
- ohos.permission.ACCELEROMETER：允许应用读取加速传感器的数据。
- ohos.permission.ACCESS_BIOMETRIC：允许应用使用生物特征识别能力进行身份认证。
- ohos.permission.ACCESS_NOTIFICATION_POLICY：允许应用访问通知策略。
- ohos.permission.GET_NETWORK_INFO：允许应用获取数据网络信息。
- ohos.permission.GET_WIFI_INFO：允许应用获取Wi-Fi信息。
- ohos.permission.GYROSCOPE：允许应用读取陀螺仪传感器的数据。
- ohos.permission.INTERNET：允许使用Internet网络。
- ohos.permission.KEEP_BACKGROUND_RUNNING：允许Service Ability在后台持续运行。
- ohos.permission.NFC_CARD_EMULATION：允许应用实现卡模拟功能。
- ohos.permission.NFC_TAG：允许应用读写Tag卡片。
- ohos.permission.PRIVACY_WINDOW：允许应用将窗口设置为隐私窗口，禁止截屏、录屏。
- ohos.permission.PUBLISH_AGENT_REMINDER：允许应用使用后台代理提醒。
- ohos.permission.SET_WIFI_INFO：允许应用配置Wi-Fi设备。
- ohos.permission.VIBRATE：允许应用控制马达振动。
- ohos.permission.CLEAN_BACKGROUND_PROCESSES：允许应用根据包名清理相关后台进程。
- ohos.permission.COMMONEVENT_STICKY：允许应用发布黏性公共事件。
- ohos.permission.MODIFY_AUDIO_SETTINGS：允许应用修改音频设置。
- ohos.permission.RUNNING_LOCK：允许应用获取运行锁，保证应用在后台的持续运行。
- ohos.permission.SET_WALLPAPER：允许应用设置壁纸。
- ohos.permission.ACCESS_CERT_MANAGER：允许应用进行查询证书及私有凭据等操作。
- ohos.permission.hsdr.HSDR_ACCESS：允许应用访问安全检测与响应框架。
- ohos.permission.RUN_DYN_CODE：允许应用运行动态代码。
- ohos.permission.READ_CLOUD_SYNC_CONFIG：允许接入云空间的应用查询应用云同步相关配置信息。
- ohos.permission.STORE_PERSISTENT_DATA：允许应用存储持久化的数据。
- ohos.permission.ACCESS_EXTENSIONAL_DEVICE_DRIVER：允许应用使用外接设备增强功能。

2. User-Granted Permissions（用户授权权限）

User-Granted Permissions包括如下权限：

- ohos.permission.ACCESS_BLUETOOTH：允许应用接入蓝牙并使用蓝牙能力。
- ohos.permission.MEDIA_LOCATION：允许应用访问用户媒体文件中的地理位置信息。
- ohos.permission.APP_TRACKING_CONSENT：允许应用读取开放匿名设备标识符。
- ohos.permission.ACTIVITY_MOTION：允许应用读取用户的运动状态。
- ohos.permission.CAMERA：允许应用使用相机。
- ohos.permission.DISTRIBUTED_DATASYNC：允许不同设备间的数据交换。
- ohos.permission.LOCATION_IN_BACKGROUND：允许应用在后台运行时获取设备位置信息。
- ohos.permission.LOCATION：允许应用获取设备位置信息。

- ohos.permission.APPROXIMATELY_LOCATION：允许应用获取设备模糊位置信息。
- ohos.permission.MICROPHONE：允许应用使用麦克风。
- ohos.permission.READ_CALENDAR：允许应用读取日历信息。
- ohos.permission.READ_HEALTH_DATA：允许应用读取用户的健康数据。
- ohos.permission.READ_MEDIA：允许应用读取用户外部存储中的媒体文件信息。
- ohos.permission.WRITE_CALENDAR：允许应用添加、移除或更改日历活动。
- ohos.permission.WRITE_MEDIA：允许应用读写用户外部存储中的媒体文件信息。

10.2.2　申请权限

应用程序在访问数据或者执行操作时，需要评估该行为是否需要应用具备相关的权限。如果确认需要目标权限，则在应用安装包中申请目标权限。

由于每一个权限的等级、授权方式不同，因此申请权限的方式也不同，开发者在申请权限前，需要先根据如图10-1所示的流程来判断应用能否申请目标权限。

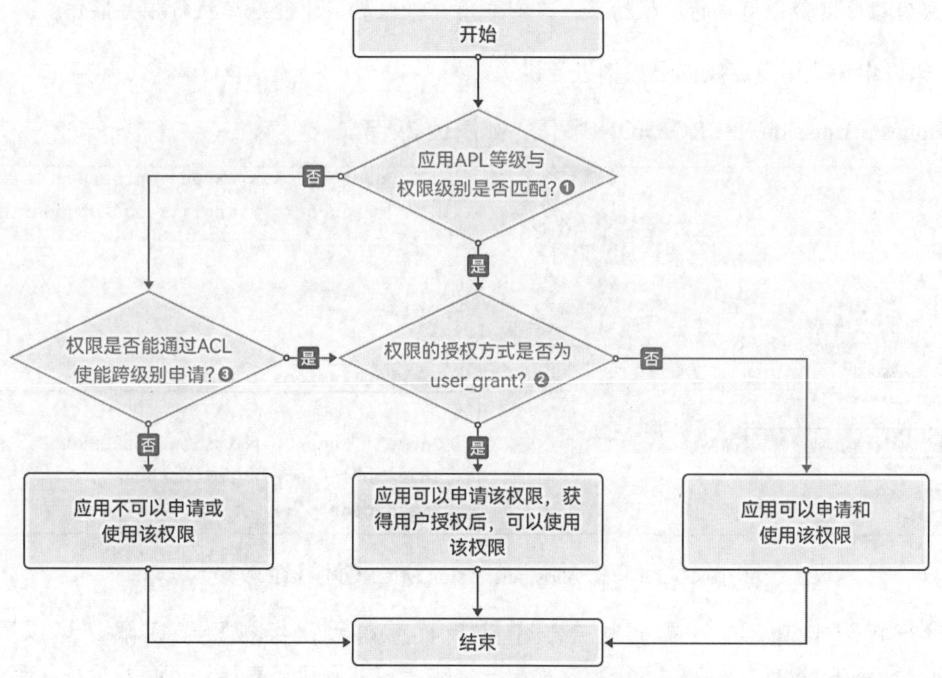

图10-1　应用申请目标权限的流程

图10-1中的数字标注说明如下：

- 标注1：应用APL等级与权限等级的匹配关系。
- 标注2：权限的授权方式分为user_grant（用户授权）和system_grant（系统授权）：
  - 如果目标权限是system_grant类型，那么在开发者进行权限申请后，系统会在安装应用时自动为其进行权限预授予。这样开发者不需要做其他操作即可使用权限。
  - 如果目标权限是user_grant类型时，那么需要开发者进行一些操作才能完成授权，相关操作在下一小节详细介绍。
- 标注3：应用可以通过ACL（访问控制列表）方式申请高级别的权限。

10.2.3 授予权限

当应用程序需访问用户的隐私数据或利用设备功能（如获取地理位置、查阅日历、拍照或录制视频等）时，必须向用户申请相应的授权。这些权限归类为“用户授权权限”（user_grant权限）。

申请user_grant权限的流程如下：

- 声明权限：在配置文件中明确列出应用程序所需请求的权限。
- 关联权限与操作：确保应用程序中涉及权限申请的操作与相应的权限明确对应，以使用户清楚地了解哪些操作需要其授权。

运行时授权流程如下：

- 当用户尝试执行需要权限的操作时，应用程序应调用相应的接口，以触发动态授权对话框。
- 该接口将自动检查用户是否已授予所需权限。若用户尚未授权，接口将弹出动态授权对话框，请求用户授权。
- 应用程序需验证用户的授权结果，只有在用户授权后，才能继续执行相关操作。

接下来以申请使用麦克风权限为例进行讲解。

01 申请ohos.permission.MICROPHONE权限，如图10-2所示。

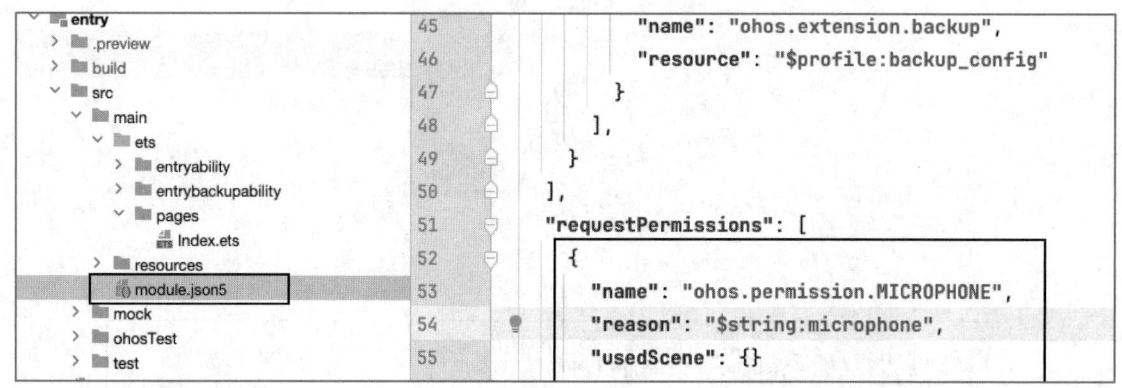

图 10-2　申请 ohos.permission.MICROPHONE 权限

02 在进行权限申请之前，需要检查当前应用程序是否已经被授予权限。可以通过调用checkAccessToken()方法来进行校验。如果已经被授权，则可以直接访问目标操作，否则需要进行下一步操作，即向用户申请授权。

示例代码如下：

```
import bundleManager from '@ohos.bundle.bundleManager';
import abilityAccessCtrl, { Permissions } from '@ohos.abilityAccessCtrl';
import { BusinessError } from '@ohos.base';

const permissions: Array<Permissions> = ['ohos.permission.MICROPHONE'];

async function checkAccessToken(permission: Permissions):
Promise<abilityAccessCtrl.GrantStatus> {
  let atManager: abilityAccessCtrl.AtManager = abilityAccessCtrl.createAtManager();
```

```
    let grantStatus: abilityAccessCtrl.GrantStatus =
abilityAccessCtrl.GrantStatus.PERMISSION_DENIED;

    // 获取应用程序的accessTokenID
    let tokenId: number = 0;
    try {
      let bundleInfo: bundleManager.BundleInfo = await bundleManager.getBundleInfoForSelf
(bundleManager.BundleFlag.GET_BUNDLE_INFO_WITH_APPLICATION);
      let appInfo: bundleManager.ApplicationInfo = bundleInfo.appInfo;
      tokenId = appInfo.accessTokenId;
    } catch (error) {
      const err: BusinessError = error as BusinessError;
      console.error(`Failed to get bundle info for self. Code is ${err.code}, message is
${err.message}`);
    }

    // 校验应用是否被授予权限
    try {
      grantStatus = await atManager.checkAccessToken(tokenId, permission);
    } catch (error) {
      const err: BusinessError = error as BusinessError;
      console.error(`Failed to check access token. Code is ${err.code}, message is
${err.message}`);
    }

    return grantStatus;
  }

  async function checkPermissions(): Promise<void> {
    let grantStatus: abilityAccessCtrl.GrantStatus = await
checkAccessToken(permissions[0]);

    if (grantStatus === abilityAccessCtrl.GrantStatus.PERMISSION_GRANTED) {
      // 已经授权，可以继续访问目标操作
      console.log('已经授权，可以继续访问目标操作')
    } else {
      // 申请麦克风权限
      console.log('申请麦克风权限')
    }
  }
  @Entry
  @Component
  struct Index {

    build() {
      Column() {
          Button('检验是否授权麦克风').onClick(checkPermissions)
      }
      .height('100%')
      .width('100%')
    }
  }
```

上述示例代码的运行效果如图10-3所示。

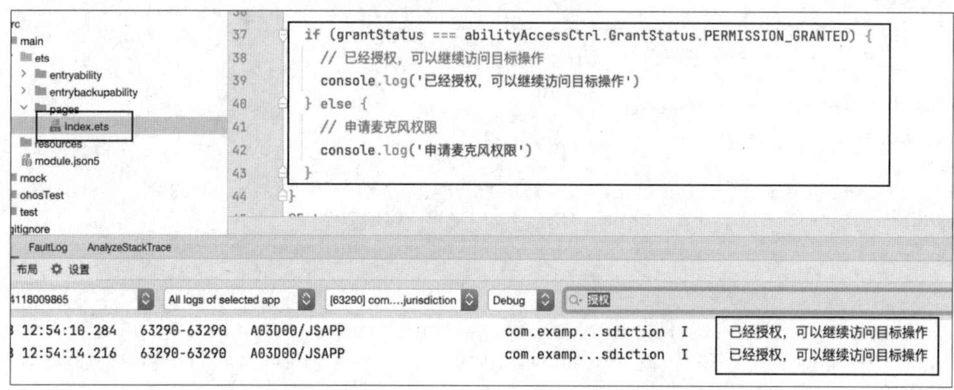

图 10-3　检验应用是否被授权的示例效果

03 在UIAbility中向用户申请授权。

示例代码如下：

```
import { AbilityConstant, UIAbility, Want } from '@kit.AbilityKit';
import { hilog } from '@kit.PerformanceAnalysisKit';
import { window } from '@kit.ArkUI';
import bundleManager from '@ohos.bundle.bundleManager';
import abilityAccessCtrl, { Permissions } from '@ohos.abilityAccessCtrl';
import { BusinessError } from '@ohos.base';
import common from '@ohos.app.ability.common';

const permissions: Array<Permissions> = ['ohos.permission.MICROPHONE'];
// 使用UIExtensionAbility将common.UIAbilityContext 替换为common.UIExtensionContext
function reqPermissionsFromUser(permissions: Array<Permissions>, context:
common.UIAbilityContext): void {
  let atManager: abilityAccessCtrl.AtManager = abilityAccessCtrl.createAtManager();
  // requestPermissionsFromUser会判断权限的授权状态来决定是否唤起弹窗
  atManager.requestPermissionsFromUser(context, permissions).then((data) => {
    let grantStatus: Array<number> = data.authResults;
    let length: number = grantStatus.length;
    for (let i = 0; i < length; i++) {
      if (grantStatus[i] === 0) {
        // 用户授权，可以继续访问目标操作
      } else {
        // 用户拒绝授权，提示用户必须授权才能访问当前页面的功能，并引导用户到系统设置中打开相应的权限
        return;
      }
    }
    // 授权成功
  }).catch((err: BusinessError) => {
    console.error(`Failed to request permissions from user. Code is ${err.code}, message
is ${err.message}`);
  })
}

export default class EntryAbility extends UIAbility {
  onCreate(want: Want, launchParam: AbilityConstant.LaunchParam): void {
    hilog.info(0x0000, 'testTag', '%{public}s', 'Ability onCreate');
  }

  onDestroy(): void {
    hilog.info(0x0000, 'testTag', '%{public}s', 'Ability onDestroy');
```

```
    }

    onWindowStageCreate(windowStage: window.WindowStage): void {
      // 创建主窗口，为此功能设置主页
      hilog.info(0x0000, 'testTag', '%{public}s', 'Ability onWindowStageCreate');

      windowStage.loadContent('pages/Index', (err) => {
        if (err.code) {
          hilog.error(0x0000, 'testTag', 'Failed to load the content. Cause: %{public}s',
JSON.stringify(err) ?? '');
          return;
        }
        reqPermissionsFromUser(permissions, this.context);
        hilog.info(0x0000, 'testTag', 'Succeeded in loading the content.');
      });
    }

    onWindowStageDestroy(): void {
      // 销毁主窗口，释放UI相关资源
      hilog.info(0x0000, 'testTag', '%{public}s', 'Ability onWindowStageDestroy');
    }

    onForeground(): void {
      // 功能移至前台
      hilog.info(0x0000, 'testTag', '%{public}s', 'Ability onForeground');
    }

    onBackground(): void {
      // 功能退至后台
      hilog.info(0x0000, 'testTag', '%{public}s', 'Ability onBackground');
    }
  }
```

上述示例代码的运行效果如图10-4所示。

图 10-4 向用户申请授权的示例效果

04 处理授权结果。

调用requestPermissionsFromUser()方法后，应用程序将等待用户授权的结果。如果用户授权，则可以继续访问目标操作；如果用户拒绝授权，则需要提示用户必须授权才能访问当前页面的功能，并引导用户到系统设置中打开相应的权限。

示例代码如下：

```
// 使用UIExtensionAbility将common.UIAbilityContext 替换为common.UIExtensionContext
function openPermissionsInSystemSettings(context: common.UIAbilityContext): void {
  let wantInfo: Want = {
    bundleName: 'com.huawei.hmos.settings',
    abilityName: 'com.huawei.hmos.settings.MainAbility',
    uri: 'application_info_entry',
    parameters: {
      pushParams: 'com.example.myapplication' // 打开指定应用的详情页面
    }
  }
  context.startAbility(wantInfo).then(() => {
    // ...
  }).catch((err: BusinessError) => {
    // ...
  })
}
```

10.3 实战：获取位置授权

本节将通过一个实战来介绍如何在应用中获取用户的位置授权，包括声明权限、申请授权以及实际获取地理位置的方法。掌握这些技能后，读者就可以在各种需要位置信息的应用场景中灵活运用了。

10.3.1 场景描述

在现代移动应用中，获取用户的位置信息是一个常见且重要的功能。例如，一个旅游类应用需要根据用户的实时位置推荐附近的景点，一个打车类应用需要获取用户的位置以便调度最近的车辆。因此，正确地获取用户的位置授权，成为开发者必须掌握的一项技能。

10.3.2 声明访问的权限

要在应用中获取用户的位置信息，首先需要在项目的配置文件（如config.json）中声明所需的权限。对于位置信息，通常需要声明以下权限：

```
{
  "permissions": ["userLocation"]
}
```

这个配置将告诉系统应用需要访问用户的位置信息。

10.3.3 申请授权

在代码中，我们需要动态地检查并申请这些权限。以ArkTS为例，可以使用requestPermissions()方法来申请。以下是一个简单的示例：

```
import { requestPermissions } from '@arkui-cli/runtime';
const PERMISSIONS = ['userLocation'];
async function requestLocationPermission() {
```

```
    const result = await requestPermissions(PERMISSIONS);
    if (result === 'granted') {
      // 已有权限，直接获取位置信息
    } else if (result === 'denied') {
      // 用户拒绝了权限请求，可以提示用户为什么需要这个权限
    } else {
      // 其他情况的处理
    }
}
```

这段代码首先定义了需要申请的权限数组，然后调用requestPermissions()方法来申请这些权限。根据返回的结果，我们可以知道用户是否授予了权限。

10.3.4 获取地理位置

一旦获得了位置权限，就可以使用位置服务来获取用户的地理位置了。以ArkTS为例，可以使用getCurrentLocation()方法来获取当前位置：

```
import { getCurrentLocation } from '@arkui-cli/runtime';
async function getUserLocation() {
  try {
    const location = await getCurrentLocation();
    if (location) {
      // 使用位置信息
      const latitude = location.latitude;
      const longitude = location.longitude;
    }
  } catch (error) {
    // 处理错误，例如，提示用户无法获取位置信息
  }
}
```

这段代码首先调用getCurrentLocation()方法来获取当前位置。如果成功获取到位置信息，就可以在回调中进行处理了。

10.4 本章小结

本章重点介绍了鸿蒙系统中的安全管理技术，包括访问控制概述和访问控制开发流程。通过学习应用沙箱概述、应用权限等级说明及授权方法，可以在鸿蒙系统中实现有效的访问控制，保护用户的隐私和数据安全；通过学习权限列表的生成、权限的申请和权限的授予，将能够提升应用的安全性，实现更可靠的用户体验。

第 11 章

服务卡片开发

本章将全面探讨鸿蒙系统中的服务卡片技术，包括服务卡片概述、ArkTS卡片运行机制、ArkTS卡片相关模块、ArkTS卡片开发等内容。

11.1 服务卡片概述

服务卡片是一种在现代应用开发中广泛使用的界面展示形式，旨在将应用的重要信息和操作前置到用户界面的前端，以提升用户体验和交互效率。

在HarmonyOS NEXT系统中，提供了Form Kit工具进行服务卡片的开发。Form Kit通常被嵌入其他应用中（当前支持系统应用，如桌面环境），作为其界面的一部分，并具备拉起页面、发送消息等基础交互能力。

11.1.1 服务卡片架构

服务卡片作为一种创新的界面元素，不仅仅是一个简单的展示工具，而是一个能够与用户进行深度交互的平台。下面将详细解析服务卡片的关键组成部分，帮助开发者构建出功能丰富且用户友好的服务卡片应用。

1. 服务卡片核心概念详解

在服务卡片的开发过程中，对以下核心概念的理解至关重要：

- 卡片使用方：指的是展示卡片内容的载体应用，例如桌面。卡片使用方负责管理卡片在载体中的展示位置和交互方式。
- 应用图标：是应用的入口标识，用户单击图标即可启动应用。注意，图标本身不提供交互功能，仅作为视觉提示。
- 卡片：这是一种可交互的界面元素，支持多种尺寸规格。卡片中的内容允许用户进行操作，例如通过按钮触发界面刷新或启动应用跳转等。
- 卡片提供方：指的是开发并包含卡片的应用。它负责提供卡片的展示内容、布局设计以及控件的单击事件处理逻辑。
- 卡片页面：构成卡片的前端UI模块，包含必要的控件、布局和事件处理，以支持用户与卡片的交互和显示需求。

通过对这些核心概念的深入理解，开发者可以更好地把握服务卡片的设计和实现细节，从而创造出更加吸引人且实用的用户界面。

服务卡片的架构如图11-1所示。

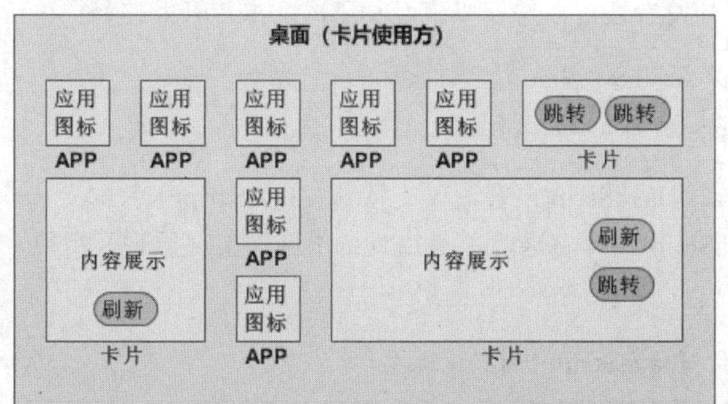

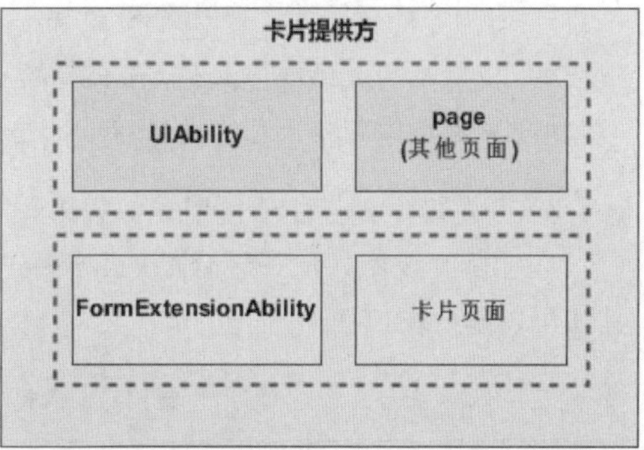

图 11-1　服务卡片的架构

2. 服务卡片的使用

我们可以通过以下步骤使用服务卡片：

01 长按“桌面图标”，弹出操作菜单。

02 单击“服务卡片”选项，进入卡片预览界面。

03 单击“添加到桌面”按钮，即可在桌面上看到新添加的服务卡片。

服务卡片的实际效果如图11-2所示。

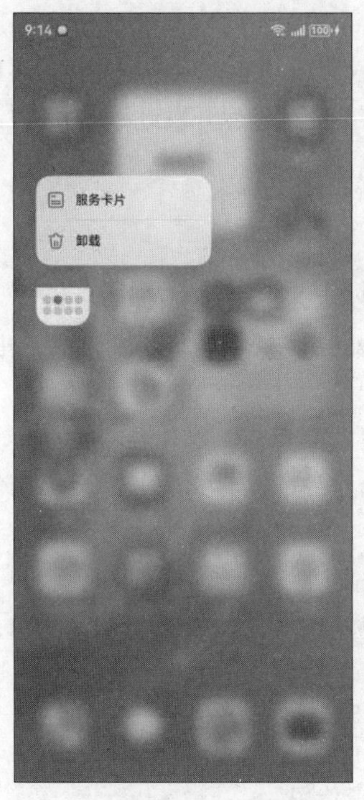

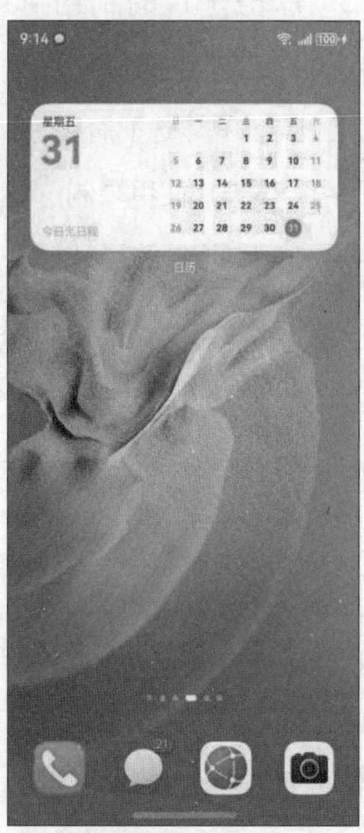

添加服务卡片　　服务卡片预览　　服务卡片展示

图 11-2　服务卡片的效果

11.1.2 服务卡片的开发模式

在HarmonyOS NEXT系统中，Form Kit提供了两种开发模型来支持服务卡片的开发：Stage开发模型和传统的FA开发模型。在Stage开发模型下，开发者还可以选择以下两种不同的卡片开发路径：

- 使用声明式编程范式的ArkTS语言来开发ArkTS卡片。
- 采用类似Web开发范式的JavaScript语言来开发JavaScript卡片。

FA开发模型则专注于使用类似Web开发范式的JavaScript语言，仅支持开发JavaScript卡片。

在实际开发中，注意区分ArkTS卡片与JavaScript卡片，这两种卡片具备不同的实现原理及特征，具体可以参考表11-1。

表11-1 ArkTS卡片与JavaScript卡片的比较

特性类别	JavaScript 卡片	ArkTS 卡片
开发范式	类Web开发范式	声明式编程范式
组件支持	完全支持	完全支持
布局能力	完全支持	完全支持
事件处理	完全支持	完全支持
自定义动效	不支持	支持高级自定义
自定义绘制	不支持	支持高级自定义
逻辑代码执行	有限支持	支持更灵活的逻辑处理

11.1.3 服务卡片的制约

在开发服务卡片时，了解其使用限制也是非常重要的。这些限制不仅影响功能实现的可能性，还决定了项目规划和技术选型的方向，同时也可以帮助开发者提前规避潜在的问题，确保开发过程顺利进行。

1. ArkTS卡片使用限制

ArkTS卡片的使用限制如下：

- 模块导入限制：在导入模块时，仅允许导入标记为“可在ArkTS卡片中使用”的模块。
- 功能支持限制：ArkTS卡片仅支持声明式编程范式中的一部分组件、事件、动效、数据管理、状态管理和API功能。
- 事件处理独立性：卡片内部的事件处理与宿主应用的事件处理是分离的。建议在宿主应用支持左右滑动操作的场景中，避免在卡片内容中使用左右滑动的组件，以防止手势冲突，确保用户交互体验。
- 开发能力限制：目前不支持导入共享包和使用原生语言进行开发。
- 调试和预览限制：暂不支持极速预览、断点调试、热重载功能，以及设置超时任务(setTimeout)等操作。

2. JavaScript卡片使用限制

JavaScript卡片不支持自定义动效、自定义绘制以及执行复杂的逻辑代码。

11.2　ArkTS 卡片运行机制

ArkTS是鸿蒙系统中用于开发服务卡片的主要编程语言之一。本节将详细探讨ArkTS卡片的运行机制。

1. ArkTS卡片的实现原理

ArkTS卡片在鸿蒙系统中的实现原理主要涉及以下几个关键组件和机制：

- 卡片使用方：显示卡片内容的宿主应用，控制卡片在宿主中展示的位置，当前仅系统应用可以作为卡片使用方。
- 卡片提供方：提供卡片显示内容的应用，控制卡片的显示内容、控件布局以及控件单击事件。
- 卡片管理服务：用于管理系统中所添加卡片的常驻代理服务，提供formProvider的接口能力，同时提供卡片对象的管理与使用，以及卡片周期性刷新等能力。
- 卡片渲染服务：用于管理卡片渲染实例，渲染实例与卡片使用方上的卡片组件一一绑定。卡片渲染服务运行卡片页面代码widgets.abc进行渲染，并将渲染后的数据发送至卡片使用方对应的卡片组件。

这些组件和机制共同工作，以确保卡片能够有效地提供即时信息和快速操作。

ArkTS卡片的运行机制如图11-3所示。

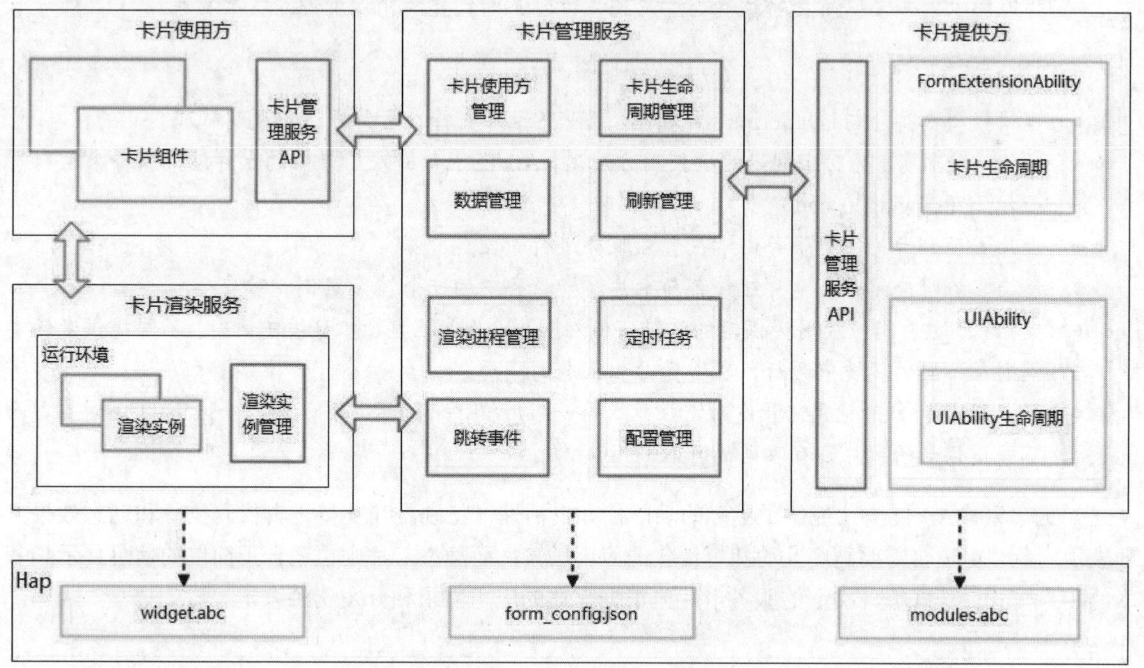

图 11-3　ArkTS 卡片运行机制

ArkTS卡片实现原理如图11-4所示。

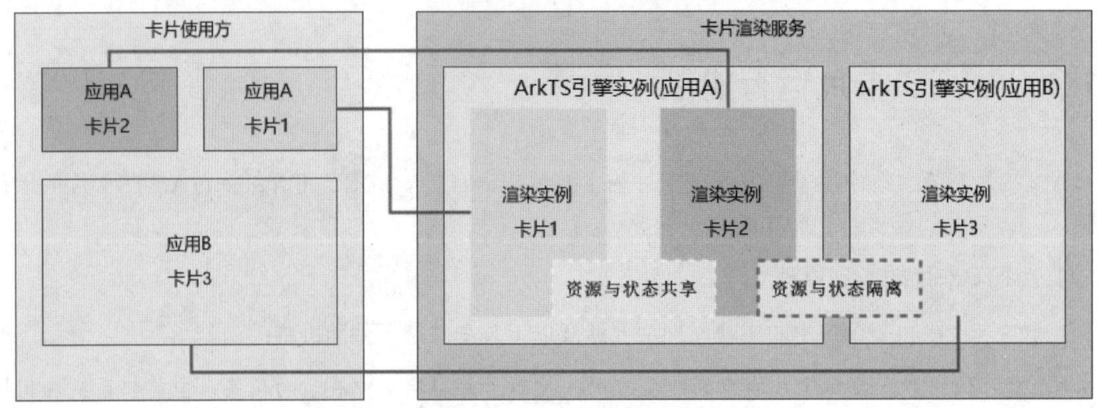

图 11-4　ArkTS 卡片实现原理

2. 静态卡片和ArkTS卡片

鸿蒙系统服务卡片有两种不同形式，即静态卡片和ArkTS卡片。它们在开发方式、能力以及安全性等方面存在区别。

静态卡片主要有以下特点：

- 运行框架与渲染流程：静态卡片与动态卡片的运行框架和渲染流程基本相同。
- 内容展示：卡片内容渲染完成后，使用方将最终渲染的数据作为静态图像展示。
- 资源管理：卡片渲染服务在内容渲染后释放所有运行资源，以节省内存。
- 性能影响：频繁刷新会导致静态卡片在运行时不断创建和销毁资源，增加功耗。

ArkTS卡片的特点如下：

- 逻辑代码支持：与JavaScript卡片相比，ArkTS卡片支持在卡片内运行逻辑代码。
- 卡片渲染服务：为防止问题影响使用方应用，ArkTS卡片引入了专门的卡片渲染服务来运行页面代码（如widgets.abc）。
- 卡片管理：卡片渲染服务由卡片管理服务进行管理。
- 渲染实例对应：每个卡片组件都与卡片渲染服务中的一个渲染实例相对应。
- 虚拟机环境：同一应用提供者的渲染实例在同一个ArkTS虚拟机环境中运行，不同提供者的实例则在不同的环境中运行，实现资源和状态的隔离。
- globalThis对象的使用：开发时需注意，同一应用提供者的卡片共享同一个globalThis对象，而不同提供者的卡片则有不同的globalThis对象。

总的来说，ArkTS卡片提供了更多的功能性和灵活性，特别是在支持逻辑代码执行和动态效果方面表现出色，更适合需要高度互动和个性化的应用场景；而静态卡片则更适合于简单的信息展示和基本的用户交互。选择哪种类型的服务卡片应根据具体的应用需求和开发资源来定。

11.3　ArkTS 卡片相关模块

ArkTs卡片相关模块如图11-5所示。

下面来具体介绍ArkTs卡片相关模块。

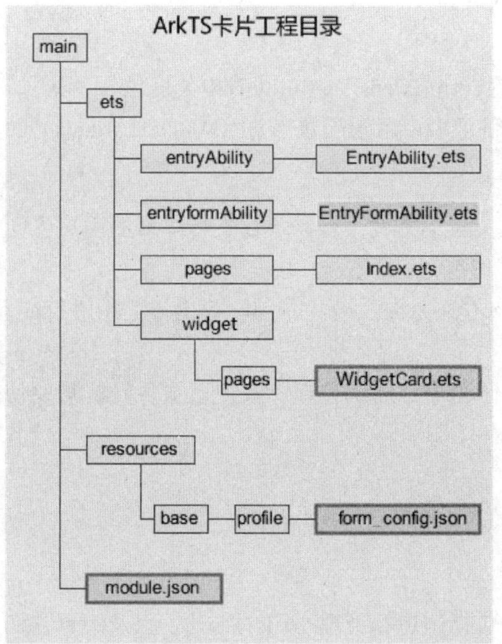

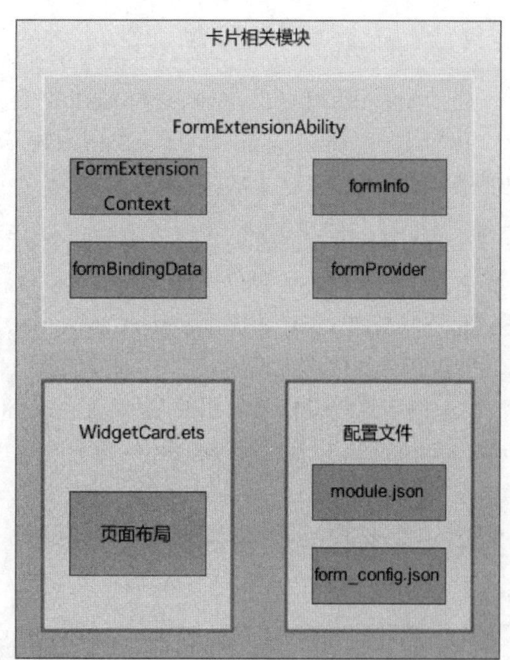

图 11-5　ArkTs 卡片相关模块

1）FormExtensionAbility

此模块是卡片扩展的核心，它提供了创建、销毁、刷新等生命周期回调的接口。通过这些接口，开发者可以控制卡片的整个生命周期，确保卡片在不同阶段能够正确响应系统或用户的操作。

2）FormExtensionContext

作为 FormExtensionAbility 的上下文环境，该模块提供了一系列的接口和能力，使得 FormExtensionAbility能够在其生命周期内与系统或其他组件进行有效的交互。

3）formProvider

这个模块提供了卡片提供方所需的一系列接口，支持以下操作：

- 更新卡片内容。
- 设置卡片的更新时间。
- 获取卡片相关信息。
- 请求发布新卡片等。

4）formInfo

该模块提供了卡片信息和状态相关的类型和枚举。它帮助开发者定义和管理卡片的数据结构及其可能的状态变化，为卡片的动态行为提供支持。

5）formBindingData

该模块提供数据绑定的功能，支持FormBindingData对象的创建和管理，以及描述与卡片相关的信息。

6）页面布局（WidgetCard.ets）

该模块为开发者提供声明式编程范式的UI接口能力，用于构建卡片的用户界面。

7）配置文件

（1）module.json5：在extensionAbilities标签下配置FormExtensionAbility的相关信息。

（2）form_config.json：位于resources/base/profile/目录中，用于配置卡片（WidgetCard.ets）的详细信息。

ArkTS卡片的相关模块共同构成了一个功能强大且灵活的开发平台，不仅支持丰富的用户界面设计和交互逻辑实现，还提供了强大的数据绑定和状态管理能力。

此外，ArkTS卡片还提供了postCardAction方法，该方法允许在卡片内部与提供方应用进行交互。该功能仅在卡片内部被调用。

ArkTS卡片还提供了可用的API、组件、事件、属性和生命周期管理。在使用卡片时，需要使用FormExtensionAbility进行卡配置，确保卡片按预期运行。

11.4 ArkTS 卡片的开发

本节将介绍如何使用ArkTS进行卡片应用的开发，包括创建和管理ArkTS 卡片，以及配置它们的生命周期，确保应用能够高效、稳定地运行。

11.4.1 创建一个 ArkTS 卡片

目前，创建卡片主要有以下两种方法（见图11-6）：

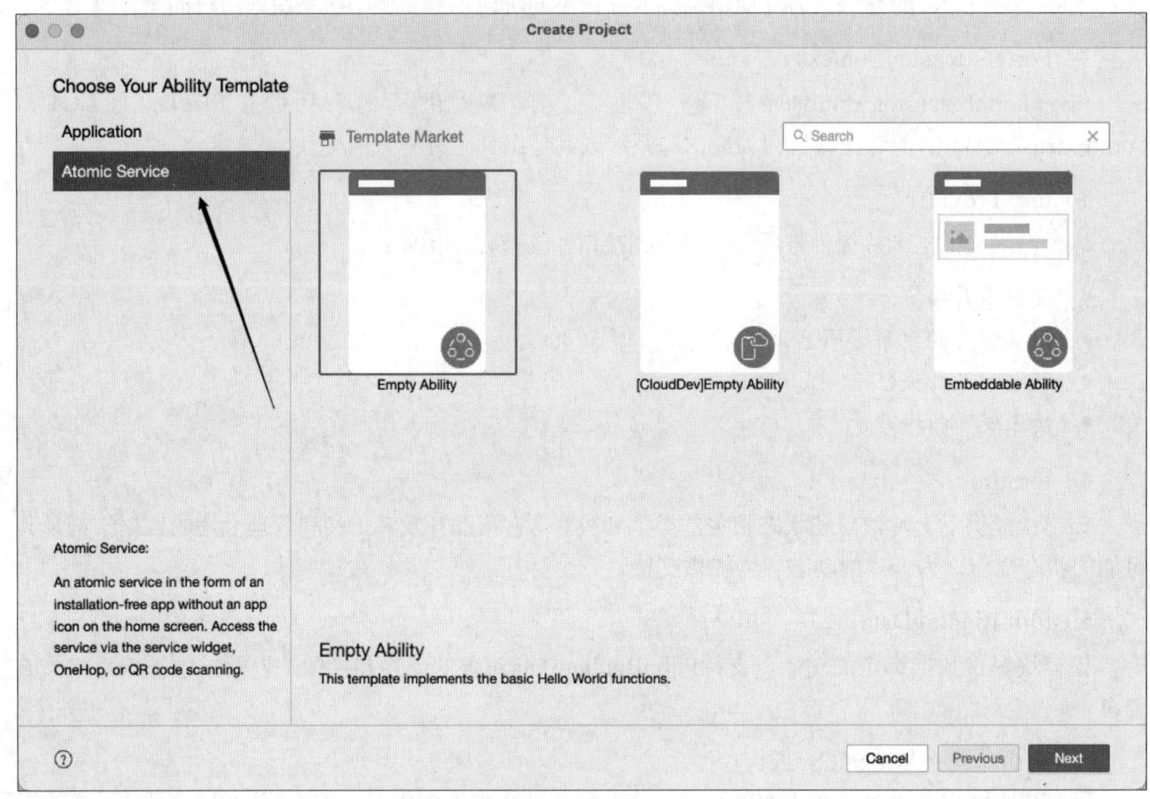

图 11-6　创建卡片

- 创建工程时，选择Application，默认不带卡片，也可以在创建工程后通过快捷菜单来新建卡片。
- 创建工程时，选择Atomic Service，也可以在创建工程后通过快捷菜单来新建卡片。

接下来，在已有的应用工程中创建一个服务卡片。

01 首先，新建一个空项目。依次单击“新建项目”→Application→Empty Ability→Next，如图11-7所示。

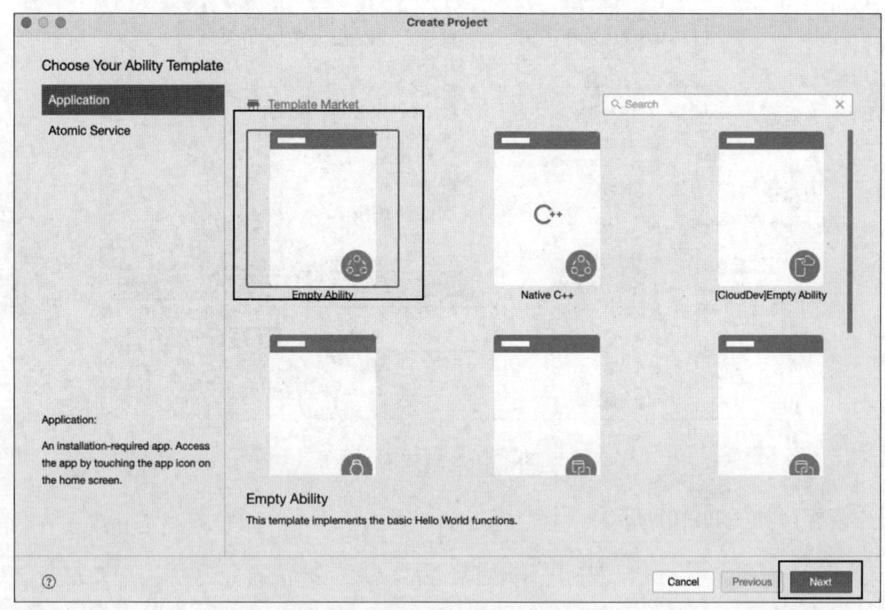

图 11-7 新建一个空项目

02 设置项目名称，如图11-8所示。

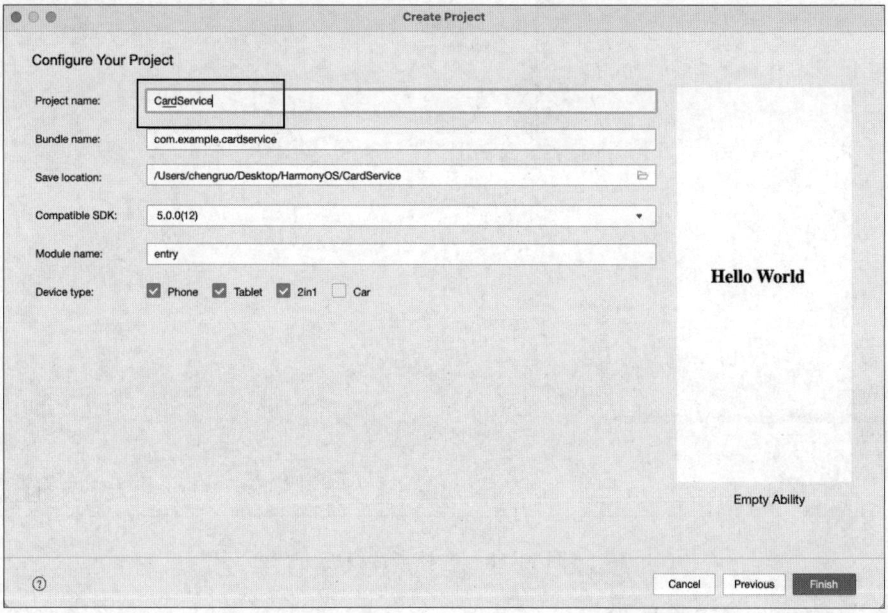

图 11-8 设置项目名称

03 在项目目录entry上右击，新建卡片，如图11-9所示。

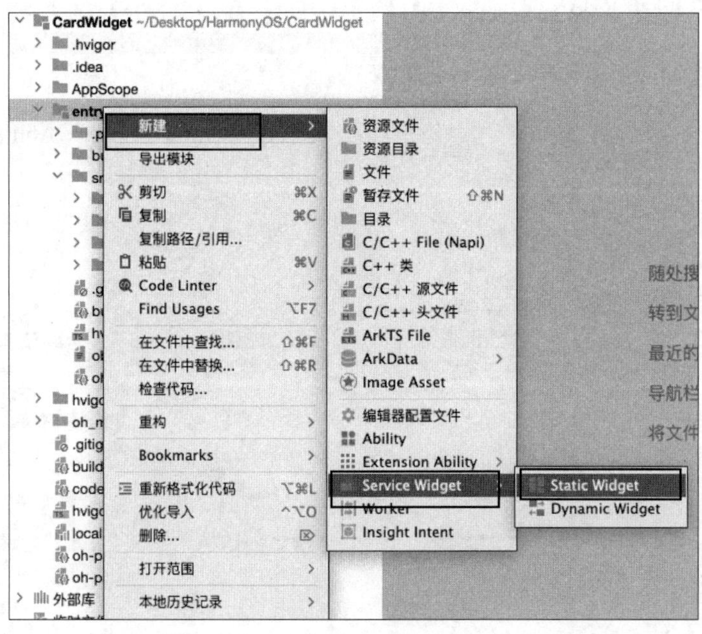

图 11-9　新建卡片

04 选择卡片模板，如图11-10所示。

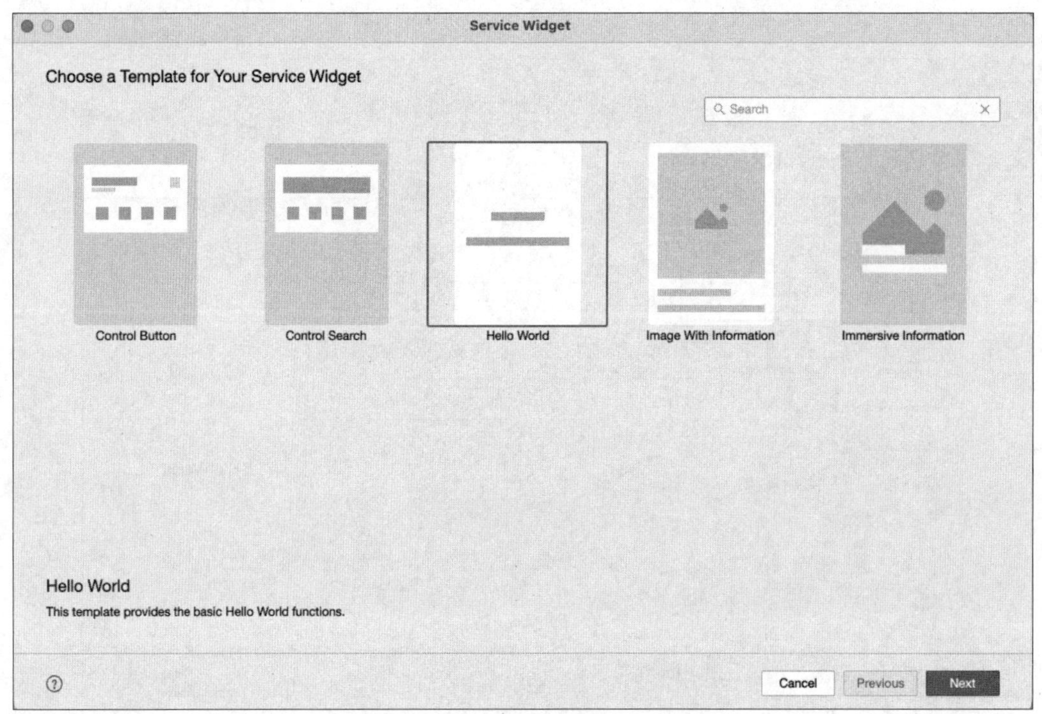

图 11-10　选择卡片模板

05 在选择卡片的开发语言类型（Language）时，选择ArkTS选项，然后单击Finish按钮，即可完成ArkTS卡片的创建，如图11-11所示。

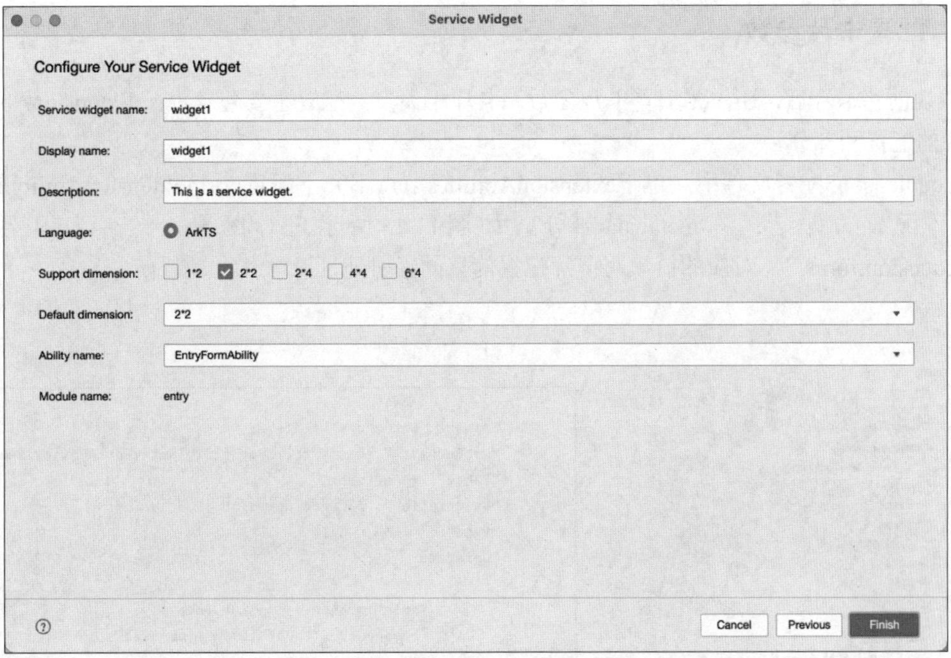

Service Widget

Configure Your Service Widget

Service widget name: widget1

Display name: widget1

Description: This is a service widget.

Language: ArkTS

Support dimension: 1*2　2*2　2*4　4*4　6*4

Default dimension: 2*2

Ability name: EntryFormAbility

Module name: entry

Cancel　Previous　Finish

图 11-11　完成卡片的创建

ArkTS卡片创建完成后，工程中会新增如下卡片相关文件：卡片生命周期管理文件（EntryFormAbility.ets）、卡片页面文件（WidgetCard.ets）和卡片配置文件（form_config.json），如图11-12所示。

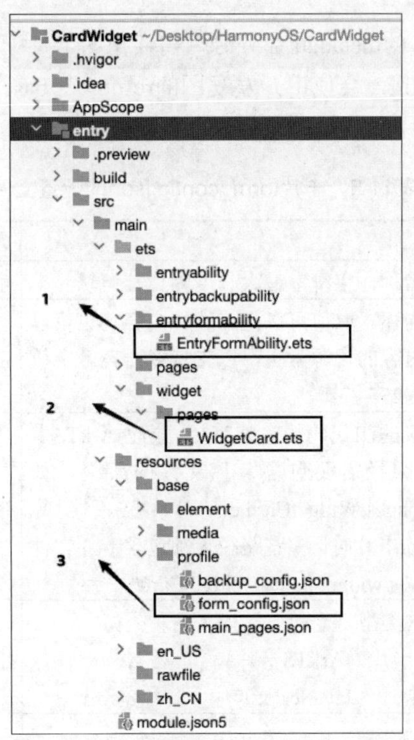

图 11-12　卡片创建成功后新增的文件

11.4.2 配置卡片参数

在成功创建卡片后，还需要配置卡片参数。卡片相关参数配置主要包含FormExtensionAbility的配置和卡片的配置两部分。

在module.json5配置文件中（位于extensionAbilities节点下），配置FormExtensionAbility的相关参数。具体配置方法是：在metadata部分，如图11-13所示进行配置，键名为固定字符串“ohos.extension.form”，对应的值填写卡片配置信息的索引地址。

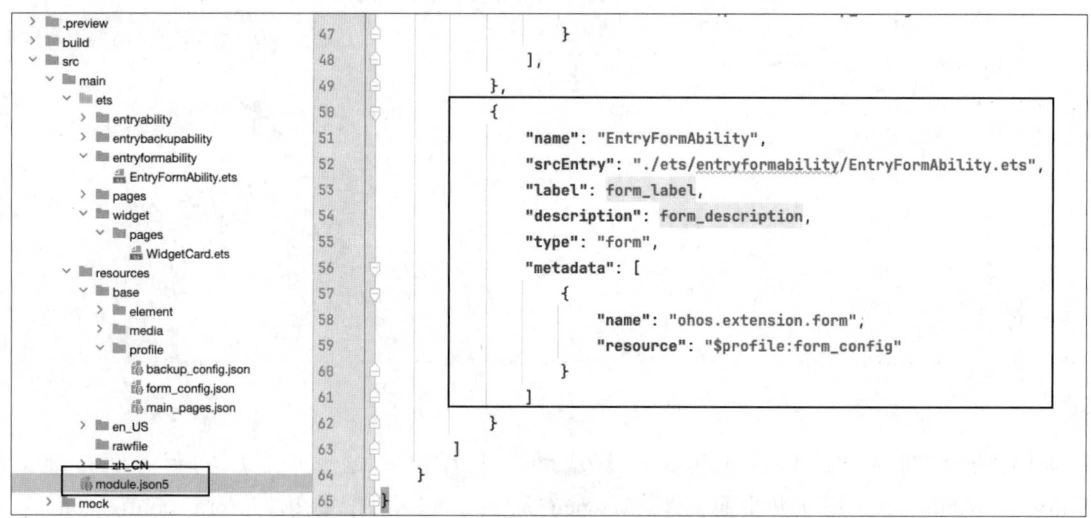

图 11-13 module.json5 文件的配置

在配置FormExtensionAbility的metadata部分时，需要指明卡片配置信息的资源索引。例如，若将resource设置为$profile:form_config，会使用开发视图的resources/base/profile/目录下的form_config.json作为卡片profile的配置文件。卡片form_config.json的配置文件如表11-2所示。

表11-2 卡片form_config.json的配置文件

属性名称	含 义	数据类型	是否可省略
name	表示卡片的名称，字符串最大长度为127字节	字符串	否
description	表示卡片的描述。取值可以是描述性内容，也可以是对描述性内容的资源索引，以支持多语言。字符串最大长度为255字节	字符串	可省略，默认值为空
src	表示卡片对应的UI代码的完整路径。当为ArkTS卡片时，完整路径需要包含卡片文件的后缀，如"./ets/widget/pages/WidgetCard.ets"。 当为JavaScript卡片时，完整路径无须包含卡片文件的后缀，如"./js/widget/pages/WidgetCard"	字符串	否
uiSyntax	表示该卡片的类型，当前支持如下两种类型： - arkts：当前卡片为ArkTS卡片。 - hml：当前卡片为JavaScript卡片	字符串	可省略，默认值为hml
window	用于定义与显示窗口相关的配置	对象	可省略，默认值见表11-3

（续表）

属性名称	含　义	数据类型	是否可省略
isDefault	表示该卡片是否为默认卡片，每个UIAbility有且只有一个默认卡片。取值如下： - true：默认卡片。 - false：非默认卡片	布尔值	否
colorMode	表示卡片的主题样式，取值范围如下： - auto：跟随系统的颜色模式值选取主题。 - dark：深色主题。 - light：浅色主题	字符串	可省略，默认值为auto
supportDimensions	表示卡片支持的外观规格，取值如下： -1 × 2：表示1行2列的二宫格。 - 2 × 2：表示2行2列的四宫格。 - 2 × 4：表示2行4列的八宫格。 - 4 × 4：表示4行4列的十六宫格。 - 1 × 1：表示1行1列的圆形卡片	字符串数组	否
defaultDimension	表示卡片的默认外观规格，取值必须在该卡片supportDimensions配置的列表中	字符串	否
updateEnabled	表示卡片是否支持周期性刷新（包含定时刷新和定点刷新），取值范围： - true：表示支持周期性刷新，可以在定时刷新（updateDuration）和定点刷新（scheduledUpdateTime）两种方式中任选其一，当两者同时配置时，定时刷新优先生效。 - false：表示不支持周期性刷新	布尔类型	否
scheduledUpdateTime	表示卡片的定点刷新的时刻，采用24小时制，精确到分钟。 说明：updateDuration参数优先级高于scheduledUpdateTime，两者同时配置时，以updateDuration配置的刷新时间为准	字符串	可省略，默认时不进行定点刷新
updateDuration	表示卡片定时刷新的更新周期，单位为30分钟，取值为自然数。 当取值为0时，表示该参数不生效。 当取值为正整数N时，表示刷新周期为30×N分钟。 说明：updateDuration参数优先级高于scheduledUpdateTime，两者同时配置时，以updateDuration配置的刷新时间为准	数值	可省略，默认值为0
formConfigAbility	表示卡片的配置跳转链接，采用URI格式	字符串	可省略，默认值为空
metadata	表示卡片的自定义信息，参考metadata数组标签	对象	可省略，默认值为空
dataProxyEnabled	表示卡片是否支持卡片代理刷新，取值如下： - true：表示支持代理刷新。 - false：表示不支持代理刷新	布尔类型	可省略，默认值为false
dataProxyEnabled	设置为true时，定时刷新和下次刷新不生效，但不影响定点刷新	布尔类型	可省略，默认值为false

（续表）

属性名称	含　义	数据类型	是否可省略
isDynamic	表示此卡片是否为动态卡片（仅针对ArkTS卡片生效）。取值如下： - true：为动态卡片。 - false：为静态卡片	布尔类型	可省略，默认值为true
transparencyEnabled	表示是否支持卡片使用方设置此卡片的背景透明度（仅对系统应用的ArkTS卡片生效）。取值如下： - true：支持设置背景透明度。 - false：不支持设置背景透明度	布尔类型	可省略，默认值为false

window对象的内部结构如表11-3所示。

表11-3　window对象的内部结构

属性名称	含　义	数据类型	是否可省略
designWidth	标识页面设计基准宽度。以此为基准，根据实际设备宽度来缩放元素大小	数值	可省略，默认值为720px
autoDesignWidth	标识页面设计基准宽度是否自动计算。当配置为true时，designWidth将会被忽略，设计基准宽度由设备宽度与屏幕密度计算得出	布尔值	可省略，默认值为false

具体配置的示例代码如下：

```
{
  "forms": [
    {
      "name": "widget",
      "displayName": "$string:widget_display_name",
      "description": "$string:widget_desc",
      "src": "./ets/widget/pages/WidgetCard.ets",
      "uiSyntax": "arkts",
      "window": {
        "designWidth": 720,
        "autoDesignWidth": true
      },
      "colorMode": "auto",
      "isDynamic": false,
      "isDefault": true,
      "updateEnabled": false,
      "scheduledUpdateTime": "10:30",
      "updateDuration": 1,
      "defaultDimension": "2*2",
      "supportDimensions": [
        "2*2"
      ]
    }
  ]
}
```

11.4.3　卡片生命周期管理

创建ArkTS卡片，需实现FormExtensionAbility生命周期接口。具体实现方法如下：

首先，在EntryFormAbility.ets中导入相关模块，代码如下：

```
import { formBindingData, FormExtensionAbility, formInfo } from '@kit.FormKit';
import { Want } from '@kit.AbilityKit';
import formProvider from '@ohos.app.form.formProvider';
import { Configuration } from '@ohos.app.ability.Configuration';
import Base from '@ohos.base';
```

接下来，在EntryFormAbility.ets文件中实现FormExtensionAbility生命周期接口，其中在onAddForm的入参want中可以通过FormParam取出卡片的相关信息。代码如下：

```
import { formBindingData, FormExtensionAbility, formInfo } from '@kit.FormKit';
import { Want } from '@kit.AbilityKit';
import formProvider from '@ohos.app.form.formProvider';
import { Configuration } from '@ohos.app.ability.Configuration';
import Base from '@ohos.base';

export default class EntryFormAbility extends FormExtensionAbility {
  onAddForm(want: Want) {
    console.info('[EntryFormAbility] onAddForm');
    // 使用方创建卡片时触发，提供方需要返回卡片数据绑定类
    let obj: Record<string, string> = {
      'title': 'titleOnAddForm',
      'detail': 'detailOnAddForm'
    };
    let formData = formBindingData.createFormBindingData(obj);
    return formData;
  }

  onCastToNormalForm(formId: string) {
    // 使用方将临时卡片转换为常态卡片时触发，提供方需要做相应的处理
    console.info(`[EntryFormAbility] onCastToNormalForm, formId: ${formId}`);
  }

  onUpdateForm(formId: string) {
    // 若卡片支持定时更新/定点更新/卡片使用方主动请求更新功能，则提供方需要重写该方法以支持数据更新
    console.info('[EntryFormAbility] onUpdateForm');
    let obj: Record<string, string> = {
      'title': 'titleOnUpdateForm',
      'detail': 'detailOnUpdateForm'
    };
    let formData = formBindingData.createFormBindingData(obj);
    formProvider.updateForm(formId, formData).catch((err: Base.BusinessError) => {
      console.error(`[EntryFormAbility] Failed to updateForm. Code: ${err.code}, message:
${err.message}`);
    });
  }

  onChangeFormVisibility(newStatus: Record<string, number>) {
    // 需要配置formVisibleNotify为true，且为系统应用才会回调
    console.info('[EntryFormAbility] onChangeFormVisibility');
  }

  onFormEvent(formId: string, message: string) {
    // 若卡片支持触发事件，则需要重写该方法并实现对事件的触发
    console.info('[EntryFormAbility] onFormEvent');
  }

  onRemoveForm(formId: string) {
```

```
    // 当对应的卡片被删除时触发的回调，入参是被删除的卡片ID
    console.info('[EntryFormAbility] onRemoveForm');
  }

  onConfigurationUpdate(config: Configuration) {
    // 当前formExtensionAbility存活更新系统配置信息时触发的回调
    // 注意：formExtensionAbility创建后5秒内无操作将会被清理
    console.info('[EntryFormAbility] onConfigurationUpdate:' + JSON.stringify(config));
  }

  onAcquireFormState(want: Want) {
    // 卡片提供方接收查询卡片状态通知接口，默认返回卡片初始状态
    return formInfo.FormState.READY;

  }
};
```

注意　FormExtensionAbility进程不能常驻后台，即在卡片生命周期回调函数中无法处理长时间的任务。该进程在生命周期调度完成后会继续存在5秒，如5秒内没有新的生命周期回调被触发，则自动退出。针对可能需要5秒以上才能完成的业务逻辑，建议拉起主应用进行处理，处理完成后使用updateForm()通知卡片进行刷新。

11.5　实战：电子相册案例

本节将使用服务卡片功能来开发一个电子相册。

11.5.1　项目概述

本项目基于ArkTS实现一个电子相册，相册可以通过捏合和拖曳手势来控制图片的放大、缩小、左右拖动查看细节等效果。

开发该相册会涉及以下组件和概念：

- Swiper：滑块视图容器，提供子组件滑动轮播显示的能力。
- Grid：栅格容器，由“行”和“列”分割的单元格组成，通过指定“项目”所在的单元格做出各种各样的布局。
- Navigation：Navigation组件一般作为Page页面的根容器，通过属性设置来展示页面的标题、工具栏、菜单。
- List：列表包含一系列相同宽度的列表项。适合连续、多行呈现同类数据，例如图片和文本。
- 组合手势：手势识别组，多种手势组合为复合手势，支持连续识别、并行识别和互斥识别。

11.5.2　项目页面代码解读

该项目的代码结构如下：

```
|——entry/src/main/ets                              // 代码区
|  |——common
|  |  |——constansts
|  |  |  └——Constants.ets                           // 常量类
|  |  └——utils
```

```
│  │     └─Logger.ets                             // Logger公共类
│  │──entryability
│  │  └─EntryAbility.ets                          // 程序入口类
│  │──pages
│  │  │──DetailListPage.ets                       // 图片详情页面
│  │  │──DetailPage.ets                           // 查看大图页面
│  │  │──IndexPage.ets                            // 电子相册主页面
│  │  └─ListPage.ets                              // 图片列表页面
│  └─view
│     └─PhotoItem.ets                             // 首页相册Item组件
└─entry/src/main/resources                        // 资源文件
```

下面来详细介绍该项目页面各个文件的含义和代码实现。

1. IndexPage

IndexPage是项目主页面文件，即首页。首页用Column组件来实现纵向布局，从上到下依次是标题组件Text、轮播图Swiper、相册列表Grid。标题和轮播图均设置为固定高度，底部相册列表通过layoutWeight属性实现自适应布局，占满剩余空间。

相关代码如下：

```
// IndexPage.ets
Column() {
   Row() {
      Text($r('app.string.EntryAbility_label'))
      ...
   }

   Swiper(this.swiperController) {
      ForEach(Constants.BANNER_IMG_LIST, (item: Resource) => {
         Row() {
            Image(item)
            ...
         }
      }, (item: Resource, index?: number) => JSON.stringify(item) + index)
   }
   ...

   Grid() {
      ForEach(Constants.IMG_ARR, (photoArr: Array<Resource>) => {
         GridItem() {
            PhotoItem({ photoArr })
         }
         ...
         .onClick(() => {
            router.pushUrl({
               url: Constants.URL_LIST_PAGE,
               params: { photoArr: photoArr }
            });
         })
      }, (item: Resource, index?: number) => JSON.stringify(item) + index)
   }
   .columnsTemplate(Constants.INDEX_COLUMNS_TEMPLATE)
   .columnsGap($r('app.float.grid_padding'))
   .rowsGap($r('app.float.grid_padding'))
   .padding({ left: $r('app.float.grid_padding'), right:
$r('app.float.grid_padding') })
   .width(Constants.FULL_PERCENT)
```

```
    .layoutWeight(1)
}
```

2. 图片列表页

图片列表页（ListPage.ets）是栅格状展开的图片列表，主要使用Grid组件和GridItem组件，GridItem高度通过aspectRatio属性设置为跟宽度一致。

相关代码如下：

```
// ListPage.ets
Navigation() {
    Grid() {
        ForEach(this.photoArr, (img: Resource, index?: number) => {
            GridItem() {
                Image(img)
                    .height(Constants.FULL_PERCENT)
                    .width(Constants.FULL_PERCENT)
                    .objectFit(ImageFit.Cover)
                    .onClick(() => {
                        if (!index) {
                            index = 0;
                        }
                        this.selectedIndex = index;
                        router.pushUrl({
                            url: Constants.URL_DETAIL_LIST_PAGE,
                            params: {
                                photoArr: this.photoArr,
                            }
                        });
                    })
            }
            .width(Constants.FULL_PERCENT)
            .aspectRatio(1)
        }, (item: Resource) => JSON.stringify(item))
    }
    .columnsTemplate(Constants.GRID_COLUMNS_TEMPLATE) // 每行显示4个item
    ...
    .layoutWeight(1)
}
```

3. 图片详情页

图片详情页（DetailListPage.ets）由上下两个横向滚动的List组件完成整体布局，两个组件之间有联动的效果。上边展示的大图始终是底部List处于屏幕中间位置的图片。滚动或者单击底部的List，上边展示的大图会随着改变；同样地，左右滑动上边的图片时，底部List组件也会随之滚动。

相关代码如下：

```
// DetailListPage.ets
Stack({ alignContent: Alignment.Bottom }) {
    // 上部大图列表组件
    List({ scroller: this.bigScroller, initialIndex: this.selectedIndex }) {
        ForEach(this.photoArr, (img: Resource) => {
            ListItem() {
                Image(img)
                ...
                .gesture(PinchGesture({ fingers: Constants.DOUBLE_NUMBER })
                    .onActionStart(() => this.goDetailPage()))
                    .onClick(() => this.goDetailPage())
```

```
            }
            ...
        }, (item: Resource) => JSON.stringify(item))
    }
    ...
    .onScroll((scrollOffset, scrollState) => {
        if (scrollState === ScrollState.Fling) {
            this.bigScrollAction(scrollTypeEnum.SCROLL);
        }
    })
        .onScrollStop(() => this.bigScrollAction(scrollTypeEnum.STOP))
    // 底部小图列表组件
    List({
        scroller: this.smallScroller,
        space: Constants.LIST_ITEM_SPACE,
        initialIndex: this.selectedIndex
    }) {
        ForEach(this.smallPhotoArr, (img: Resource, index?: number) => {
            ListItem() {
                this.SmallImgItemBuilder(img, index)
            }
        }, (item: Resource) => JSON.stringify(item))
    }
    ...
    .listDirection(Axis.Horizontal)
        .onScroll((scrollOffset, scrollState) => {
            if (scrollState === ScrollState.Fling) {
                this.smallScrollAction(scrollTypeEnum.SCROLL);
            }
        })
        .onScrollStop(() => this.smallScrollAction(scrollTypeEnum.STOP))
}
```

4. 查看大图页

查看大图页（DetailPage.ets）由一个横向滚动的List组件来实现图片左右滑动时切换图片的功能，由一个Row组件实现图片的缩放和拖动查看细节的功能。对图片进行缩放时，会将List组件切换为Row组件来实现对单幅图片的操作；对单幅图片进行滑动操作时，也会由Row组件转换为List组件来实现图片的滑动功能。

相关代码如下：

```
// DetailPage.ets
Stack() {
    List({ scroller: this.scroller, initialIndex: this.selectedIndex }) {
        ForEach(this.photoArr, (img: Resource) => {
            ListItem() {
                Image(img)
                    .objectFit(ImageFit.Contain)
                    .onClick(() => router.back())
            }
            .gesture(GestureGroup(GestureMode.Exclusive,
                PinchGesture({ fingers: Constants.DOUBLE_NUMBER })
                    .onActionStart(() => {
                        this.resetImg();
                        this.isScaling = true;
                        this.imgOffSetX = 0;
                        this.imgOffSetY = 0;
                    })
```

```
                .onActionUpdate((event?: GestureEvent) => {
                   if (event) {
                      this.imgScale = this.currentScale * event.scale;
                   }
                })
                .onActionEnd(() => {
                   if (this.imgScale < 1) {
                      this.resetImg();
                      this.imgOffSetX = 0;
                      this.imgOffSetY = 0;
                   } else {
                      this.currentScale = this.imgScale;
                   }
                }), PanGesture()
                .onActionStart(() => {
                   this.resetImg();
                   this.isScaling = true;
                })
                .onActionUpdate((event?: GestureEvent) => {
                   if (event) {
                      this.imgOffSetX = this.preOffsetX + event.offsetX;
                      this.imgOffSetY = this.preOffsetY + event.offsetY;
                   }
                })
            ))
            ...
        }, (item: Resource) => JSON.stringify(item))
    }
    ...
    .onScrollStop(() => {
        let currentIndex = Math.round(((this.scroller.currentOffset().xOffset as number) +
           (this.imageWidth / Constants.DOUBLE_NUMBER)) / this.imageWidth);
        this.selectedIndex = currentIndex;
        this.scroller.scrollTo({ xOffset: currentIndex * this.imageWidth, yOffset: 0 });
    })
    ...
    .visibility(this.isScaling ? Visibility.Hidden : Visibility.Visible)

    Row() {
        Image(this.photoArr[this.selectedIndex])
        ...
    }
    ...
    .visibility(this.isScaling ? Visibility.Visible : Visibility.Hidden)
}
```

5. 界面跳转动画

界面跳转动画是通过共享元素实现的，通过给ListDetailPage界面的Image和DetailPage页面的Image同时添加sharedTransition属性来实现共享元素转场动画。两个页面的组件配置为同一个shareId，当shareId被配置为空字符串时，不会有共享元素转场效果。

相关代码如下：

```
// ListDetailPage.ets
Navigation() {
    Stack({ alignContent: Alignment.Bottom }) {
        List({ scroller: this.bigScroller, initialIndex: this.selectedIndex }) {
            ForEach(this.photoArr, (img: Resource) => {
```

```
            ListItem() {
                Image(img)
                    .height(Constants.FULL_PERCENT)
                    .width(Constants.FULL_PERCENT)
                    .objectFit(ImageFit.Contain)
                    .gesture(PinchGesture({ fingers: Constants.DOUBLE_NUMBER })
                        .onActionStart(() => this.goDetailPage()))
                    .onClick(() => this.goDetailPage())
            }
        }, (item: Resource) => JSON.stringify(item))
    }
    ...
}

// DetailPage.ets
Row() {
    Image(this.photoArr[this.selectedIndex])
        .position({ x: this.imgOffSetX, y: this.imgOffSetY })
        .scale({ x: this.imgScale, y: this.imgScale })
        .objectFit(ImageFit.Contain)
        .onClick(() => router.back())
}
.gesture(GestureGroup(GestureMode.Exclusive,
    PinchGesture({ fingers: Constants.DOUBLE_NUMBER })
        .onActionUpdate((event?: GestureEvent) => {
            if (event) {
                this.imgScale = this.currentScale * event.scale;
            }
        })
        .onActionEnd(() => {
            if (this.imgScale < 1) {
                this.resetImg();
                this.imgOffSetX = 0;
                this.imgOffSetY = 0;
            } else {
                this.currentScale = this.imgScale;
            }
        }),
    PanGesture()
        .onActionStart(() => {
            this.preOffsetX = this.imgOffSetX;
            this.preOffsetY = this.imgOffSetY;
        })
        .onActionUpdate((event?: GestureEvent) => {
            if (event) {
                this.imgOffSetX = this.preOffsetX + event.offsetX;
                this.imgOffSetY = this.preOffsetY + event.offsetY;
            }
        })
        .onActionEnd(() => this.handlePanEnd())
))
...
```

6. 通过手势控制图片

在大图浏览界面进行双指捏合姿势时，可以通过改变Image组件的scale来控制图片的缩放，单手拖动时通过改变Image的偏移量来控制图片的位置。手势操作调用组合手势GestureGroup实现，其中PinchGesture实现双指缩放手势，PanGesture实现单指拖动手势。

相关代码如下：

```
// DetailPage.ets
// 手势结束时，根据边界值判断是否需要切换显示图片
handlePanEnd(): void {
    let initOffsetX = (this.imgScale - 1) * this.imageWidth + this.smallImgWidth;
    if (Math.abs(this.imgOffSetX) > initOffsetX) {
    if (this.imgOffSetX > initOffsetX && this.selectedIndex > 0) {
    this.selectedIndex -= 1;
} else if (this.imgOffSetX < -initOffsetX && this.selectedIndex < (this.photoArr.length
- 1)) {
    this.selectedIndex += 1;
}
this.isScaling = false;
this.resetImg();
this.scroller.scrollTo({ xOffset: this.selectedIndex * this.imageWidth, yOffset: 0 });
}
}

build() {
    Stack() {
        ...
        Row() {
            Image(this.photoArr[this.selectedIndex])
                .position({ x: this.imgOffSetX, y: this.imgOffSetY })
                .scale({ x: this.imgScale, y: this.imgScale })
                .objectFit(ImageFit.Contain)
                .onClick(() => router.back())
        }
        .gesture(GestureGroup(GestureMode.Exclusive,
            PinchGesture({ fingers: Constants.DOUBLE_NUMBER })
                .onActionUpdate((event?: GestureEvent) => {
                    if (event) {
                        this.imgScale = this.currentScale * event.scale;
                    }
                })
                .onActionEnd(() => {
                    // 捏合手势结束时，如果图片缩放比例小于1，则重置图片大小和位置
                    if (this.imgScale < 1) {
                        this.resetImg();
                        this.imgOffSetX = 0;
                        this.imgOffSetY = 0;
                    } else {
                        this.currentScale = this.imgScale;
                    }
                }),
            PanGesture()
                .onActionStart(() => {
                    // 手势开始时记录图片当前位置
                    this.preOffsetX = this.imgOffSetX;
                    this.preOffsetY = this.imgOffSetY;
                })
                .onActionUpdate((event?: GestureEvent) => {
                    // 更新图片的位置
                    if (event) {
                        this.imgOffSetX = this.preOffsetX + event.offsetX;
                        this.imgOffSetY = this.preOffsetY + event.offsetY;
                    }
                })
```

```
            .onActionEnd(() => this.handlePanEnd())
        ))
        ...
    }
    ...
}
```

至此，我们完成了本项目所有页面文件的代码实现。

11.5.3　添加卡片事件

同“11.4　ArkTS卡片的开发”类似，创建一个服务卡片，该卡片主要实现的功能是，单击卡片可唤起应用并跳转到首页。卡片代码如下：

```
@Entry
@Component
struct WidgetCard {
    /*
     * The title.
     */
    readonly TITLE: string = '唤起首页';
    /*
     * The action type.
     */
    readonly ACTION_TYPE: string = 'router';
    /*
     * The ability name.
     */
    readonly ABILITY_NAME: string = 'EntryAbility';
    /*
     * The message.
     */
    readonly MESSAGE: string = 'IndexPage';
    /*
     * The width percentage setting.
     */
    readonly FULL_WIDTH_PERCENT: string = '100%';
    /*
     * The height percentage setting.
     */
    readonly FULL_HEIGHT_PERCENT: string = '100%';

    build() {
        FormLink({
            action: this.ACTION_TYPE,
            abilityName: this.ABILITY_NAME,
            params: {
                targetPage: 'IndexPage'
            }
        }) {
            Row() {
                Column() {
                    Text(this.TITLE)
                        .fontSize($r('app.float.font_size'))
                        .fontWeight(FontWeight.Medium)
                        .fontColor($r('app.color.item_title_font'))
                }
                .width(this.FULL_WIDTH_PERCENT)
```

```
            }
            .height(this.FULL_HEIGHT_PERCENT)
        }
    }
}
```

EntryAbility示例代码如下：

```
import type AbilityConstant from '@ohos.app.ability.AbilityConstant';
import hilog from '@ohos.hilog';
import UIAbility from '@ohos.app.ability.UIAbility';
import type Want from '@ohos.app.ability.Want';
import type window from '@ohos.window';

const TAG: string = 'EntryAbility';
const DOMAIN_NUMBER: number = 0xFF00;

export default class EntryAbility extends UIAbility {
    private selectPage: string = '';
    private currentWindowStage: window.WindowStage | null = null;

    onCreate(want: Want, launchParam: AbilityConstant.LaunchParam): void {
        // 获取router事件中传递的targetPage参数
        hilog.info(DOMAIN_NUMBER, TAG, `Ability onCreate, ${JSON.stringify(want)}`);
        if (want.parameters !== undefined) {
            let params: Record<string, string> =
JSON.parse(JSON.stringify(want.parameters));
            this.selectPage = params.targetPage;
        }
    }

    // 如果UIAbility已在后台运行，在收到Router事件后会触发onNewWant生命周期回调
    onNewWant(want: Want, launchParam: AbilityConstant.LaunchParam): void {
        hilog.info(DOMAIN_NUMBER, TAG, `onNewWant Want: ${JSON.stringify(want)}`);
        if (want.parameters?.params !== undefined) {
            let params: Record<string, string> =
JSON.parse(JSON.stringify(want.parameters));
            this.selectPage = params.targetPage;
        }
        if (this.currentWindowStage !== null) {
            this.onWindowStageCreate(this.currentWindowStage);
        }
    }

    onWindowStageCreate(windowStage: window.WindowStage): void {
        // Main window is created, set main page for this ability
        let targetPage: string;
        // 根据传递的targetPage的不同，选择拉起不同的页面
        switch (this.selectPage) {
            case 'IndexPage':
                targetPage = 'pages/IndexPage';
                break;
            default:
                targetPage = 'pages/IndexPage';
        }
        if (this.currentWindowStage === null) {
            this.currentWindowStage = windowStage;
        }
        windowStage.loadContent(targetPage, (err, data) => {
            if (err.code) {
```

```
                hilog.error(DOMAIN_NUMBER, TAG, 'Failed to load the content.
Cause: %{public}s', JSON.stringify(err) ?? '');
                return;
            }
            hilog.info(DOMAIN_NUMBER, TAG, 'Succeeded in loading the content.
Data: %{public}s', JSON.stringify(data) ?? '');
        });
    }
}
```

11.6　本章小结

本章全面探讨了服务卡片的开发过程，从基础概念到实际操作，为读者提供了一套完整的指导方案。通过本章的学习，读者不仅能够掌握服务卡片的基础理论和开发技巧，还能通过实战案例将知识应用于实际项目中，从而更加熟练地使用ArkTS框架进行服务卡片的开发。

第 12 章

项目实战：多端部署之购物应用

12

本章将引领读者从理论走向实践，构建一款具备高度适配性的购物应用，使其能够在手机、折叠屏、平板等不同屏幕尺寸的设备上实现最佳的用户体验，以深化对HarmonyOS NEXT系统的一次开发、多端部署特性的理解。

想象一下，当用户打开应用时，首先映入眼帘的是精心设计的启动页，琳琅满目的商品展示在首页的标签页上，用户可以轻松地将心仪商品添加至购物车，或是在“我的”标签页中管理个人信息与订单历史。每一项功能的实现，都是对开发者编程技能的一次全面考验。本章将逐一揭开这些页面背后的技术奥秘，从代码结构的逻辑梳理到页面布局的设计，每一步都力求清晰易懂，让读者在实践中成长，最终能够独立打造出属于自己的购物应用。

12.1　项目概述

本节将介绍购应用的功能及页面显示效果，以使读者心中有数。

12.1.1　购物应用的功能

本项目的目标是打造一款具备高度适配性的购物应用，能够在手机、折叠屏、平板等不同屏幕尺寸的设备上实现最佳的用户体验。为了实现这一目标，将采用创新的三层工程结构（即common、features、product）来实现了一次开发、多端部署的高效工作模式。

在common层，整合各类通用组件和资源，确保应用在不同设备上的基础功能一致性。这一层的开发重点在于优化用户体验，提高代码复用率，降低维护成本。通过对通用模块的抽象和封装，为后续的多端适配打下坚实基础。

在features层，根据不同设备的特点和用户需求，定制化开发各类功能模块。这些模块涵盖购物应用的方方面面，如商品浏览、购物车管理、订单处理等。通过对features层的精心设计，确保应用在各个设备上都能展现出独特的优势，满足用户多样化的购物需求。

在product层，针对手机、折叠屏、平板等设备的屏幕尺寸和分辨率，进行精细化的界面布局和适配。这一层的开发工作使得购物应用能够在各种设备上呈现出最佳视觉效果，同时保持操作的便捷性和流畅性。

通过这三层工程结构的协同作用，可以成功实现购物应用的一次开发、多端部署。这不仅大大提高了开发效率，降低了成本，还为广大用户带来了更加便捷、舒适的购物体验。

12.1.2　应用效果演示

购物应用的多屏效果如图12-1所示。

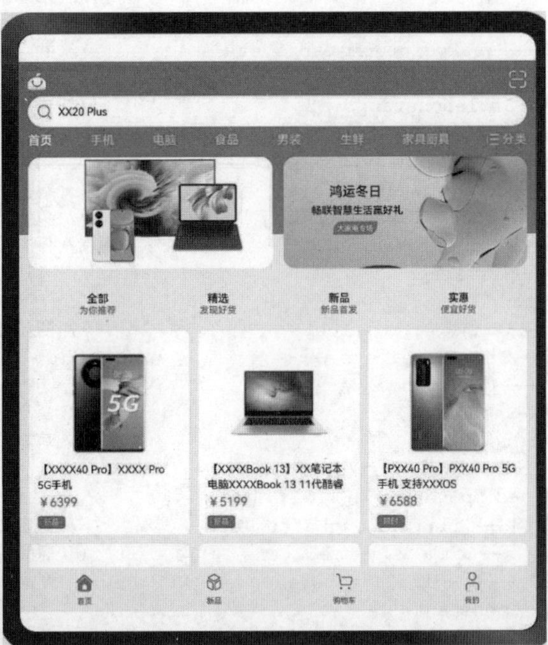

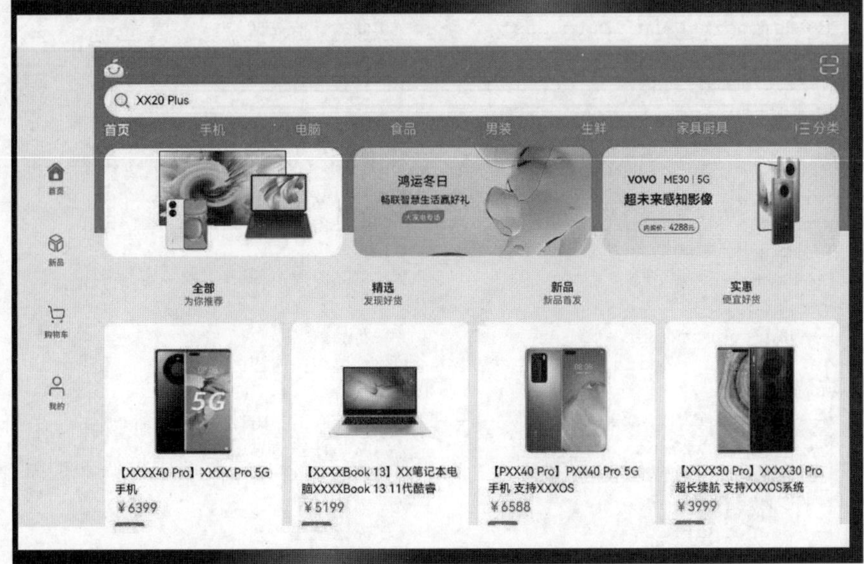

图 12-1　购物应用的多屏效果

12.2　代码结构

本项目中的common为公共能力层；feature为功能模块层，本示例分为6个模块；product为产品层。整体项目的代码结构如下：

```
├──common/src/main/ets                       // 公共能力层
│  ├──components
│  │  ├──CommodityList.ets                   // 商品列表组件
│  │  ├──CounterProduct.ets                  // 数量加减组件
│  │  └──EmptyComponent.ets                  // 无数据显示组件
│  ├──constants
│  │  ├──BreakpointConstants.ets             // 断点常量类
│  │  ├──GridConstants.ets                   // 栅格常量类
│  │  └──StyleConstants.ets                  // 样式常量类
│  ├──utils
│  │  ├──BreakpointSystem.ets                // 断点工具类
│  │  ├──CommonDataSource.ets                // 数据封装类
│  │  ├──LocalDataManager.ets                // 数据操作管理类
│  │  ├──Logger.ets                          // 日志工具类
│  │  └──Utils.ets                           // 方法工具类
│  └──viewmodel
│     ├──CommodityModel.ets                  // 商品数据实体类
│     ├──OrderModel.ets                      // 订单数据实体类
│     ├──ProductModel.ets                    // 购物车商品数据实体类
│     └──ShopData.ets                        // 商品应用数据
├──features                                  // 功能模块层
│  ├──commoditydetail/src/main/ets           // 商品详情内容区
│  │  ├──components
│  │  │  ├──CapsuleGroupButton.ets           // 自定义按钮组件
│  │  │  ├──CommodityDetail.ets              // 商品详情组件
│  │  │  └──SpecificationDialog.ets          // 商品规格弹框
│  │  ├──constants
│  │  │  └──CommodityConstants.ets           // 商品详情区常量类
│  │  └──viewmodel
│  │     ├──CommodityDetailData.ets          // 商品详情数据类
│  │     └──TypeModel.ets                    // 实体类
│  ├──home/src/main/ets                      // 首页内容区
│  │  ├──components
│  │  │  └──Home.ets                         // 首页内容组件
│  │  └──viewmodel
│  │     └──HomeData.ets                     // 首页数据
│  ├──newproduct/src/main/ets                // 新品内容区
│  │  ├──components
│  │  │  └──NewProduct.ets                   // 新品内容组件
│  │  └──viewmodel
│  │     └──NewProductData.ets               // 新品数据
│  ├──orderdetail/src/main/ets               // 订单相关内容区
│  │  ├──components
│  │  │  ├──AddressInfo.ets                  // 收件人信息组件
│  │  │  ├──CommodityOrderItem.ets           // 商品订单信息组件
│  │  │  ├──CommodityOrderList.ets           // 商品订单列表组件
│  │  │  ├──ConfirmOrder.ets                 // 确认订单组件
│  │  │  ├──HeaderBar.ets                    // 标题组件
│  │  │  ├──OrderDetailList.ets              // 订单分类列表组件
│  │  │  ├──OrderListContent.ets             // 订单分类列表内容组件
│  │  │  └──PayOrder.ets                     // 支付订单组件
│  │  ├──constants
│  │  │  └──OrderDetailConstants.ets         // 订单区常量类
│  │  └──viewmodel
│  │     └──OrderData.ets                    // 订单数据
│  ├──personal/src/main/ets                  // 我的内容区
│  │  ├──components
│  │  │  ├──IconButton.ets                   // 图片按钮组件
│  │  │  ├──LiveList.ets                     // 直播列表组件
```

```
│  │  │  └─Personal.ets                    // 我的内容组件
│  │  │─constants
│  │  │  └─PersonalConstants.ets           // 我的常量类
│  │  └─viewmodel
│  │     │─IconButtonModel.ets             // 按钮图标实体类
│  │     └─PersonalData.ets                // 我的数据
│  └─shopcart/src/main/ets                 // 购物车内容区
│     │─components
│     │  └─ShopCart.ets                    // 购物车内容组件
│     └─constants
│        └─ShopCartConstants.ets           // 购物车常量类
└─products                                 // 产品层
   └─phone/src/main/ets                    // 支持手机、平板
      │─constants
      │  └─PageConstants.ets               // 页面常量类
      │─entryability
      │  └─EntryAbility.ets                // 程序入口类
      │─pages
      │  │─CommodityDetailPage.ets         // 订单详情页
      │  │─ConfirmOrderPage.ets            // 确认订单页
      │  │─MainPage.ets                    // 主页
      │  │─OrderDetailListPage.ets         // 订单分类列表页
      │  │─PayOrderPage.ets                // 支付订单页
      │  └─SplashPage.ets                  // 启动过渡页
      └─viewmodel
         └─MainPageData.ets                // 主页数据
```

12.3 页面结构

购物应用项目包括启动页、主页、首页标签页、新品标签页、购物车标签页、我的标签页、商品详情页、订单确认页、订单支付页和订单列表页，共10个页面。本节逐一来介绍这些页面的编程实现。

12.3.1 启动页

在工程pages目录中，选中Index.ets并右击，在弹出的快捷菜单中依次单击Refactor→Rename，将名称改为SplashPage.ets。然名修改工程entryability目录下EntryAbility.ets文件中windowStage.loadContent方法的第一个参数为pages/SplashPage。在该页面的周期函数aboutToAppear里添加一个2秒的定时任务——跳转到主页。示例代码如下：

```
// EntryAbility.ets
// 加载内容到窗口舞台，并指定回调函数处理加载结果
windowStage.loadContent('pages/SplashPage', (err, data) => {
    // 如果加载过程中发生错误，则执行相应的错误处理逻辑
    if (err.code) {...}
});

// SplashPage.ets
build() {
    // 构建页面布局，使用Flex布局，方向为列，对齐方式为居中
    Flex({direction: FlexDirection.Column, alignItems: ItemAlign.Center}){
        ...
    }
    // 设置页面高度为全屏高度
    .height(StyleConstants.FULL_HEIGHT)
```

```
    // 设置页面宽度为全屏宽度
    .width(StyleConstants.FULL_WIDTH)
    // 设置页面背景颜色
    .backgroundColor($r('app.color.page_background'))
}

aboutToAppear() {
    // 注册断点系统，用于响应屏幕尺寸变化等事件
    this.breakpointSystem.register();
    // 设置一个定时器，在指定的延迟时间后执行页面跳转
    this.timeOutId = setTimeout(() => {
        // 替换当前URL为主页URL，如果发生错误则记录日志
        router.replaceUrl({ url: PageConstants.MAIN_PAGE_URL })
            .catch((err: Error) => {
                Logger.error(JSON.stringify(err));
            })
    }, PageConstants.DELAY_TIME); // 延迟时间常量
}

aboutToDisappear() {
    // 注销断点系统
    this.breakpointSystem.unregister();
    // 清除定时器，防止页面跳转操作在页面消失时仍然执行
    clearTimeout(this.timeOutId);
}
```

12.3.2　主页

主页由一个Tabs容器组件和4个TabContent子组件组成，4个TabContent页签的内容视图分别为首页（Home）、新品（NewProduct）、购物车（ShopCart）、我的（Personal）。根据用户使用场景，通过响应式布局的媒体查询来监听应用窗口的宽度变化，获取当前应用所处的断点值，设置Tabs的页签位置，lg断点（如平板）显示侧边栏，其他断点则显示底部栏。示例代码如下：

```
// MainPage.ets
build() {
    // 创建一个垂直布局的列容器
    Column() {
        // 创建一个标签页组件，根据当前断点设置标签栏的位置和索引
        Tabs({
            barPosition: this.currentBreakpoint === BreakpointConstants.BREAKPOINT_LG ?
BarPosition.Start : BarPosition.End,
            index: this.currentPageIndex
        }) {
            ...
            // 根据当前断点设置标签栏的宽度
            .barWidth(this.currentBreakpoint === BreakpointConstants.BREAKPOINT_LG ?
            $r('app.float.bar_width') : StyleConstants.FULL_WIDTH)
                // 根据当前断点设置标签栏的高度
                .barHeight(this.currentBreakpoint === BreakpointConstants.BREAKPOINT_LG ?
                StyleConstants.SIXTY_HEIGHT : $r('app.float.vp_fifty_six'))
                // 根据当前断点设置标签栏是否为垂直方向
                .vertical(this.currentBreakpoint === BreakpointConstants.BREAKPOINT_LG)
            ...
        }
        // 设置页面背景颜色
        .backgroundColor($r('app.color.page_background'))
    }
```

12.3.3 首页标签页

首页标签页通过自适应布局的均分、拉伸等能力实现搜索框、分类等布局，通过响应式布局的媒体查询和断点能力设置轮播图数、商品列表数。

通过响应式布局的媒体查询来监听应用窗口的宽度变化，获取当前应用所处的断点值，设置商品列表列数和轮播图数，lg断点显示4列3张轮播图，md断点显示3列2张轮播图，sm断点显示2列1张轮播图。示例代码如下：

```
// Home.ets
@Builder
CustomSwiper() {
    // 创建一个自定义的Swiper组件
    Swiper() {
        // 遍历swiperImage列表，为每个图片资源创建Image组件
        ForEach(swiperImage, (item: Resource) => {
            Image(item)
                .width(StyleConstants.FULL_WIDTH)                // 设置图片宽度为全屏宽度
                .aspectRatio(StyleConstants.IMAGE_ASPECT_RATIO)// 设置图片宽高比
        }, (item: Resource) => JSON.stringify(item))             // 使用JSON字符串作为唯一键
    }
    // 根据当前断点设置itemSpace（项目间距）
    .itemSpace(this.currentBreakpoint === BreakpointConstants.BREAKPOINT_SM ? 0 :
StyleConstants.ITEM_SPACE)
    // 根据当前断点设置指示器样式
    .indicator(this.currentBreakpoint === BreakpointConstants.BREAKPOINT_SM ?
    new DotIndicator().selectedColor($r('app.color.indicator_select')) : false)
    // 根据当前断点设置显示的项目数量
    .displayCount(this.currentBreakpoint === BreakpointConstants.BREAKPOINT_LG ?
StyleConstants.DISPLAY_THREE :
        (this.currentBreakpoint === BreakpointConstants.BREAKPOINT_MD ?
StyleConstants.DISPLAY_TWO :
        StyleConstants.DISPLAY_ONE))
}

CommodityList({
    commodityList: $commodityList, // 传入商品列表数据
    // 根据当前断点设置列数
    column: this.currentBreakpoint === BreakpointConstants.BREAKPOINT_LG ?
StyleConstants.DISPLAY_FOUR :
        (this.currentBreakpoint === BreakpointConstants.BREAKPOINT_MD ?
        StyleConstants.DISPLAY_THREE : StyleConstants.DISPLAY_TWO),
    > this.> {
            ...
        }, (item: Commodity) => JSON.stringify(item)) // 使用JSON字符串作为唯一键
        }
        ...
        .lanes(this.column) // 设置列数
    } else {
        EmptyComponent({ outerHeight: StyleConstants.FIFTY_HEIGHT }) // 如果商品列表为空，
则显示一个高度为50的空组件
    }
}
```

12.3.4 新品标签页

新品标签页由轮播图、分类、新品列表组成。通过响应式布局的媒体查询、断点能力和自适应布局的均分能力，实现不同设备类型的不同显示效果，其实现逻辑与主页的相同。

通过响应式布局的媒体查询来监听应用窗口的宽度变化，获取当前应用所处的断点值，设置新品列表，sm断点显示2列，md和lg断点显示3列。示例代码如下：

```
    // NewProduct.ets
    @Builder
    ProductList() {
        // 创建一个列表组件，并设置项目的间距为12个单位
        List({ space: StyleConstants.TWELVE_SPACE }) {
            // 使用LazyForEach来懒加载产品数据源中的数据
            LazyForEach(new CommonDataSource<ProductDataModel>(productData), (item:
ProductDataModel) => {
                // 对每个产品数据模型创建一个列表项
                ListItem() {
                    ...
                }
            }, (item: ProductDataModel) => JSON.stringify(item)) // 使用JSON字符串作为唯一键
        }
        // 根据当前断点设置列数：如果是小屏幕则显示两列，否则显示三列
        .lanes(this.currentBreakpoint === BreakpointConstants.BREAKPOINT_SM ?
        StyleConstants.DISPLAY_TWO : StyleConstants.DISPLAY_THREE)
        // 设置列表的左右内边距为12个单位
        .padding({ left: $r('app.float.vp_twelve'), right: $r('app.float.vp_twelve') })
    }
```

12.3.5 购物车标签页

购物车标签页由购物车列表和商品列表组成。该商品列表实现逻辑与主页的商品列表的相同，购物车列表使用自适应布局的均分能力实现。示例代码如下：

```
    // ShopCart.ets
    @Builder
    CartItem(item: Product, index: number) {
        // 创建一个水平方向的Flex容器，并设置子元素垂直居中对齐
        Flex({ direction: FlexDirection.Row, alignItems: ItemAlign.Center }) {
            ...
            // 创建一个垂直方向的Flex容器，并设置子元素在主轴上均匀分布
            Flex({ direction: FlexDirection.Column, justifyContent: FlexAlign.SpaceAround }) {
                // 显示商品的名称和描述
                Text($r('app.string.commodity_piece_description', item.name,
item.description))
                ...
                // 根据商品规格的数量动态生成文本内容
                Text(item.specifications.length === 2 ?
                    item.specifications[0].value + ', ' + item.specifications[1].value:
                    item.specifications.length === 3 ?
                        item.specifications[0].value + ', ' + item.specifications[1].value + ',
' + item.specifications[2].value :
                        item.specifications.length === 4 ?
                            item.specifications[0].value + ', ' + item.specifications[1].value
+ ', ' + item.specifications[2].value + ', ' + item.specifications[3].value : ''
                )
                ...
```

```
            // 创建一个水平方向的Flex容器，并设置子元素在主轴上两端对齐
            Flex({ justifyContent: FlexAlign.SpaceBetween }) {
               Text() {
                  ...
               }

               // 商品数量选择器组件，绑定当前商品的数量和数量变化事件处理函数
               CounterProduct({
                  count: item.count,
                  onNumberChange: (num: number) => {
                     this.onChangeCount(num, item);
                  }
               })
            }
         }
         ...
      }
   }
```

12.3.6　我的标签页

我的标签页主要由个人信息、我的订单、文字图片按钮、直播列表组成。直播列表实现方案同主页商品列表，其他则使用自适应布局的均分能力，Flex 布局设置主轴上的对齐方式为 FlexAlign.SpaceAround。示例代码如下：

```
// Personal.ets
@Builder
Order() {
   // 创建一个垂直方向的Flex容器
   Flex({direction: FlexDirection.Column}) {
      // 创建一个水平方向的Flex容器，子元素在主轴上均匀分布，并垂直居中对齐
      Flex({
         justifyContent: FlexAlign.SpaceBetween,
         alignItems: ItemAlign.Center
      }) {
         // 显示订单标题文本，并设置字体大小
         Text($r('app.string.order_mine'))
            .fontSize($r('app.float.middle_font_size'))
         Row() {
            ...
         }
         ...
      }
      // 创建另一个水平方向的Flex容器，子元素在主轴上均匀分布，并垂直居中对齐
      Flex({
         justifyContent: FlexAlign.SpaceAround,
         alignItems: ItemAlign.Center
      }) {
         // 遍历orderIconButton数组，为每个图标按钮创建一个IconButton组件
         ForEach(this.orderIconButton, (iconButton: IconButtonModel) => {
            IconButton({
               props: iconButton,                   // 传递图标按钮的属性
               click: this.onOrderButt> JSON.stringify(iconButton))// 单击事件处理函数
            })
         }
         .width(StyleConstants.FULL_WIDTH)          // 设置宽度为全宽
      }
      ...
```

```
    }
    ...
}

@Builder
IconDock(buttons: IconButtonModel[]) {
    // 创建一个水平方向的Flex容器，子元素在主轴上均匀分布，并垂直居中对齐
    Flex({
        justifyContent: FlexAlign.SpaceAround,
        alignItems: ItemAlign.Center
    }) {
        // 遍历传入的buttons数组，为每个图标按钮创建一个IconButton组件
        ForEach(buttons, (iconButton: IconButtonModel) => {
            IconButton({
                props: iconButton                       // 传递图标按钮的属性
            })
        }, (iconButton: IconButtonModel[]) => JSON.stringify(iconButton)) // 唯一键生成函数
    }
    .height($r('app.float.icon_dock_height'))           // 设置高度
    .padding($r('app.float.vp_twelve'))                 // 设置内边距
    .cardStyle()                                         // 应用卡片样式
}
```

12.3.7 商品详情页

商品详情页由轮播图、商品信息、底部按钮栏组成。通过响应式布局的栅格布局实现不同设备类型的不同显示效果，并通过自适应布局的拉伸能力设置flexGrow属性，使按钮位于底部。

- 在sm断点下，轮播图占4个栅格，商品信息占4个栅格，底部按钮栏占4个栅格。
- 在md断点下，轮播图占8个栅格，商品信息占8个栅格，底部按钮栏占8个栅格。
- 在lg断点下，轮播图占12个栅格，商品信息占8个栅格并偏移2个栅格，底部按钮栏占8个栅格并偏移2个栅格。

示例代码如下：

```
// CommodityDetail.ets
build() {
    // 创建一个垂直方向的堆叠容器，内容从顶部开始对齐
    Stack({ alignContent: Alignment.TopStart }) {
        // 创建一个垂直方向的Flex容器
        Flex({ direction: FlexDirection.Column }) {
            // 创建一个可滚动区域
            Scroll() {
                // 创建一个栅格行，定义不同屏幕尺寸下的列数和间距
                GridRow({
                    columns: {
                        sm: GridConstants.COLUMN_FOUR,          // 小屏幕时为4列
                        md: GridConstants.COLUMN_EIGHT,         // 中屏幕时为8列
                        lg: GridConstants.COLUMN_TWELVE         // 大屏幕时为12列
                    },
                    gutter: GridConstants.GUTTER_TWELVE         // 列之间的距离
                }) {
                    // 创建一个栅格列，定义不同屏幕尺寸下的跨度和偏移量
                    GridCol({
                        span: {
                            sm: GridConstants.SPAN_FOUR,        // 小屏幕时占4个单位宽度
                            md: GridConstants.SPAN_EIGHT,       // 中屏幕时占8个单位宽度
```

```
                    lg: GridConstants.SPAN_TWELVE          // 大屏幕时占12个单位宽度
                }
            }) {
                // 如果info对象存在，则调用CustomSwiper方法显示图片
                if (this.info !== undefined) {
                    this.CustomSwiper(this.info?.images)
                }
            }

            // 创建另一个栅格列，定义不同屏幕尺寸下的跨度和偏移量
            GridCol({
                span: {
                    sm: GridConstants.SPAN_FOUR,           // 小屏幕时占4个单位宽度
                    md: GridConstants.SPAN_EIGHT,          // 中屏幕时占8个单位宽度
                    lg: GridConstants.SPAN_EIGHT           // 大屏幕时占8个单位宽度
                },
                offset: { lg: GridConstants.OFFSET_TWO }//在大屏幕上偏移2个单位
            }) {
                // 创建一个垂直方向的列容器
                Column() {
                    ...
                }
            }
        }
    }
    // 设置Flex容器的flexGrow属性为常量值，使其在父容器中占据剩余空间
    .flexGrow(StyleConstants.FLEX_GROW)

    // 创建另一个栅格行，定义不同屏幕尺寸下的列数和间距
    GridRow({
        columns: {
            sm: GridConstants.COLUMN_FOUR,                 // 小屏幕时为4列
            md: GridConstants.COLUMN_EIGHT,                // 中屏幕时为8列
            lg: GridConstants.COLUMN_TWELVE                // 大屏幕时为12列
        },
        gutter: GridConstants.GUTTER_TWELVE                // 列之间的距离
    }) {
        // 创建一个栅格列，定义不同屏幕尺寸下的跨度和偏移量
        GridCol({
            span: {
                sm: GridConstants.SPAN_FOUR,               // 小屏幕时占4个单位宽度
                md: GridConstants.SPAN_EIGHT,              // 中屏幕时占8个单位宽度
                lg: GridConstants.SPAN_EIGHT               // 大屏幕时占8个单位宽度
            },
            offset: { lg: GridConstants.OFFSET_TWO }       //在大屏幕上偏移2个单位
        }) {
            // 调用BottomMenu方法显示底部菜单
            this.BottomMenu()
        }
    }
  }
  ...
 }
}
```

12.3.8　订单确认页

订单确认页由上方收件信息、订单信息与底部的总价、“提交订单”按钮组成。通过响应式布局

的栅格布局，实现不同设备类型的不同显示效果，并通过自适应布局的拉伸能力设置flexGrow属性，使总价和“提交订单”按钮位于底部。

- 在sm断点下，上方收件信息和订单信息占4个栅格，底部总价占2个栅格，底部“提交订单”按钮占2个栅格。
- 在md断点下，上方收件信息和订单信息占8个栅格，底部总价占2个栅格，底部“提交订单”按钮占3个栅格并偏移3个栅格。
- 在lg断点下，上方收件信息和订单信息占8个栅格并偏移2个栅格，底部总价占2个栅格并偏移2个栅格，底部“提交订单”按钮占3个栅格并偏移3个栅格。

示例代码如下：

```
// ConfirmOrder.ets
build() {
    // 创建一个垂直方向的Flex容器
    Flex({ direction: FlexDirection.Column }) {
        // 添加头部栏组件
        HeaderBar({
            ...
        })
        // 创建一个列容器，用于包含订单信息
        Column(){
            // 创建一个可滚动区域
            Scroll() {
                // 创建一个栅格行，定义不同屏幕尺寸下的列数
                GridRow({
                    columns: {
                        sm: GridConstants.COLUMN_FOUR,          // 小屏幕时为4列
                        md: GridConstants.COLUMN_EIGHT,         // 中屏幕时为8列
                        lg: GridConstants.COLUMN_TWELVE         // 大屏幕时为12列
                    }
                }) {
                    // 创建一个栅格列，定义不同屏幕尺寸下的跨度和偏移量
                    GridCol({
                        span: {
                            sm: GridConstants.SPAN_FOUR,        // 小屏幕时占4个单位宽度
                            md: GridConstants.SPAN_EIGHT,       // 中屏幕时占8个单位宽度
                            lg: GridConstants.SPAN_EIGHT        // 大屏幕时占8个单位宽度
                        },
                        offset: { lg: GridConstants.OFFSET_TWO }     //在大屏幕上偏移2个单位
                    }) {
                        // 创建一个列容器，用于包含地址信息和商品订单列表
                        Column() {
                            AddressInfo()                           // 显示地址信息
                            CommodityOrderList()                    // 显示商品订单列表
                        }
                    }
                }
            }
            // 关闭滚动条
            .scrollBar(BarState.Off)
        }
        // 设置Flex容器在父容器中的扩展比例
        .flexGrow(StyleConstants.FLEX_GROW)
        // 设置左右内边距
        .padding({ left: $r('app.float.vp_twelve'), right: $r('app.float.vp_twelve') })
```

```
        // 创建另一个栅格行，定义不同屏幕尺寸下的列数和间距
        GridRow({
          columns: {
            sm: GridConstants.COLUMN_FOUR,              // 小屏幕时为4列
            md: GridConstants.COLUMN_EIGHT,             // 中屏幕时为8列
            lg: GridConstants.COLUMN_TWELVE             // 大屏幕时为12列
          },
          gutter: GridConstants.GUTTER_TWELVE           // 列之间的距离
        }) {
          // 创建一个栅格列，定义不同屏幕尺寸下的跨度和偏移量
          GridCol({
            span: {
              sm: GridConstants.SPAN_TWO,               // 小屏幕时占2个单位宽度
              md: GridConstants.SPAN_TWO,               // 中屏幕时占2个单位宽度
              lg: GridConstants.SPAN_TWO                // 大屏幕时占2个单位宽度
            },
            offset: { lg: GridConstants.OFFSET_TWO }    // 在大屏幕上偏移2个单位
          }) {
            // 显示金额文本
            Text($r('app.string.bottom_bar_amount', this.amount))
            ...
          }

          // 创建另一个栅格列，定义不同屏幕尺寸下的跨度和偏移量
          GridCol({
            span: {
              sm: GridConstants.SPAN_TWO,          // 小屏幕时占2个单位宽度
              md: GridConstants.SPAN_THREE,        // 中屏幕时占3个单位宽度
              lg: GridConstants.SPAN_THREE         // 大屏幕时占3个单位宽度
            },
            offset: {
              md: GridConstants.OFFSET_THREE,      // 中屏幕上偏移3个单位
              lg: GridConstants.OFFSET_THREE       // 大屏幕上偏移3个单位
            }
          }) {
            // 显示确认订单按钮
            Button($r('app.string.bottom_bar_button'))
            ...
          }
        }
        ...
      }
      ...
    }
```

12.3.9　订单支付页

订单支付页整体由上方的订单信息和底部的“去支付”按钮组成，通过使用响应式布局的栅格布局实现不同设备类型的不同显示效果，并通过自适应布局的拉伸能力设置flexGrow属性，使“去支付”按钮位于底部。

- 在sm断点下，上方订单信息占4个栅格，底部“去支付”按钮占2个栅格并偏移2个栅格。
- 在md断点下，上方订单信息占8个栅格，底部“去支付”按钮占2个栅格并偏移6个栅格。
- 在lg断点下，上方订单信息占8个栅格并偏移2个栅格，底部“去支付”按钮占2个栅格并偏移8个栅格。

示例代码如下：

```
// PayOrder.ets
build() {
    // 创建一个垂直方向的Flex容器
    Flex({ direction: FlexDirection.Column }) {
        // 添加头部栏组件
        HeaderBar({
            ...
        })
        // 创建一个Stack布局，内容从顶部开始对齐
        Stack({ alignContent: Alignment.TopStart }) {
            ...
            // 创建一个列容器
            Column() {
                // 创建一个可滚动区域
                Scroll() {
                    // 创建一个栅格行，定义不同屏幕尺寸下的列数
                    GridRow({
                        columns: {
                            sm: GridConstants.COLUMN_FOUR,          // 小屏幕时为4列
                            md: GridConstants.COLUMN_EIGHT,         // 中屏幕时为8列
                            lg: GridConstants.COLUMN_TWELVE         // 大屏幕时为12列
                        }
                    }) {
                        // 创建一个栅格列，定义不同屏幕尺寸下的跨度和偏移量
                        GridCol({
                            span: {
                                sm: GridConstants.SPAN_FOUR,        // 小屏幕时占4个单位宽度
                                md: GridConstants.SPAN_EIGHT,       // 中屏幕时占8个单位宽度
                                lg: GridConstants.SPAN_EIGHT        // 大屏幕时占8个单位宽度
                            },
                            offset: { lg: GridConstants.OFFSET_TWO } //在大屏幕上偏移2个单位
                        }) {
                            // 创建一个列容器，用于包含订单状态信息
                            Column() {
                                this.OrderStatus()                  // 显示订单状态
                                ...
                            }
                        }
                    }
                }
                // 关闭滚动条
                .scrollBar(BarState.Off)
            }
            // 设置左右内边距
            .padding({ left: $r('app.float.vp_twelve'), right:
$r('app.float.vp_twelve') })
        }
        // 设置Flex容器在父容器中的扩展比例
        .flexGrow(StyleConstants.FLEX_GROW)

        // 创建另一个栅格行，定义不同屏幕尺寸下的列数
        GridRow({
            columns: {
                sm: GridConstants.COLUMN_FOUR,          // 小屏幕时为4列
                md: GridConstants.COLUMN_EIGHT,         // 中屏幕时为8列
                lg: GridConstants.COLUMN_TWELVE         // 大屏幕时为12列
            }
```

```
    }) {
        // 创建一个栅格列，定义不同屏幕尺寸下的跨度和偏移量
        GridCol({
            span: {
                sm: GridConstants.SPAN_TWO,          // 小屏幕时占2个单位宽度
                md: GridConstants.SPAN_TWO,          // 中屏幕时占2个单位宽度
                lg: GridConstants.SPAN_TWO           // 大屏幕时占2个单位宽度
            },
            offset: {
                sm: GridConstants.OFFSET_TWO,        // 小屏幕上偏移2个单位
                md: GridConstants.OFFSET_SIX,        // 中屏幕上偏移6个单位
                lg: GridConstants.OFFSET_EIGHT       // 大屏幕上偏移8个单位
            }
        }) {
            this.BottomBar() // 显示底部导航栏
        }
    }
  }
  ...
}
```

12.3.10　订单列表页

订单列表页通过响应式布局的栅格布局，实现不同设备类型的不同显示效果。

- 在sm设备下，整体UX占4个栅格。
- 在md设备下，整体UX占8个栅格。
- 在lg设备下，整体UX占8个栅格并偏移2个栅格。

示例代码如下：

```
// OrderListContent.ets
build() {
    // 创建一个垂直方向的列容器
    Column() {
        // 创建一个可滚动区域
        Scroll() {
            // 创建一个栅格行，定义不同屏幕尺寸下的列数
            GridRow({
                columns: {
                    sm: GridConstants.COLUMN_FOUR,              // 小屏幕时为4列
                    md: GridConstants.COLUMN_EIGHT,             // 中屏幕时为8列
                    lg: GridConstants.COLUMN_TWELVE             // 大屏幕时为12列
                }
            }) {
                // 创建一个栅格列，定义不同屏幕尺寸下的跨度和偏移量
                GridCol({
                    span: {
                        sm: GridConstants.SPAN_FOUR,            // 小屏幕时占4个单位宽度
                        md: GridConstants.SPAN_EIGHT,           // 中屏幕时占8个单位宽度
                        lg: GridConstants.SPAN_EIGHT            // 大屏幕时占8个单位宽度
                    },
                    offset: { lg: GridConstants.OFFSET_TWO }    //在大屏幕上偏移2个单位
                }) {
                    // 创建一个列容器，用于包含订单内容
                    Column() {
                        ...
                    }
```

```
                }
            }
        }
        // 关闭滚动条
        .scrollBar(BarState.Off)
    }
    ...
}
```

12.4　本章小结

本章主要介绍了项目的综合布局，通过开发一个购物应用来理解“一多”的功能。希望读者能够通过本项目的学习，提升运用鸿蒙HarmonyOS NEXT系统开发自己的项目的实践能力。

附录 A

ArkTS语言基础

ArkTS是HarmonyOS优选的主力应用开发语言。ArkTS围绕应用开发在TypeScript（简称TS）生态基础上做了进一步扩展，继承了TS的所有特性，是TS的超集。因此，在学习ArkTS语言之前，建议开发者具备TS语言开发能力。

A.1 编程语言

当前，ArkTS在TS的基础上主要扩展了如下能力：

（1）基本语法：ArkTS定义了声明式UI描述、自定义组件和动态扩展UI元素的能力，再配合ArkUI开发框架中的系统组件及其相关的事件方法、属性方法等，共同构成了UI开发的主体。

（2）状态管理：ArkTS提供了多维度的状态管理机制。在UI开发框架中，与UI相关联的数据可以在组件内使用，也可以在不同组件层级间传递，比如父子组件之间、爷孙组件之间，还可以在应用全局范围内传递或跨设备传递。另外，从数据的传递形式来看，可分为只读的单向传递和可变更的双向传递。开发者可以灵活地利用这些能力来实现数据和UI的联动。

（3）渲染控制：ArkTS提供了渲染控制的能力。条件渲染可根据应用的不同状态，渲染对应状态下的UI内容。循环渲染可从数据源中迭代获取数据，并在每次迭代过程中创建相应的组件。数据懒加载从数据源中按需迭代数据，并在每次迭代过程中创建相应的组件。

扩展知识

- JavaScript（简称JS），是Web应用开发中使用的语言，用来为页面添加各种各样的动态功能。
- TypeScript（简称TS）是JavaScript的超集，是在JavaScript的基础上添加静态类型构建而成，是一个开源的编程语言。

ArkTS兼容TypeScript语言，拓展了声明式UI、状态管理、并发任务等能力。
它们的关系如图附A-1所示。

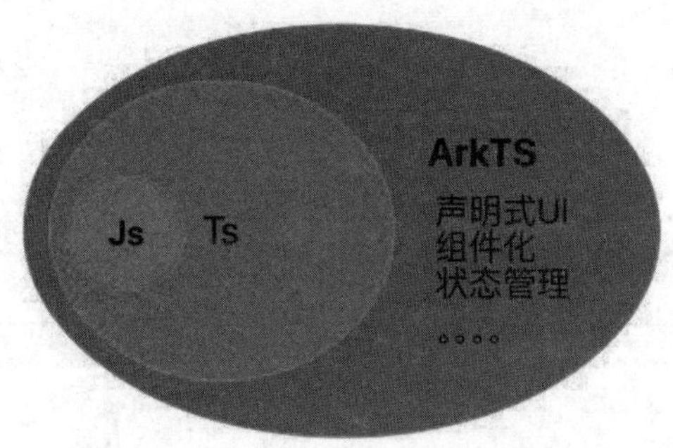

附A-1　关系图

A.2　TypeScript语法

下面简单介绍一些TypeScript的语法（如果想更加深入地掌握TypeScript，则需要掌握JavaScript）。

> **注意** 关于TypeScript语法将在DevEco-Studio编辑器中进行演示，该编辑器的创建及使用请参考第1章的内容。

1. 布尔值（boolean）

布尔值只有true和false两个值。示例如下：

```
Button('布尔类型').onClick(()=>{
    // let 变量名:数据类型 = 值
    let flag:boolean = true
    console.log('布尔类型:', flag);
    })
```

2. 数字类型（number）

所有数字都是浮点数，类型是number类型，可以表示十进制、二进制、八进制、十六进制。示例如下：

```
Button('数字类型').onClick(()=>{
    // 数字类型
    let a1:number = 10 // 十进制
    let a2:number = 0b010 // 二进制
    let a3:number = 0o12 // 八进制
    let a4:number = 0xa // 十六进制
    console.log('数字类型:', `a1=>${a1}, a2=>${a2}, a3=>${a3}, a4=>${a4}`);
})
```

3. 字符串类型（string）

字符串表示文本数据，可以使用单引号或双引号来定义。示例如下：

```
Button('字符串类型').onClick(()=>{
    // 字符串类型 ---> string
    let str1:string = '待到秋来九月八'
    let str2: string = '我花开后百花杀'
    console.log(`字符串类型 :${str1}, ${str2}`);
})
```

4. 数组（Array）

数组定义后，里面的数据的类型必须和定义数组时的类型一致，否则有错误提示信息，也不会编译通过的。示例如下：

```
Button('数组').onClick(()=>{
    // 数组定义方式1
    // 语法: let 变量名:数据类型[]=[值1,值2,值3]
    let arr1:number[] = [10,20,30,40]
    // 数组定义方式2:泛型的写法
    // 语法: let 变量名:Array<数据类型> = [值1, 值2, 值3]
    let arr2:Array<number> = [10,20,30]

    console.log(`方式1:${arr1} , 方式2:${arr2}`);
})
```

5. 元组（Tuple）

在使用元组类型的时候，数据的类型、位置及个数应该和在定义元组时的数据的类型、位置及个数是一致的。示例如下：

```
Button('元组').onClick(()=>{
    try {
        // 元组类型: 在定义元组的时候，数据类型和数据的个数一开始就已经限定了
        let arr3: [string, number, boolean] = ['若城', 30, false];
        console.log(`元组类型: ${arr3}`);
    } catch (error) {
        console.error('发生错误:', error);
    }
})
```

6. 枚举（enum）

枚举类型是对JavaScript标准数据类型的一个补充。使用枚举类型可以为一组数值赋予友好的名字。示例如下：

```
Button('枚举').onClick(()=>{
    try {
        // 枚举类型: 枚举里面的每个数据值都可以称作元素，每个元素都有自己的编号，编号是从0开始的，依
次的递增加1
        enum Color{
            red,
            green,
            blue,
        }
        //  定义一个Color 的枚举类型的变量来接收枚举的值
        let color:Color = Color.red
        console.log(`${color}`); // 0
        console.log(`${Color.red},${ Color.green}, ${Color.blue}`); // 0,1 ,2
        console.log(`${Color[2]}`); // blue
    } catch (error) {
        console.error('发生错误:', error);
    }
})
```

7. void修饰的函数

从某种程度上来说，void类型表示没有任何类型。当一个函数没有返回值时，通常会返回void。示例如下：

```
Button('void 类型').onClick(()=>{
    // void 类型，在声明函数时，小括号后面使用:void，表示该函数没有任何返回值
    this.showMsg()
})
showMsg():void{
console.log('void 指的是没有返回类型');
}
```

8. object类型

object表示非原始类型，也就是除number、string、boolean之外的类型。使用object类型，可以更好地表示像Object.create这样的API。示例如下：

```
//定义 persion 接口类型
interface Person {
    name: string;
    gender: string;
}

Button('object 类型').onClick(()=>{
    // 定义一个函数，参数是object类型，返回值也是object类型
    this.getObj({name:'卡卡西', gender:'男'})
})
// 函数编写
getObj(obj: Person): Person {
    console.log(`传入的数据${JSON.stringify(obj)}`);
    return {
        name: '若城',
        gender: '男'
    };
}
```

9. null、undefined

在TypeScript中，null和undefined是两个不同的类型。示例如下：

```
Button('null、undefined').onClick(()=>{
    // undefined && null
    let und:undefined = undefined
    let nul: null = null
    console.log(und, nul);
})
```

10. 联合类型

联合类型（Union Types）表示取值可以为多种类型中的一种。

需求1：定义一个函数得到一个数字或字符串值的字符串形式值。

```
Button('联合类型').onClick(()=>{
    let stringOrNumber: string | number;
    stringOrNumber = 'hello';
    stringOrNumber = 100;
})
```

需求2：定义一个函数得到一个数字或字符串值的长度。

```
Button('联合类型').onClick(()=>{
    let stringOrNumber: string | number;
    stringOrNumber = 'hello';
    stringOrNumber = 100;

   const length = this.getStringLength(stringOrNumber)
    console.log(`${length}`)
})
 getStringLength(str:number|string): number{
    return str.toString().length
}
```

11. 类型断言

通过类型断言这种方式可以告诉编译器："相信我，我知道自己在干什么。"类型断言好比其他语言里的类型转换，但是不进行特殊的数据检查和解构。它没有运行时的影响，只在编译阶段起作用。TypeScript会假设程序员已经进行了必需的检查。

需要注意的是，在ArkTS中，断言目前仅支持as语法。

示例如下：

```
Button('断言').onClick(()=>{
    let stringOrNumber: string | number;
    stringOrNumber = '众里寻他千百度。蓦然回首，那人却在，灯火阑珊处';
    const length = this.getStringLength2(stringOrNumber)
    console.log(`${length}`)
})
getStringLength2(str:number|string): number{
    // return str.toString().length
    if ((str as string).length) {
        return (str as string).length
    }else{
        return str.toString().length
    }
}
```

12. 类型推断

TypeScript会在没有明确的指定类型的时候推测出一个类型，具有有下面两种情况：

（1）定义变量时赋值了，推断为对应的类型。

（2）定义变量时没有赋值，推断为any类型。但是，ArkTS的编码规范应该避免使用any和unknown类型，以确保代码的类型安全性和可维护性。因此，此种情况需要避免。

示例代码如下：

```
Button('类型推断').onClick(()=>{
    // 类型推断
    let txt = 100
    console.log(`${txt}`);

    let txt2: string | number;
    txt2 = 100
    txt2 ='1233'
    console.log(`${txt2}`);
})
```

A.3　语法进阶

下面将深入探讨TypeScript中的3个核心概念：条件语句、接口和类，以便读者能够更好地理解，并在实际项目中灵活运用。

1. 条件语句

条件语句是编程语言中用于根据不同条件执行不同代码段的控制结构。在TypeScript中，条件语句主要包括以下几种：

（1）if语句：最基本的条件语句，用于判断一个表达式的值是否为真。如果为真，则执行相应的代码块；否则，跳过该代码块。

（2）if...else语句：在if语句的基础上，增加了一个else代码块。当if条件不成立时，执行else代码块中的代码。示例代码如下：

```
Button('if..else').onClick(()=>{
    let num:number = 12;
    if (num % 2==0) {
       console.log('偶数');
    } else {
       console.log('奇数');
    }
})
```

（3）if...else if...else语句：用于处理多个条件的情况。当第一个if条件不成立时，依次判断后续的else if条件，直到找到一个成立的条件，执行对应的代码块；如果所有条件都不成立，则执行最后的else代码块。

（4）switch语句：当需要根据一个表达式的不同值执行不同代码块时，可以使用switch语句。它将表达式的值与多个case子句进行比较，执行匹配的case代码块。示例代码如下：

```
Button('switch...case').onClick(()=>{
    let grade:string = 'A';
    switch(grade) {
       case 'A': {
          console.log('优');
          break;
       }
       case 'B': {
          console.log('良');
          break;
       }
       case 'C': {
          console.log('及格');
          break;
       }
       case 'D': {
          console.log('不及格');
          break;
       }
       default: {
          console.log('非法输入');
```

```
            break;
        }
    }
})
```

2. 接口

TypeScript的核心原则之一是对值所具有的结构进行类型检查。我们使用接口（Interfaces）来定义对象的类型。

接口是对象的状态（属性）和行为（方法）的抽象（描述）。

1）一般函数

一般函数可以定义返回值类型和参数类型，也可以不定义。示例如下：

```
// 不定义返回值类型和参数类型
add(x, y) {
  return x + y;
}


// 定义返回值类型和参数类型
add(x:number, y:number): number {
  return x + y;
}
```

2）可选参数

可以在参数名旁使用“?”实现可选参数的功能。比如，想让lastName是可选的，可以这样定义：

```
Button('可选参数').onClick(()=>{
   let res1 =  this.buildName('若城', '男')
   let res2 = this.buildName('若城' )
    console.log(`${res1}, ${res2}`)
})
buildName(firstName: string, lastName?: string) {
    if (lastName)
        return firstName + ' ' + lastName;
    else
        return firstName;
}
```

3）剩余参数（个数不限的可选参数）

剩余参数允许将一个不定数量的参数表示为一个数组。剩余参数可以使用省略号(...)进行定义，示例如下：

```
Button('剩余参数').onClick(()=>{
    // 可以这样调用
    let employeeName1 = this.getEmployeeName('Joseph', 'Samuel', 'Lucas', 'MacKinzie');
    let employeeName2 = this.getEmployeeName('Joseph');
    console.log(`${employeeName1}, ${employeeName2}`)
})
getEmployeeName(firstName: string, ...restOfName: string[]) {
    return firstName + ' ' + restOfName.join(' ');
}
```

4）箭头函数

箭头函数（Arrow Function）是JavaScript中的一种简化语法，它通过 => 符号来定义函数。

以函数

```
getEmployeeName(firstName: string, ...restOfName: string[]) {
    return firstName + ' ' + restOfName.join(' ');
}
```

为例，改写成箭头函数的模式如下：

```
getEmployeeName=(firstName: string, ...restOfName: string[]) =>{
    return firstName + ' ' + restOfName.join(' ');
}
```

5）接口类型

在TypeScript中，可以通过interface定义对象的结构，常见功能包括：

（1）readonly 修饰符：用于设置只读属性，防止属性被修改。

（2）? 可选标记：用于指定该字段为可选，允许对象中可以不包含该属性，即该字段可有可无。

示例如下：

```
Button('接口').onClick(()=>{
    // 定义一个接口，该接口作为person对象的类型使用，限定或者约束对象中的属性数据
    interface IPerson{
        readonly id: number  // readonly 设置只读属性
        name: string
        age: number
        gender?: string  // ? 设置该字段可有可无
    }
    // 定义一个对象，该对象的类型就是刚定义的接口IPerson
    const person: IPerson ={
        id:1,
        name:'若城',
        age:30,
        gender:'男',
    }

    console.log(`${JSON.stringify(person)}`);

} )
```

6）函数类型

除了描述带有属性的普通对象外，接口也可以描述函数类型。

为了使用接口表示函数类型，我们需要给接口定义一个调用签名。它就像一个只有参数列表和返回值类型的函数定义。参数列表里的每个参数都需要名字和类型。示例如下：

```
// 使用类型别名定义函数类型
type SearchFunc = (sourc: string, substring: string) => boolean;

Button('函数类型').onClick(()=>{
 const res =  this.searchString('Hello World', 'World')
    console.log(`${res}`)
})

searchString: SearchFunc = (sourc: string, substring: string): boolean => {
    return sourc.includes(substring);
};
```

7）类类型

类类型就是类的类型，它可以通过接口来实现。示例如下：

```
// 定义一个接口
interface IFly {
   fly(): void;
}

// 定义一个接口
interface ISwim {
   swim(): void;
}

// 定义一个接口，继承自 IFly 和 ISwim
interface IMyFlyAndSwim extends IFly, ISwim {}

// 定义一个类，实现 IFly 接口
class Person implements IFly {
   fly() {
      console.log('i can fly');
   }
}

// 定义一个类，实现 IFly 和 ISwim 接口
class Person2 implements IFly, ISwim {
   fly() {
      console.log('fly2');
   }

   swim() {
      console.log('swim2');
   }
}

// 定义一个类，实现 IMyFlyAndSwim 接口
class Person3 implements IMyFlyAndSwim {
   fly() {
      console.log('fly3');
   }

   swim() {
      console.log('swim3');
   }
}

@Entry
@Component
struct ClassType {
   @State message: string = 'Hello World';

   build() {
      Column() {
         Button('类与接口').onClick(() => {
            // 实例化 Person 类并调用 fly 方法
            const person = new Person();
            person.fly();

            // 实例化 Person2 类并调用 fly 和 swim 方法
```

```
                const person2 = new Person2();
                person2.fly();
                person2.swim();

                // 实例化 Person3 类并调用 fly 和 swim 方法
                const person3 = new Person3();
                person3.fly();
                person3.swim();
            })
        }.justifyContent(FlexAlign.Center)
    }
}
```

代码说明：

（1）接口定义：

- IFly接口定义了一个fly方法。
- ISwim接口定义了一个swim方法。
- IMyFlyAndSwim接口继承了IFly和ISwim接口，因此它包含了fly和swim两个方法。

（2）类实现接口：

- Person类实现了IFly接口，因此必须提供fly方法的实现。
- Person2类实现了IFly和ISwim接口，因此必须提供fly和swim方法的实现。
- Person3类实现了IMyFlyAndSwim接口，因此必须提供fly和swim方法的实现。

（3）实例化和调用方法：

- 在 Index 组件的 build 方法中添加了一个新的按钮类与接口。
- 当单击该按钮时，会创建Person、Person2和Person3类的实例，并调用相应的fly和swim方法。

通过这种方式，上述示例代码展示了接口如何定义类的类型，以及类如何实现一个或多个接口。同时，接口之间的继承关系也得到了体现。

A.4 类

对于传统的JavaScript程序，我们通常通过函数和基于原型的继承来创建可重用的组件。然而，对于习惯面向对象编程的开发者来说，这种方式可能就比较棘手，因为它基于类的继承，并且对象是由类构造的。从ECMAScript 2015（即ES6）开始，JavaScript引入了基于类的面向对象编程。使用TypeScript，开发者可以提前享受这些特性，并且编译后的JavaScript代码可以在所有主流浏览器和平台上运行，无须等待下一个JavaScript版本的发布。

1. 继承

继承是面向对象编程中的一种类与类之间的关联机制，它允许一个类（称为子类或派生类）继承另一个类（称为基类、超类或父类）的属性和方法。

在继承关系中，类与类的称呼如下：

当A类继承自B类时，A类被称为子类或派生类，因为它是在B类的基础上派生出来的。

同时，B类被称为基类、超类或父类，因为它提供了基础的功能和属性，供其子类继承和使用。

一旦建立了继承关系，便形成了父子类层次结构，其中子类继承并可能扩展或覆盖父类的特性。这种关系可以形象地理解为：子类（派生类）是继承链中的“子”成员，它继承了“父”类的属性和方法；基类（超类/父类）是继承链中的“父”成员，它的属性和方法被子类继承。

通过继承，我们可以实现代码的复用和扩展，同时建立起类之间的层次关系。示例如下：

```
// 定义一个类
class Persons {
  // 定义属性
  name: string;   // 名字
  age: number;    // 年龄
  gender: string; // 性别

  // 定义构造函数
  constructor(name: string, age: number, gender: string) {
    this.name = name;
    this.age = age;
    this.gender = gender;
  }

  // 定义实例方法
  sayHi(str: string) {
    console.log(`${this.name}, ${this.age}, ${this.gender}, ${str}`);
  }
}

// 定义一个类，继承自 Person
class Student extends Persons {
  constructor(name: string, age: number, gender: string) {
    // 调用的是父类中的构造函数，使用的是 super
    super(name, age, gender);
  }

  sayHi(str: string): void {
    super.sayHi(str);
  }
}

@Entry
@Component
struct ClassExtend {
  @State message: string = 'Hello World';

  build() {
    Column() {
      Button('继承').onClick(() => {
        // 在这里使用 Person 或 Student 类
        const student = new Student('Alice', 20, 'Female');
        student.sayHi('Hello');
      })
    }.justifyContent(FlexAlign.Center)
  }
}
```

2. 拓展修饰符

修饰符用于定义类成员（包括属性、方法和构造函数）的访问级别，它们决定了这些成员在类外部以及继承关系中的可访问性。

- public修饰符：标记的成员为公共成员，它们可以在任何位置被访问，无论是在类的内部、外部，还是通过类的继承关系。在类中，成员默认的访问修饰符是public。
- private修饰符：标记的成员为私有成员，它们只能在定义它们的类的内部访问。这意味着，即使是从该类派生的子类也无法访问这些私有成员。
- protected修饰符：标记的成员为受保护的成员，它们只能在定义它们的类及其子类内部访问。外部代码无法直接访问受保护的成员，但子类可以通过继承来访问和操作这些成员。